暴雨年鉴

（2013）

中国气象局　编

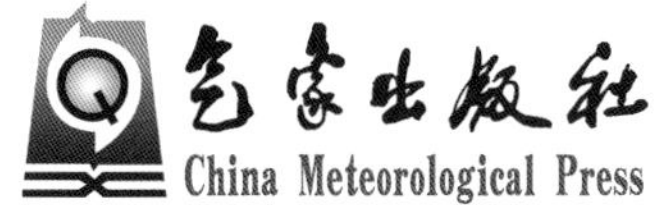

内 容 简 介

本书共分为4章。第1章对2013年全国降水及暴雨概况进行统计分析并加以综述;第2章从单站暴雨、连续性暴雨、区域性暴雨、主要暴雨过程等几个方面对2013年的暴雨进行索引;第3章对2013年42次主要暴雨过程的基本天气形势和降水演变特征进行概述;第4章对2013年10次重大暴雨事件从雨情、灾情及天气形势等几个方面进行综合分析。书后的附录给出1981—2010年全国暴雨气候概况。

本书比较全面地反映和记录了2013年我国的暴雨状况,为气象部门开展暴雨的监测预报、科技攻关、灾害评估、预报总结等提供基础检索资料。本书可供从事气象、水文、农业、生态、环境等方面的科研业务、教育培训、决策管理及相关人员参考。

图书在版编目(CIP)数据

暴雨年鉴. 2013 / 中国气象局编. --北京 : 气象出版社, 2016.8
ISBN 978-7-5029-6398-9

Ⅰ. ①暴… Ⅱ. ①中… Ⅲ. ①暴雨-中国-2013-年鉴
Ⅳ. ①P426.62-54

中国版本图书馆CIP数据核字(2016)第198508号
国家测绘地理信息局审图号:GS(2011)948号

暴雨年鉴(2013)
Baoyu Nianjian (2013)

出版发行:气象出版社

地　　址:北京市海淀区中关村南大街46号　　邮政编码:100081
电　　话:010-68407112(总编室)　010-68409198(发行部)
网　　址:http://www.qxcbs.com　　E-mail:　qxcbs@cma.gov.cn
责任编辑:李太宇　　终　　审:邵俊年
责任校对:王丽梅　　责任技编:赵相宁
封面设计:博雅思企划
印　　刷:北京地大天成印务有限公司
开　　本:889 mm×1194 mm　1/16　　印　　张:16.25
字　　数:416千字
版　　次:2016年9月第1版　　印　　次:2016年9月第1次印刷
定　　价:150.00元

前　言

中国地处东亚季风气候区，每年都有大量的暴雨天气过程发生，暴雨是我国最主要的灾害性天气之一。由暴雨产生的洪水时常造成江河湖泊泛滥、农田道路淹没、公路交通阻绝，在山区常常诱发山洪、泥石流、山体滑坡等一系列地质灾害。每年暴雨及其引发的次生灾害造成国家社会经济和人民生命财产的巨大损失。同时，暴雨又是我国淡水资源的重要来源，其带来的充沛降水对于农田灌溉、水力发电、江河航运、工农业生产、人民生活以及生态系统的平衡和恢复都有非常重要的作用。

暴雨作为一种以高强度降水为主要特征的天气现象，对其进行准确预报一直是气象部门工作的难点和重点。因此，加强暴雨科研，提高其预报准确率，减轻暴雨灾害对社会经济造成的损失，是政府决策部门和社会公众的期望所在。研究和探索暴雨发生、发展和变化的规律，需要大量的探测资料作支撑，需要大量暴雨发生的历史史实为基础。《暴雨年鉴(2013)》既是全面反映、准确记录当年我国暴雨状况的资料汇集，可供广大科研、业务、教育培训、决策管理及相关工作的同志参考，为暴雨监测预报、防灾减灾及水资源调配管理等提供服务；又可为气象部门开展暴雨科技攻关、暴雨灾害评估、暴雨预报总结提供基础检索资料；同时，随着岁月积累，也能形成一套反映我国暴雨状况的历史典籍，丰富我国的气象文化。

《暴雨年鉴(2013)》编制工作由中国气象局武汉暴雨研究所廖移山、闵爱荣、邓雯等完成，附图的绘制工作由闵爱荣承担。

在《暴雨年鉴(2013)》的编辑过程中，中国气象局及其预报与网络司、湖北省气象局有关领导给予了关心并提出了宝贵的指导意见；国家气象信息中心、国家气象中心、国家气候中心有关领导和专家提供了技术指导和基础资料；武汉暴雨研究所汪小康、唐永兰，国家气象中心何立富、张芳华等相关专业技术人员也参与了年鉴的部分编写工作，在此一并谨致谢忱。

编者

2016 年 7 月

编 写 说 明

1. 资料来源及说明

本年鉴的降水资料来自于国家气象信息中心提供的全国 2424 个国家气象观测站的整编资料，灾情资料来自于国家气候中心提供的相关信息材料。

在 2013 年年度暴雨概况统计中，所使用的有完整降水资料记录的台站有 2424 个。在全国暴雨气候概况统计中，多年平均采用世界气象组织(WMO)的约定标准，即 1981—2010 年 30 a 气候平均值，这段时期有完整降水资料记录的台站有 2297 个，而在统计全国各省(自治区、直辖市)最大日降水量时，使用了 1961—2010 年有完整降水资料记录的台站有 1934 个。

本年鉴未包含中国台湾、香港和澳门地区的降水资料。

2. 暴雨分级标准

本年鉴采用如下暴雨分级标准：

暴　　雨：日降水量 50.0～99.9 mm。

大 暴 雨：日降水量 100.0～249.9 mm。

特大暴雨：日降水量 ≥250.0 mm。

3. “单站连续性暴雨”的录选标准

单站连续 3 d 达到暴雨标准，或者连续 3 d 出现降水且其中至少 2 d 达到大暴雨标准，即作为一次单站连续性暴雨。单站连续性暴雨的起止日必须达到暴雨或以上量级。

4. “区域性暴雨日”的录选标准

在同一片雨区中，只要有 15 个站达到暴雨标准，当日即作为一个区域性暴雨日。

5. “主要暴雨过程”的录选标准

过程中至少有 1 d 达到区域性暴雨日标准，且至少在一个区域性暴雨日中有 2 个或以上站达到大暴雨标准。过程的起止日必须有 5 个或以上站达到暴雨标准。

6. “重大暴雨事件”的录选原则

根据暴雨过程的降水和灾情资料，按照降水强度、降水范围、灾情大小等进行综合排序，遴选出当年影响显著的 10 次重大暴雨事件。

7. 其他需要说明的问题

降 水 量:指从天空降落到地面上的液态和固态(经融化后)降水,没有经过蒸发、渗透和流失而在单位面积水平面上积聚的深度。

暴雨雨量:在给定的时间范围内所有暴雨日的降水量之和。

资料日界:20—20 时(北京时间)。

多年平均:1981—2010 年 30 a 平均值。

降水距平:年度值与多年平均值的比较。

干旱地区:多年平均年降水量≤300.0 mm 的区域。

图例说明:在第 1 章和附录 1,附录 2 中全国地图左下方的图例中,表示降水量、距平、百分比等要素一行中的第二个数字,代表小于此数的值。如,图 1.2.1 的图例中,50～100,表示降水量在 50 mm 到小于 100 mm 之间的值。以下类同。

绘图说明:西沙、珊瑚两站资料在绘图时未予考虑。

目　录

第 1 章　年度暴雨概况

1.1　2013 年全国暴雨综述

2013 年我国降水量总体正常偏多，大江大河水势平稳，但松花江、黑龙江干流出现 1999 年以来最大洪涝。从年降水量的分布看（图 1.2.1），降水自西北向东南依次递增，这与多年气候平均分布是一致的。新疆大部、内蒙古西部、甘肃河西走廊大部、青海柴达木盆地、西藏西北部及宁夏北部年降水量一般不足 250 mm。内蒙古中部、青海大部、西藏中部、宁夏中部、河北北部、辽宁西部、甘肃部分地区及北疆部分地区年降水量在 250～500 mm。内蒙古东部、东北大部、华北大部、黄淮大部、江淮大部、湖北北部、西北地区东部大部、西南地区大部、西藏东部及青海南部年降水量在 500～1000 mm。四川盆地、长江中下游地区、江南大部地区、广西西部、云南南部、贵州部分地区及辽宁和吉林东部部分地区年降水量在 1000～1500 mm。江南部分地区、华南绝大部分地区及云南南部部分地区年降水量在 1500～2000 mm。年降水量超过 2000 mm 的地区主要集中在华南南部，超过 2500 mm 的地区主要集中在华南南部局部地区。广西防城、东兴，广东海丰、普宁、阳春年降水量超过 3000 mm，全国最大年降水量出现在广西防城，为 3388 mm。

2013 年我国共有 221 d 出现暴雨，第一个暴雨日出现在 1 月 19 日，最后一个暴雨日出现在 12 月 17 日。我国西北地区大部、内蒙古大部、西藏地区及西南地区北部全年基本没有暴雨发生，除此之外的大部分地区年暴雨（≥50 mm/d）日数大多在 1～6 d，超过 6 d 的地区主要位于四川盆地西部、长江中游部分地区、江西东北部及华南大部地区，超过 12 d 的地区主要位于华南沿海及海南东部部分地区，广东海丰、普宁、茂名、阳江年暴雨日数均达到 18 d 以上，最多的暴雨日数出现在广东海丰，为 22 d。除西藏、青海、内蒙古个别站偶有大暴雨发生外，我国西北地区西部、西北地区中部、西藏地区、内蒙古地区及西南地区北部全年没有大暴雨发生，东北地区北部和西南地区南部局地偶有大暴雨发生，其余发生大暴雨的地区大暴雨日数多在 1～2 d，超过 2 d 的地区相对集中在四川盆地西北部和华南地区南部，广西防城、广东海丰、陆丰、惠来均达到 6 d 以上，广西防城出现次数最多，达到 8 d。

2013 年我国有 31 站次出现特大暴雨，其中广东、浙江各 10 站次，广西 6 站次，四川 3 站次，辽宁、海南各 1 站次。从出现时间看，10 月出现 10 站次，8 月出现 7 站次，11 月出现 4 站次，5 月、6 月、7 月各出现 3 站次，9 月出现 1 站次，其余月份没有出现特大暴雨。从每月全国最大日降水量的数值看，全年每月均达到暴雨量级，3—12 月均达到大暴雨量级，5—11 月均达到特大暴雨量级。2013 年 7 月 9 日四川都江堰出现的 423.8 mm 的日降水量为当年全国最大日降水量。

2013 年我国共出现区域性暴雨日 107 d，第一个区域性暴雨日出现在 3 月 23 日，最后一个区域性暴雨日出现在12月16日。5月26日出现在贵州东部至黄淮流域的区域性暴雨是影响范围最广的一次区域性暴雨，共出现178站暴雨、26站大暴雨，日降水量大于50 mm以上总站数达到204站，暴雨区共影响到广东、广西、贵州、湖南、湖北、江西、安徽、河南、河北、山西、山东和江苏共12个省(区)，最大暴雨中心出现在河南宝丰，日降水量143.3 mm。

2013年我国共出现42次主要暴雨过程，分布在3—12月，其中7月最多为10次，8月8次，6月7次，5月5次，9月4次，4月3次，3月2次，10—12月各1次。42次主要暴雨过程中有9次由热带气旋登陆所造成。从42次主要暴雨过程中遴选出10次列为年度重大暴雨事件，分别发生在6—11月，其中7月、8月各3次，6月、9—11月各1次。10次重大暴雨事件中有6次为登陆台风影响所致。第2次重大暴雨事件即“7月8—13日华西及华北暴雨”由西南低涡和低层切变线造成连续6 d的强降水，是过程累积降水量最大的一次重大暴雨事件，累积降水中心出现在四川都江堰，雨量值达到752 mm。

2013年我国有55站次突破了52 a(1961—2012年)日降水量的历史纪录，其中甘肃有7站次，浙江有6站次，山西、辽宁各有4站次，内蒙古、四川各有3站次，其余1—2站次。2013年全国共有108站次出现了连续性暴雨，最长连续天数为4 d。干旱地区共有91站次日降水量超过25 mm。

1.2　2013年全国降水概况

1.2.1　年降水量分布图

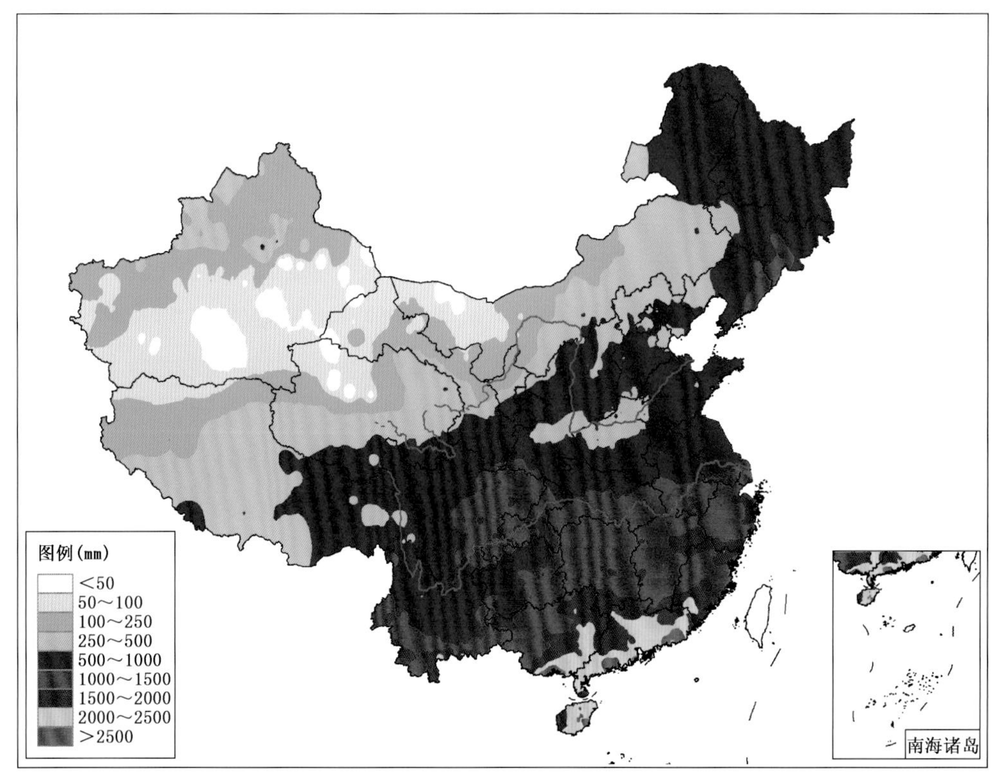

图1.2.1　2013年全国降水量分布图(单位：mm)

1.2.2　年降水量距平分布图

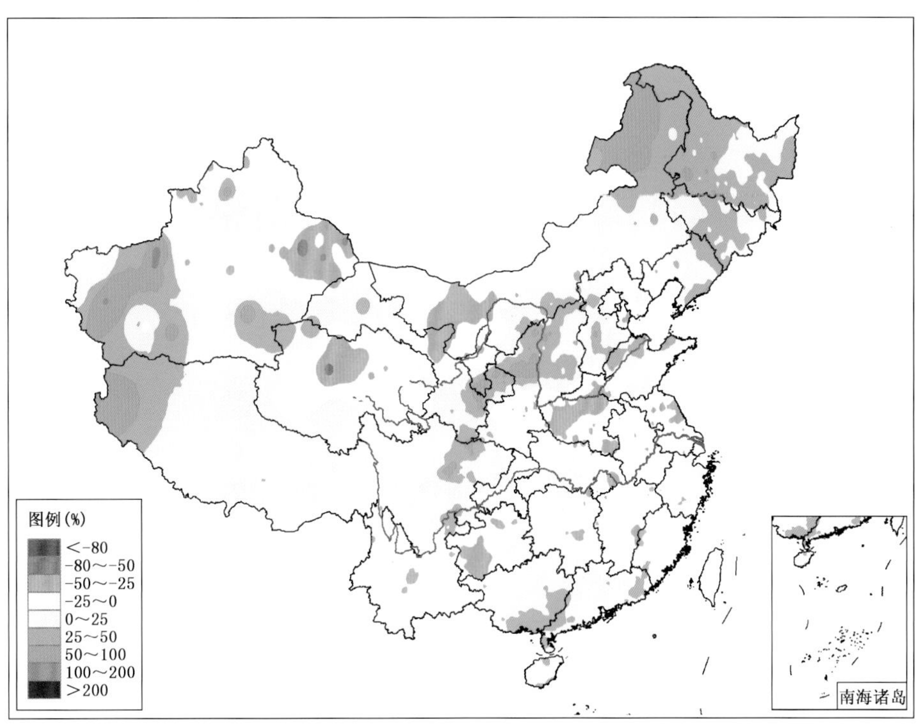

图 1.2.2　2013 年全国降水量距平百分率分布图(单位:%)*

1.2.3　月降水量分布图

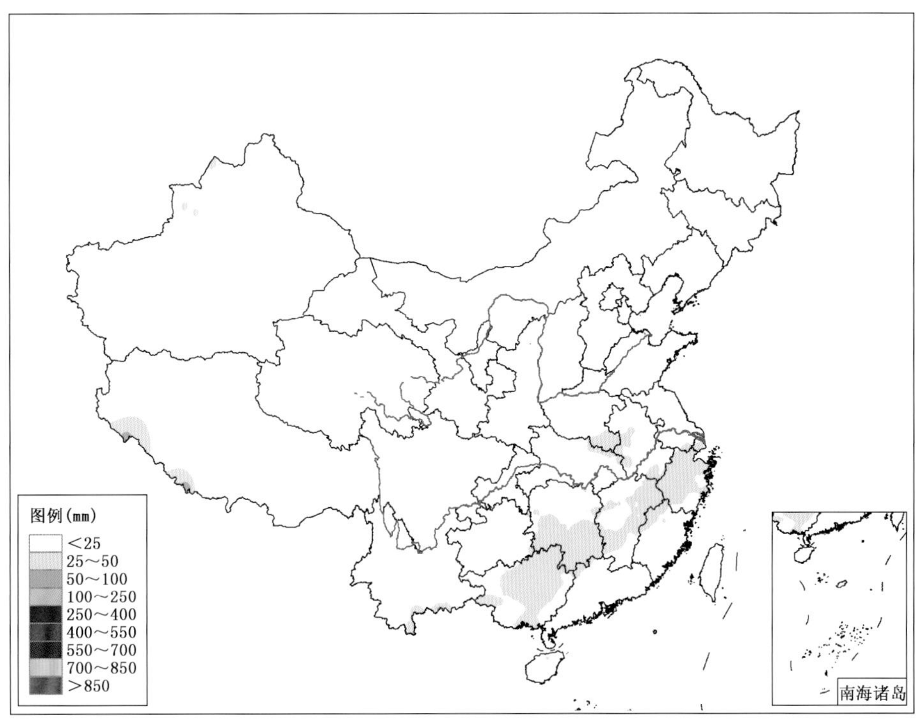

图 1.2.3　2013 年 1 月全国降水量分布图(单位:mm)

* 计算降水距平时,多年平均值采用 1981—2010 年 30 a 平均值,下同。

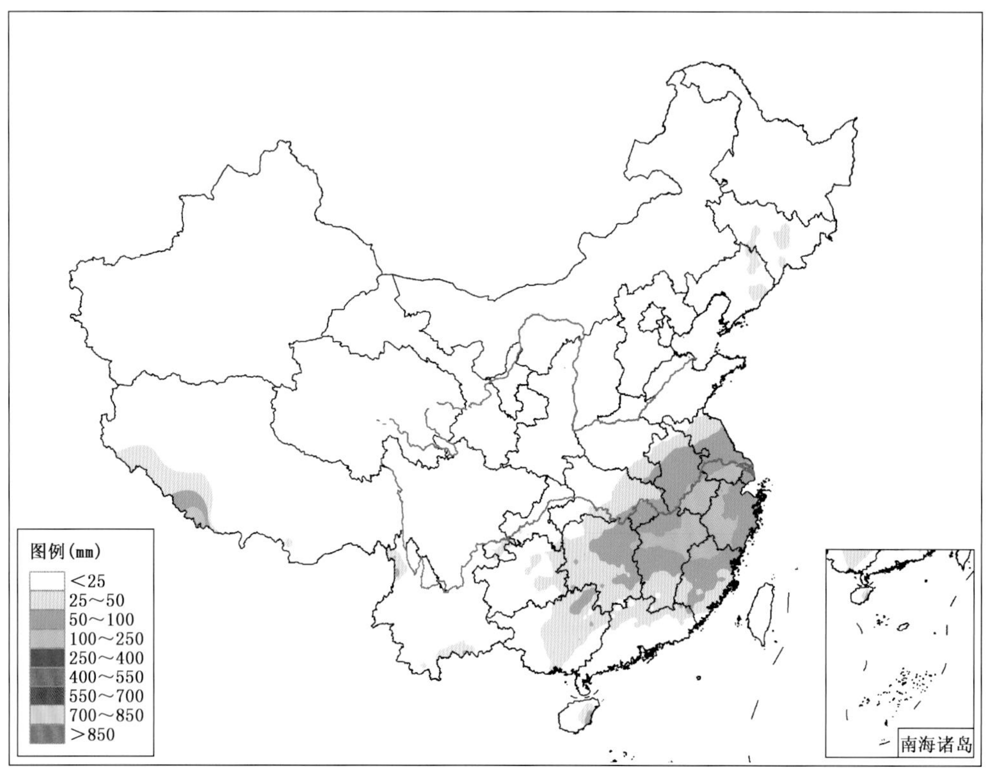

图 1.2.4　2013 年 2 月全国降水量分布图(单位:mm)

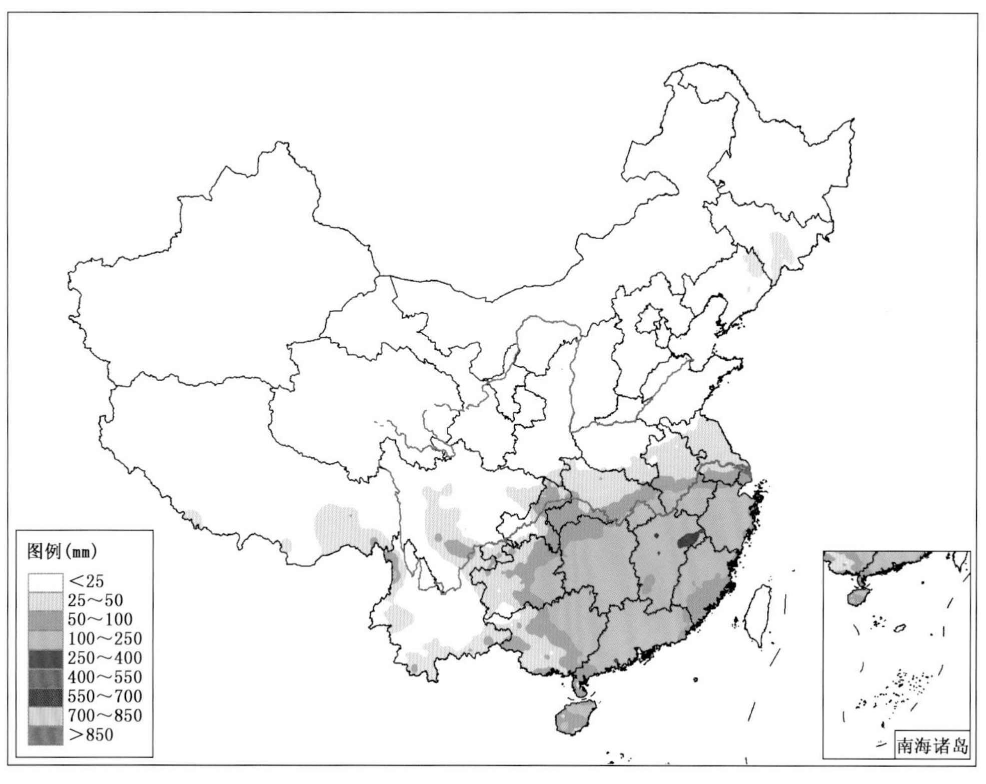

图 1.2.5　2013 年 3 月全国降水量分布图(单位:mm)

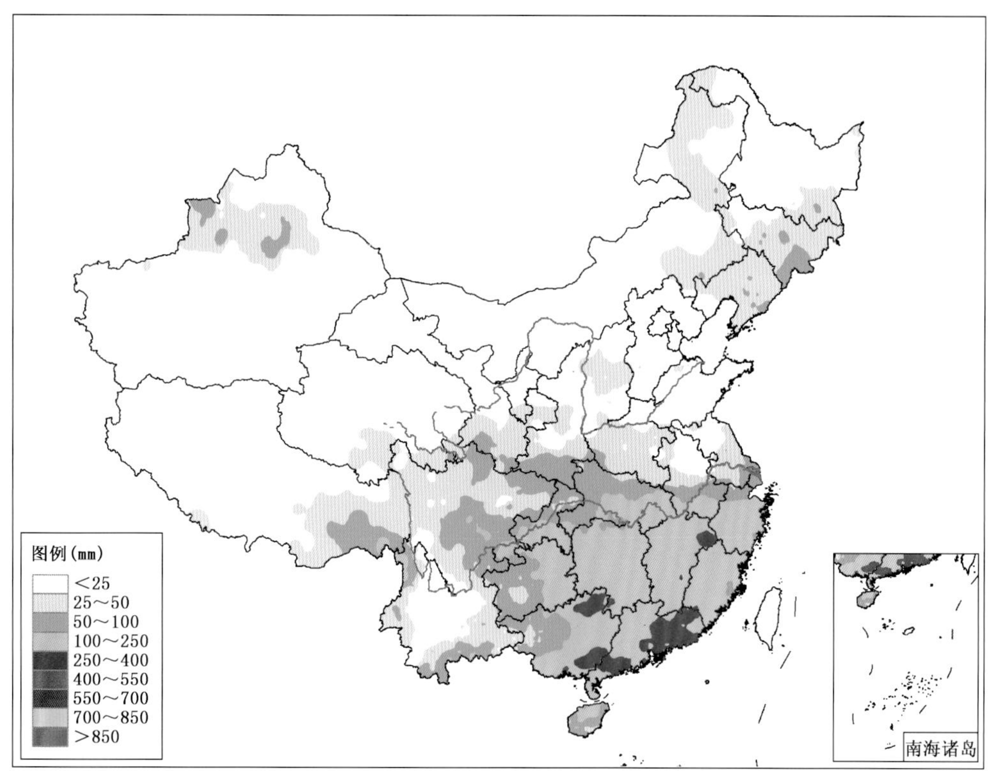

图 1.2.6　2013 年 4 月全国降水量分布图(单位:mm)

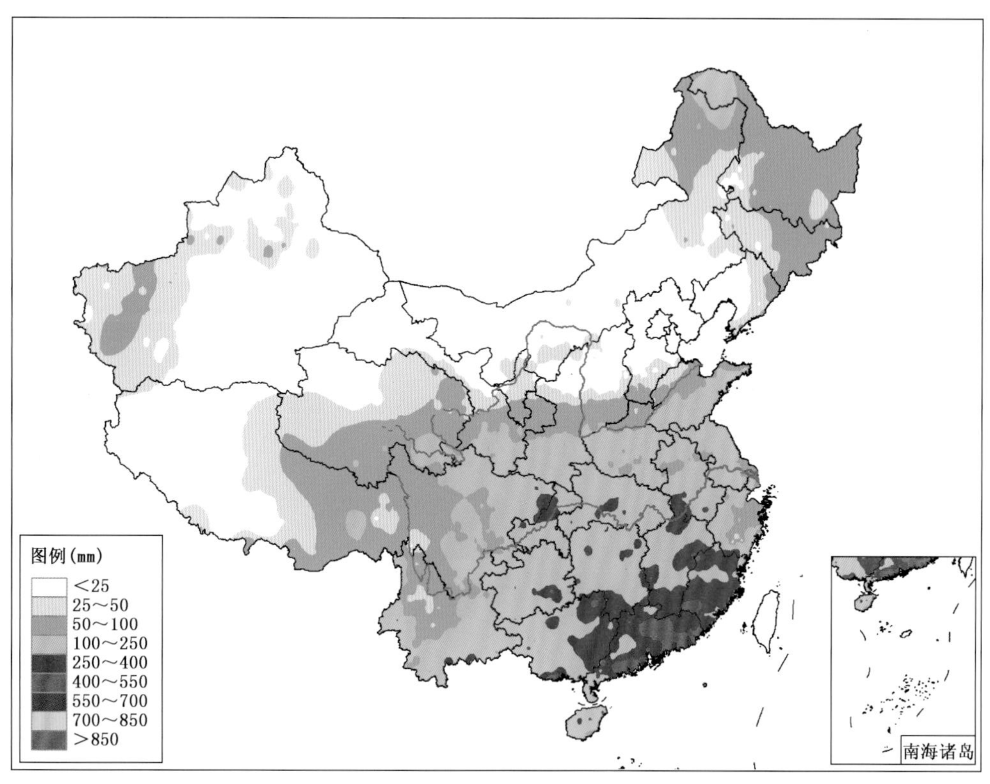

图 1.2.7　2013 年 5 月全国降水量分布图(单位:mm)

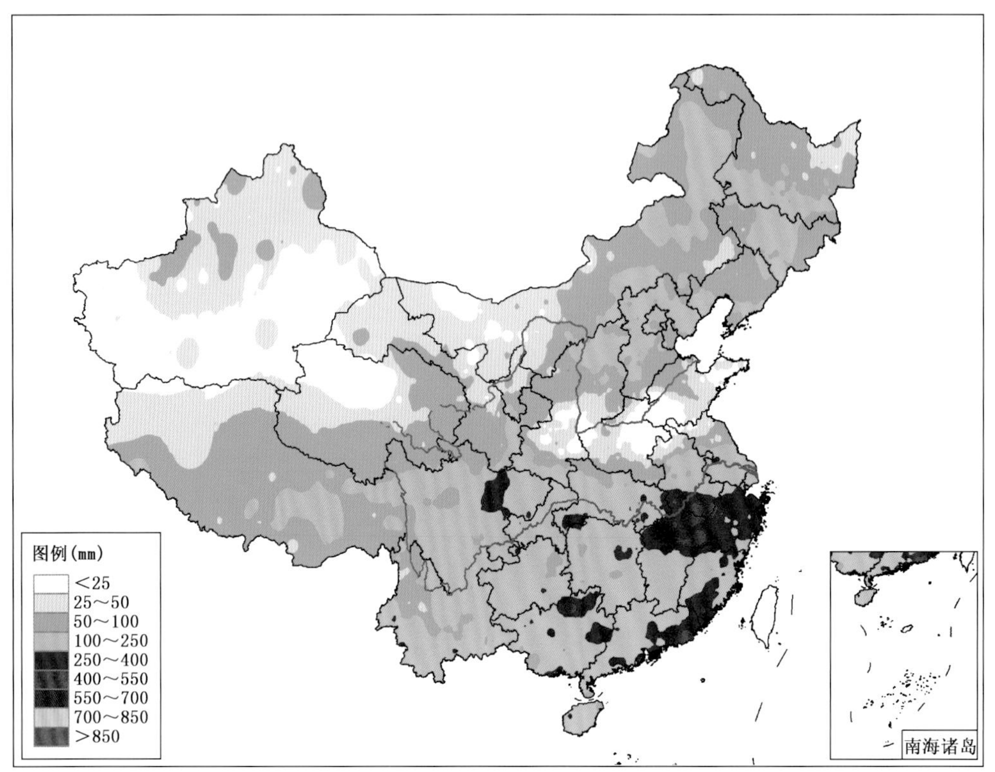

图 1.2.8　2013 年 6 月全国降水量分布图(单位:mm)

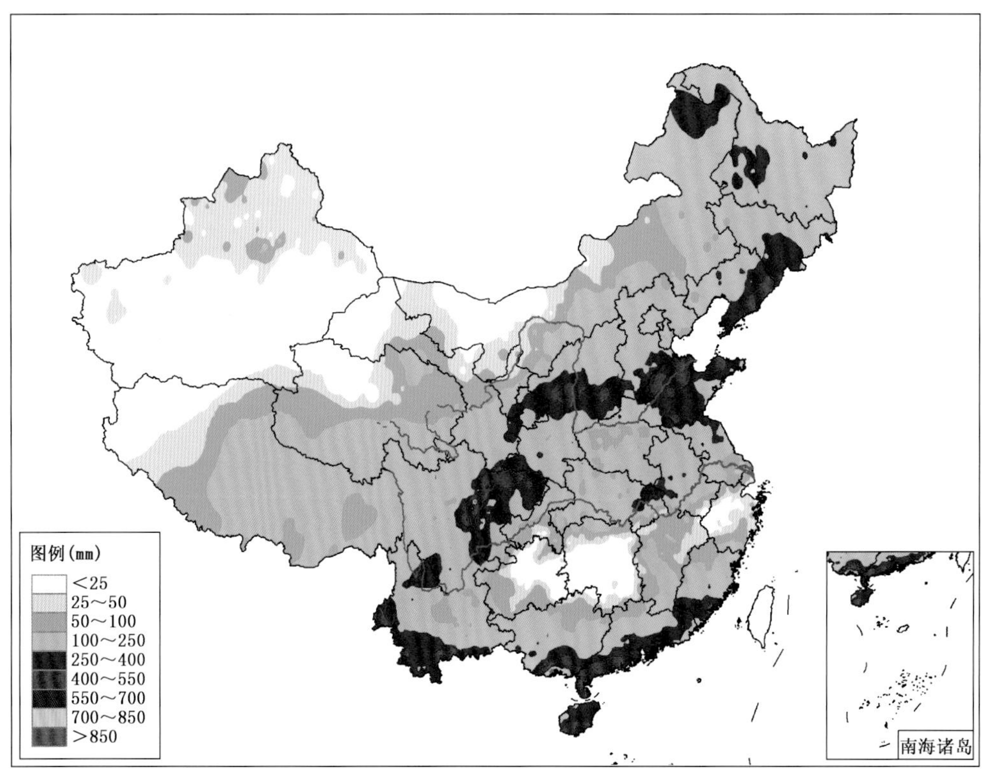

图 1.2.9　2013 年 7 月全国降水量分布图(单位:mm)

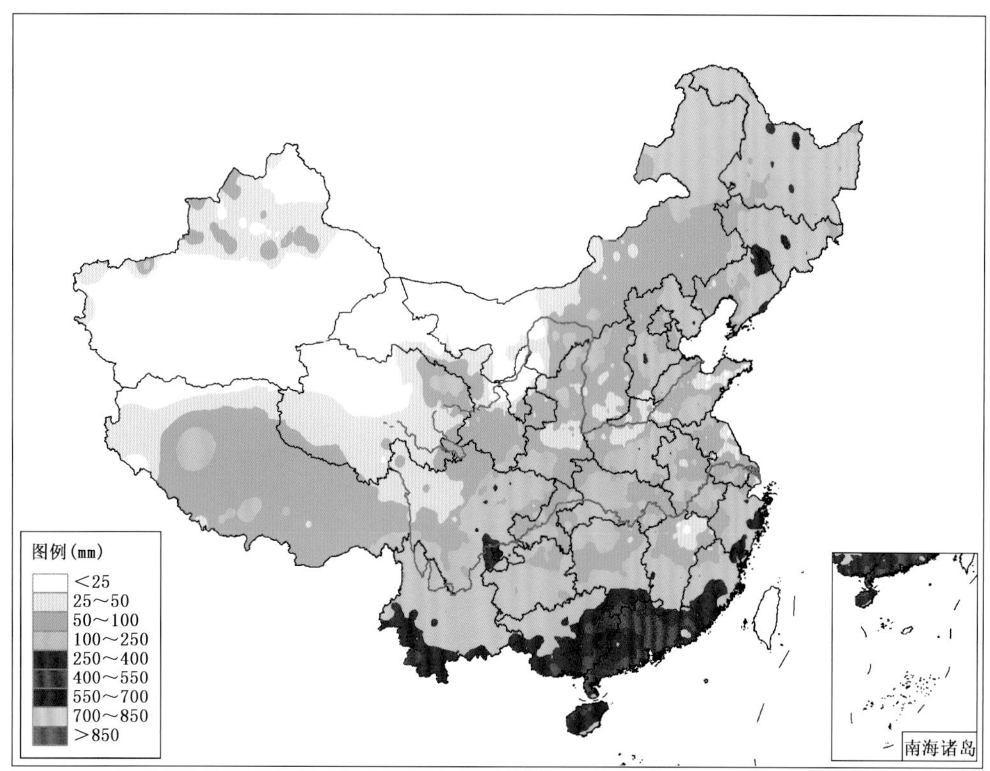

图1.2.10　2013年8月全国降水量分布图(单位:mm)

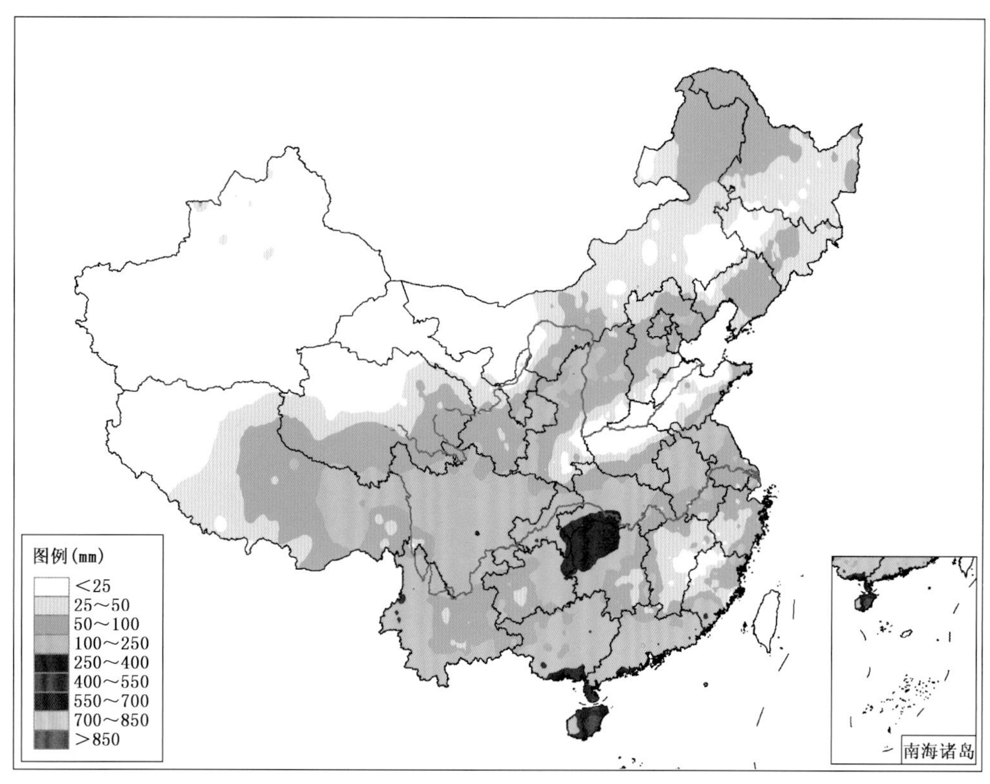

图1.2.11　2013年9月全国降水量分布图(单位:mm)

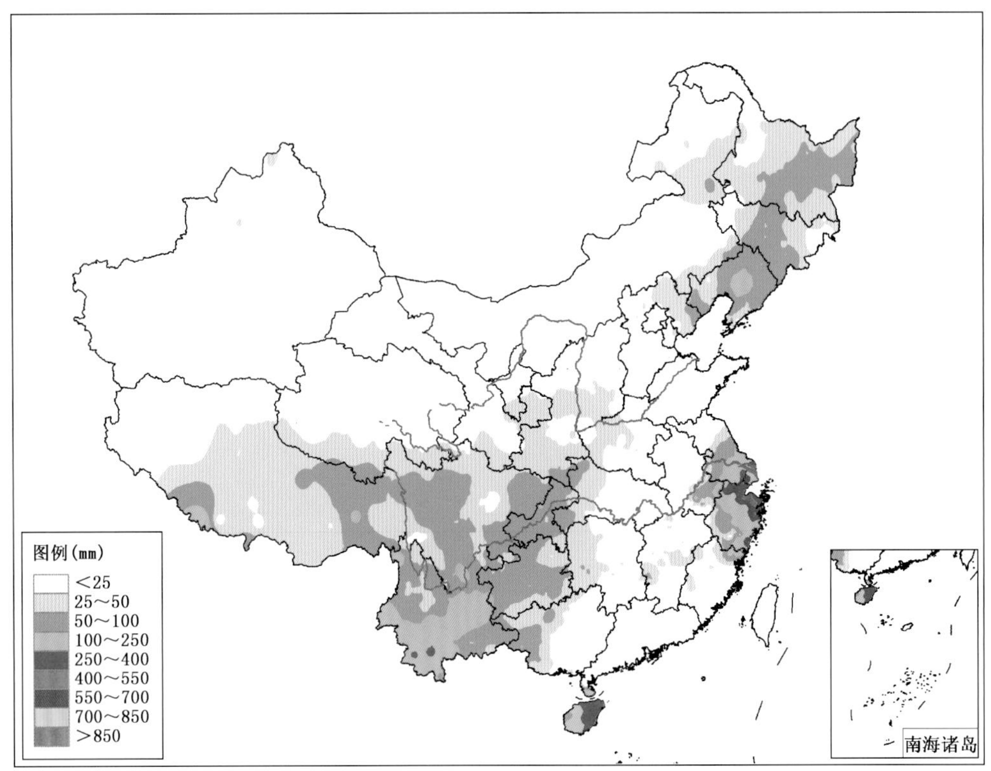

图 1.2.12　2013 年 10 月全国降水量分布图(单位:mm)

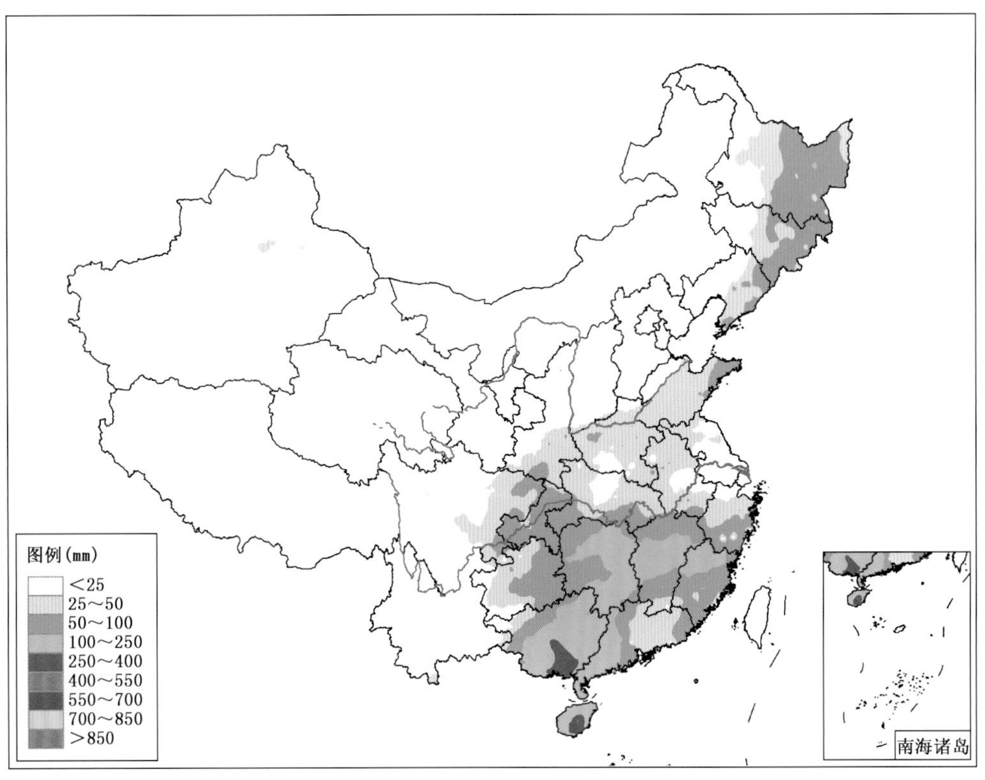

图 1.2.13　2013 年 11 月全国降水量分布图(单位:mm)

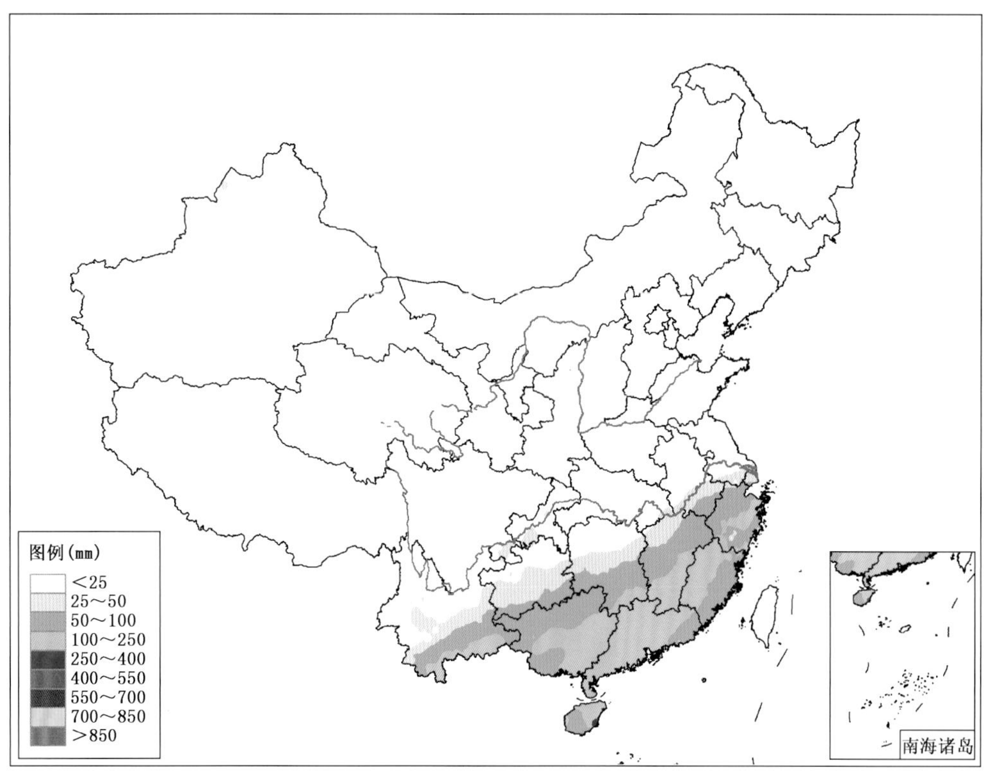

图 1.2.14　2013 年 12 月全国降水量分布图(单位:mm)

1.2.4　月降水量距平分布图

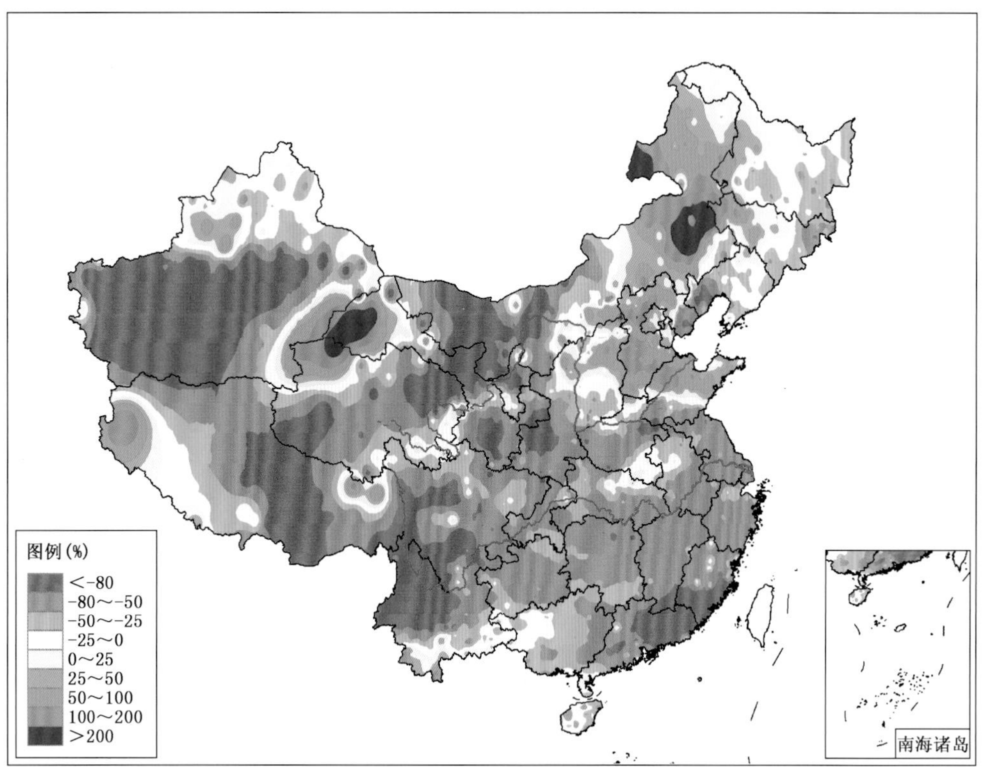

图 1.2.15　2013 年 1 月全国降水量距平百分率分布图(单位:%)

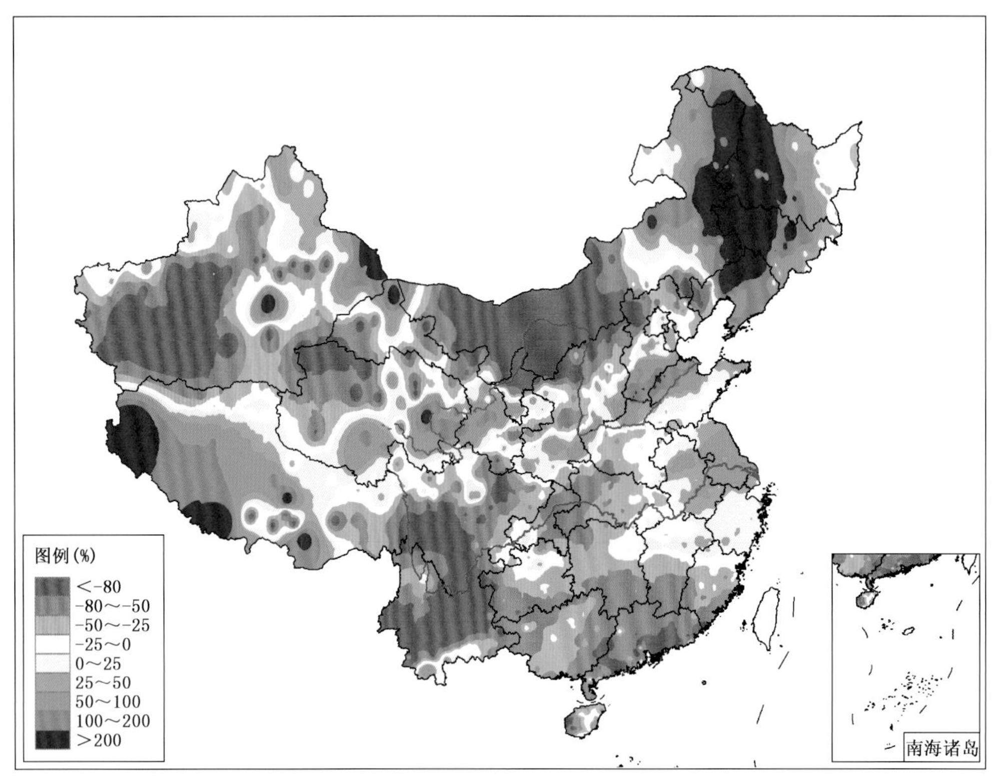

图 1.2.16　2013 年 2 月全国降水量距平百分率分布图(单位:%)

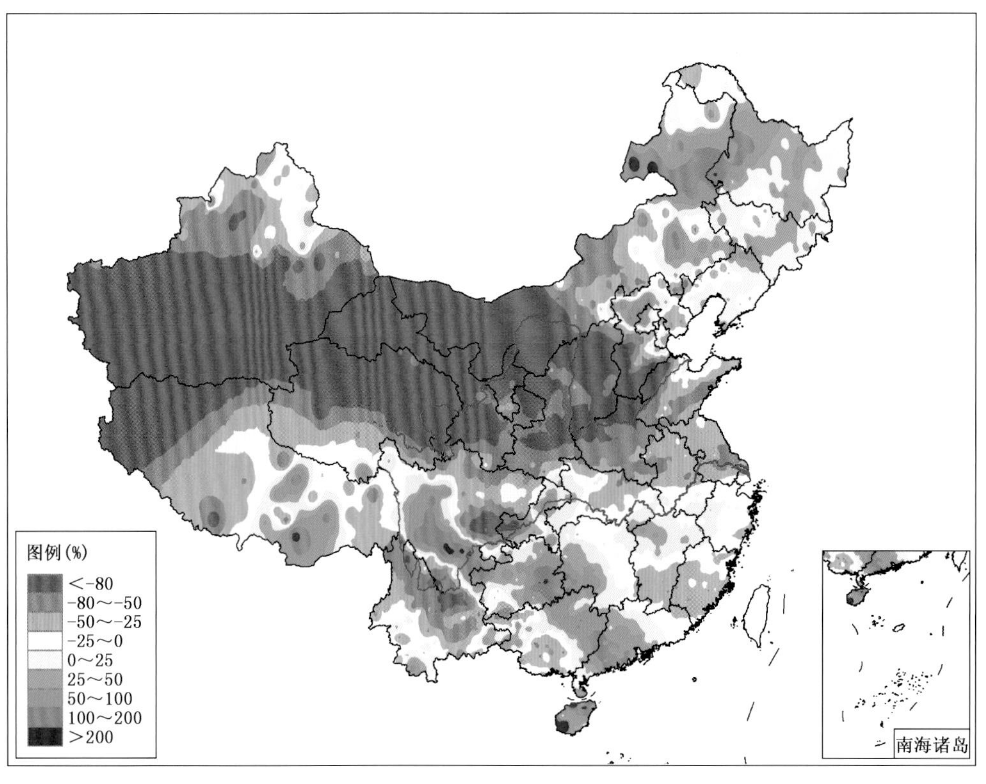

图 1.2.17　2013 年 3 月全国降水量距平百分率分布图(单位:%)

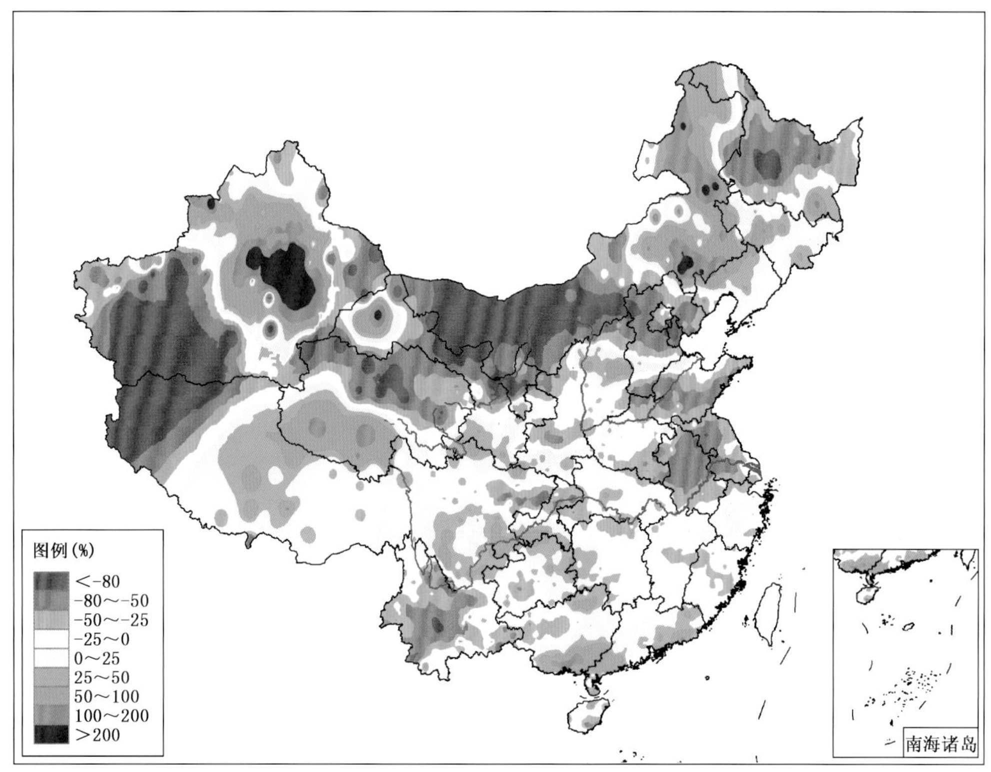

图 1.2.18　2013 年 4 月全国降水量距平百分率分布图(单位:%)

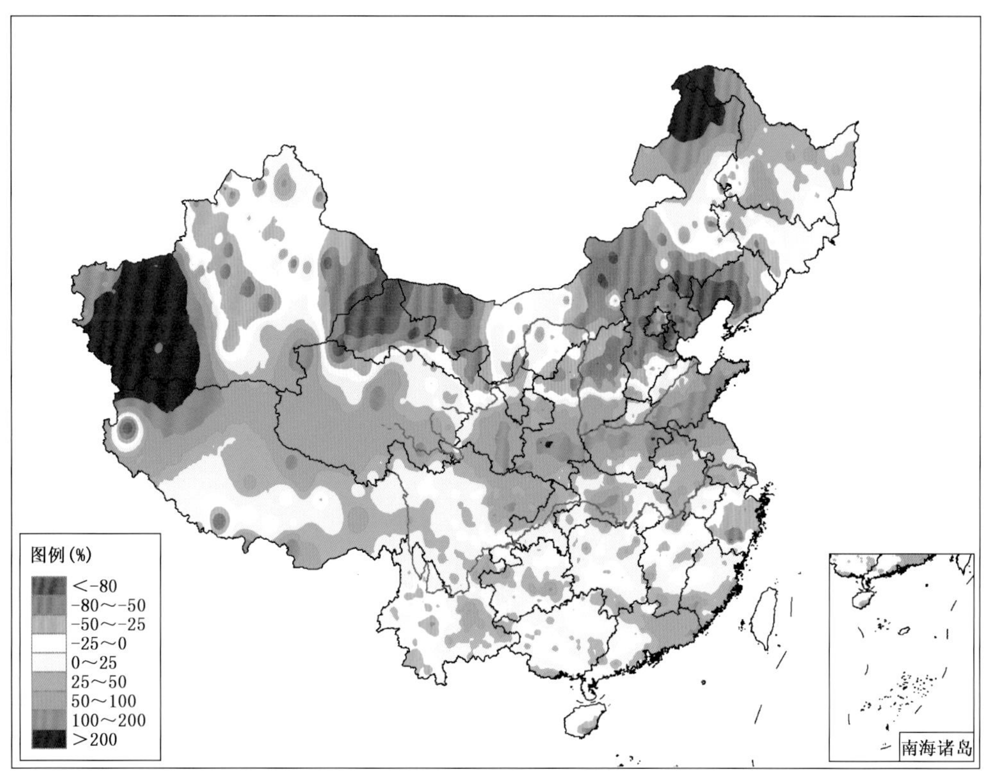

图 1.2.19　2013 年 5 月全国降水量距平百分率分布图(单位:%)

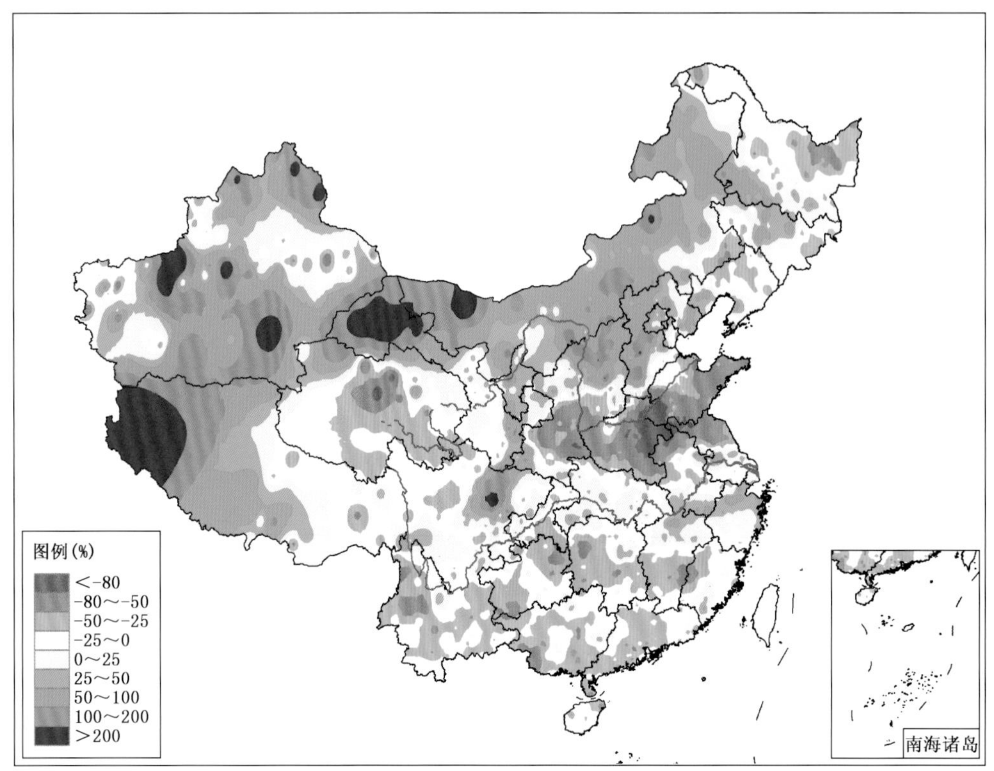

图 1.2.20　2013 年 6 月全国降水量距平百分率分布图(单位:%)

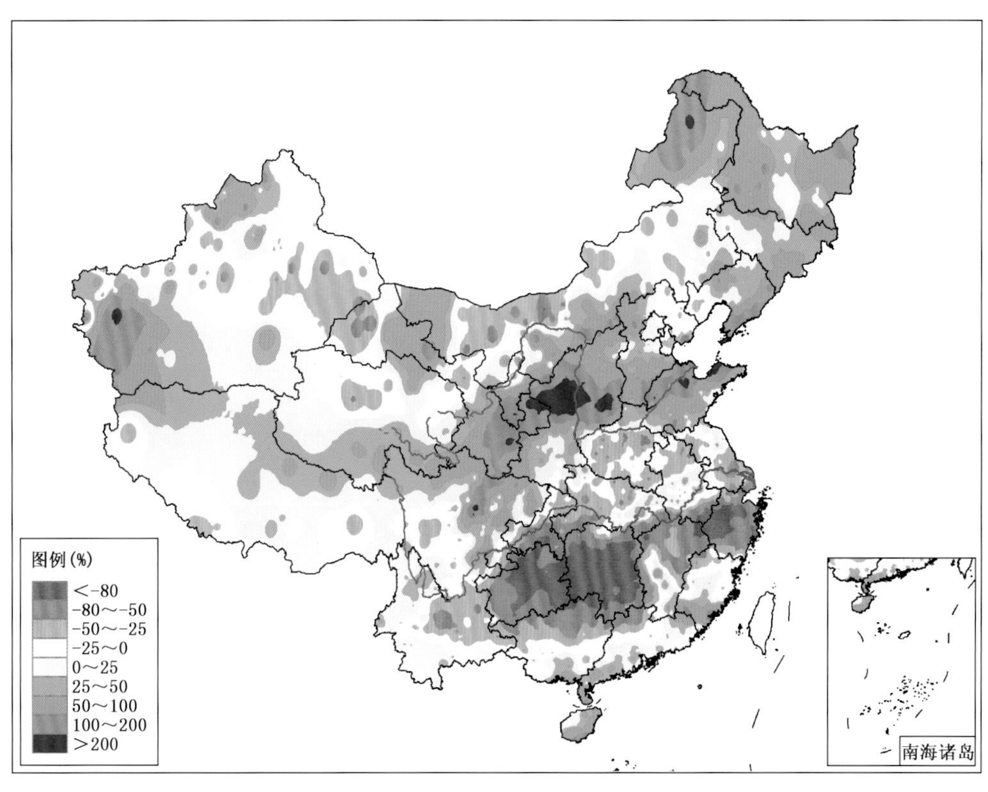

图 1.2.21　2013 年 7 月全国降水量距平百分率分布图(单位:%)

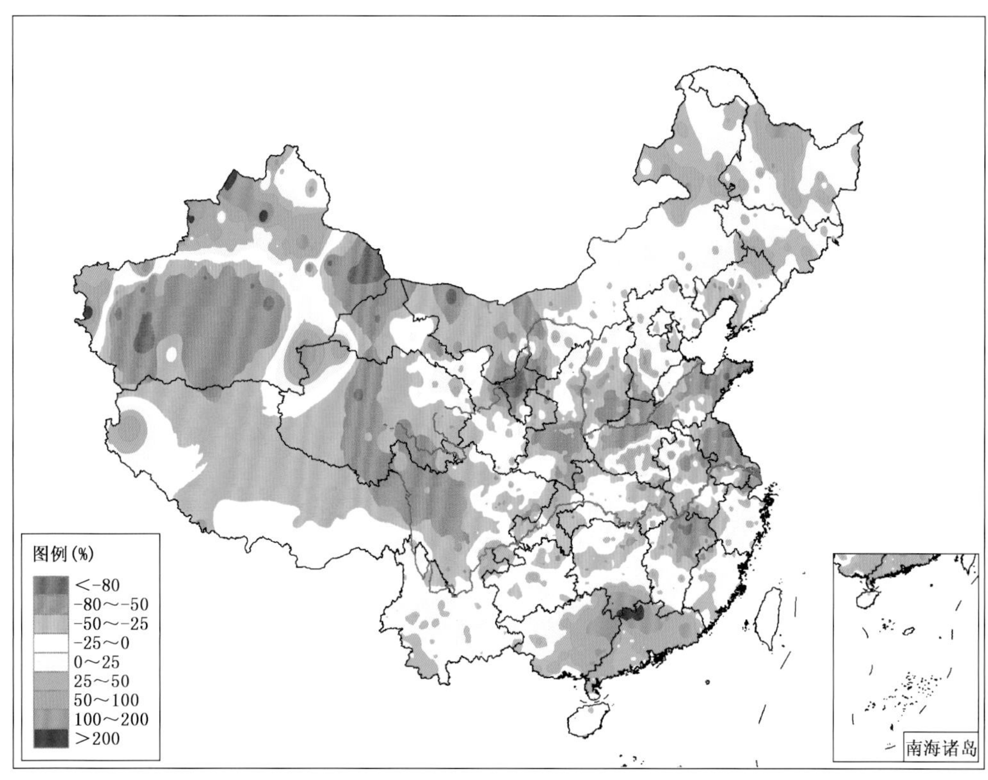

图1.2.22　2013年8月全国降水量距平百分率分布图(单位:%)

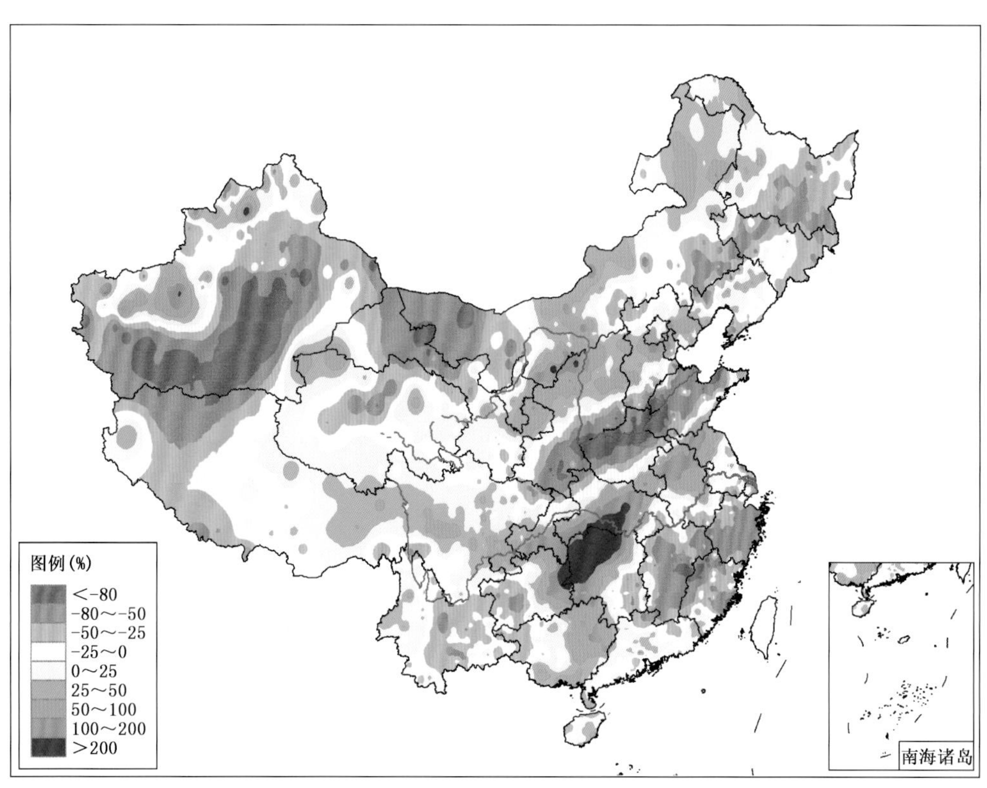

图1.2.23　2013年9月全国降水量距平百分率分布图(单位:%)

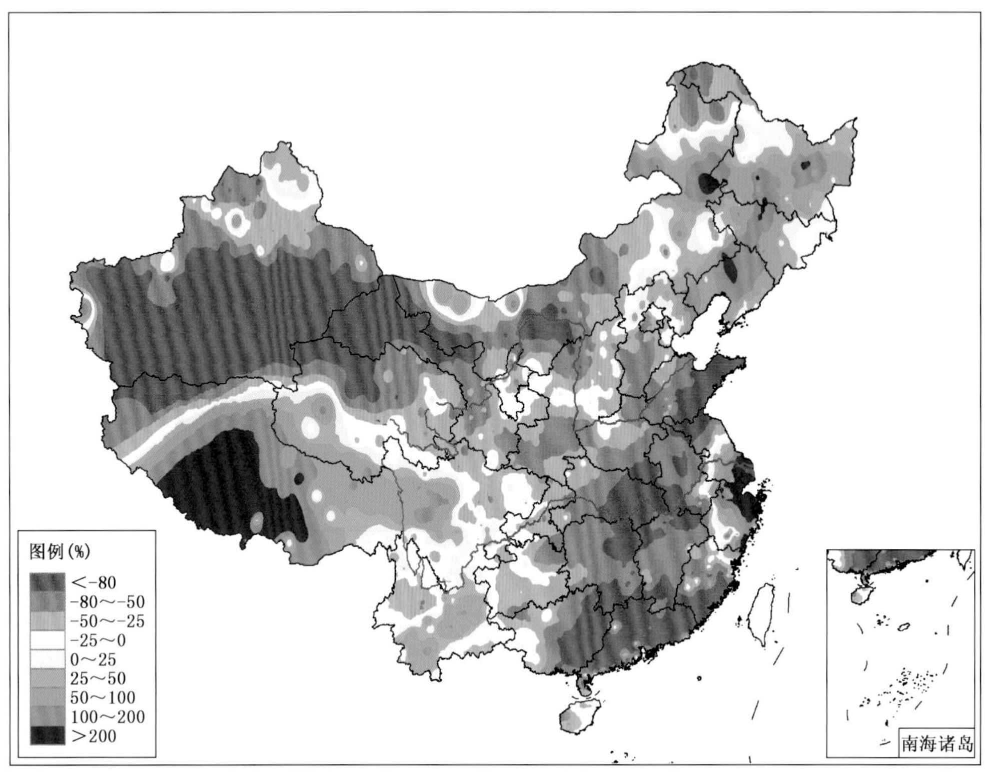

图 1.2.24　2013 年 10 月全国降水量距平百分率分布图(单位:%)

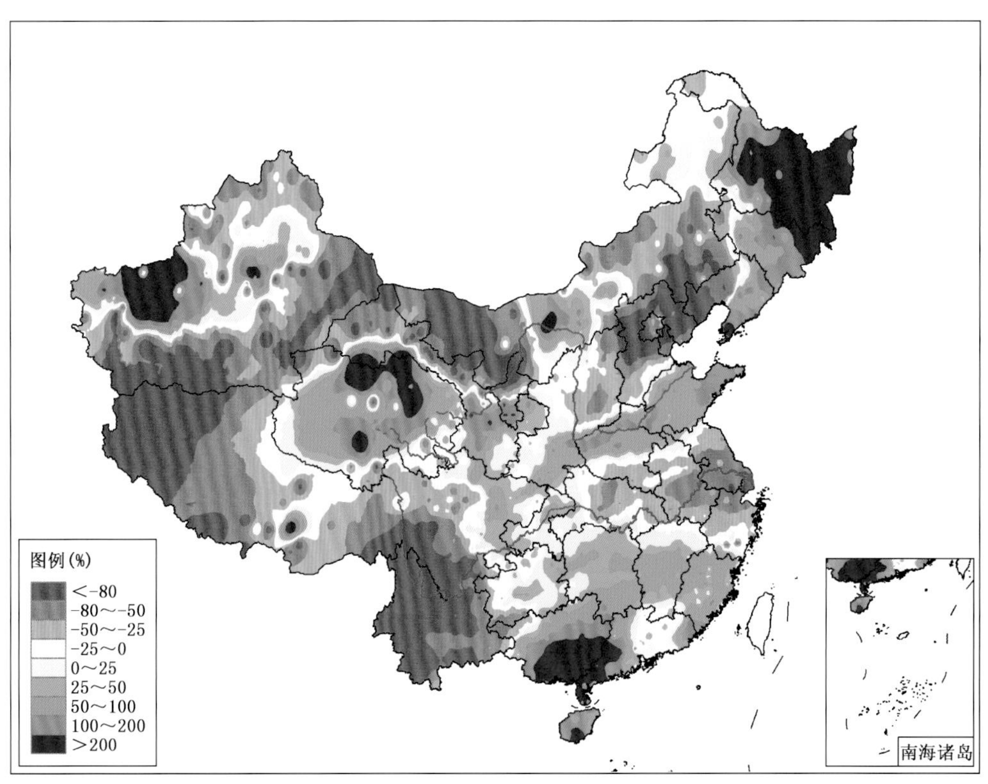

图 1.2.25　2013 年 11 月全国降水量距平百分率分布图(单位:%)

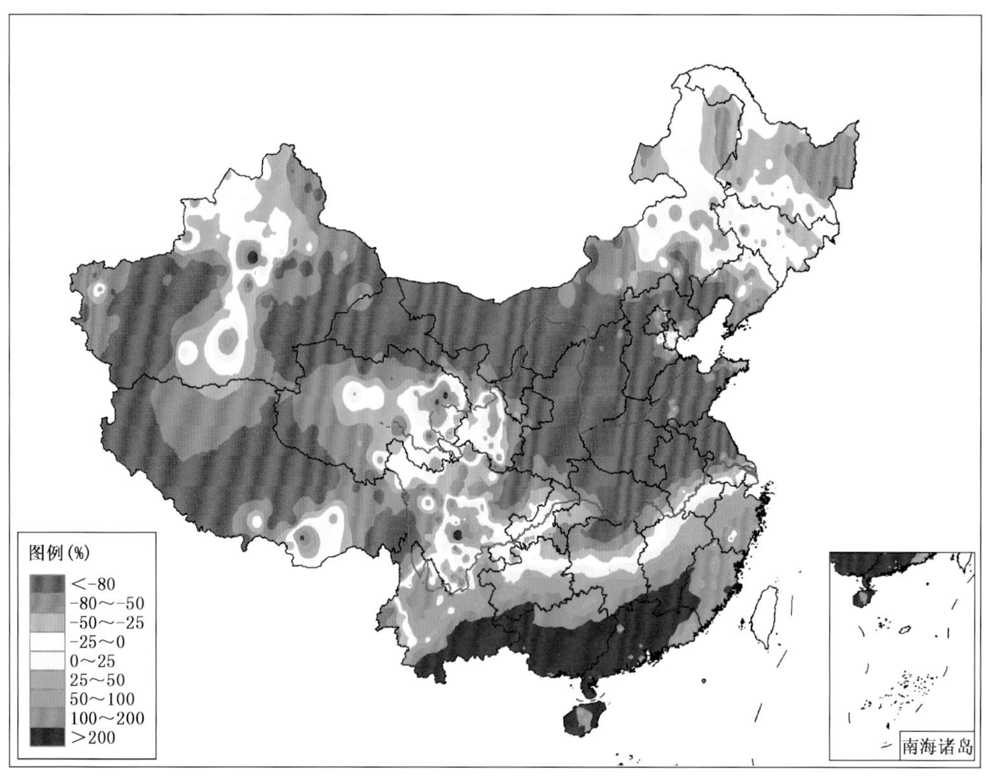

图1.2.26　2013年12月全国降水量距平百分率分布图(单位:%)

1.2.5　年暴雨(≥50.0 mm/d)雨量占年总降水量百分比

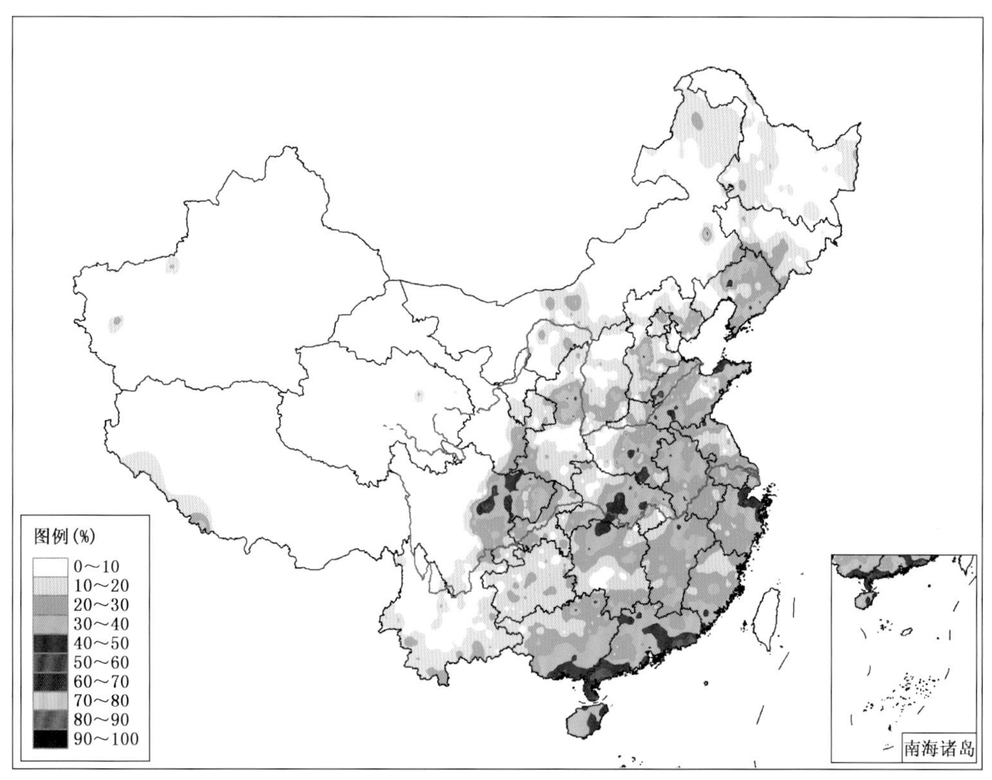

图1.2.27　2013年暴雨雨量占年总降水量百分比(单位:%)

1.2.6　月暴雨(≥50.0 mm/d)雨量占月总降水量百分比

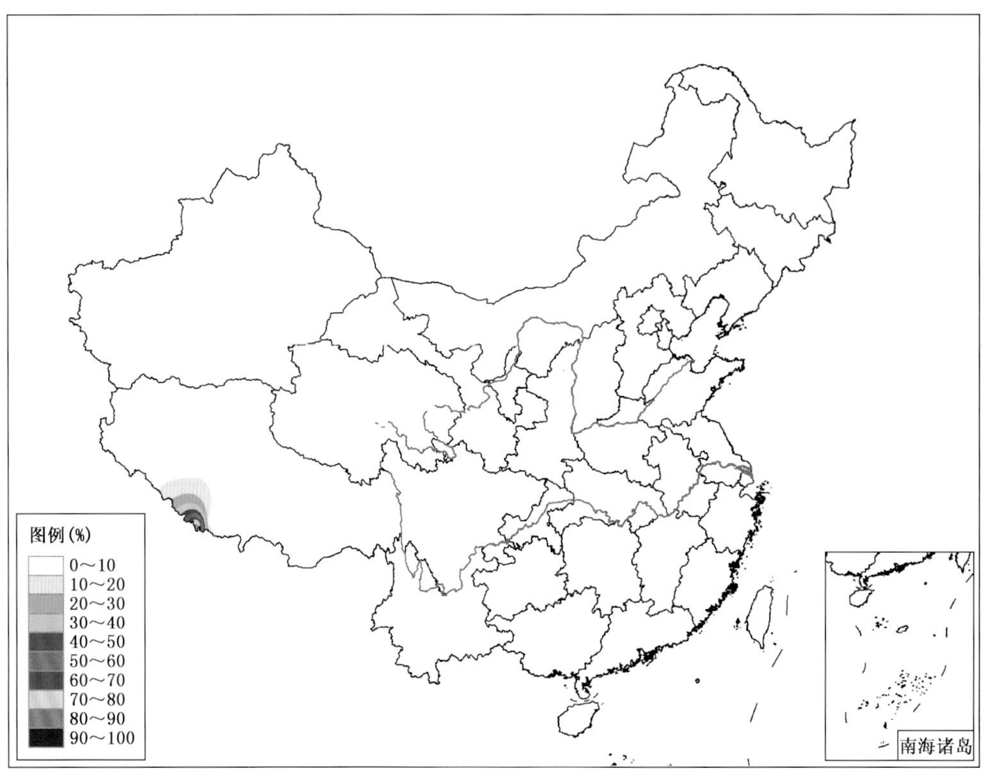

图 1.2.28　2013 年 1 月暴雨雨量占当月总降水量百分比(单位:%)

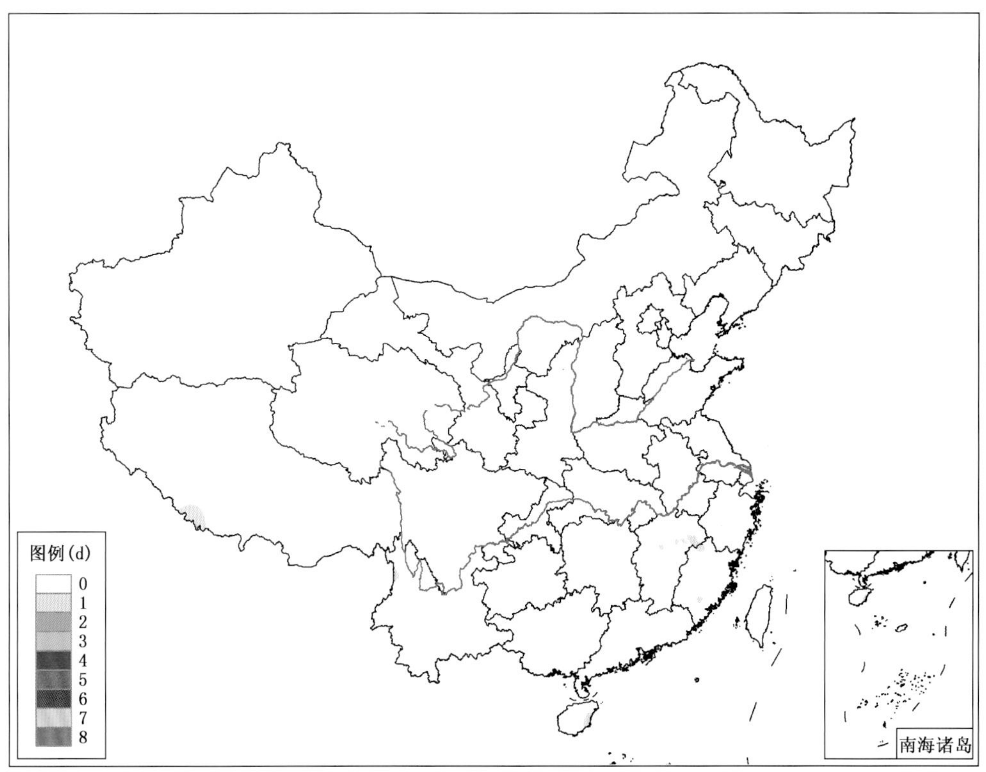

图 1.2.29　2013 年 2 月暴雨雨量占当月总降水量百分比(单位:%)

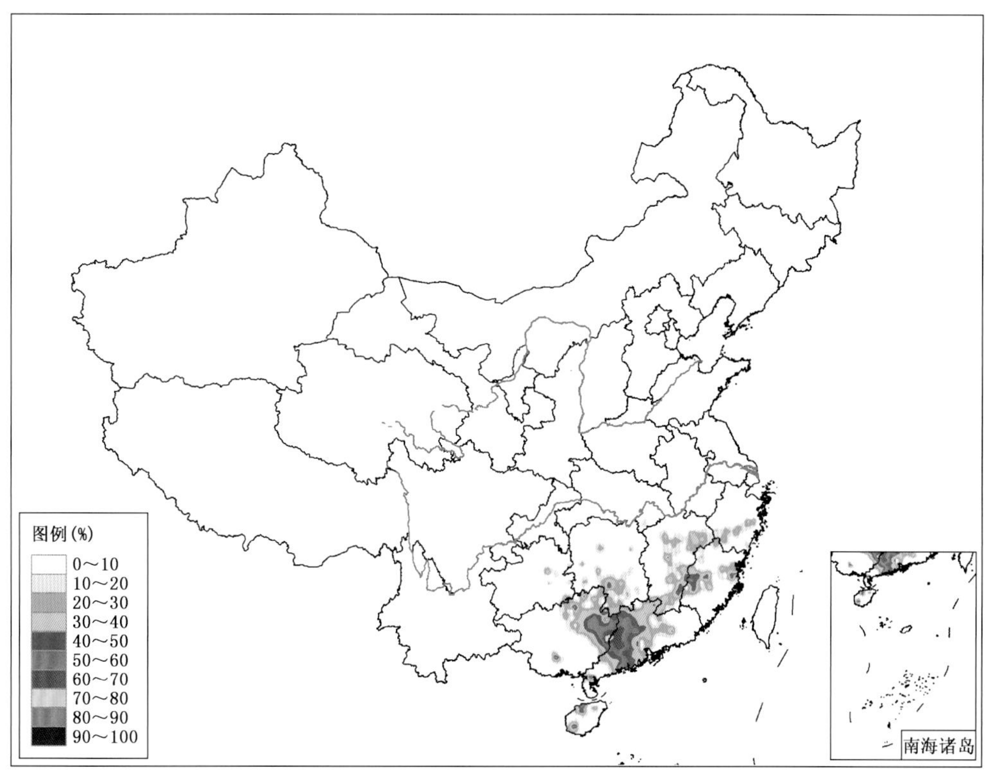

图1.2.30　2013年3月暴雨雨量占当月总降水量百分比(单位:%)

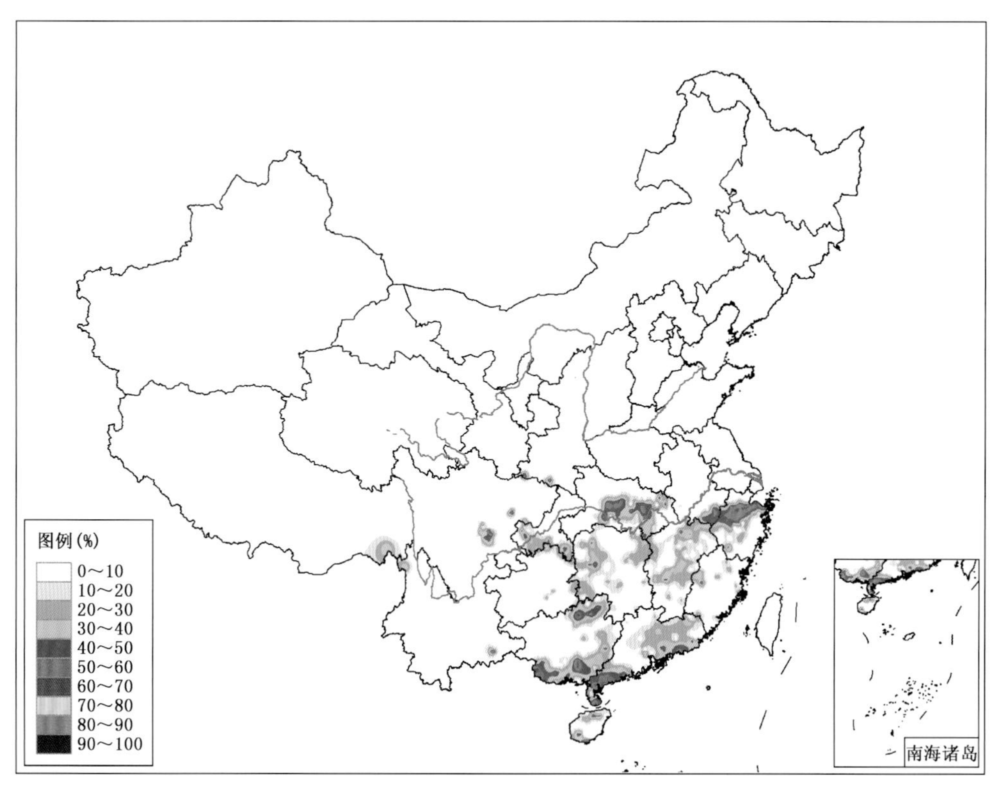

图1.2.31　2013年4月暴雨雨量占当月总降水量百分比(单位:%)

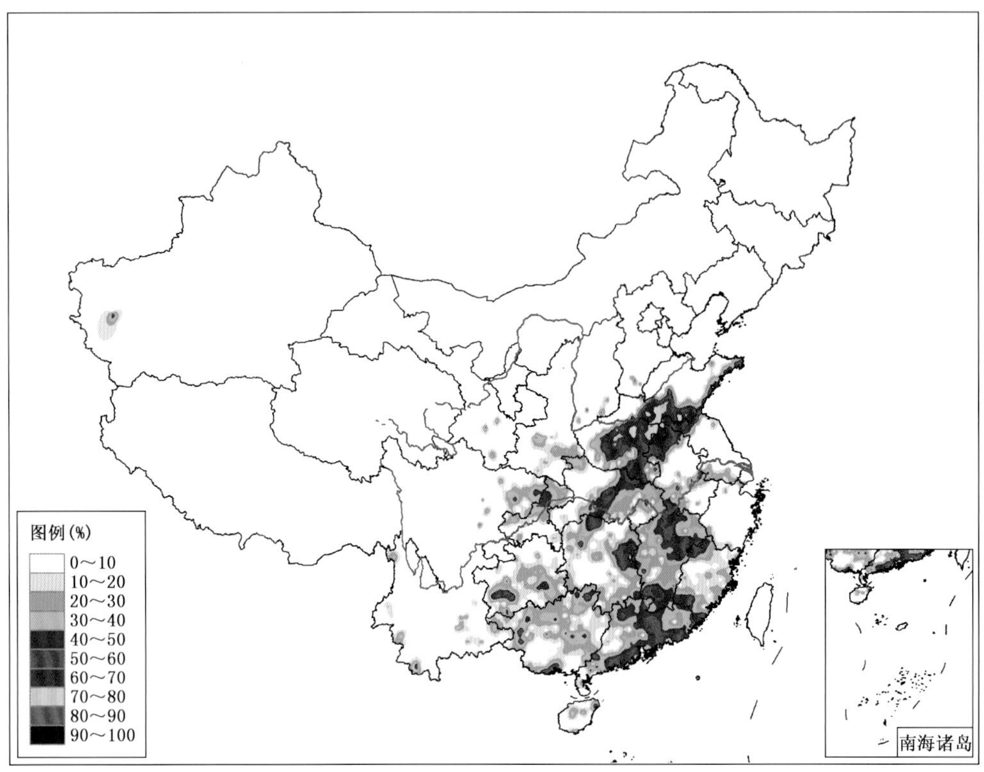

图 1.2.32　2013 年 5 月暴雨雨量占当月总降水量百分比(单位:%)

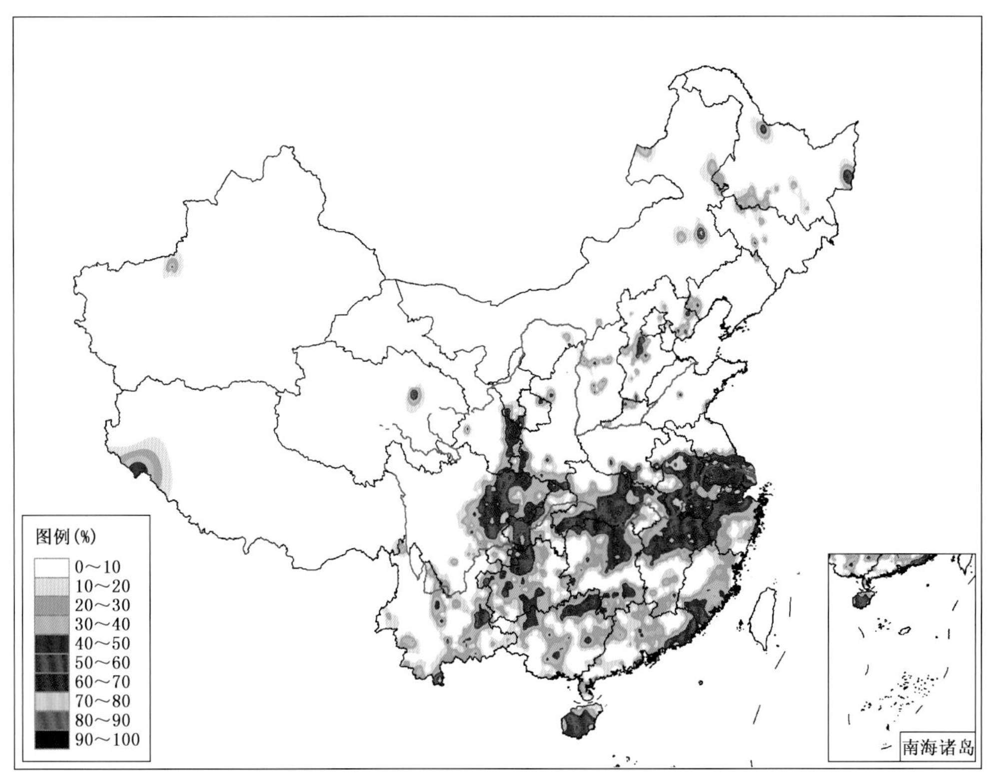

图 1.2.33　2013 年 6 月暴雨雨量占当月总降水量百分比(单位:%)

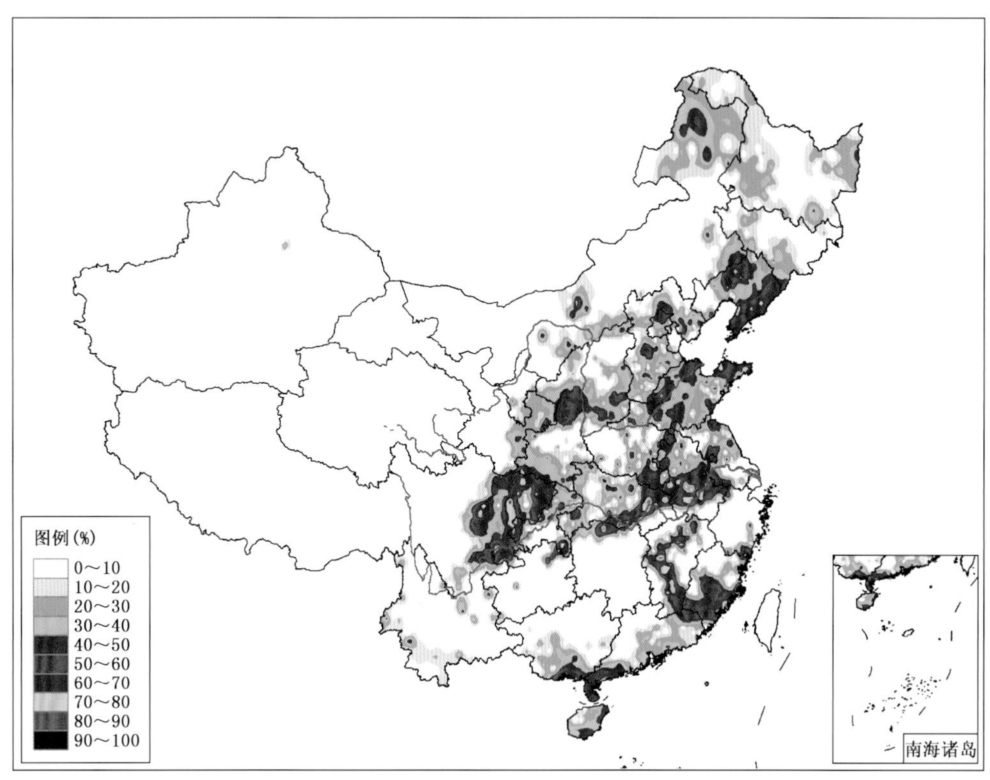

图 1.2.34　2013年7月暴雨雨量占当月总降水量百分比(单位:%)

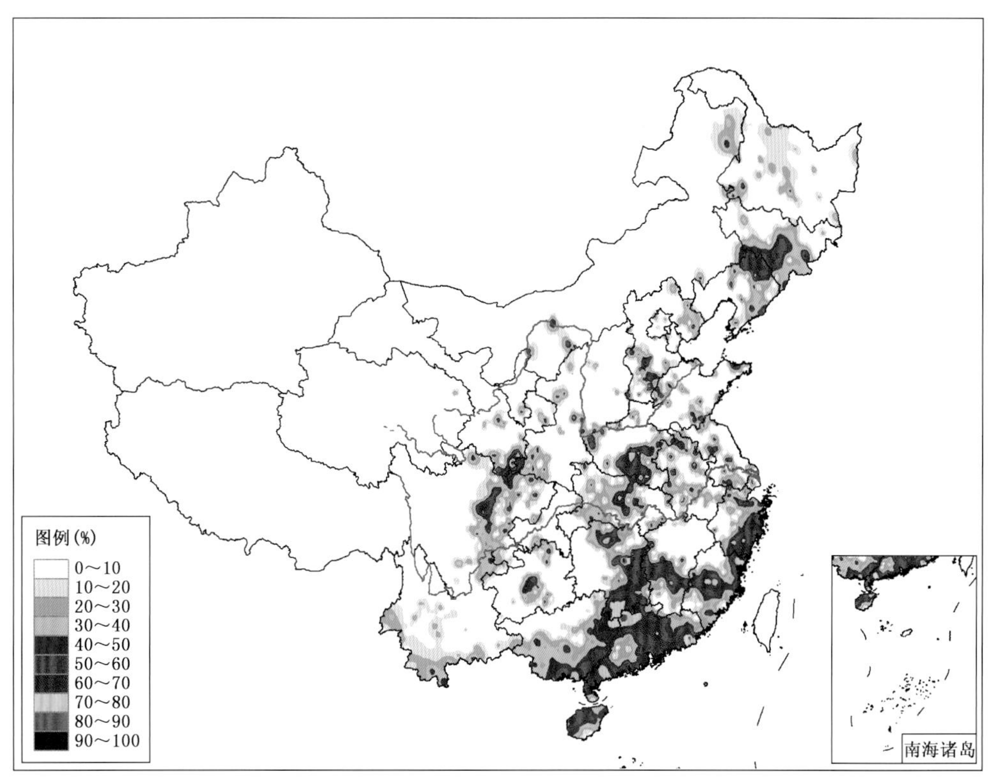

图 1.2.35　2013年8月暴雨雨量占当月总降水量百分比(单位:%)

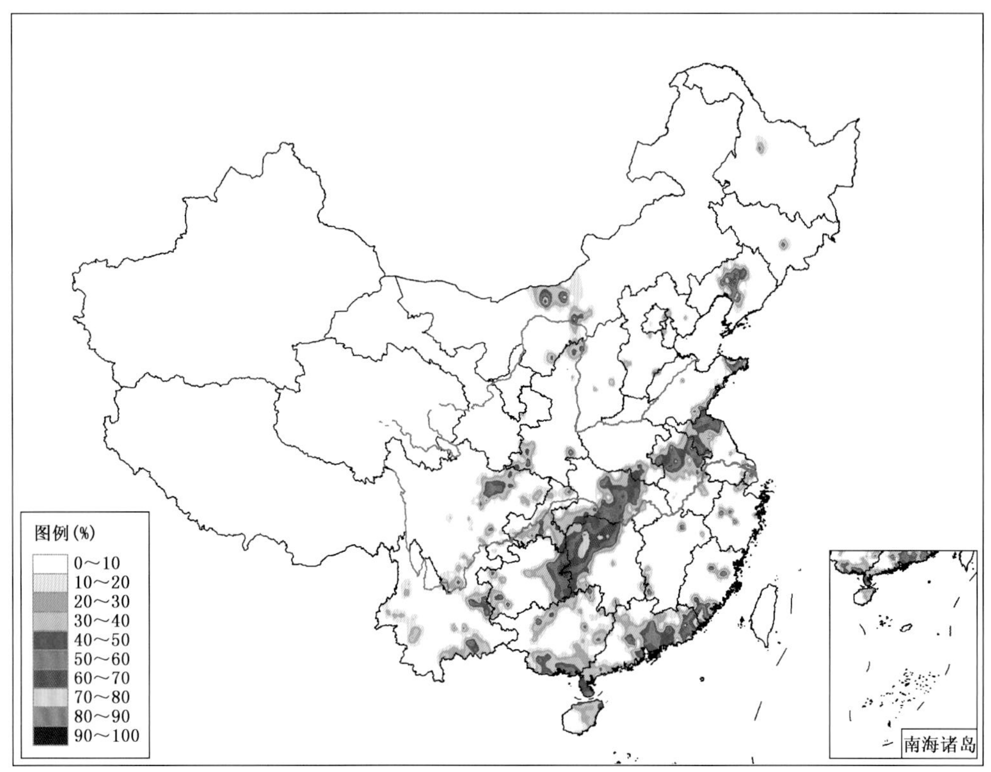

图 1.2.36　2013 年 9 月暴雨雨量占当月总降水量百分比(单位:%)

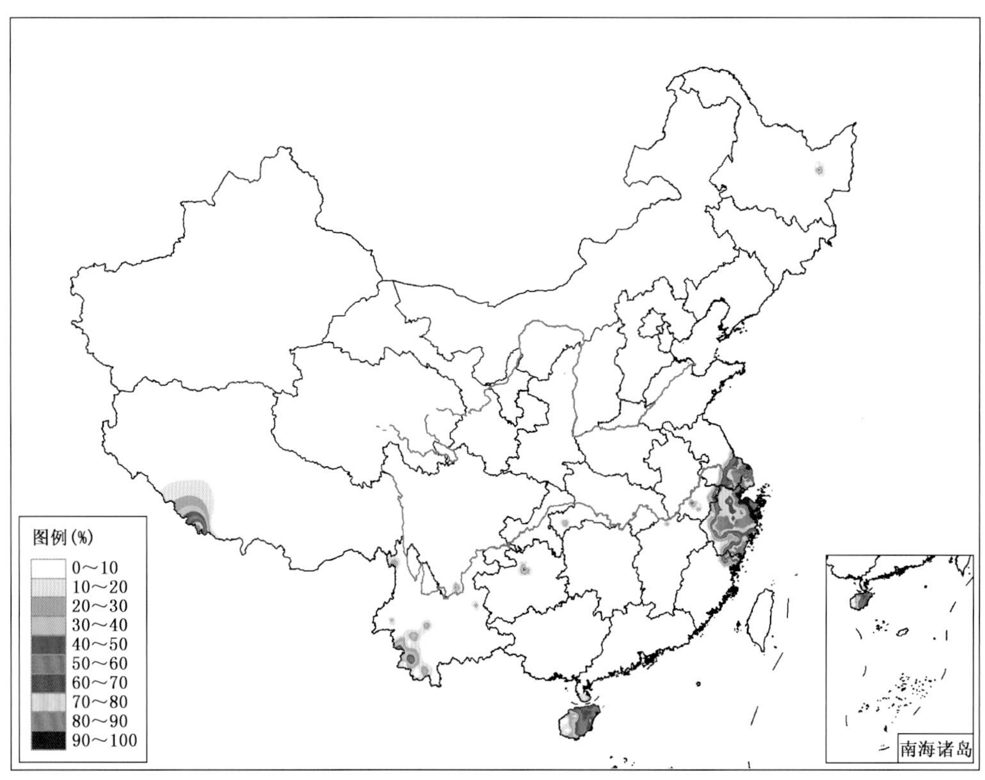

图 1.2.37　2013 年 10 月暴雨雨量占当月总降水量百分比(单位:%)

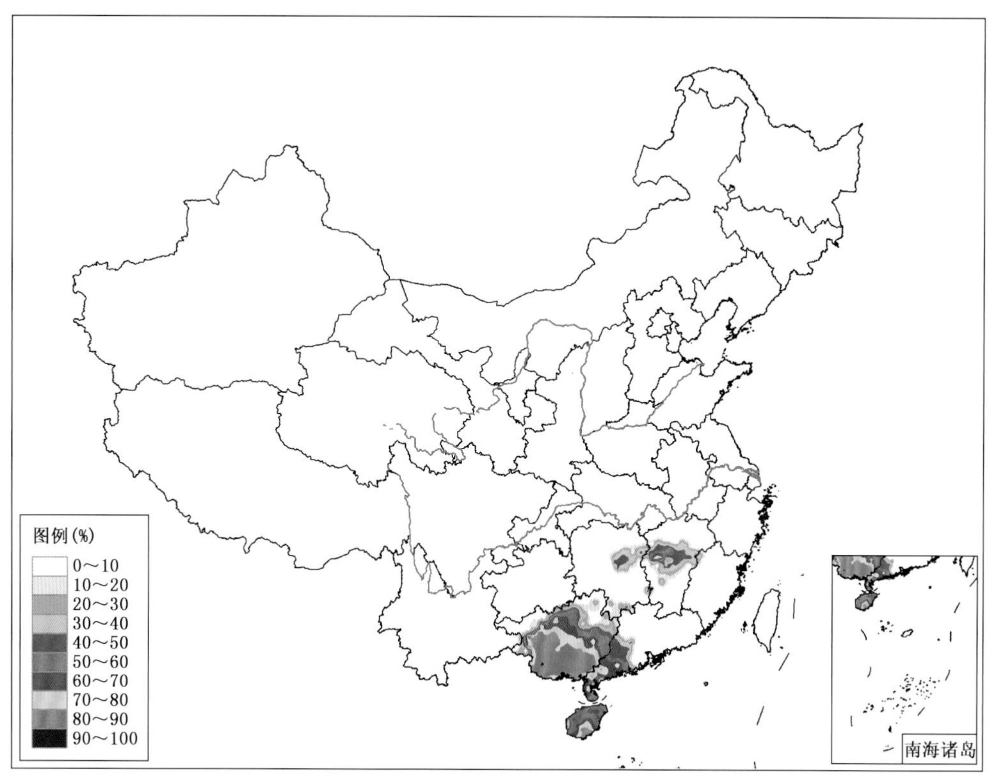

图 1.2.38　2013年11月暴雨雨量占当月总降水量百分比(单位:%)

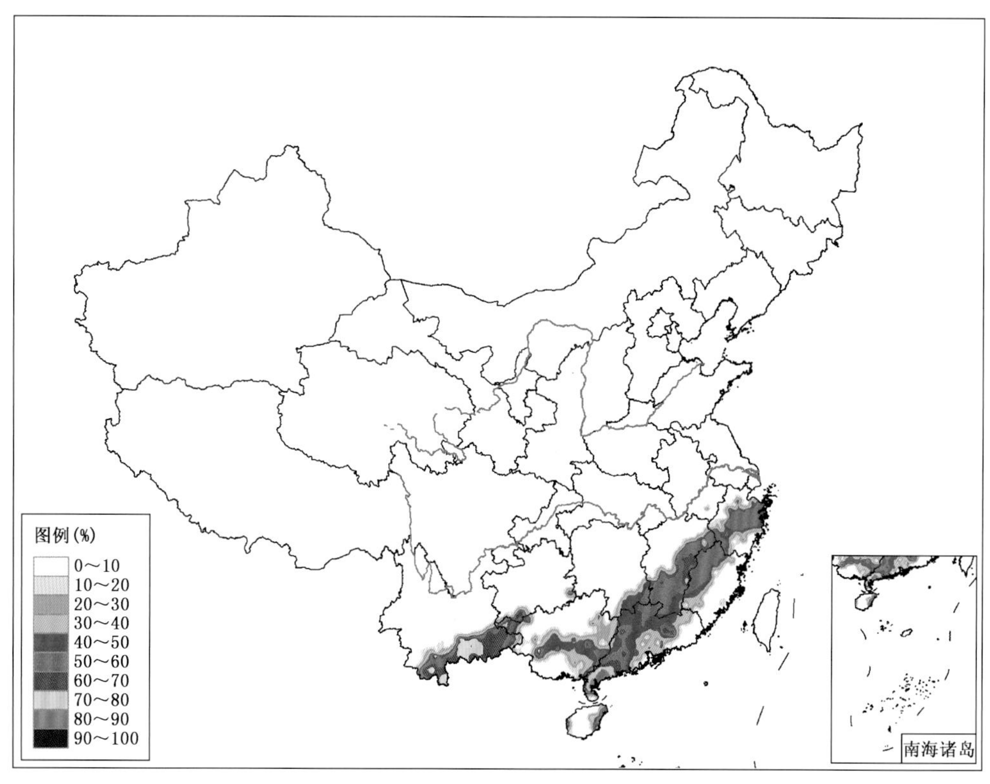

图 1.2.39　2013年12月暴雨雨量占当月总降水量百分比(单位:%)

1.3　2013 年不同级别暴雨概况

1.3.1　年暴雨(≥50.0 mm/d)日数分布图

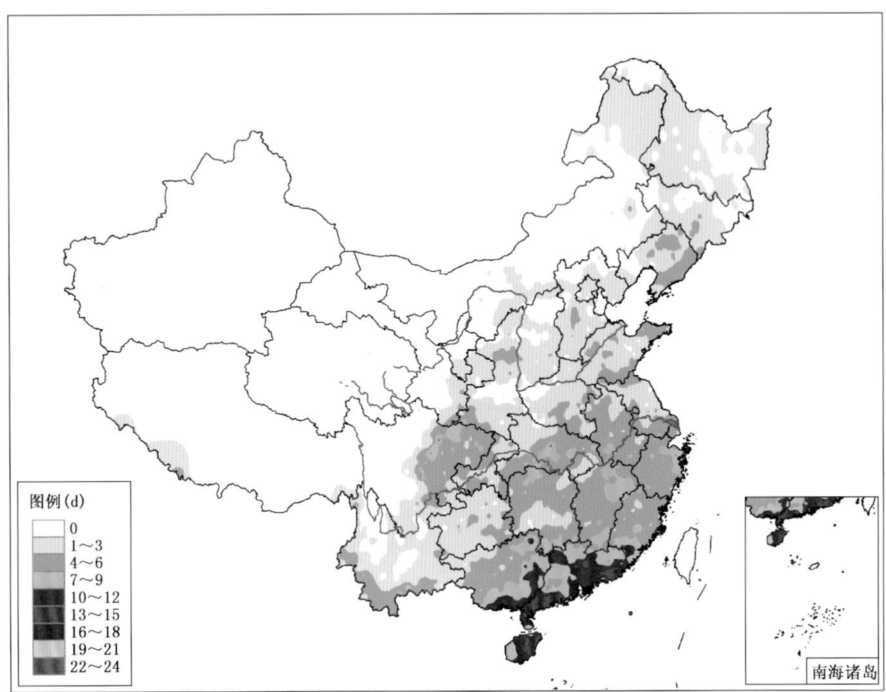

图 1.3.1　2013 年暴雨日数分布图(单位:d)

1.3.2　月暴雨(≥50.0 mm/d)日数分布图

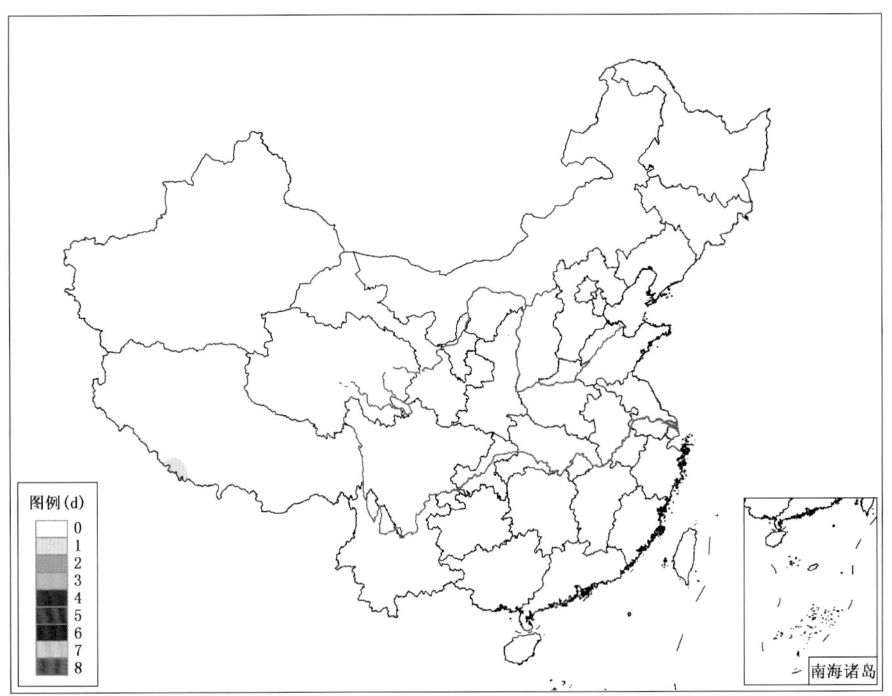

图 1.3.2　2013 年 1 月暴雨日数分布图(单位:d)

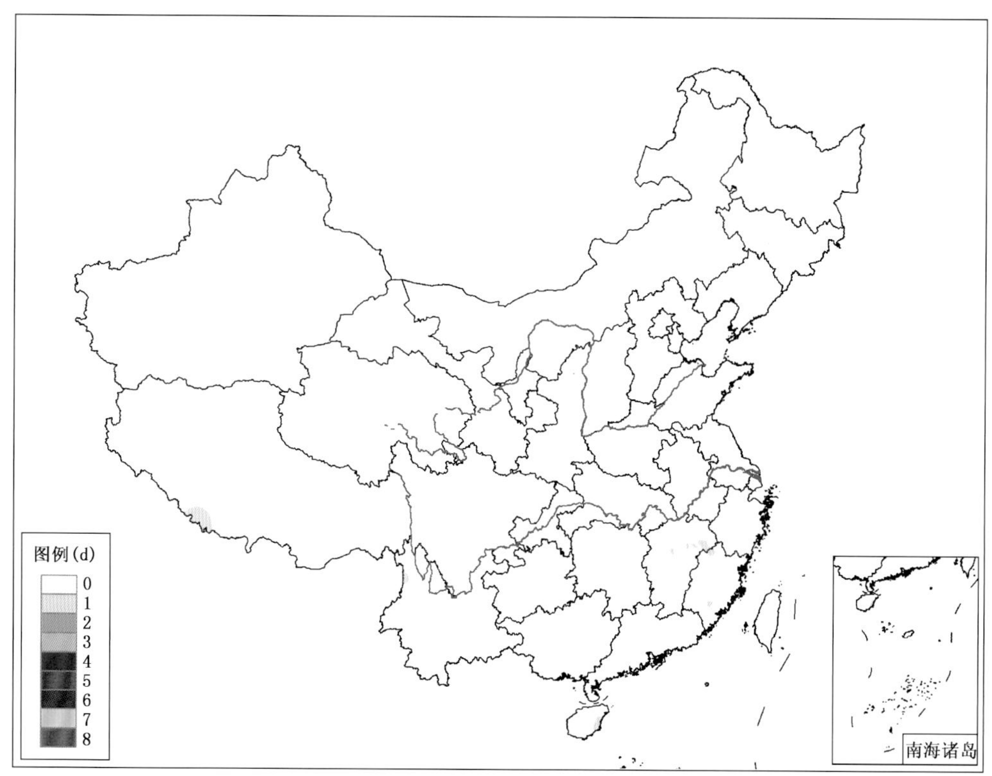

图 1.3.3　2013 年 2 月暴雨日数分布图(单位:d)

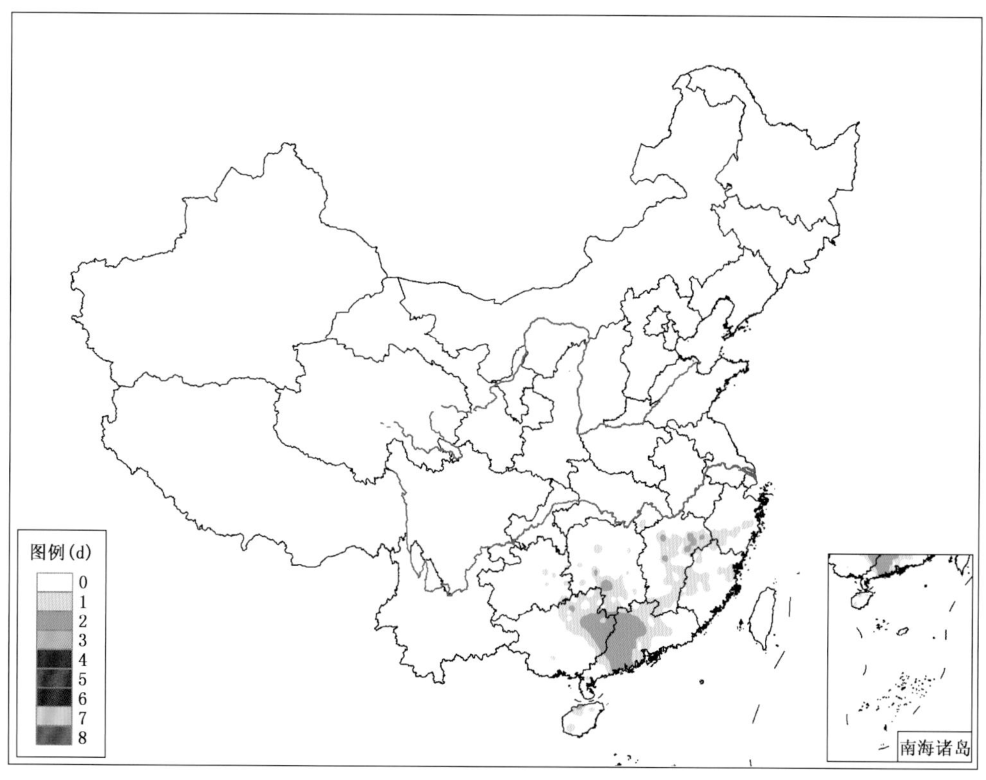

图 1.3.4　2013 年 3 月暴雨日数分布图(单位:d)

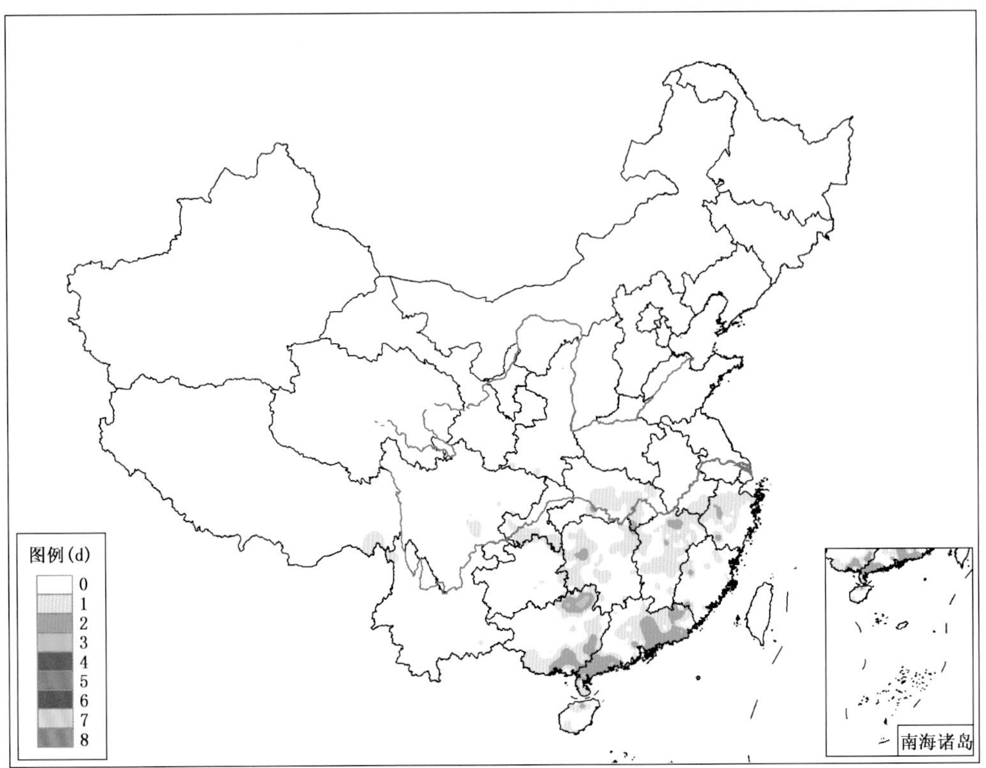

图 1.3.5　2013 年 4 月暴雨日数分布图(单位:d)

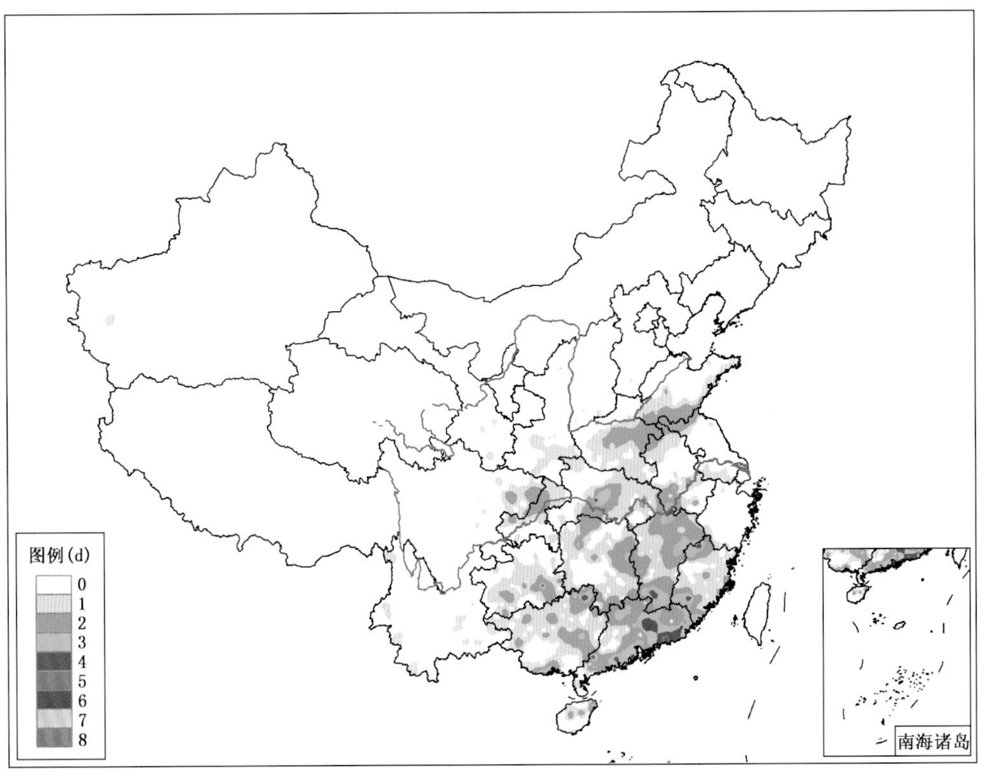

图 1.3.6　2013 年 5 月暴雨日数分布图(单位:d)

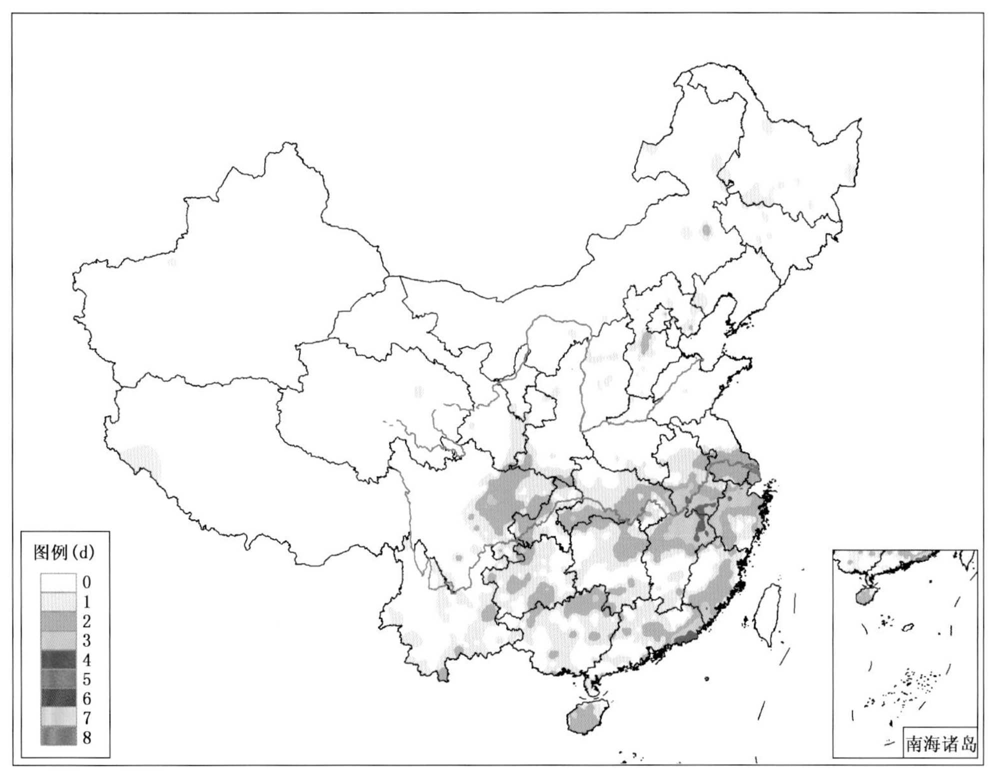

图 1.3.7　2013 年 6 月暴雨日数分布图(单位:d)

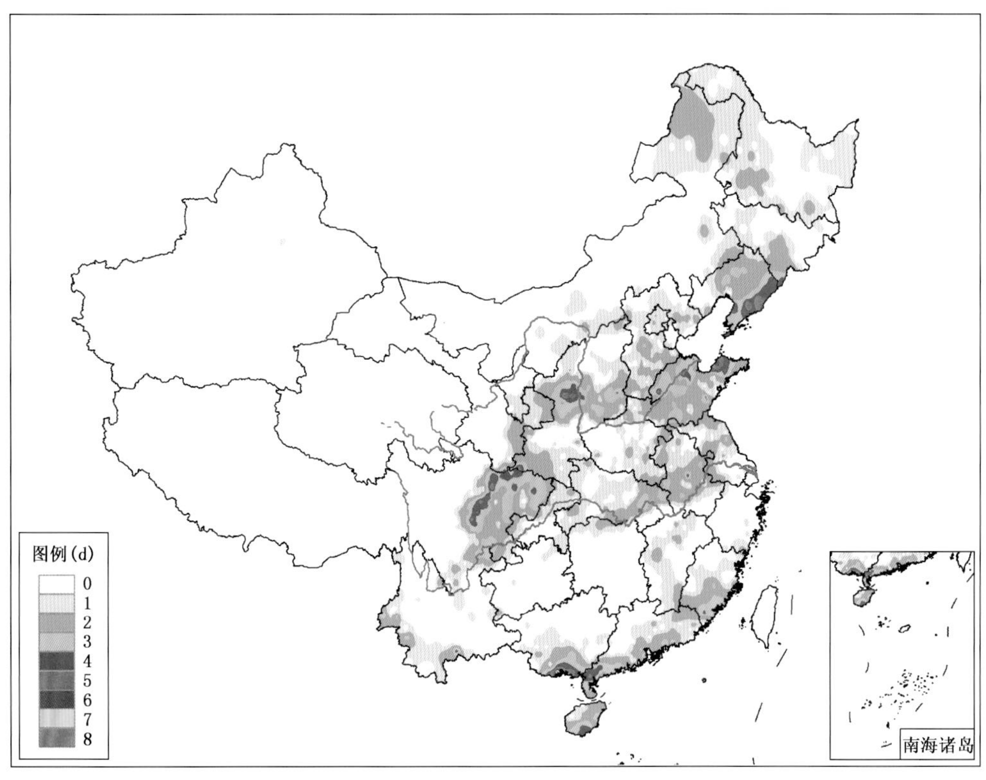

图 1.3.8　2013 年 7 月暴雨日数分布图(单位:d)

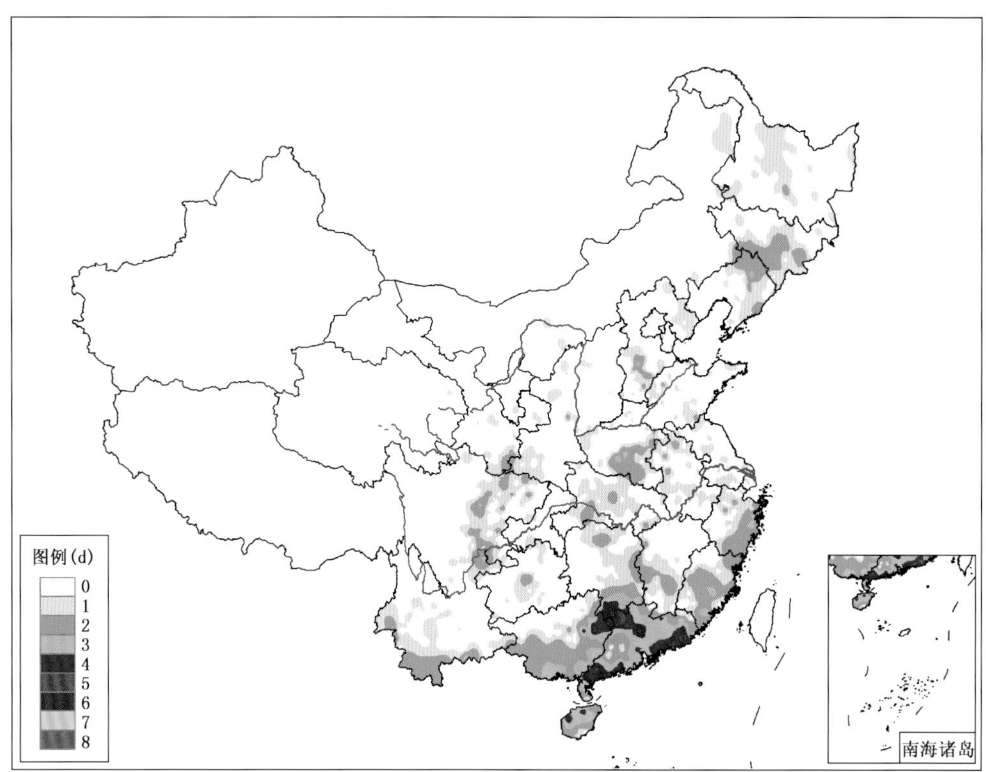

图 1.3.9　2013 年 8 月暴雨日数分布图(单位:d)

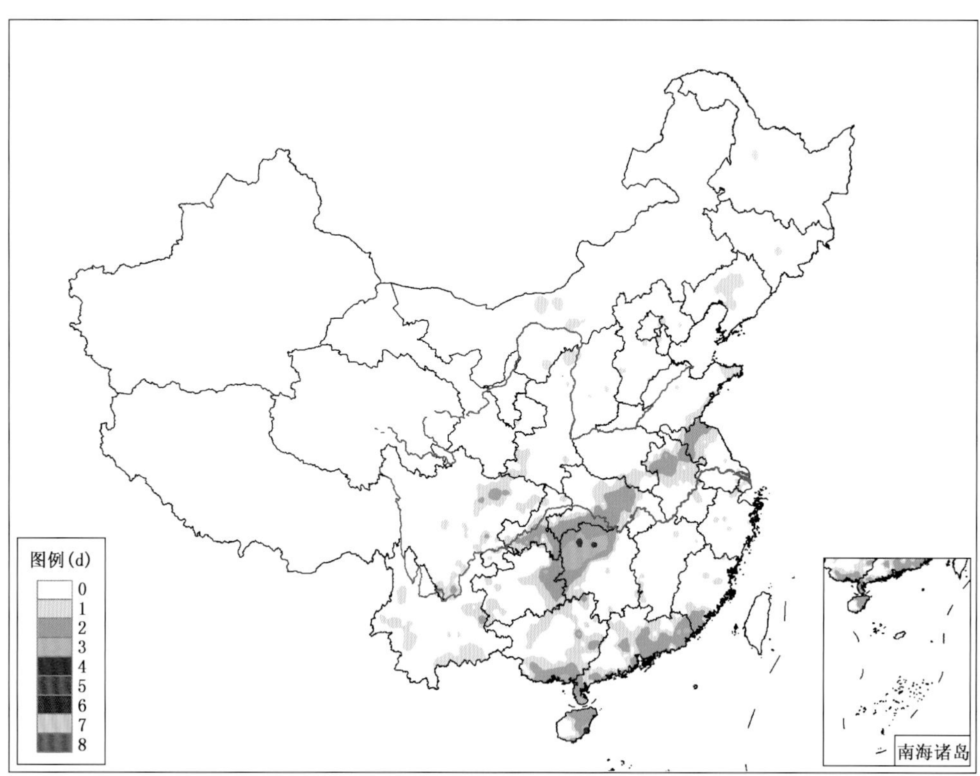

图 1.3.10　2013 年 9 月暴雨日数分布图(单位:d)

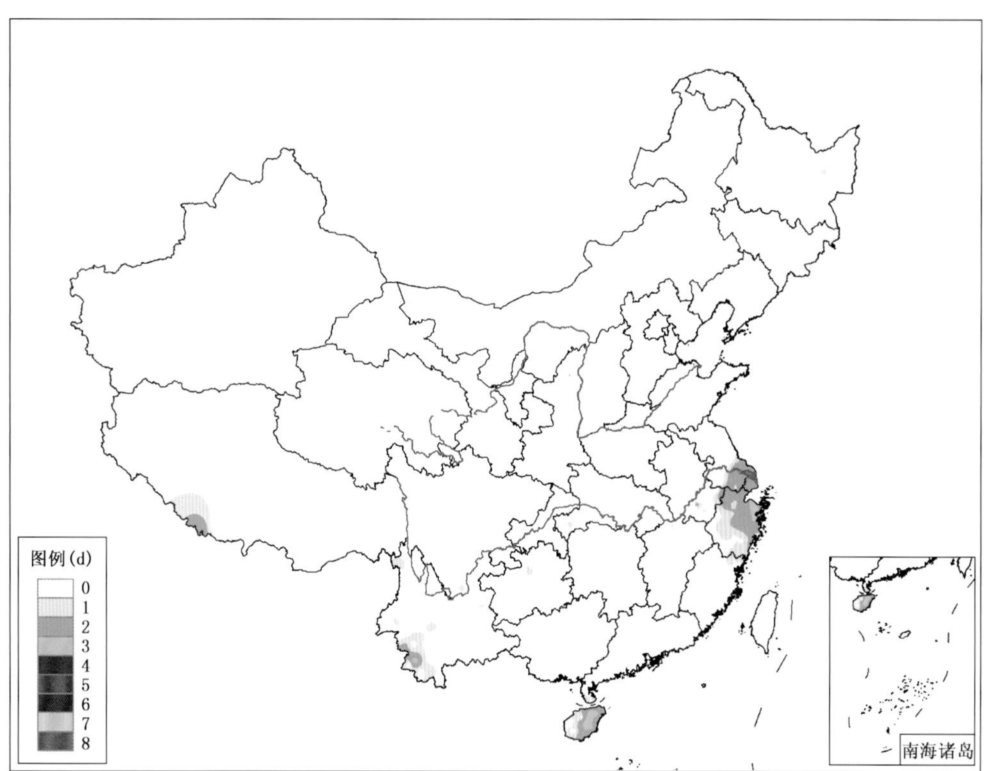

图 1.3.11　2013 年 10 月暴雨日数分布图(单位:d)

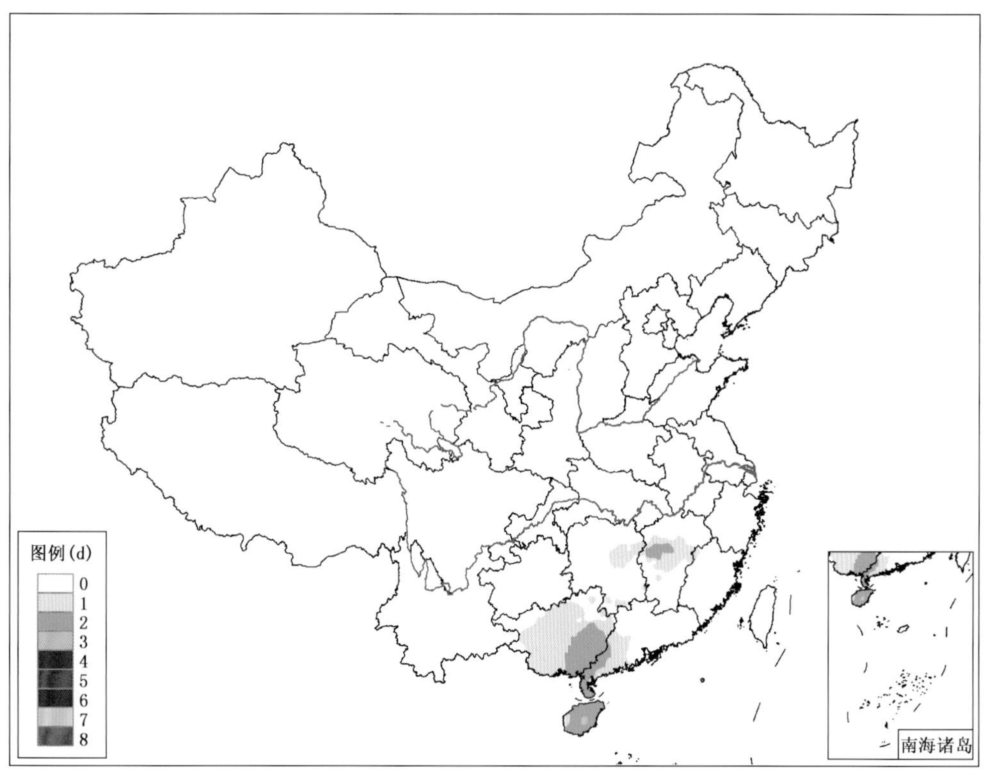

图 1.3.12　2013 年 11 月暴雨日数分布图(单位:d)

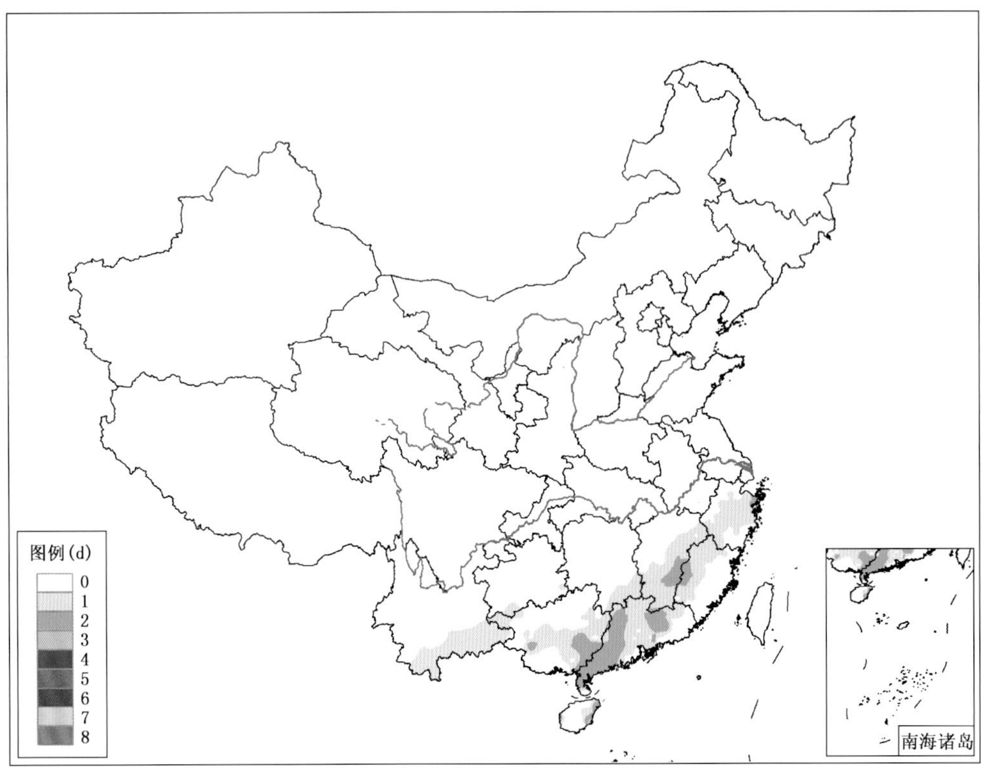

图 1.3.13　2013 年 12 月暴雨日数分布图(单位:d)

1.3.3　年大暴雨(100.0～249.9 mm/d)日数分布图

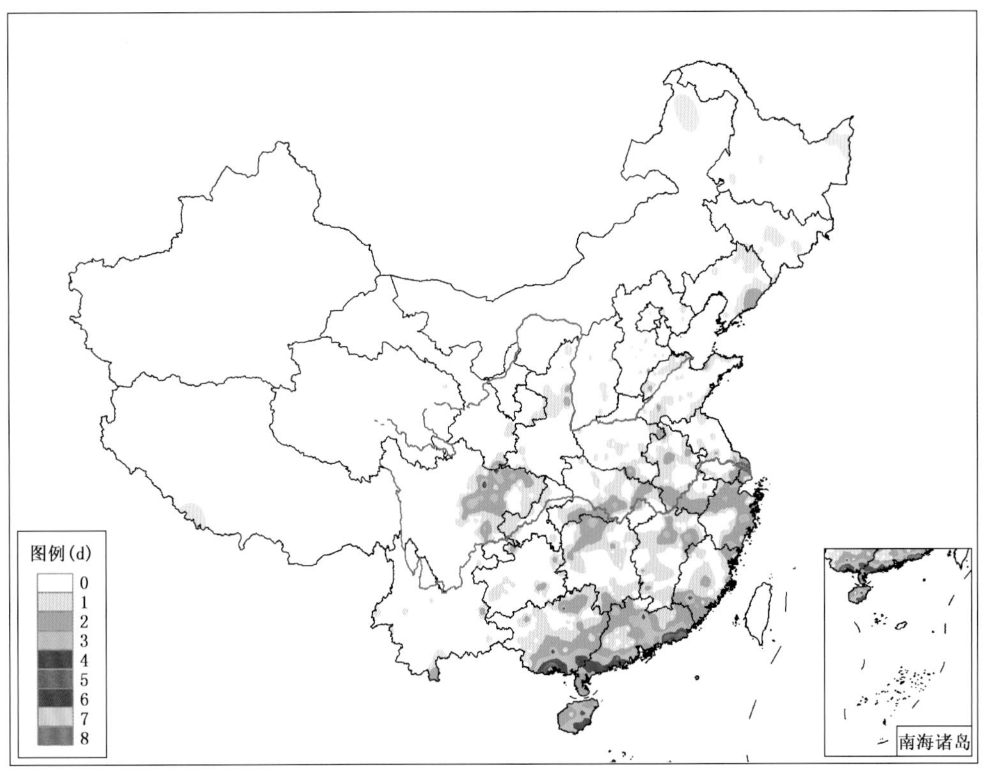

图 1.3.14　2013 年大暴雨日数分布图(单位:d)

1.3.4　年特大暴雨(≥250.0 mm/d)日数分布图

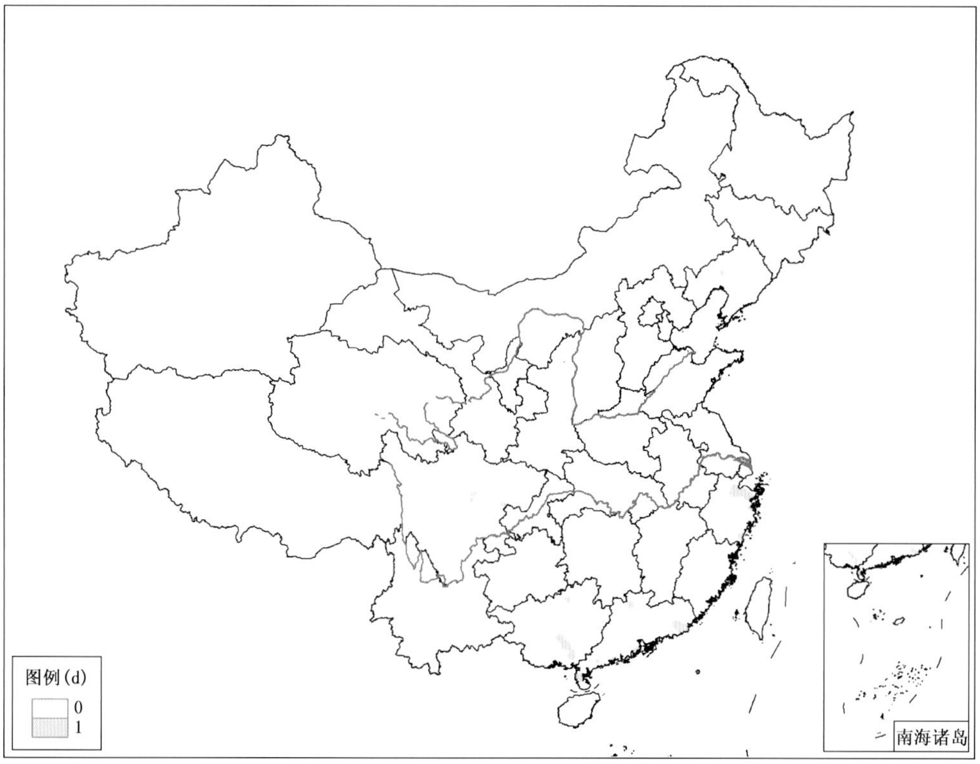

图 1.3.15　2013 年特大暴雨日数分布图(单位:d)

1.3.5　特大暴雨概况表

表 1.3.1　2013 年特大暴雨概况表

省(区、市)	站名	降水量(mm)	出现时间 日/月	省(区、市)	站名	降水量(mm)	出现时间 日/月
广东	阳江	307.6	10/05	浙江	绍兴	311.3	07/10
	珠海	325.6	22/05		瑞安	387.2	07/10
	斗门	324.8	24/06		萧山	261.4	07/10
	茂名	282.5	15/07		余姚	395.6	07/10
	雷州	361.0	15/08		上虞	376.0	07/10
	乳源	269.8	17/08		鄞县	276.0	07/10
	揭西	342.0	17/08		奉化	395.6	07/10
	普宁	343.7	17/08		三门	312.2	07/10
	惠来	295.4	18/08		平阳	295.4	07/10
	潮阳	340.1	18/08		海宁	260.5	08/10
四川	遂宁	323.7	30/06	广西	东兴	314.8	25/05
	都江堰	423.8*	09/07		融安	271.6	09/06
	大邑	279.2	10/07		宾阳	298.0	11/11
辽宁	黑山	264.1	16/08		横县	310.6	11/11
海南	珊瑚	262.6	29/09		浦北	256.5	11/11
					北海	320.4	11/11

注:以 * 标注的数值为当年全国最大日降水量。

1.3.6　最大日降水量概况表

表 1.3.2a　2013 年第一季度全国各省(区、市)各月最大日降水量概况表

省(区、市) \ 月	1月			2月			3月		
	站名	降水量(mm)	出现日期	站名	降水量(mm)	出现日期	站名	降水量(mm)	出现日期
北京	延庆	5.4	20	顺义	4.4	03	佛爷顶	18.0	19
天津	大港	4.0	20	渤海	5.6	03	塘沽	13.7	12
河北	井陉	8.0	20	峰峰	15.9	03	青县	17.7	12
山西	垣曲	7.3	20	垣曲	18.7	03	石楼	9.6	26
内蒙古	新巴尔虎右旗	8.5	31	乌兰浩特	8.1	28	索伦	17.2	09
辽宁	铁岭	4.6	11	草河口	13.0	28	草河口	21.0	12
吉林	公主岭	4.1	11	北大湖	15.0	28	桦甸	14.4	27
黑龙江	呼兰	5.5	24	林甸	13.9	01	五大连池	13.0	27
上海	金山	22.4	13	崇明	32.7	01	奉贤	25.4	22
江苏	吴中	24.0	13	宜兴	32.8	01	句容	27.6	17
浙江	绍兴	21.5	13	龙泉	39.8	05	龙泉	59.1	23
安徽	六安	27.9	31	铜陵	37.2	01	休宁	54.6	01
福建	建瓯	9.1	04	华安	51.5	05	明溪	83.9	26
江西	上栗	16.5	24	东乡	57.2	07	贵溪	116.0	23
山东	石岛	14.0	21	寿光	17.0	03	金乡	17.5	12
河南	鸡公山	28.4	31	修武	21.5	03	新县	18.2	16
湖北	英山	23.5	31	武穴	24.9	26	金沙	50.7	10
湖南	岳阳	21.7	31	浏阳	24.0	07	绥宁	92.8	20
广东	湛江	27.9	27	大埔	46.8	05	恩平	110.9	26
广西	那坡	19.3	31	凌云	22.7	04	梧州	119.2*	30
海南	澄迈	38.8	27	万宁	58.7	09	乐东	112.7	03
重庆	奉节	8.5	31	沙坪坝	14.0	08	云阳	47.5	10
四川	普格	11.7	12	合江	23.2	08	美姑	25.3	30
贵州	从江	8.5	11	麻江	19.0	19	从江	85.7	26
云南	江城	41.4	30	福贡	50.0	18	勐海	31.6	04
西藏	聂拉木	50.7*	19	聂拉木	77.5*	17	聂拉木	20.6	10
陕西	勉县	5.0	20	山阳	13.7	03	平利	17.5	25
甘肃	肃北	5.2	19	和政	14.9	18	崇信	8.6	25
青海	清水河	3.3	20	河南	10.0	18	囊谦	10.4	18
宁夏	六盘山	3.2	14	六盘山	16.0	18	固原	6.5	25
新疆	塔城	12.8	28	伊宁	8.4	06	木垒	15.3	08

注:以 * 标注的数值为当月全国最大日降水量。

表 1.3.2b　2013 年第二季度全国各省(区、市)各月最大日降水量概况表

省(区、市)＼月	4 月			5 月			6 月		
	站名	降水量(mm)	出现日期	站名	降水量(mm)	出现日期	站名	降水量(mm)	出现日期
北京	密云上甸子	8.1	04	北京	20.6	24	密云	53.0	29
天津	渤海	7.0	20	大港	13.8	26	蓟县	50.2	25
河北	栾城	27.5	19	邱县	60.7	26	青龙	121.5	29
山西	临县	44.5	19	长子	73.5	22	静乐	113.8	20
内蒙古	索伦	46.1	29	乌兰浩特	40.1	14	扎赉特旗	77.7	29
辽宁	丹东	26.8	29	长海	34.2	27	西丰	67.2	27
吉林	通化县	22.3	29	白城	35.3	14	公主岭	88.5	27
黑龙江	牡丹江	32.0	29	拜泉	43.7	10	虎林	64.9	21
上海	崇明	34.7	05	金山	57.7	17	青浦	93.4	07
江苏	高淳	42.1	30	赣榆	84.1	26	扬州	181.7	25
浙江	浦江	121.2	30	泰顺	164.9	30	大陈	224.9	07
安徽	祁门	97.6	30	濉溪	118.6	26	黄山	228.1	07
福建	建宁	74.9	05	光泽	179.3	27	华安	137.2	12
江西	泰和	112.4	05	宁冈	179.6	15	都昌	190.3	07
山东	乐陵	22.3	19	胶南	139.6	27	日照	56.1	18
河南	淅川	48.0	19	宝丰	143.3	26	桐柏	92.0	25
湖北	远安	92.8	29	宜昌	103.9	15	鹤峰	156.8	06
湖南	辰溪	81.1	29	平江	132.8	07	湘潭	153.8	28
广东	海丰	144.1	30	珠海	325.6*	22	斗门	324.8*	24
广西	临桂	162.3*	30	东兴	314.8	25	融安	271.6	09
海南	澄迈	82.6	28	白沙	87.8	05	五指山	185.6	22
重庆	璧山	94.2	29	开县	143.1	25	江津	135.3	09
四川	武胜	74.3	29	开江	92.9	25	遂宁	323.7	30
贵州	道真	80.8	29	丹寨	184.5	08	麻江	123.6	09
云南	贡山	79.9	11	广南	93.7	30	勐腊	138.4	24
西藏	察隅	53.1	12	帕里	46.7	31	普兰	57.7	18
陕西	宁强	76.6	19	武功	83.2	25	留坝	145.2	21
甘肃	武都	31.5	29	武都	62.5	24	麦积	140.4	20
青海	玉树	19.8	23	大通	42.1	08	茶卡	70.6	19
宁夏	泾源	23.5	19	彭阳	33.0	28	西吉	90.5	20
新疆	天池	29.3	15	叶城	58.5	28	温宿	67.8	17

注:以 * 标注的数值为当月全国最大日降水量。

表 1.3.2c　2013 年第三季度全国各省(区、市)各月最大日降水量概况表

省(区、市) \ 月	7月			8月			9月		
	站名	降水量(mm)	出现日期	站名	降水量(mm)	出现日期	站名	降水量(mm)	出现日期
北京	怀柔	147.7	15	海淀	86.8	11	石景山	70.1	04
天津	渤海	127.8	02	武清	60.7	11	武清	52.3	05
河北	宁晋	149.0	02	卢龙	208.9	01	兴隆	103.5	13
山西	阳城	158.4	10	平陆	79.0	01	保德	78.0	17
内蒙古	根河市	122.3	28	伊金霍洛旗	97.3	22	土默特左旗	84.6	18
辽宁	庄河	161.9	02	黑山	264.1	16	黑山	87.8	23
吉林	北大湖	87.0	16	桦甸	148.2	16	桦甸	50.0	11
黑龙江	海伦	153.6	30	杜蒙	109.9	12	北安	62.5	10
上海	嘉定	58.3	31	嘉定	79.6	01	浦东	143.3	13
江苏	西连岛	182.5	05	泰州	115.1	25	灌南	99.9	24
浙江	平阳	90.5	13	上虞	208.8	19	三门	88.3	22
安徽	岳西	173.0	06	定远	153.2	24	五河	134.2	24
福建	龙海	232.9	19	柘荣	225.3	22	平和	202.1	23
江西	吉安县	249.3	14	宁冈	162.5	23	崇义	89.5	23
山东	聊城	174.7	26	聊城	201.9	13	威海	213.5	23
河南	南阳	126.2	01	漯河	200.9	25	鸡公山	93.5	10
湖北	团风	183.9	07	钟祥	104.9	24	松滋	197.3	24
湖南	石门	127.2	21	南岳	183.0	23	临澧	189.2	24
广东	茂名	282.5	15	雷州	361.0*	15	上川岛	220.2	04
广西	合浦	247.4	26	陆川	194.1	15	涠洲岛	220.5	03
海南	乐东	152.7	27	西沙	185.8	02	珊瑚	262.6*	29
重庆	铜梁	201.5	01	万盛	87.5	02	巫溪	86.6	09
四川	都江堰	423.8*	09	都江堰	168.5	07	北川	161.8	19
贵州	德江	70.5	06	平坝	111.6	24	江口	130.7	11
云南	盈江	122.0	09	昌宁	129.2	12	罗平	102.4	03
西藏	昌都	41.3	15	拉萨	39.8	07	波密	35.3	05
陕西	延川	152.0	12	安塞	78.0	24	汉中	121.4	19
甘肃	灵台	184.6	22	康县	102.1	28	崆峒	61.4	02
青海	曲麻莱	35.0	07	大通	119.9	22	化隆	30.9	30
宁夏	海原	81.9	09	固原	67.1	23	六盘山	45.3	22
新疆	天池	67.0	16	阿合奇	40.8	13	温泉	35.3	16

注：以 * 标注的数值为当月全国最大日降水量。

表 1.3.2d　2013 年第四季度全国各省(区、市)各月最大日降水量概况表

月 / 省(区、市)	10 月			11 月			12 月		
	站名	降水量(mm)	出现日期	站名	降水量(mm)	出现日期	站名	降水量(mm)	出现日期
北京	朝阳	21.3	01	密云上甸子	3.9	03	/	/	/
天津	汉沽区	23.9	13	汉沽区	3.4	09	武清	6.5	17
河北	秦皇岛	30.7	01	南皮	9.4	09	永清	3.6	17
山西	阳泉	23.7	14	永济	16.1	23	五台山	1.5	17
内蒙古	科左后旗	43.1	10	大佘太	8.3	01	阿尔山	4.4	31
辽宁	丹东	46.6	29	东港	38.0	14	鞍山	4.9	26
吉林	梨树	43.8	10	图们	46.2	17	桦甸	11.0	09
黑龙江	双鸭山	56.5	25	尚志	40.7	18	海林	6.5	19
上海	松江	224.6	08	嘉定	7.7	24	小洋山	33.4	16
江苏	启东	233.5	08	丰县	18.3	24	吴中	27.2	16
浙江	余姚	395.6*	07	洪家	38.3	02	缙云	82.2	16
安徽	九华山	85.0	07	霍邱	33.9	09	黄山	50.6	16
福建	福鼎	221.4	07	光泽	50.0	12	建阳	87.7	16
江西	庐山	69.9	08	分宜	65.6	12	石城	84.1	16
山东	宁津	23.8	14	海阳	43.4	24	文登	10.9	19
河南	许昌	25.7	31	固始	36.7	09	信阳	3.0	09
湖北	宣恩	56.7	15	洪湖	42.0	02	武穴	17.3	17
湖南	泸溪	37.0	30	南岳	62.8	11	汝城	74.1	16
广东	徐闻	37.3	29	高州	177.5	12	云浮	126.0	16
广西	靖西	44.4	18	北海	320.4*	11	玉林	74.8	14
海南	临高	201.4	01	五指山	244.7	10	万宁	177.5*	14
重庆	垫江	33.3	30	秀山	37.8	11	綦江	14.3	15
四川	会东	50.3	04	松潘	23.7	05	开江	13.8	15
贵州	遵义	71.0	15	从江	44.6	11	望谟	54.4	15
云南	沧源	90.3	28	镇沅	25.7	16	勐腊	149.4	15
西藏	聂拉木	121.5	14	加查	9.4	01	米林	8.3	13
陕西	华山	25.9	14	华山	29.2	23	洋县	3.3	08
甘肃	华池	13.6	14	正宁	11.3	23	陇西	4.6	20
青海	囊谦	15.1	18	茶卡	7.2	10	班玛	3.6	21
宁夏	彭阳	18.4	14	六盘山	12.1	22	六盘山	1.5	24
新疆	乌苏	31.2	11	乌鲁木齐	20.4	21	裕民	15.3	02

注:以 * 标注的数值为当月全国最大日降水量。

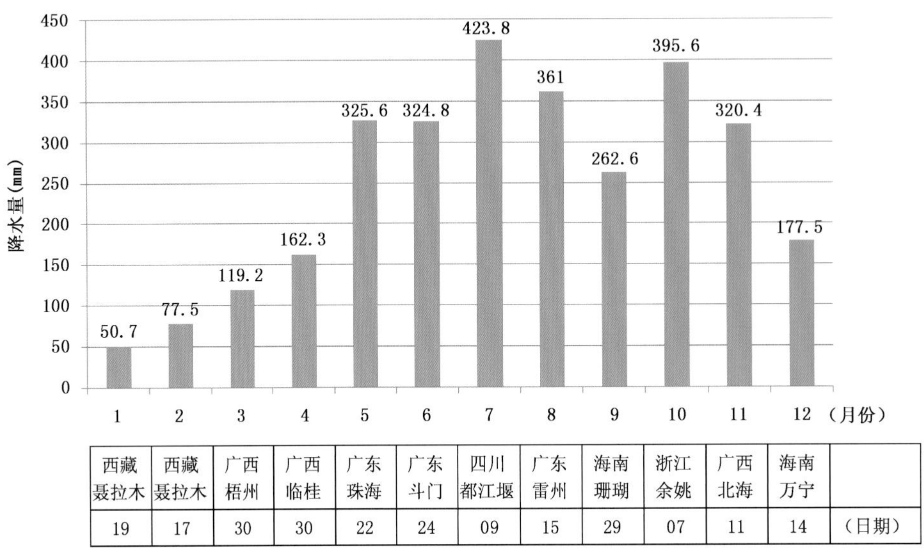

西藏聂拉木	西藏聂拉木	广西梧州	广西临桂	广东珠海	广东斗门	四川都江堰	广东雷州	海南珊瑚	浙江余姚	广西北海	海南万宁	
19	17	30	30	22	24	09	15	29	07	11	14	(日期)

图 1.3.16 2013 年 1—12 月全国最大日降水量站点直方图

(图下方为与图横坐标月份对应的最大日降水量出现的站点和日期)

1.3.7 突破 52 a(1961—2012 年)历史纪录日降水量概况表

表 1.3.3 2013 年突破 52 a(1961—2012 年)历史纪录日降水量概况表

项目 省(区、市)	站名	2013 年		历史记录	
		降水量(mm)	出现时间 日/月	降水量(mm)	出现时间 日/月/年
河北	宁晋	149.0	02/07	139.7	09/08/1963
山西	静乐	113.8	20/06	91.8	31/08/1992
	盂县	151.8	09/07	119.8	31/08/1995
	沁县	149.9	10/07	140.1	24/07/1992
	阳城	158.4	10/07	144.7	01/08/1982
内蒙古	根河市	122.3	28/07	83.7	18/07/1993
	图里河	110.4	28/07	86.0	02/07/1980
	海拉尔	85.8	27/07	85.5	03/08/2004
辽宁	昌图	164.0	16/08	141.0	30/07/1967
	清原	228.1	16/08	164.4	13/08/2005
	黑山	264.1	16/08	165.5	29/07/1991
	庄河	161.9	02/07	151.9	30/08/2011
吉林	桦甸	148.2	16/08	121.9	28/07/2010
	二道	107.1	16/08	86.7	09/07/1994
黑龙江	海伦	153.6	30/07	112.7	20/06/1975
	青冈	94.5	30/07	93.0	08/07/1977

续表

省(区、市) \ 项目	站名	2013 年		历史记录	
		降水量(mm)	出现时间 日/月	降水量(mm)	出现时间 日/月/年
上海	闵行	195.5	08/10	179.9	13/09/1963
	松江	224.6	08/10	189.7	01/08/1985
江苏	启东	233.5	08/10	195.0	19/08/1997
浙江	绍兴	311.3	07/10	215.3	05/09/1962
	萧山	261.4	07/10	183.7	31/08/1990
	慈溪	192.3	07/10	165.4	12/09/1963
	余姚	395.6	07/10	267.7	04/09/1962
	鄞县	276.0	07/10	235.9	13/09/1963
	瑞安	387.2	07/10	251.0	19/07/2005
安徽	六安	165.1	07/07	159.9	25/07/1988
福建	永定	171.1	19/05	168.3	17/08/1966
江西	吉安县	249.3	14/07	198.8	09/08/1969
山东	招远	149.2	11/07	143.7	01/08/2003
	茌平	173.2	26/07	164.5	01/08/2012
河南	灵宝	171.7	01/08	117.4	24/07/2010
广东	雷州	361.0	15/08	300.1	24/04/1972
广西	扶绥	198.2	11/11	189.0	03/07/2001
	横县	310.6	11/11	269.7	31/05/1971
四川	都江堰	423.8	09/07	233.8	11/08/1995
	大邑	279.2	10/07	276.4	19/08/2010
	遂宁	323.7	30/06	199.8	09/06/2002
贵州	丹寨	184.5	08/05	172.5	30/06/1969
云南	镇康	113.1	04/08	99.5	10/06/2012
	昌宁	129.2	12/08	117.5	01/09/1979
西藏	日喀则	47.8	24/06	45.1	20/08/1992
陕西	长武	142.2	22/07	120.7	23/07/2010
	汉中	121.4	19/09	118.7	21/07/2008
甘肃	静宁	74.8	20/06	66.5	07/07/1965
	灵台	184.6	22/07	156.1	23/07/2010
	正宁	103.4	22/07	96.7	03/08/1980
	宁县	119.5	22/07	100.7	12/08/1992
	秦安	86.8	20/06	79.3	29/08/1970
	清水	102.8	20/06	99.2	01/07/2005
	张家川	113.6	20/06	92.3	12/07/1961

续表

省(区、市) \ 项目	站名	2013年 降水量(mm)	2013年 出现时间 日/月	历史记录 降水量(mm)	历史记录 出现时间 日/月/年
青海	茶卡	70.6	19/06	48.5	27/07/2000
	大通	119.9	22/08	78.8	02/08/1967
宁夏	海原	81.9	09/07	73.1	19/08/1964
	西吉	90.5	20/06	69.5	23/07/2010
新疆	叶城	58.5	28/05	38.7	01/04/1982

1.4　2013年干旱地区日降水量≥25.0 mm概况表

表1.4.1　2013年干旱地区日降水量≥25.0 mm概况表

省(区、市)	站名	出现时间 日/月	降水量(mm)	省(区、市)	站名	出现时间 日/月	降水量(mm)
内蒙古	满洲里	27/06	62.6	内蒙古	镶黄旗	16/06	31.8
	满洲里	07/07	38.5		乌拉特中旗	16/06	30.9
	满洲里	08/08	25.8		乌拉特中旗	18/09	52.1
	满洲里	21/08	27.7		白云鄂博气象局	18/09	70.4
	新巴尔虎右旗	15/07	36.6		达茂旗气象局	22/07	83.1
	新巴尔虎左旗	08/06	26.8		固阳县气象局	01/07	68.9
	新巴尔虎左旗	15/07	55.4		固阳县气象局	18/09	40.5
	新巴尔虎左旗	27/07	48.1		希拉穆仁气侯站	22/07	56.2
	新巴尔虎左旗	02/08	35.3		乌拉特前旗	30/06	27.5
	新巴尔虎左旗	08/08	26.2		乌拉特前旗	11/08	62.7
	新巴尔虎左旗	21/08	35.6		伊克乌素	01/07	64.1
	东乌珠穆沁	25/06	42.2		伊克乌素	21/07	33.4
	阿右旗	15/06	26.2		杭锦旗	30/06	26.7
	头道湖	22/08	36.3		杭锦旗	14/07	35.0
	二连浩特	18/09	34.9		杭锦旗	05/08	36.5
	那仁宝力格	18/09	36.8		杭锦旗	22/08	49.2
	满都拉气象站	18/09	26.2		阿拉善左旗	01/07	34.9
	阿巴嘎旗	16/08	28.8		阿拉善左旗	22/08	35.9
	苏尼特左旗	15/08	25.3		鄂托克前旗	17/07	30.3
	海力素	08/06	28.9		鄂托克前旗	17/09	35.9
	朱日和	16/06	39.0	新疆	富蕴	21/06	28.3
	朱日和	20/08	27.9		塔城	20/05	26.0

续表

省（区、市）	站名	出现时间 日/月	降水量（mm）	省（区、市）	站名	出现时间 日/月	降水量（mm）
新疆	青河	21/06	41.3	新疆	莎车	09/07	25.3
	博乐	05/07	28.2		叶城	27/05	31.1
	托里	09/08	26.4		叶城	28/05	58.5
	克拉玛依	15/09	26.7		皮山	28/05	25.9
	北塔山	20/06	26.7	宁夏	惠农	22/08	57.3
	北塔山	16/07	29.0		平罗	03/07	39.5
	温泉	16/09	35.3		中宁	06/06	28.4
	精河	23/07	31.2		中宁	09/06	27.5
	乌苏	11/10	31.2		兴仁	09/07	36.4
	莫索湾	09/08	32.2		盐池	09/07	27.7
	玛纳斯	26/07	30.8		同心	09/07	43.7
	巴音布鲁克	19/06	28.9		韦州	09/07	40.0
	乌什	27/05	25.7	甘肃	临泽	14/07	31.0
	阿克苏	17/06	31.8		肃南	24/07	27.3
	阿克苏	18/06	31.3		山丹	14/07	25.2
	温宿	17/06	67.8		景泰	26/07	30.0
	轮台	19/06	32.9		锡林浩特	16/08	41.8
	阿克陶	16/06	29.8	西藏	定日	19/07	29.5
	阿合奇	27/05	42.0		隆子	05/06	25.5
	阿合奇	13/08	40.8		隆子	11/08	35.1
	岳普湖	22/07	31.1	青海	茶卡	19/06	70.6
	柯坪	27/05	30.5		茶卡	21/08	29.2
	柯坪	18/06	40.6		循化	30/09	25.7
	阿瓦提	15/05	30.4				

第 2 章　年度暴雨索引

2.1　全国各省(区、市)暴雨索引(1—12 月)

表 2.1.1　2013 年 1 月暴雨索引

序号	日期	省(区、市)	暴雨站数	大暴雨站数	特大暴雨站数	≥50 mm/d 站数
1	19	西藏	1			1

表 2.1.2　2013 年 2 月暴雨索引

序号	日期	省(区、市)	暴雨站数	大暴雨站数	特大暴雨站数	≥50 mm/d 站数
2	5	福建	1			1
3	7	福建	1			6
		江西	5			
4	9	海南	2			2
5	17	西藏	1			1
6	18	云南	1			1

表 2.1.3　2013 年 3 月暴雨索引

序号	日期	省(区、市)	暴雨站数	大暴雨站数	特大暴雨站数	≥50 mm/d 站数
7	1	安徽	1			1
8	2	海南	1			1
9	3	海南		1		1
10	10	湖北	1			1
11	12	贵州	1			1
12	13	贵州	1			1
13	14	广西	1			1
14	16	湖北	1			1
15	17	湖南	1			4
		江西	3			

续表

序号	日期	省(区、市)	暴雨站数	大暴雨站数	特大暴雨站数	≥50 mm/d站数
16	20	贵州	1			5
		湖南	3			
		江西	1			
17	22	江西	2			2
18	23	福建	1			30
		贵州	2			
		湖南	4			
		江西	15	1		
		浙江	7			
19	24	福建	1			2
		浙江	1			
20	26	福建	14			61
		广东	9	2		
		广西	6	1		
		贵州	1			
		湖南	13			
		江西	15			
21	28	广东	17			22
		广西	5			
22	29	海南	3			3
23	30	广东	27	2		49
		广西	15	5		

表 2.1.4　2013 年 4 月暴雨索引

序号	日期	省(区、市)	暴雨站数	大暴雨站数	特大暴雨站数	≥50 mm/d站数
24	1	湖南	1			1
25	2	福建	1			9
		广东	5			
		广西	3			
26	3	广东	1			3
		广西	2			

续表

序号	日期	省(区、市)	暴雨站数	大暴雨站数	特大暴雨站数	≥50 mm/d站数
27	4	福建	1			18
		广东	5			
		湖南	8			
		江西	4			
28	5	福建	6			53
		广东	22	2		
		广西	1			
		贵州	1			
		湖南	1			
		江西	12	1		
		四川	7			
29	9	广东	3			3
30	10	广东	1			3
		广西	1			
		海南	1			
31	11	云南	1			1
32	12	西藏	1			1
33	17	广东	1			7
		广西	2			
		海南	1			
		江西	3			
34	18	福建	2			13
		广东	1			
		湖北	3			
		湖南	1			
		江西	5			
		浙江	1			
35	19	湖南	2			5
		陕西	2			
		四川	1			
36	20	广东	1			7
		贵州	1			
		海南	1			
		湖南	2			
		江西	2			

续表

序号	日期	省(区、市)	暴雨站数	大暴雨站数	特大暴雨站数	≥50 mm/d站数
37	21	广东	2			3
		湖南	1			
38	22	安徽	1			2
		江西	1			
39	24	广西	4			15
		贵州	1			
		湖南	9			
		浙江	1			
40	25	福建	2			9
		广东	7			
41	26	广东	8	2		17
		广西	5	1		
		海南	1			
42	27	海南	1			1
43	28	广西	3			5
		海南	2			
44	29	广东	4			72
		广西	10	4		
		贵州	4			
		湖北	27			
		湖南	7			
		江西	5			
		四川	1			
		重庆	10			
45	30	安徽	8			74
		福建	2			
		广东	8	1		
		广西	13	3		
		湖南	1			
		江西	9			
		云南	1			
		浙江	25	3		

表 2.1.5　2013 年 5 月暴雨索引

序号	日期	省(区、市)	暴雨站数	大暴雨站数	特大暴雨站数	≥50 mm/d站数
46	1	福建	4			5
		广西	1			
47	2	云南	2			2
48	3	广西	1			2
		海南	1			
49	4	海南	2			4
		江西	2			
50	5	福建	1			3
		海南	2			
51	6	广西	1			4
		江西	2			
		四川	1			
52	7	安徽	1			32
		广东	1	1		
		广西	4	1		
		贵州	4	1		
		湖北	9			
		湖南	6	2		
		江西	2			
53	8	安徽	4	1		63
		福建	3			
		广东	7	7		
		广西	2	1		
		贵州	5	1		
		河南	5			
		湖南	4			
		江西	17	3		
		山东	1			
		四川	1			
		重庆	1			

续表

序号	日期	省(区、市)	暴雨站数	大暴雨站数	特大暴雨站数	≥50 mm/d站数
54	9	安徽	8			36
		福建	3			
		广东	5	1		
		广西	6			
		贵州	1			
		湖北	3			
		湖南	4	1		
		江西	4			
55	10	福建	2			30
		广东	2	2	1	
		广西	11	3		
		贵州	2			
		海南	1			
		湖南	1			
		江西	5			
56	11	海南	1			2
		云南	1			
57	12	福建	1			1
58	14	甘肃	1			15
		广东		1		
		湖北	1			
		湖南	7			
		四川	1			
		重庆	4			
59	15	安徽	2	1		96
		福建	1			
		广东	4	2		
		广西	2			
		湖北	11	1		
		湖南	17			
		江西	44	8		
		四川	1			
		浙江	2			

续表

序号	日期	省(区、市)	暴雨站数	大暴雨站数	特大暴雨站数	≥50 mm/d站数
60	16	安徽	5	1		110
		福建	13	5		
		广东	14	12		
		广西	19	2		
		湖南	6	1		
		江苏	6			
		江西	19	3		
		浙江	3			
		重庆	1			
61	12	广东	4			16
		江苏	2			
		上海	1			
		四川	6			
		云南	1			
		浙江	2			
62	18	湖南	3			6
		山东	3			
63	19	福建	1	3		21
		广东	12			
		广西	2			
		湖南	1			
		江西	2			
64	20	福建	14			38
		广东	18			
		广西	1			
		海南	1			
		湖南	1			
		江西	3			
65	21	福建	5			16
		广东	8			
		广西	1			
		云南	2			
66	22	福建	8	2		46
		广东	23	9	1	
		海南	1			
		山西	2			

续表

序号	日期	省(区、市)	暴雨站数	大暴雨站数	特大暴雨站数	≥50 mm/d站数
67	23	广东	1			10
		广西	1			
		海南	2			
		山西	1			
		云南	5			
68	24	甘肃	2			11
		广东	1			
		广西	3			
		江西	1			
		四川	3			
		云南	1			
69	25	广东	3			62
		广西	3	2	1	
		贵州	5	3		
		河南	5			
		湖北	8			
		陕西	14			
		四川	4			
		云南	2			
		重庆	9	3		
70	26	安徽	20	4		204
		广东	1	2		
		广西	2			
		贵州	16	1		
		河北	3			
		河南	58	11		
		湖北	26			
		湖南	9			
		江苏	11			
		江西	4			
		山东	27	8		
		山西	1			

续表

序号	日期	省(区、市)	暴雨站数	大暴雨站数	特大暴雨站数	≥50 mm/d站数
71	27	福建	4	1		48
		广东	10	1		
		江苏	2			
		江西	9	2		
		山东	16	2		
		浙江	1			
72	28	广东	3			6
		陕西	2			
		新疆	1			
73	29	广西	4	2		40
		贵州	8	2		
		湖北	5			
		湖南	6			
		江西	4			
		四川	4			
		重庆	5			
74	30	广西	6	1		10
		江西	1			
		云南	1			
		浙江		1		
75	31	海南	1			1

表 2.1.6　2013 年 6 月暴雨索引

序号	日期	省(区、市)	暴雨站数	大暴雨站数	特大暴雨站数	≥50 mm/d站数
76	1	福建	2			11
		贵州	5			
		江西	3			
		云南	1			
77	2	福建	4			35
		广西	1	1		
		海南	1			
		湖南	6			
		江西	2			

续表

序号	日期	省(区、市)	暴雨站数	大暴雨站数	特大暴雨站数	≥50 mm/d站数
77	2	云南	2			35
		浙江	18			
78	3	福建	2			5
		海南	1			
		云南	2			
79	4	福建	1			15
		广东	4			
		广西	2			
		江西	4			
		四川	1			
		云南	3			
80	5	福建	2			20
		广东	10			
		广西	3			
		河北	1			
		江西	2	1		
		云南	1			
81	6	安徽	2			76
		福建	3			
		广东	2			
		广西		1		
		贵州	9			
		湖北	27	10		
		湖南	5	5		
		江西	2			
		陕西	1			
		四川	3			
		云南	1			
		重庆	5			
82	7	安徽	22	15		147
		北京	1			
		广西	1			
		贵州	1			
		河北	9			

续表

序号	日期	省(区、市)	暴雨站数	大暴雨站数	特大暴雨站数	≥50 mm/d站数
82	7	河南	1			147
		湖北	11	1		
		湖南	2			
		江苏	19	2		
		江西	7	3		
		上海	11			
		四川	1			
		云南	2			
		浙江	31	7		
83	8	广西	2	1		26
		贵州	2			
		河北	2			
		河南	2			
		湖南	1			
		江苏	1			
		江西	1			
		上海	1			
		四川	7	1		
		浙江	1			
		重庆	4			
84	9	福建	1			101
		广东	2			
		广西	11	5	1	
		贵州	27	3		
		河北	12			
		黑龙江	1			
		湖北	1			
		湖南	2			
		江西	1			
		山西	5			
		四川	13			
		云南	1			
		重庆	12	3		

续表

<table>
<tr><th>序号</th><th>日期</th><th>省(区、市)</th><th>暴雨
站数</th><th>大暴雨
站数</th><th>特大暴雨
站数</th><th>≥50 mm/d
站数</th></tr>
<tr><td rowspan="6">85</td><td rowspan="6">10</td><td>福建</td><td>4</td><td>1</td><td></td><td rowspan="6">58</td></tr>
<tr><td>广东</td><td>11</td><td>2</td><td></td></tr>
<tr><td>广西</td><td>8</td><td>5</td><td></td></tr>
<tr><td>海南</td><td>1</td><td></td><td></td></tr>
<tr><td>湖南</td><td>10</td><td></td><td></td></tr>
<tr><td>云南</td><td>15</td><td>1</td><td></td></tr>
<tr><td>86</td><td>11</td><td>广东</td><td>1</td><td></td><td></td><td>1</td></tr>
<tr><td rowspan="4">87</td><td rowspan="4">12</td><td>福建</td><td>28</td><td>5</td><td></td><td rowspan="4">50</td></tr>
<tr><td>广东</td><td>10</td><td>4</td><td></td></tr>
<tr><td>海南</td><td>2</td><td></td><td></td></tr>
<tr><td>内蒙古</td><td>1</td><td></td><td></td></tr>
<tr><td rowspan="2">88</td><td rowspan="2">13</td><td>福建</td><td>2</td><td></td><td></td><td rowspan="2">4</td></tr>
<tr><td>浙江</td><td>2</td><td></td><td></td></tr>
<tr><td rowspan="2">89</td><td rowspan="2">14</td><td>上海</td><td>1</td><td></td><td></td><td rowspan="2">9</td></tr>
<tr><td>浙江</td><td>8</td><td></td><td></td></tr>
<tr><td rowspan="4">90</td><td rowspan="4">15</td><td>广东</td><td>2</td><td>1</td><td></td><td rowspan="4">7</td></tr>
<tr><td>广西</td><td>1</td><td></td><td></td></tr>
<tr><td>海南</td><td>2</td><td></td><td></td></tr>
<tr><td>浙江</td><td>1</td><td></td><td></td></tr>
<tr><td rowspan="2">91</td><td rowspan="2">16</td><td>广西</td><td>1</td><td></td><td></td><td rowspan="2">2</td></tr>
<tr><td>海南</td><td>1</td><td></td><td></td></tr>
<tr><td rowspan="6">92</td><td rowspan="6">17</td><td>广东</td><td>1</td><td></td><td></td><td rowspan="6">7</td></tr>
<tr><td>海南</td><td>1</td><td></td><td></td></tr>
<tr><td>黑龙江</td><td>2</td><td></td><td></td></tr>
<tr><td>江西</td><td>1</td><td></td><td></td></tr>
<tr><td>新疆</td><td>1</td><td></td><td></td></tr>
<tr><td>云南</td><td></td><td>1</td><td></td></tr>
<tr><td rowspan="3">93</td><td rowspan="3">18</td><td>江苏</td><td>1</td><td></td><td></td><td rowspan="3">4</td></tr>
<tr><td>山东</td><td>2</td><td></td><td></td></tr>
<tr><td>西藏</td><td>1</td><td></td><td></td></tr>
<tr><td rowspan="4">94</td><td rowspan="4">19</td><td>安徽</td><td>2</td><td></td><td></td><td rowspan="4">14</td></tr>
<tr><td>江苏</td><td>2</td><td></td><td></td></tr>
<tr><td>青海</td><td>1</td><td></td><td></td></tr>
<tr><td>四川</td><td>8</td><td>1</td><td></td></tr>
</table>

续表

序号	日期	省(区、市)	暴雨站数	大暴雨站数	特大暴雨站数	≥50 mm/d站数
95	20	安徽	1			55
		福建	1			
		甘肃	11	3		
		湖北	4	1		
		江西	1			
		宁夏	2			
		山西	4	1		
		陕西	5			
		四川	13	6		
		浙江	2			
96	21	广西	1			32
		贵州	1	1		
		河北	1			
		黑龙江	1			
		湖北	1			
		江西	4	1		
		陕西	3	1		
		四川	15	1		
		云南	1			
97	22	广东		1		25
		海南	6	4		
		河北	1			
		湖北	1			
		湖南	4			
		江西	2			
		四川	3			
		重庆	1	2		
98	23	安徽	9	1		30
		广东	1			
		贵州	2			
		湖北	2			
		湖南	1			
		江苏	8			
		江西	1			
		山西	1			
		上海	1			
		四川	2			
		浙江	1			

续表

序号	日期	省(区、市)	暴雨站数	大暴雨站数	特大暴雨站数	≥50 mm/d站数
99	24	安徽	1			45
		北京	1			
		福建	4			
		广东	12	5	1	
		湖北	2			
		湖南	1			
		江西	1			
		陕西	5			
		四川	4	1		
		云南	1	1		
		浙江	3			
		重庆	2			
100	25	安徽	20	7		90
		福建	2			
		广东	12	1		
		广西	1			
		贵州	2			
		河北	5			
		河南	6			
		湖北	7			
		江苏	15	7		
		江西	2			
		内蒙古	1			
		天津	1			
		浙江	1			
101	26	安徽	3			32
		贵州	8			
		河北	1			
		湖北	3	1		
		湖南	1	1		
		江西	4			
		四川	1			
		云南	2	1		
		浙江	6			

续表

序号	日期	省(区、市)	暴雨站数	大暴雨站数	特大暴雨站数	≥50 mm/d站数
102	27	安徽	6	4		103
		广西	4	3		
		贵州	4			
		湖北	2			
		湖南	12	2		
		吉林	2			
		江西	23	1		
		辽宁	1			
		内蒙古	2			
		上海	3			
		四川	1			
		云南	8			
		浙江	21	4		
103	28	福建	1			69
		广西	7	3		
		黑龙江	2			
		湖南	6	3		
		江西	16	22		
		辽宁	1			
		浙江	8			
104	29	北京	1			34
		福建	1			
		广西	1			
		海南	1			
		河北	2	1		
		江西	15	8		
		辽宁	2			
		内蒙古	1			
		浙江	1			
105	30	安徽	7	1		59
		河南	1			
		黑龙江	5			
		湖北	1			
		吉林	2			
		内蒙古	3			
		四川	20	16	1	
		云南	1			
		重庆	1			

表 2.1.7　2013 年 7 月暴雨索引

序号	日期	省(区、市)	暴雨站数	大暴雨站数	特大暴雨站数	≥50 mm/d站数
106	1	安徽	1			63
		贵州	1			
		河北	11	2		
		河南		1		
		黑龙江	3			
		辽宁	4			
		内蒙古	5			
		山东	3			
		山西	6			
		四川	16	3		
		天津	1			
		重庆	1	5		
107	2	安徽	1			110
		北京	3			
		甘肃	1			
		广东	4	2		
		广西	11	3		
		贵州	1			
		海南	3	1		
		河北	7	1		
		河南	12			
		黑龙江	1			
		吉林	9			
		江苏	2			
		辽宁	25	5		
		内蒙古	1			
		山东	6	1		
		陕西	2			
		四川	4	1		
		天津		1		
		云南	2			
108	3	广西	3			22
		河南	1			
		黑龙江	11			
		江苏	1			
		内蒙古	1			
		山东	3			
		四川	1			
		云南	1			

续表

序号	日期	省(区、市)	暴雨站数	大暴雨站数	特大暴雨站数	≥50 mm/d站数
109	4	广西	1			83
		河北	1			
		河南	5			
		黑龙江	3			
		山东	24	2		
		山西	18			
		陕西	5			
		四川	17	3		
		天津	1			
		云南	3			
110	5	安徽	19	1		71
		河南	1			
		湖北	1			
		江苏	14	5		
		山东	3	1		
		四川	18	1		
		云南	4			
		重庆	3			
111	6	安徽	19	8		65
		贵州	4			
		湖北	14	6		
		湖南	4			
		江苏	5			
		上海	1			
		云南	1			
		浙江	1			
		重庆	1	1		
112	7	安徽	11	3		44
		广东	2			
		广西	2			
		海南	2			
		黑龙江	2			
		湖北	5	9		
		湖南	2			
		江苏	2	1		
		内蒙古	3			

续表

序号	日期	省(区、市)	暴雨站数	大暴雨站数	特大暴雨站数	≥50 mm/d 站数
113	8	北京	1			47
		甘肃	13			
		广东	1			
		广西	2	2		
		海南	1			
		河北	2			
		河南	1			
		江苏	4			
		宁夏	4			
		山西	1			
		陕西	4	1		
		四川	4	4		
		云南	2			
114	9	福建	1			129
		甘肃	2			
		广西	1			
		河北	38	3		
		河南	5			
		黑龙江	1			
		辽宁	4			
		内蒙古	1			
		宁夏	2			
		山东	21	1		
		山西	15	1		
		陕西	6			
		四川	14	11	1	
		云南		1		
115	10	福建	1			65
		河北	3			
		辽宁	2			
		山东	16	6		
		山西	11	5		
		陕西	1			
		四川	8	7	1	
		云南	4			

续表

序号	日期	省(区、市)	暴雨站数	大暴雨站数	特大暴雨站数	≥50 mm/d站数
116	11	广西	1			21
		河北	3			
		山东	7	3		
		山西	1			
		四川	2			
		云南	4			
117	12	甘肃	2			38
		河北	1			
		山东	6	2		
		山西	9			
		陕西	7	2		
		四川	4	2		
		云南	3			
118	13	福建	14	4		82
		河北	8			
		河南	1			
		辽宁	1			
		山东	28	7		
		山西	7			
		陕西	6			
		四川	2			
		浙江	4			
119	14	福建	18	12		65
		广东	3	4		
		广西	1			
		海南		1		
		黑龙江		1		
		江西	15	5		
		山东	2	1		
		陕西	2			
120	15	北京	10	1		76
		福建	1			
		广东	9	2	1	
		广西	1			

续表

序号	日期	省(区、市)	暴雨站数	大暴雨站数	特大暴雨站数	≥50 mm/d站数
120	15	海南	2	1		76
		河北	10			
		湖北	1			
		江西	14			
		辽宁	1			
		内蒙古	11			
		山东	1			
		山西	4			
		陕西	1			
		四川	3			
		天津	1			
		云南	1			
121	16	福建	3	1		85
		广东	9			
		广西	1			
		海南	1			
		河北	4	1		
		黑龙江	2			
		湖北	2			
		吉林	10			
		辽宁	24	3		
		内蒙古	8			
		山东	6			
		四川	7			
		新疆	1			
		云南	2			
122	17	安徽	1	1		24
		广东	3			
		广西		2		
		河南	4			
		湖北	2			
		江苏	1	1		
		陕西	3			
		四川	3	3		

续表

序号	日期	省(区、市)	暴雨站数	大暴雨站数	特大暴雨站数	≥50 mm/d站数
123	18	安徽	1			99
		甘肃	1			
		广西		2		
		海南	1			
		河北	1			
		河南	12			
		湖北	1	1		
		山东	6	2		
		山西	23			
		陕西	11	1		
		四川	19	10		
		云南	5			
		重庆	2			
124	19	安徽	1			99
		福建	9	3		
		广东	2			
		广西	1			
		海南	1			
		河北	3			
		河南	8	2		
		湖北	5	1		
		吉林	9			
		江苏	2			
		辽宁	18	1		
		内蒙古	2			
		山东	6			
		陕西	4			
		四川	8	3		
		云南	7			
		重庆	3			
125	20	安徽	8			66
		福建	1			
		广东	9			
		贵州	1			

续表

序号	日期	省(区、市)	暴雨站数	大暴雨站数	特大暴雨站数	≥50 mm/d 站数
125	20	海南	1			66
		河北	2			
		河南	10	2		
		黑龙江	5			
		湖北	3	1		
		吉林	1			
		江苏	2			
		江西	1			
		辽宁	3			
		山东	6			
		四川	5	2		
		云南	1			
		重庆	1	1		
126	21	安徽	3			46
		甘肃	1			
		广东	2			
		广西	2	1		
		黑龙江	1			
		湖北	14	1		
		湖南	2	1		
		江苏	7			
		江西	4			
		辽宁	1			
		山东	2			
		四川	1			
		云南	1			
		浙江	2			
127	22	安徽	2			62
		甘肃	5	3		
		河南	1			
		江苏	1			
		内蒙古	2			
		山东	3			
		山西	4			

续表

序号	日期	省(区、市)	暴雨站数	大暴雨站数	特大暴雨站数	≥50 mm/d 站数
127	22	陕西	21	7		62
		四川	9	4		
128	23	海南	1			54
		河北	5			
		河南	6			
		黑龙江	1			
		湖北	1			
		辽宁	5			
		山东	25			
		山西	2			
		四川	4	2		
		云南	2			
129	24	海南	5			14
		黑龙江	6			
		吉林	3			
130	25	广东	5			29
		海南	1			
		黑龙江	2	1		
		宁夏	1			
		山东	1			
		山西	3			
		陕西	5	1		
		四川	6	1		
		云南	2			
131	26	广东	19	1		61
		广西	6	2		
		河北	14	4		
		山东	10	2		
		陕西	1			
		云南	2			
132	27	广东	5	2		39
		广西	6	3		
		海南	1	2		
		内蒙古	4			

续表

序号	日期	省(区、市)	暴雨站数	大暴雨站数	特大暴雨站数	≥50 mm/d站数
132	27	山东	11	2		39
		四川	2			
		天津	1			
133	28	广东	5			31
		广西	2	1		
		海南	5	3		
		吉林	2			
		辽宁	2			
		内蒙古		2		
		山东	3			
		陕西	1			
		四川	4			
		云南	1			
134	29	河北		1		26
		河南	1			
		黑龙江	1			
		湖北	3			
		山东	7			
		四川	10			
		云南	2			
		重庆	1			
135	30	广西	2	1		27
		河南	2			
		黑龙江	2	1		
		湖北	1			
		江苏	1			
		辽宁	9			
		山东	5			
		重庆	3			
136	31	河南	1			6
		黑龙江	1			
		江苏	1	1		
		上海	1			
		浙江	1			

表 2.1.8　2013 年 8 月暴雨索引

序号	日期	省(区、市)	暴雨站数	大暴雨站数	特大暴雨站数	≥50 mm/d站数
137	1	海南	1			50
		河北	6	1		
		河南	10	2		
		湖北	1			
		江苏	2			
		山东	1			
		山西	3			
		陕西	2			
		上海	3			
		四川	13	2		
		天津	1			
		云南	1			
		浙江	1			
138	2	安徽	4			36
		福建	6			
		广东	3			
		贵州	1			
		海南	9	2		
		河南	1	1		
		黑龙江	1			
		湖北	3			
		辽宁	1			
		四川	1			
		重庆	3			
139	3	广东	7	1		25
		广西	4	1		
		海南	6	2		
		河南	2			
		山东	1			
		云南	1			
140	4	广西	1			19
		海南	1			
		陕西	1			
		四川	2			
		云南	13	1		

续表

序号	日期	省(区、市)	暴雨站数	大暴雨站数	特大暴雨站数	≥50 mm/d 站数
141	5	辽宁	2	1		4
		四川	1			
142	6	海南	1			2
		黑龙江	1			
143	7	北京	1			57
		甘肃	5			
		广东	1			
		海南	1			
		河北	14			
		黑龙江	6			
		吉林	1			
		山西	1			
		陕西	4			
		四川	7	13		
		天津	1			
		云南	2			
144	8	河北	2			22
		黑龙江	1			
		吉林	2	2		
		内蒙古	1			
		陕西	1			
		四川	12			
		云南	1			
145	9	广西	3			9
		河南	3			
		黑龙江	2			
		山东	1			
146	10	福建	1			9
		广东	2			
		黑龙江	2			
		江西	1			
		山东	3			
147	11	北京	1			22
		广东	2			

续表

序号	日期	省(区、市)	暴雨站数	大暴雨站数	特大暴雨站数	≥50 mm/d站数
147	11	贵州	1			22
		河北	9	2		
		内蒙古	1			
		山西	1			
		陕西	1			
		四川	2			
		天津	1			
		云南	1			
148	12	安徽	1			38
		河北	13			
		黑龙江	2	1		
		湖北	1			
		吉林	1			
		辽宁	2			
		内蒙古	2			
		山东	6			
		四川	5			
		云南	3	1		
149	13	海南	2	1		16
		黑龙江	1			
		内蒙古	1			
		山东	4	3		
		云南	4			
150	14	福建	8			52
		广东	25	3		
		海南	4	2		
		河北	6			
		吉林	4			
151	15	福建	2			72
		广东	20	18	1	
		广西	12	9		
		河北	1			
		吉林	6			
		辽宁	3			

续表

序号	日期	省(区、市)	暴雨站数	大暴雨站数	特大暴雨站数	≥50 mm/d站数
152	16	广东	30	15		97
		广西	5			
		河北	6			
		湖南	6	4		
		吉林	10	5		
		江西	1			
		辽宁	5	6	1	
		四川	1			
		云南	2			
153	17	安徽	1			78
		广东	17	20	3	
		广西	9	3		
		黑龙江	1			
		湖南	11	1		
		吉林	5	1		
		辽宁	5	1		
154	18	安徽	2			35
		广东	13	2	2	
		广西	11	2		
		湖南	1			
		山东	1	1		
155	19	安徽	4			30
		广东	2			
		广西	14	1		
		浙江	4	5		
156	20	广东	2			10
		广西	2	1		
		贵州	2			
		海南	1			
		湖北	1			
		江苏	1			
157	21	福建	1			7
		广东	2			
		广西	1			

续表

序号	日期	省(区、市)	暴雨站数	大暴雨站数	特大暴雨站数	≥50 mm/d站数
157	21	云南	1			7
		浙江	1			
		重庆	1			
158	22	福建	20	13		77
		黑龙江	1			
		湖南	1			
		江西	9	2		
		内蒙古	1			
		宁夏	1			
		青海		1		
		浙江	15	13		
159	23	福建	2			95
		广东	12	1		
		广西	7			
		海南	1			
		河南	3			
		湖北	7			
		湖南	36	7		
		江苏	1			
		江西	14	1		
		宁夏	1			
		山西	1			
		浙江	1			
160	24	安徽	6	2		119
		甘肃	4			
		广东	4			
		广西	23	5		
		贵州	9	1		
		海南	1			
		河南	25	5		
		湖北	18	2		
		湖南	5	1		
		江苏	3			
		宁夏	1			

续表

序号	日期	省(区、市)	暴雨站数	大暴雨站数	特大暴雨站数	≥50 mm/d站数
160	24	山东	1			119
		陕西	2			
		云南	1			
161	25	安徽	2			41
		广西	1			
		河南	5	3		
		湖北	3			
		江苏	6	1		
		四川	3			
		云南	14	1		
		浙江	2			
162	26	安徽	7			27
		福建	1			
		海南	2			
		河南	1			
		江苏	2			
		江西	1			
		四川	3			
		浙江	9	1		
163	27	福建	3			4
		四川	1			
164	28	北京	1			23
		甘肃	3	1		
		海南	1			
		河北	1			
		河南	3			
		山东	1			
		陕西	5			
		四川	3	1		
		云南	3			
165	29	福建	2			21
		湖北	2			
		江苏	3			
		辽宁	1	1		

续表

序号	日期	省(区、市)	暴雨站数	大暴雨站数	特大暴雨站数	≥50 mm/d站数
165	29	山东	4	1		21
		四川	6			
		云南	1			
166	30	福建	15	4		56
		广东	9	2		
		贵州	3			
		海南	2			
		湖南	2			
		江西	7			
		云南	5			
		浙江	6	1		
167	31	福建	1			13
		广东	3			
		广西	1			
		贵州	3	1		
		海南	2			
		浙江	2			

表 2.1.9　2013 年 9 月暴雨索引

序号	日期	省(区、市)	暴雨站数	大暴雨站数	特大暴雨站数	≥50 mm/d站数
168	1	广东	7	1		13
		广西	4			
		海南	1			
169	2	甘肃	1			20
		广西	2			
		湖北	3			
		四川	2			
		云南	2			
		重庆	10			
170	3	广东	1	1		35
		广西	8	1		
		贵州	5			
		湖南	11			

续表

序号	日期	省(区、市)	暴雨站数	大暴雨站数	特大暴雨站数	≥50 mm/d站数
170	3	四川	2			35
		云南	4	1		
		重庆	1			
171	4	北京	1			34
		广东	5	4		
		广西	8	2		
		河北	4			
		湖南	2			
		天津	1			
		云南	7			
172	5	北京	1			12
		广东	3			
		广西	3	1		
		四川	1			
		天津	1			
		云南	2			
173	6	广东	1			5
		广西	1			
		云南	3			
174	8	福建	1			4
		广东	1			
		海南		1		
		云南	1			
175	9	四川	2			4
		重庆	2			
176	10	安徽	2			36
		河南	3			
		黑龙江	1			
		湖北	15	3		
		湖南	1			
		江苏	5			
		云南	1			
		重庆	5			

续表

序号	日期	省(区、市)	暴雨站数	大暴雨站数	特大暴雨站数	≥50 mm/d站数
177	11	安徽	1			18
		贵州	3	1		
		海南	1			
		湖南	2			
		吉林	1			
		江西	1			
		上海	1			
		四川	3			
		云南	1			
		浙江	1			
		重庆	2			
178	12	安徽	4			20
		广西	1			
		河南	1			
		江苏	7			
		江西	1			
		四川	4			
		重庆	2			
179	8	广东	4			10
		河北		1		
		上海	1	1		
		浙江	3			
180	14	福建	1	1		4
		江苏	1			
		浙江	1			
181	15	海南	1			1
182	16	广东	1			7
		广西	1			
		四川	4			
		云南	1			
183	17	贵州	1			9
		海南	1			
		内蒙古	1			
		山西	1			

续表

序号	日期	省(区、市)	暴雨站数	大暴雨站数	特大暴雨站数	≥50 mm/d 站数
183	17	陕西	1	1		9
		四川	3			
184	18	广东	1			19
		海南	6	3		
		内蒙古	5			
		陕西	1			
		四川	3			
185	19	广东		1		34
		海南	6	1		
		陕西	5	1		
		四川	15	5		
186	20	海南	1			2
		云南	1			
187	21	河北	1			5
		山东	2			
		山西	2			
188	22	福建	3	1		16
		广东	6	4		
		山东	1			
		浙江	1			
189	23	安徽	2			79
		福建	5	6		
		广东	25	4		
		广西	5			
		河北	1			
		湖北	1			
		湖南	1	1		
		江西	2			
		辽宁	11			
		山东	11	2		
		陕西	1			
		四川	1			
190	24	安徽	24	6		145
		广东	3			

续表

序号	日期	省(区、市)	暴雨站数	大暴雨站数	特大暴雨站数	≥50 mm/d站数
190	24	广西	4			145
		贵州	20	4		
		河南	3			
		湖北	16	9		
		湖南	20	18		
		江苏	15			
		山东	2			
		重庆	1			
191	25	广西	9	2		44
		贵州	6			
		湖北	4			
		湖南	17	4		
		江西	1			
		浙江	1			
192	26	福建		1		3
		海南	2			
193	28	海南	1			1
194	29	海南		1	1	2
195	30	广东	2	1		4
		海南	1			

表 2.1.10　2013 年 10 月暴雨索引

序号	日期	省(区、市)	暴雨站数	大暴雨站数	特大暴雨站数	≥50 mm/d站数
196	1	海南	2	4		6
197	4	四川	1			2
		云南	1			
198	5	云南	1			1
199	6	安徽	1			9
		浙江	8			
200	7	安徽	4			87
		福建	2	3		
		江苏	9	3		
		江西	1			

续表

序号	日期	省(区、市)	暴雨站数	大暴雨站数	特大暴雨站数	≥50 mm/d 站数
200	7	上海	6	1		87
		浙江	18	31	9	
201	8	安徽	1			51
		江苏	9	8		
		江西	1			
		上海	2	9		
		浙江	11	9	1	
202	14	海南	5			6
		西藏		1		
203	15	贵州	2			9
		海南	5			
		湖北	1			
		西藏	1			
204	17	海南	4	2		6
205	18	海南	3	1		4
206	19	云南	1			1
207	20	云南	5			5
208	21	云南	1			1
209	25	黑龙江	1			1
210	28	云南	3			3
211	29	海南	1			2
		云南	1			

表 2.1.11　2013 年 11 月暴雨索引

序号	日期	省(区、市)	暴雨站数	大暴雨站数	特大暴雨站数	≥50 mm/d 站数
212	3	广东	1			1
213	5	海南	1			1
214	10	广东	2			22
		广西	1			
		海南	11	8		
215	11	广东	3			82
		广西	31	25	4	
		海南	2	3		

续表

序号	日期	省(区、市)	暴雨站数	大暴雨站数	特大暴雨站数	≥50 mm/d站数
215	11	湖南	9			82
		江西	5			
216	12	福建	1			63
		广东	15	4		
		广西	14			
		湖南	5			
		江西	24			

表 2.1.12　2013 年 12 月暴雨索引

序号	日期	省(区、市)	暴雨站数	大暴雨站数	特大暴雨站数	≥50 mm/d站数
217	12	海南	1			1
218	14	广东	1			27
		广西	25			
		海南		1		
219	15	福建	1			68
		广东	26	3		
		广西	6			
		贵州	3			
		海南	3	2		
		云南	22	2		
220	16	安徽	1			159
		福建	23			
		广东	36	6		
		广西	6			
		海南	1			
		湖南	10			
		江西	42			
		浙江	34			
221	17	广东	3			6
		海南	1			
		江西	1			
		浙江	1			

2.2　单站连续性暴雨索引

表 2.2.1　2013 年全国单站连续性暴雨索引

序号	月份	起止日	省(区、市)	站名	日期	降水量(mm)
1	5	15—16	广东	佛冈	15	116.2
					16	232.4
2		19—21	福建	上杭	19	105.0
					20	75.5
					21	58.5
3	6	19—21	四川	什邡	19	98.4
					20	65.5
					21	71.0
4		20—21	四川	剑阁	20	135.2
					21	123.0
5		23—25	安徽	安庆	23	52.6
					24	72.5
					25	76.0
6			广东	澄海	23	63.5
					24	81.1
					25	81.1
7			安徽	太湖	23	123.9
					24	0.3
					25	107.8
8		24—25	广东	海丰	24	103.0
					25	127.0
9		25—27	浙江	临安	25	51.9
					26	62.3
					27	62.8
10			安徽	祁门	25	56.7
					26	56.8
					27	111.6
11		26—27	湖南	宁乡	26	137.2
					27	104.2
12		26—28	江西	乐平	26	77.8
					27	64.5
					28	75.2

续表

序号	月份	起止日	省(区、市)	站名	日期	降水量(mm)
13	6	27—29	江西	奉新	27	69.7
					28	127.4
					29	66.9
14				万年	27	78.4
					28	99.6
					29	56.1
15				弋阳	27	56.9
					28	120.5
					29	170.4
16				贵溪	27	58.7
					28	112.9
					29	170.1
17		28—29	江西	南昌	28	143.7
					29	128.3
18				南昌县	28	156.3
					29	165.2
19				进贤	28	183.7
					29	153.5
20				横峰	28	101.9
					29	175.2
21				鹰潭	28	111.3
					29	156.9
22				铅山	28	106.4
					29	120.9
23		30—1/7	四川	蓬溪	30	124.3
					1	171.5
24				遂宁	30	323.7
					1	197.1
25		30—2/7	四川	苍溪	30	58.0
					1	55.7
					2	66.1
26	7	2—4	河南	修武	2	95.6
					3	62.0
					4	78.9

续表

序号	月份	起止日	省(区、市)	站名	日期	降水量(mm)
27	7	2—4	山东	微山	2	68.0
					3	92.0
					4	67.3
28		5—7	安徽	金寨	5	99.8
					6	76.5
					7	104.4
29				合肥	5	57.5
					6	51.0
					7	57.9
30		6—7	湖北	麻城	6	131.6
					7	102.5
31				江夏	6	172.7
					7	144.5
32		8—10	四川	彭州	8	56.2
					9	109.5
					10	92.5
33				新都	8	121.1
					9	79.9
					10	50.5
34			云南	盈江	8	75.7
					9	122.0
					10	59.1
35		9—10	四川	崇州	9	145.6
					10	117.4
36				温江	9	122.7
					10	167.6
37				郫县	9	105.9
					10	146.1
38				名山	9	105.9
					10	123.4
39				大邑	9	189.3
					10	279.2
40				旺苍	9	143.4
					10	229.9

续表

序号	月份	起止日	省(区、市)	站名	日期	降水量(mm)
41	7	9—11	山东	高青	9	50.2
					10	54.1
					11	53.3
42				博兴	9	63.0
					10	54.1
					11	57.6
43				招远	9	52.0
					10	67.6
					11	149.2
44			四川	都江堰	9	423.8
					10	199.3
					11	71.8
45		11—13	山东	莱州	11	167.0
					12	29.8
					13	102.5
46		14—16	福建	平和	14	92.5
					15	54.8
					16	53.5
47		17—18	广西	防城	17	127.1
					18	136.8
48				防城港	17	116.7
					18	114.9
49		17—19	四川	通江	17	139.6
					18	49.7
					19	114.7
50		19—21	辽宁	丹东	19	60.3
					20	79.1
					21	57.5
51		25—27	广东	化州	25	94.2
					26	119.5
					27	77.5
52		26—27	广西	北海	26	185.9
					27	181.6
53		26—28	广西	合浦	26	247.4
					27	196.3
					28	50.5

续表

序号	月份	起止日	省(区、市)	站名	日期	降水量(mm)
54	8	14—16	广东	恩平	14	68.5
					15	122.0
					16	120.0
55				顺德	14	59.8
					15	112.9
					16	54.3
56				番禺	14	79.7
					15	90.6
					16	65.1
57				遂溪	14	52.1
					15	110.4
					16	53.2
58				高州	14	61.1
					15	193.5
					16	77.4
59				化州	14	73.4
					15	134.0
					16	99.0
60				吴川	14	52.9
					15	153.5
					16	69.3
61				茂名	14	65.3
					15	196.6
					16	70.5
62				电白	14	115.7
					15	160.5
					16	83.1
63		15—17	广西	梧州	15	110.2
					16	94.0
					17	56.6
64				容县	15	113.1
					16	5.3
					17	111.3

续表

序号	月份	起止日	省(区、市)	站名	日期	降水量(mm)
65	8	15—17	广东	丰顺	15	105.8
					16	11.5
					17	138.7
66				揭阳	15	140.8
					16	16.3
					17	110.2
67				惠来	15	113.8
					16	1.4
					17	104.9
68		15—18	广西	富川	15	70.7
					16	63.9
					17	112.4
					18	69.5
69				钟山	15	50.8
					16	95.4
					17	77.7
					18	81.8
70				八步	15	67.4
					16	85.7
					17	114.7
					18	54.2
71			广东	连南	15	99.4
					16	149.0
					17	116.8
					18	78.9
72				连州	15	53.4
					16	111.6
					17	164.2
					18	51.9
73				连山	15	58.0
					16	105.5
					17	118.3
					18	63.2
74				阳山	15	55.9
					16	142.5
					17	77.1
					18	62.2

续表

序号	月份	起止日	省(区、市)	站名	日期	降水量(mm)
75	8	16—17	广东	翁源	16	132.8
					17	115.6
76				新丰	16	201.8
					17	118.4
77				龙门	16	176.0
					17	185.7
78		16—18	湖南	道县	16	119.2
					17	69.3
					18	51.7
79			广东	乐昌	16	186.5
					17	163.6
					18	50.7
80				乳源	16	227.9
					17	269.8
					18	73.5
81				廉江	16	149.4
					17	12.1
					18	105.4
82		17—18	广东	惠来	17	104.9
					18	295.4
83				潮阳	17	215.6
					18	340.1
84				海丰	17	139.2
					18	142.5
85		17—19	广西	平乐	17	80.2
					18	62.2
					19	69.4
86	9	1—4	广西	涠洲岛	1	59.4
					2	58.0
					3	220.5
					4	188.8
87		3—4	广东	上川岛	3	137.4
					4	220.2
88		3—5	广西	合浦	3	88.8
					4	98.8
					5	80.3

续表

序号	月份	起止日	省(区、市)	站名	日期	降水量(mm)
89	9	17—20	海南	万宁	17	55.8
					18	72.8
					19	60.6
					20	50.9
90		24—25	湖南	沅陵	24	145.7
					25	105.8
91				泸溪	24	120.9
					25	110.7
92				麻阳	24	115.8
					25	117.7
93	10	6—8	浙江	奉化	6	58.6
					7	395.6
					8	58.8
94				宁海	6	70.7
					7	186.4
					8	120.4
95				洞头	6	71.6
					7	95.1
					8	54.2
96		7—8	浙江	嘉兴	7	115.1
					8	126.2
97				海宁	7	189.9
					8	260.5
98				桐乡	7	159.0
					8	171.8
99				海盐	7	149.8
					8	210.1
100				平湖	7	111.8
					8	125.8
101				慈溪	7	192.3
					8	140.7
102				余姚	7	395.6
					8	113.6
103				临海	7	112.8
					8	128.5
104			上海	嘉定	7	100.9
					8	164.3

续表

序号	月份	起止日	省(区、市)	站名	日期	降水量(mm)
105	10	7—8	江苏	昆山	7	117.1
					8	162.6
106				吴江	7	115.6
					8	110.9
107	11	10—11	海南	琼中	10	182.0
					11	147.3
108	12	14—15	海南	万宁	14	177.5
					15	155.7

2.3　区域性暴雨日索引

表2.3.1　2013年全国区域性暴雨日索引

序号	日期(日/月)	区域	暴雨站数	大暴雨站数	特大暴雨站数	≥50 mm/d站数	暴雨中心		
							降水量(mm)	地点	
								省(区、市)	站名
1	23/3	江南地区	29	1		30	116.0	江西	贵溪
2	26/3	江南地区 华南地区	58	3		61	110.9	广东	恩平
3	28/3	华南地区	22			22	83.8	广东	高要
4	30/3	华南地区	42	7		49	119.2	广西	梧州
5	4/4	江南地区 华南北部	18			18	78.2	湖南	溆浦
6	5/4	江南地区 华南地区	43	3		46	134.4	广东	汕尾
7	24/4	江南地区 华南北部	15			15	77.3	广西	融安
8	26/4	华南地区	14	3		17	113.8	广东	高州
9	29/4	西南东部 江汉地区 江南地区 华南地区	68	4		72	151.8	广西	浦北
10	30/4	江南地区 华南地区	67	7		74	162.3	广西	临桂

续表

序号	日期（日/月）	区域	暴雨站数	大暴雨站数	特大暴雨站数	≥50 mm/d 站数	暴雨中心		
							降水量（mm）	地点	
								省(区、市)	站名
11	7/5	西南东部 江汉地区 江南地区 华南地区	27	5		32	152.0	广东	化州
12	8/5	西南东部 黄淮地区 江淮地区 江汉地区 江南地区 华南地区	50	13		63	212.2	广东	阳春
13	9/5	西南东部 江淮地区 江汉地区 江南地区 华南地区	34	2		36	156.3	广东	汕尾
14	10/5	江南南部 华南地区	24	5	1	30	307.6	广东	阳江
15	15/5	江汉地区 江淮西部 江南地区 华南北部	83	12		95	179.6	江西	夏坪
16	16/5	江南地区 华南地区	85	24		109	232.4	广东	佛冈
17	19/5	江南南部 华南地区	18	3		21	171.1	福建	永定
18	20/5	江南南部 华南地区	38			38	98.6	广东	兴宁
19	22/5	江南东部 华南地区	32	11	1	44	325.6	广东	珠海
20	25/5	西北东部 黄淮西部 江汉地区 西南东部	51	3		54	143.1	重庆	开县

续表

序号	日期（日/月）	区域	暴雨站数	大暴雨站数	特大暴雨站数	≥50 mm/d 站数	暴雨中心		
							降水量（mm）	地点	
								省（区、市）	站名
21	26/5	华北南部 黄淮地区 江淮地区 江汉地区 江南地区 西南东部	178	26		204	143.3	河南	宝丰
22	27/5	黄淮东部 江南地区 华南地区	42	6		48	135.5	福建	光泽
23	29/5	西南东部 江南地区 华南地区	36	4		40	149.9	贵州	织金
24	2/6	江南地区 华南西部	33	1		34	104.2	广西	灌阳
25	5/6	江南南部 华南地区	18	1		19	134.3	江西	上犹
26	6/6	西南东部 江汉地区 江南北部	55	15		70	156.8	湖北	鹤峰
27	7/6	江汉东部 江淮地区 江南北部	103	28		131	228.1	安徽	黄山
28	9/6	西南东部 华南地区	69	11	1	81	271.6	广西	融安
		华北地区	19			19	83.8	河北	定州
29	10/6	江南西部 华南地区	34	8		42	175.2	广西	平南
		西南南部	15	1		16	103.5	云南	姚安
30	12/6	江南东部 华南东部	38	9		47	148.0	广东	陆丰
31	20/6	西北东部 西南东部 华北西部	35	10		45	165.7	四川	青川

续表

序号	日期（日/月）	区域	暴雨站数	大暴雨站数	特大暴雨站数	≥50 mm/d站数	暴雨中心		
							降水量（mm）	地点	
								省（区、市）	站名
32	21/6	西北东部 西南东部	20	3		23	145.2	陕西	留坝
33	23/6	江淮地区 江南北部	20	1		21	123.9	安徽	太湖
34	24/6	华南地区	16	5	1	22	324.8	广东	斗门
35	25/6	江淮地区 江汉东部 江南北部	53	14		67	181.7	江苏	扬州
		华南地区	15	1		16	127.0	广东	海丰
36	26/6	西南东部 江南北部	28	3		31	153.5	湖北	宣恩
37	27/6	西南东部 西南南部 江南北部 华南西部	84	14		98	189.8	安徽	屯溪
38	28/6	江南地区 华南西部	38	28		66	183.7	江西	进贤
39	29/6	江南地区	18	8		26	175.2	江西	横峰
40	30/6	西南东部	21	16	1		323.7	四川	遂宁
41	1/7	西南东部	18	8		26	201.5	重庆	铜梁
		华北地区 东北地区 黄淮地区	34	3		37	137.2	河北	武强
42	2/7	华北东北 东北地区 黄淮北部	67	8		75	161.9	辽宁	庄河
		华南南部	18	6		24	198.3	广东	徐闻
43	4/7	西南东部 华北南部 黄淮地区	72	5		77	169.3	山东	泗水
44	5/7	西南东部 江汉地区 江淮地区 黄淮南部	63	8		71	182.5	江苏	西连岛

续表

序号	日期（日/月）	区域	暴雨站数	大暴雨站数	特大暴雨站数	≥50 mm/d站数	暴雨中心		
							降水量（mm）	地点	
								省（区、市）	站名
45	6/7	西南东部 江汉地区 江淮地区 江南北部	50	15		65	173.0	安徽	岳西
46	7/7	江汉东部 江淮地区	20	13		33	183.9	湖北	团风
47	8/7	西南东部 西北东部 华北地区	29	6		35	122.8	四川	芦山
48	9/7	西南东部 西北东部 华北地区 东北南部 黄淮北部	109	16	1	126	423.8	四川	都江堰
49	10/7	西南东部 西北东部 华北地区 黄淮北部	42	18	1	61	279.2	四川	大邑
50	12/7	西南东部 西北东部 华北南部 黄淮北部	29	6		35	167.0	山东	莱州
51	13/7	西南东部 西北东部 华北南部 黄淮北部	53	7		60	142.3	山东	周村
		江南东部 华南东部	18	4		22	130.1	福建	柘荣
52	14/7	江南地区 华南地区	37	22		59	249.3	江西	吉安
53	15/7	内蒙古地区 华北地区	41	1		42	147.7	北京	怀柔
		江南中部 华南地区	28	3	1	32	282.5	广东	茂名

续表

序号	日期(日/月)	区域	暴雨站数	大暴雨站数	特大暴雨站数	≥50 mm/d 站数	暴雨中心		
							降水量(mm)	地点	
								省(区、市)	站名
54	16/7	华北东北 黄淮地区 东北地区	65	4		69	132.5	辽宁	阜新
		江南东部 华南地区	14	1		15	117.5	福建	福鼎
55	17/7	西南东部 西北东部 黄淮南部 江汉地区	14	5		19	143.4	四川	旺苍
56	18/7	西南东部 西北东部 华北地区 黄淮地区	82	14		96	229.9	四川	旺苍
57	19/7	西南东部 江汉地区 黄淮地区 华北南部 东北地区	77	6		83	121.0	湖北	随州
58	20/7	西南东部 江汉地区 江淮地区 黄淮地区 东北地区	49	6		55	122.7	河南	信阳
59	21/7	江汉地区 江淮地区 江南北部	39	2		41	127.2	湖南	石门
60	22/7	西南东部 西北东部 华北西部	41	14		55	184.6	甘肃	灵台
61	23/7	西南东部 华北地区 黄淮北部 东北南部	47	2		49	112.3	四川	宣汉
62	25/7	西南东部 西北东部 华北西部	18	2		20	140.5	陕西	黄陵

续表

序号	日期（日/月）	区域	暴雨站数	大暴雨站数	特大暴雨站数	≥50 mm/d 站数	暴雨中心		
							降水量（mm）	地点	
								省（区、市）	站名
63	26/7	华北东部 黄淮北部	27	6		33	174.7	山东	聊城
		华南地区	25	3		28	247.4	广西	合浦
64	27/7	华南地区	12	7		19	241.2	广东	阳春
65	28/7	华南地区	13	4		17	184.4	广西	东兴
66	29/7	西南东部 江汉西部 黄淮地区 华北南部	24	1		25	112.2	河北	故城
67	30/7	黄淮地区 东北地区	23	1		24	153.6	黑龙江	海伦
68	1/8	西南东部 西北东部 黄淮地区 华北地区	41	5		46	171.7	河南	灵宝
69	2/8	西南东部 江汉西部 黄淮地区	14	1		15	133	河南	永城
		华南南部	18	2		20	185.8	海南	西沙
70	3/8	华南南部	17	4		21	167.8	海南	东方
71	4/8	西南南部 西南东部 华南西部	17	1		18	113.1	云南	镇康
72	7/8	西南东部 西北东部 华北地区	33	13		46	168.5	四川	都江堰
73	11/8	西南东部 华北地区	18	2		20	145.0	河北	深泽
74	12/8	西南东部 西南南部 华北地区 东北地区	35	2		37	129.2	云南	昌宁
75	14/8	华南南部	37	5		42	153.3	海南	儋州
76	15/8	华南地区	34	27	1	62	361.0	广东	雷州

续表

序号	日期(日/月)	区域	暴雨站数	大暴雨站数	特大暴雨站数	≥50 mm/d站数	暴雨中心		
							降水量(mm)	地点	
								省(区、市)	站名
77	16/8	华北东部 东北地区	22	11	1	34	264.1	辽宁	黑山
		华南地区	44	19		63	241.6	广东	东莞
78	17/8	华南地区	37	24	3	64	343.7	广东	普宁
79	18/8	华南地区	25	4	2	31	340.1	广东	潮阳
80	19/8	华南地区	16	1		17	131.9	广西	金秀
81	22/8	江南地区	45	28		73	225.3	福建	柘荣
82	23/8	江汉东部 江南地区 华南地区	84	9		93	183.0	湖南	南岳
83	24/8	黄淮地区 江淮地区 江汉地区 江南西部 华南地区 西南东部	96	16		112	154.4	广西	龙州
84	25/8	黄淮地区 江淮地区 江汉地区 西南东部	36	5		41	200.9	河南	漯河
85	26/8	江淮西部 江南东部	23	1		24	115.3	浙江	仙居
86	28/8	西南东部 西北东部	20	2		22	108.7	四川	雅安
87	29/8	西南东部 江汉地区 黄淮地区 东北地区	17	2		19	174.2	辽宁	东港
88	30/8	江南南部 华南地区	49	7		56	206.4	福建	九仙山
89	2/9	西南东部 西南南部	17			17	97.6	云南	龙陵
90	3/9	西南东部 江南西部	32	3		35	220.5	广西	涠洲岛
91	4/9	西南东部 华南地区	20	6		26	220.2	广东	上川岛

续表

序号	日期（日/月）	区域	暴雨站数	大暴雨站数	特大暴雨站数	≥50 mm/d 站数	暴雨中心		
							降水量（mm）	地点	
								省（区、市）	站名
92	10/9	西南东部 江汉地区 黄淮南部	32	3		35	128.6	湖北	鹤峰
93	11/9	西南东部 江南北部	15	1		16	130.7	贵州	江口
94	12/9	西南东部 黄淮南部	18			18	89.5	安徽	阜南
95	19/9	西南东部 西北东部	20	6		26	161.8	四川	北川
96	22/9	江南东部 华南东部	10	5		15	143.0	广东	惠来
97	23/9	黄淮地区 江淮地区 江南地区 华南地区	52	13		65	202.1	福建	平和
98	24/9	黄淮南部 江淮地区 江汉地区 江南西部 西南东部 华南西部	108	37		145	197.3	湖北	松滋
99	25/9	江南西部 华南西部	38	6		44	184.7	广西	崇左
100	7/10	江南东部	40	38	9	87	395.6	浙江	余姚、奉化
101	8/10	江南东部	24	26	1	51	260.5	浙江	海宁
102	10/11	华南南部	14	8		22	244.7	海南	五指山
103	11/11	江南地区 华南地区	50	28	4	82	320.4	广西	北海
104	12/11	江南地区 华南地区	59	4		63	177.5	广东	高州
105	14/12	华南地区	26	1		27	177.5	海南	万宁
106	15/12	西南东部 华南地区	61	7		68	157.3	海南	琼海
107	16/12	江南地区 华南地区	153	6		159	126.0	广东	云浮

2.4　主要暴雨过程索引

表 2.4.1　2013 年全国主要暴雨过程索引

序号	月份	暴雨过程		过程累积最大降水量			备注
		起止日（日/月）	区域	降水量（mm）	地点		
					省(区、市)	站名	
1	3	26	江南地区 华南地区	111	广东	恩平	
2	3	30	华南地区	119	广西	梧州	
3	4	4—5	西南东部 江南地区 华南地区	148	广东	梅县	
4	4	24—26	江南地区 华南地区	135	广东	高州	
5	4	29—30	西南东部 江汉地区 江淮地区 江南地区 华南地区	196	广西	浦北	
6	5	7—10	西南东部 江汉地区 黄淮地区 江淮地区 江南地区 华南地区	329	广东	阳江	
7	5	14—17	江汉地区 江淮地区 江南地区 华南地区	366	广东	佛冈	
8	5	19—22	江南南部 华南地区	358	广东	珠海	
9	5	24—27	西北东部 华北南部 黄淮地区 江淮地区 江汉地区 西南东部 西南南部 江南地区 华南地区	366	广西	东兴	

续表

序号	月份	暴雨过程		过程累积最大降水量			备注
		起止日（日/月）	区域	降水量（mm）	地点		
					省（区、市）	站名	
10	5	29—30	西南东部 江淮地区 江南地区 华南地区	165	浙江	泰顺	
11	6	6—7	西南东部 江淮地区 江淮地区 江南地区	272	安徽	黄山	
12		8—10	西南东部 西南南部 江南地区 华南地区	306	广西	融安	
13		12	江南东部 华南东部	148	广东	陆丰	
14		19—22	西南东部 西北东部 华北地区	275	四川	剑阁	
15		24—25	华南地区	327	广东	斗门	
16		24—30	西北东部 西南东部 西南南部 黄淮南部 江淮地区 江汉地区 江南地区 华南北部	364	江西	进贤	
17		30—2/7	西南东部 西北东部	522	四川	遂宁	重大暴雨事件 1
18	7	1—3	华北地区 东北地区 黄淮北部	218	河北	宁晋	
19		2	华南南部	198	广东	徐闻	1306 号强热带风暴“温比亚”(Rumbia)
20		4—7	西南东部 西北东部 华北南部 黄淮地区 江淮地区 江汉地区 江南北部	318	湖北	江夏	

续表

序号	月份	暴雨过程		过程累积最大降水量			备注
		起止日(日/月)	区域	降水量(mm)	地点 省(区、市)	站名	
21	7	8—13	西南东部 西北东部 华北地区 东北南部	752	四川	都江堰	重大暴雨事件 2
22	7	13—17	江南地区 华南地区	383	广东	茂名	1307 号超强台风 “苏力”(Soulik) 重大暴雨事件 3
23	7	15—16	华北地区 东北地区 黄淮东部	153	辽宁	阜新	
24	7	16—21	西南东部 西南南部 西北东部 华北地区 东北地区 黄淮地区 江淮地区 江汉地区 江南北部	382	四川	旺苍	
25	7	22—24	西南东部 西北东部 华北南部 黄淮北部 东北东部	185	甘肃	灵台	
26	7	24—28	华南地区	539	广西	合浦	
27	7	25—28	西南东部 西北东部 华北地区 黄淮东部 东北东部	194	山东	河口	重大暴雨事件 4
28	8	1—2	西南东部 江汉西部 黄淮地区 华北地区	209	河北	卢龙	
29	8	2—4	华南地区 西南南部	258	海南	昌江	1309 号强热带风暴 “飞燕”(Jebi)

续表

<table>
<tr><th rowspan="3">序号</th><th rowspan="3">月份</th><th colspan="2">暴雨过程</th><th colspan="3">过程累积最大降水量</th><th rowspan="3">备注</th></tr>
<tr><th rowspan="2">起止日
(日/月)</th><th rowspan="2">区域</th><th rowspan="2">降水量
(mm)</th><th colspan="2">地点</th></tr>
<tr><th>省(区、市)</th><th>站名</th></tr>
<tr><td>30</td><td rowspan="6">8</td><td>7—8</td><td>西南东部
西北东部
华北地区
东北地区</td><td>191</td><td>四川</td><td>都江堰</td><td></td></tr>
<tr><td>31</td><td>11—17</td><td>西南南部
西南东部
西北东部
华北地区
黄淮北部
东北地区</td><td>297</td><td>辽宁</td><td>黑山</td><td>重大暴雨事件 5</td></tr>
<tr><td>32</td><td>14—20</td><td>西南南部
西南东部
江南地区
华南地区</td><td>639</td><td>广东</td><td>潮阳</td><td>1311 号超强台风
“尤特”(Utor)
重大暴雨事件 6</td></tr>
<tr><td>33</td><td>22—25</td><td>西南南部
西南东部
江汉地区
黄淮地区
江淮地区
江南地区
华南地区</td><td>296</td><td>福建</td><td>周宁</td><td>1312 号台风
“潭美”(Trami)
重大暴雨事件 7</td></tr>
<tr><td>34</td><td>28—31</td><td>西南南部
西南东部
西北东部
华北地区
东北地区</td><td>177</td><td>辽宁</td><td>东港</td><td></td></tr>
<tr><td>35</td><td>30—1/9</td><td>江南地区
华南地区</td><td>210</td><td>福建</td><td>九仙山</td><td>1315 号强热带风暴
“康妮”(Kong-rey)</td></tr>
<tr><td>36</td><td rowspan="3">9</td><td>2—5</td><td>西南地区
江南地区
华南地区</td><td>489</td><td>广西</td><td>涠洲岛</td><td></td></tr>
<tr><td>37</td><td>10—12</td><td>西南东部
江汉地区
黄淮南部
江淮地区</td><td>184</td><td>湖北</td><td>鹤峰</td><td></td></tr>
<tr><td>38</td><td>17—19</td><td>西南东部
西北东部
华北地区
内蒙中部</td><td>213</td><td>四川</td><td>苍溪</td><td></td></tr>
</table>

续表

序号	月份	暴雨过程		过程累积最大降水量			备注
		起止日(日/月)	区域	降水量(mm)	地点		
					省(区、市)	站名	
39	9	22—25	黄淮地区 江淮地区 江汉地区 西南东部 江南地区 华南地区	287	福建	诏安	1319号超强台风 “天兔”(Usagi) 重大暴雨事件8
40	10	6—8	江淮东部 江南东部	540	浙江	余姚	1323号强台风 “菲特”(Fitow) 重大暴雨事件9
41	11	10—12	江南地区 华南地区	357	广西	北海	1330号超强台风 “海燕”(Haiyan) 重大暴雨事件10
42	12	14—16	江南地区 华南地区 西南东部 西南南部	335	海南	万宁	

第 3 章　主要暴雨过程

本章对 2013 年 42 次主要暴雨过程的基本天气形势和降水演变特征进行简要叙述，并给出过程每天的降水量图及过程总降水量图。

3.1　3 月主要暴雨过程(No. 1—No. 2)

第 1 次主要暴雨过程(No. 1)：3 月 26 日

3 月 26 日，500 hPa 青藏高原东侧有南支短波槽快速东移南压至江淮地区，中低层长江中下游地区有切变线南压并有涡旋发展，江南、华南受西南暖湿气流控制并有低空急流发展，受这些系统的共同影响，江南、华南出现较强降水，暴雨主要出现在江南南部和华南北部(图 3.1.1)。

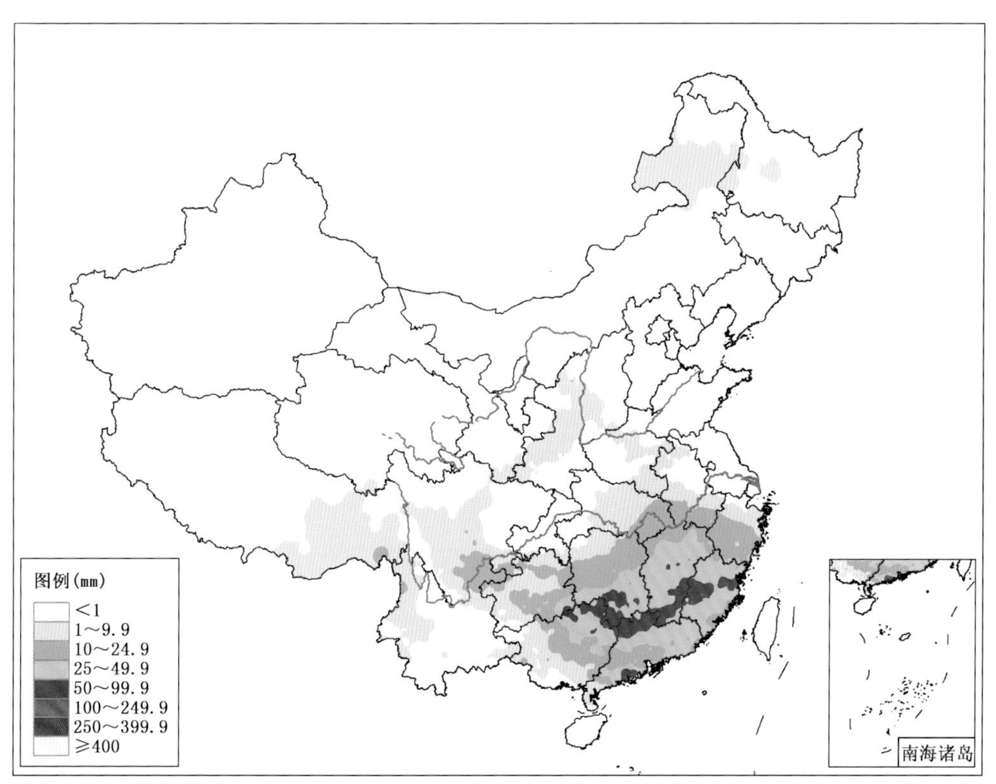

图 3.1.1　2013 年 3 月 26 日全国降水量分布图(单位：mm)

第 2 次主要暴雨过程(No. 2)：3 月 30 日

3 月 30 日，500 hPa 云贵高原上空有南支短波槽东移影响江南、华南地区，中低层江南、华南地区有切变线发展并有涡旋生成，华南受西南暖湿气流控制并有低空急流发展，受这些系统的共同影响，华南出现强降水过程，暴雨主要出现在广西东部和广东西部，桂东北部分地区出现大暴雨(图 3.1.2)。

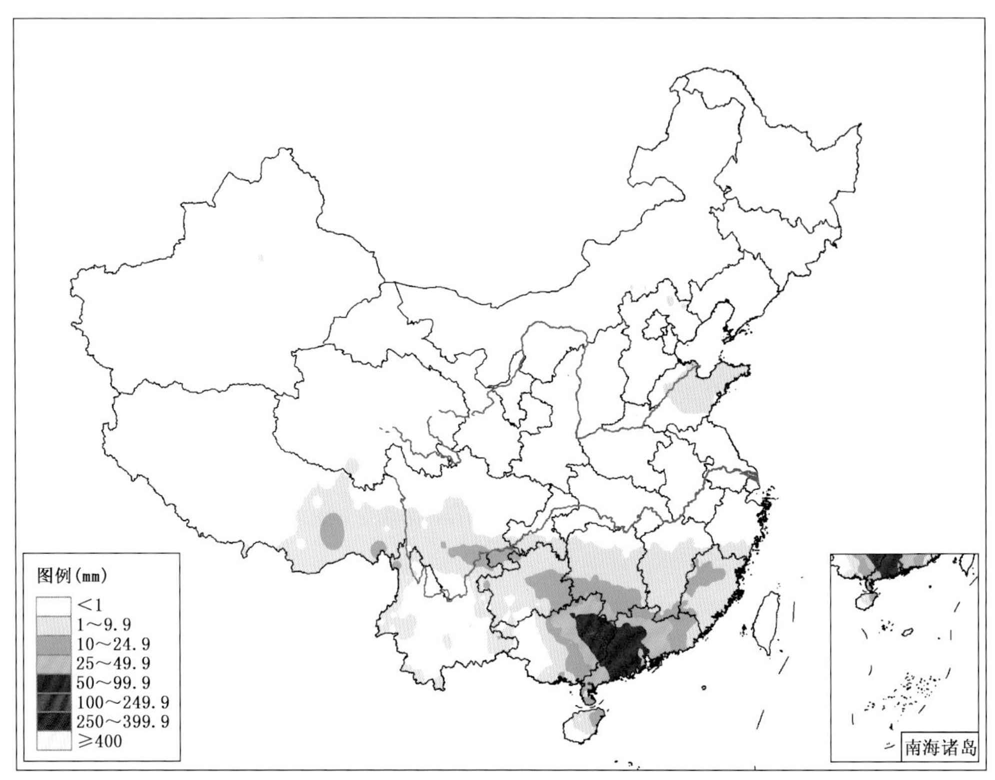

图 3.1.2　2013 年 3 月 30 日全国降水量分布图(单位:mm)

3.2　4 月主要暴雨过程(No. 3—No. 5)

第 3 次主要暴雨过程(No. 3):4 月 4—5 日

4 月 4 日，500 hPa 青藏高原东侧有西风槽发展东移影响江南、华南地区，中低层四川盆地有西南低涡发展并向东偏南方向移出影响江南地区，华南受西南暖湿气流控制并有低空急流发展，受这些系统的共同影响，江南、华南部分地区出现强降水，湖南、广东、江西部分地区出现暴雨；5 日，500 hPa 西风槽进一步东移影响我国中东部地区，中低层低涡、切变线继续东移发展，华南低空急流进一步发展加强，受这些系统的共同影响，降水区范围扩大、强度加强，江西中部和广东东部各出现一条东西向的暴雨带，局部地区出现大暴雨(图 3.2.1—图 3.2.3)。

第 4 次主要暴雨过程(No. 4):4 月 24—26 日

4 月 24 日，500 hPa 青藏高原东侧有南支短波槽发展东移影响江南、华南地区，中低层江南地区有切变线发展，受其影响，江南大部、华南北部出现强降水，暴雨主要出现在湘西及桂东北；25 日，500 hPa 短波槽东移南压主要影响华南地区，中低层切变线也东移南压至华南地区，受其影响，降水区整体东移南压，暴雨主要出现在广东中部部分地区；26 日，500 hPa 短波槽主要活动在华南南部地区，中低层切变线进一步南压，850 hPa 华南南部有气旋生成，受其影响，雨带主要出现在华南南部，粤西南、桂西南分别出现两个小范围的暴雨中心，局部出现大暴雨(图 3.2.4—图 3.2.7)。

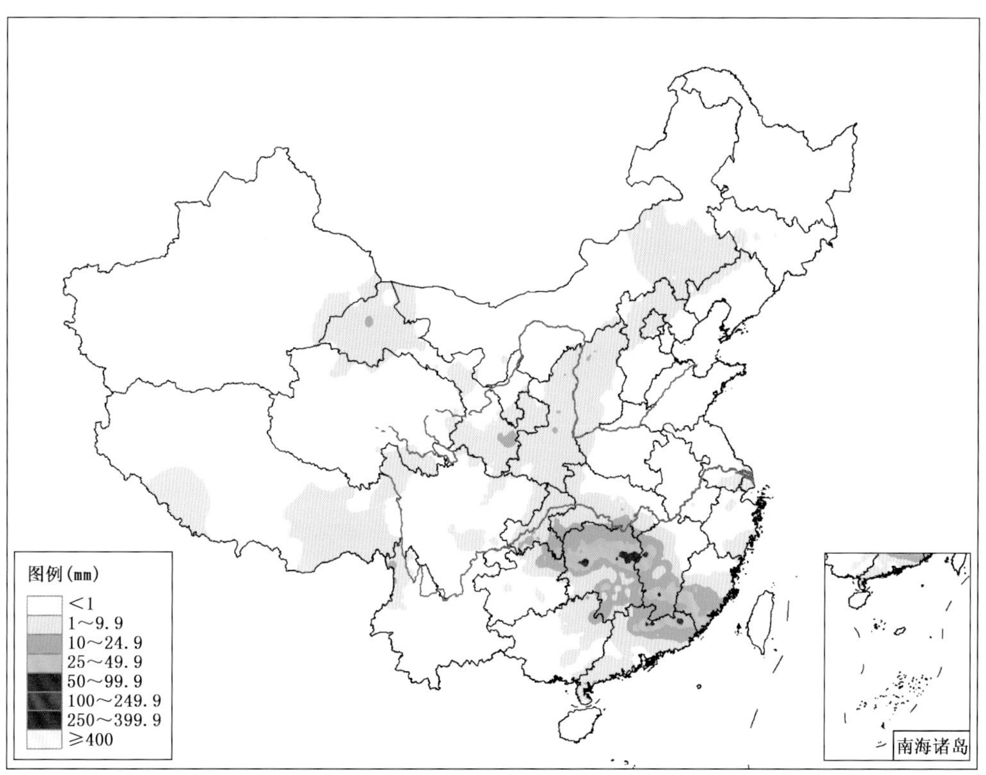

图 3.2.1　2013 年 4 月 4 日全国降水量分布图(单位:mm)

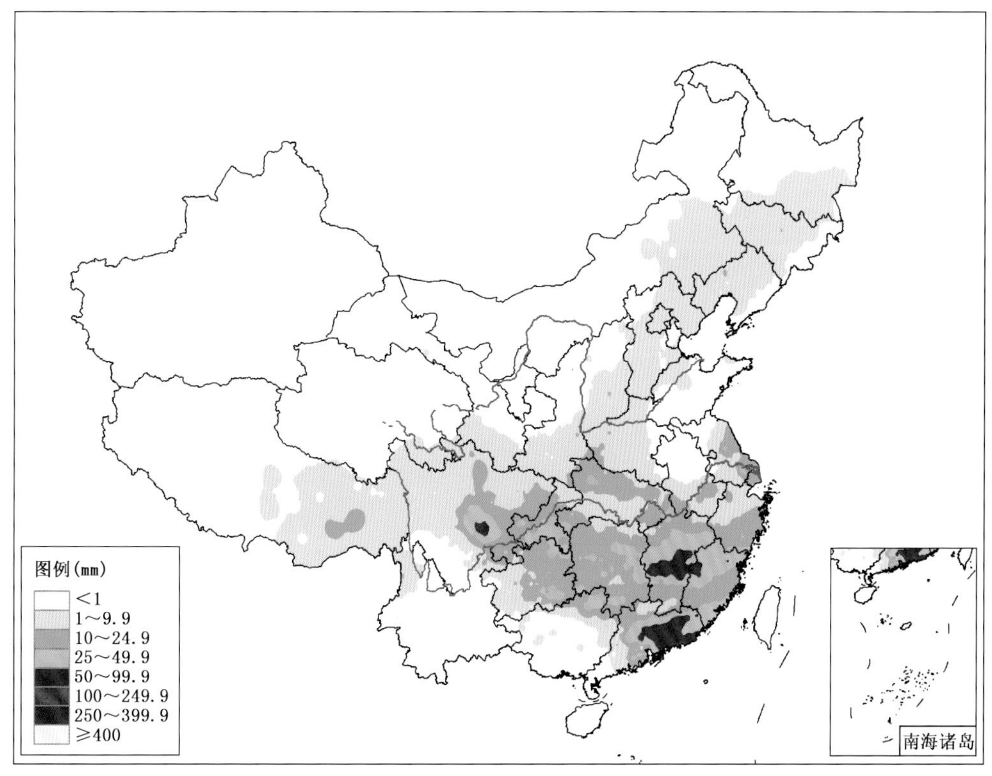

图 3.2.2　2013 年 4 月 5 日全国降水量分布图(单位:mm)

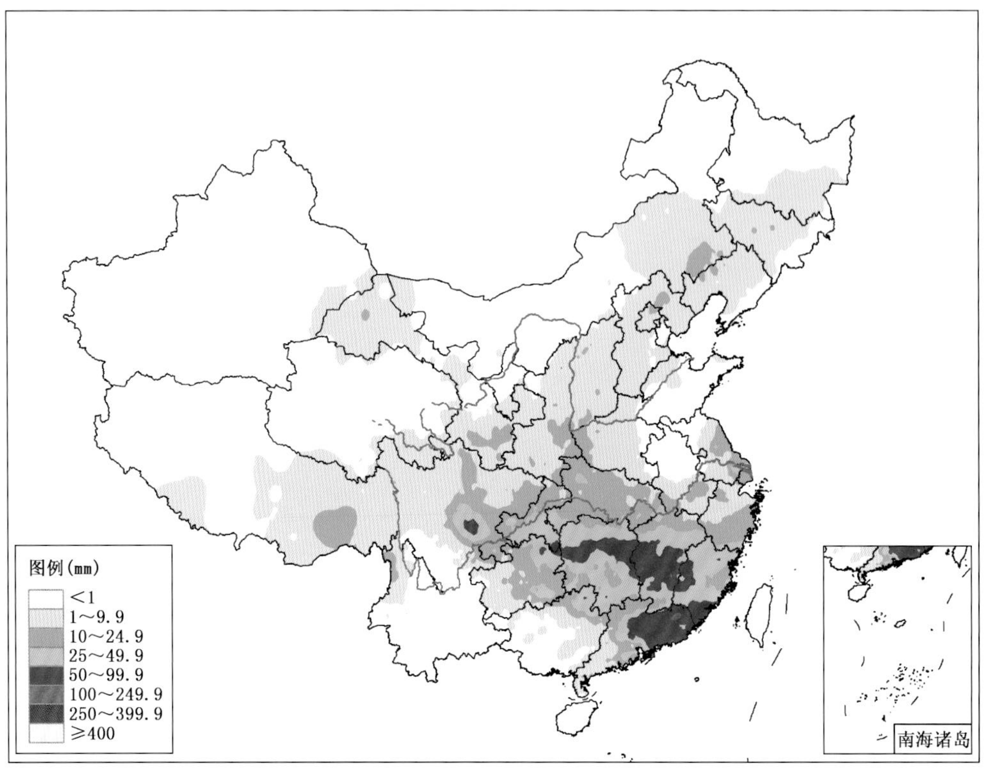

图 3.2.3　2013 年 4 月 4—5 日全国总降水量分布图(单位:mm)

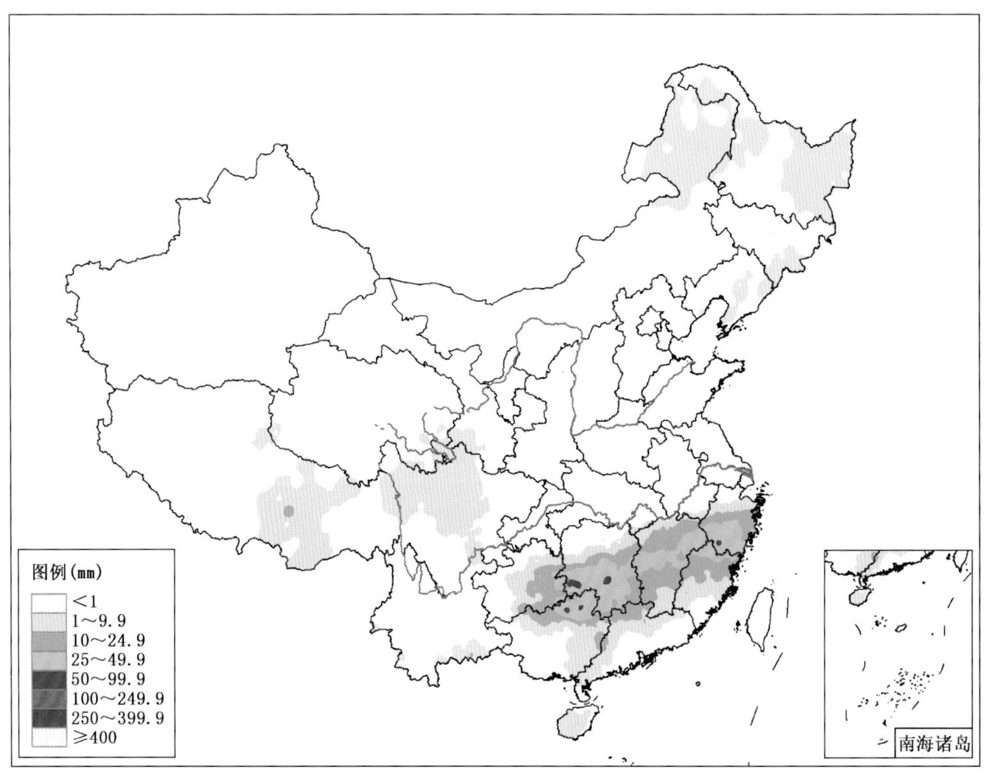

图 3.2.4　2013 年 4 月 24 日全国降水量分布图(单位:mm)

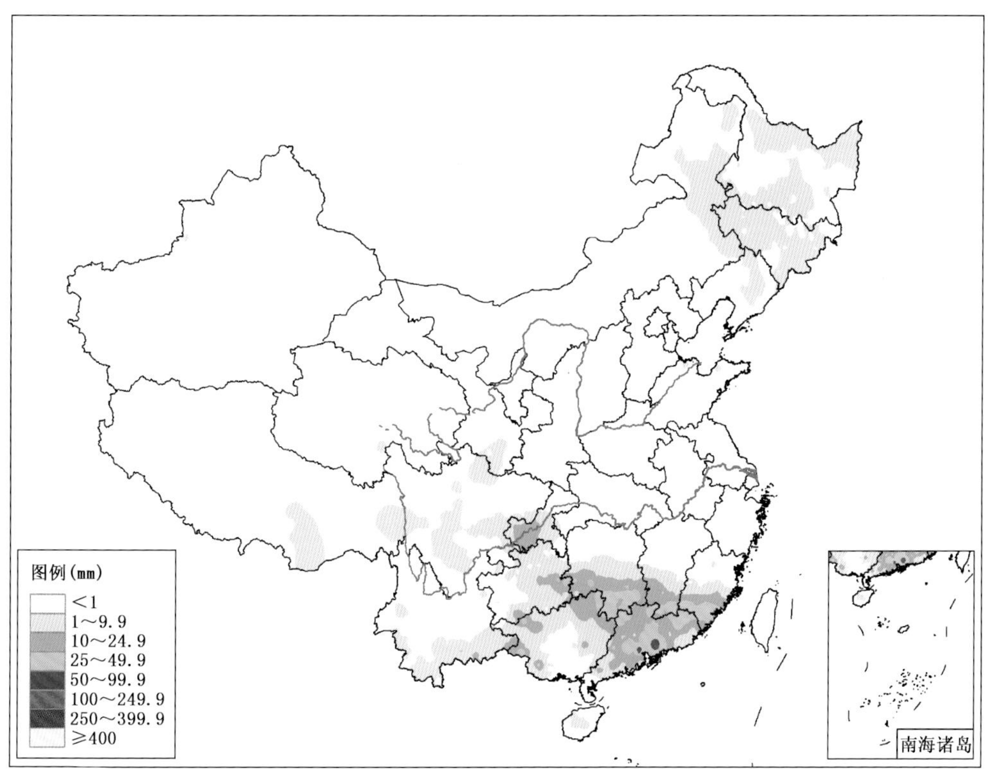

图 3.2.5　2013 年 4 月 25 日全国降水量分布图(单位:mm)

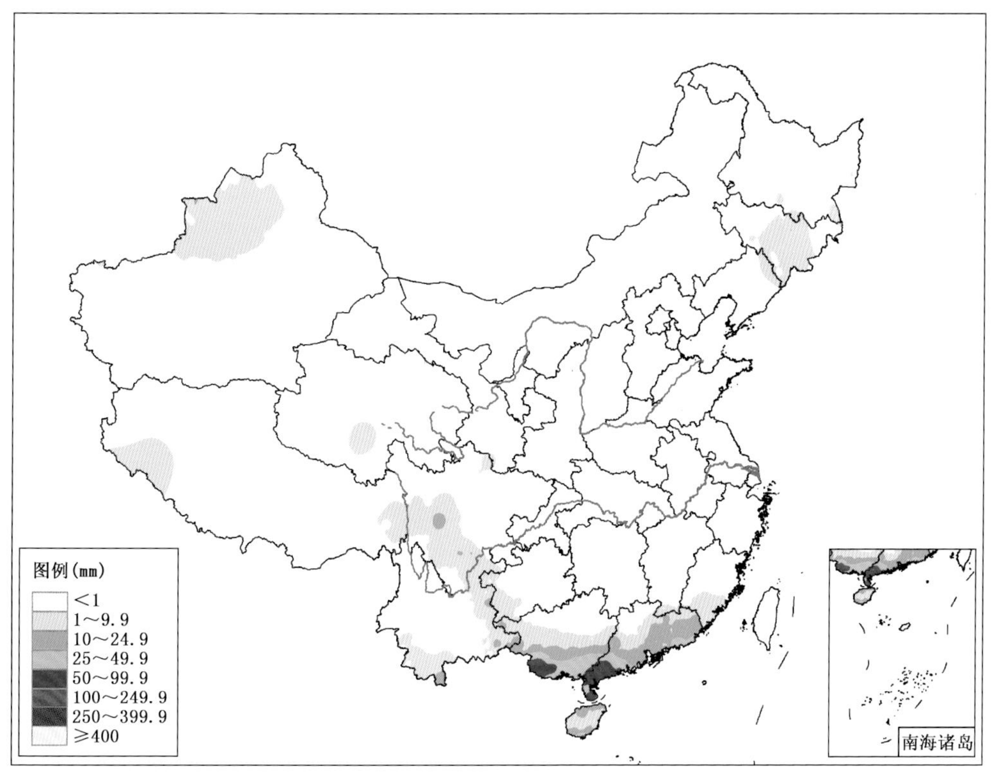

图 3.2.6　2013 年 4 月 26 日全国降水量分布图(单位:mm)

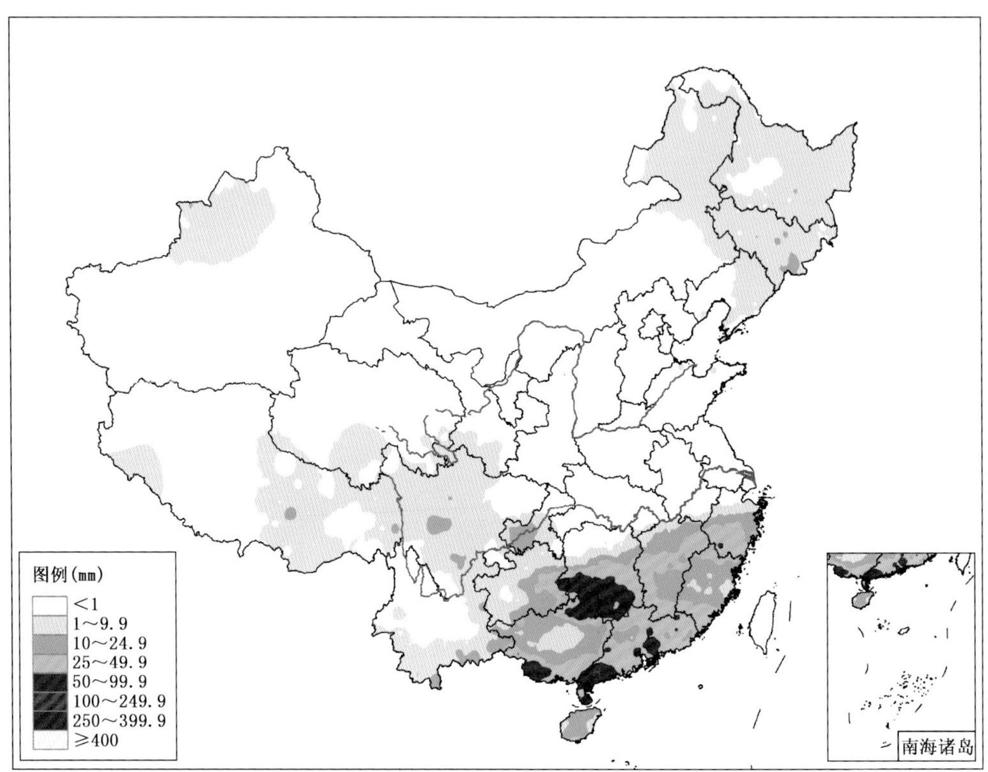

图 3.2.7　2013 年 4 月 24—26 日全国总降水量分布图(单位:mm)

第 5 次主要暴雨过程(No. 5):4 月 29—30 日

4 月 29 日,500 hPa 青藏高原东侧有西风槽发展东移,中低层四川盆地有西南低涡发展并沿切变线向偏东方向移动,受其影响,长江中上游地区及江南、华南大部出现强降水,暴雨分布范围较广,桂东南 4 站出现大暴雨;30 日,500 hPa 西风槽快速东移影响长江流域及江南、华南大部地区,中低层切变线进一步南压,850 hPa 华南南部有气旋生成,受其影响,雨带主要出现在华南南部,粤西南、桂西南分别出现两个小范围的暴雨中心,局部出现大暴雨(图 3.2.8—图 3.2.10)。

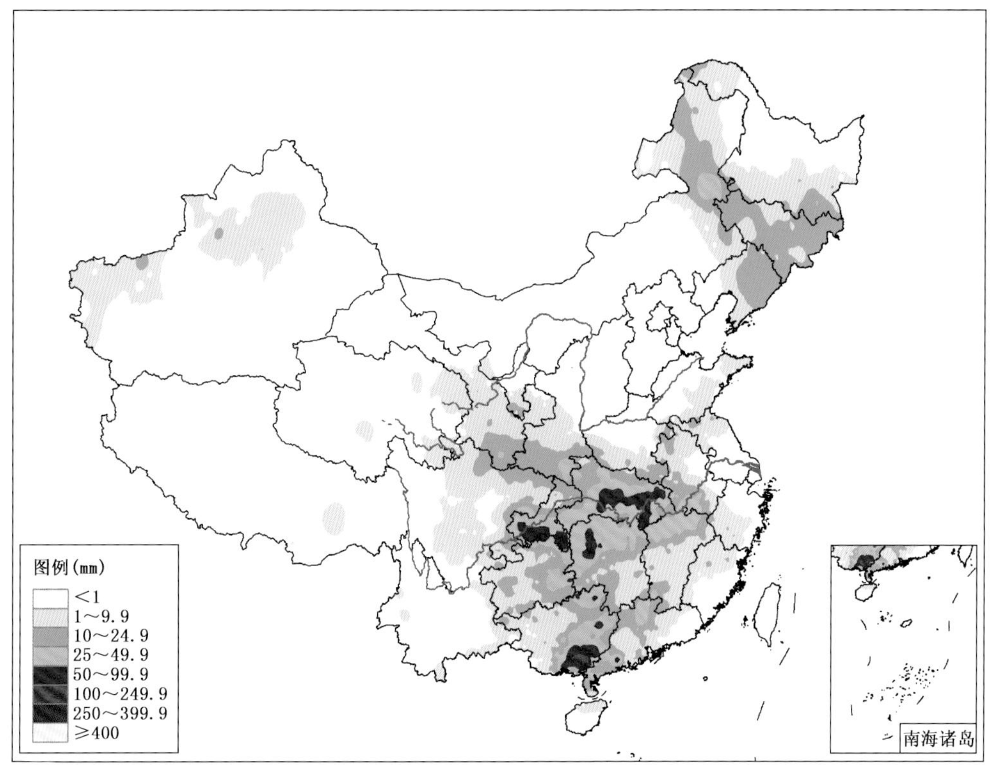

图 3.2.8　2013 年 4 月 29 日全国降水量分布图(单位:mm)

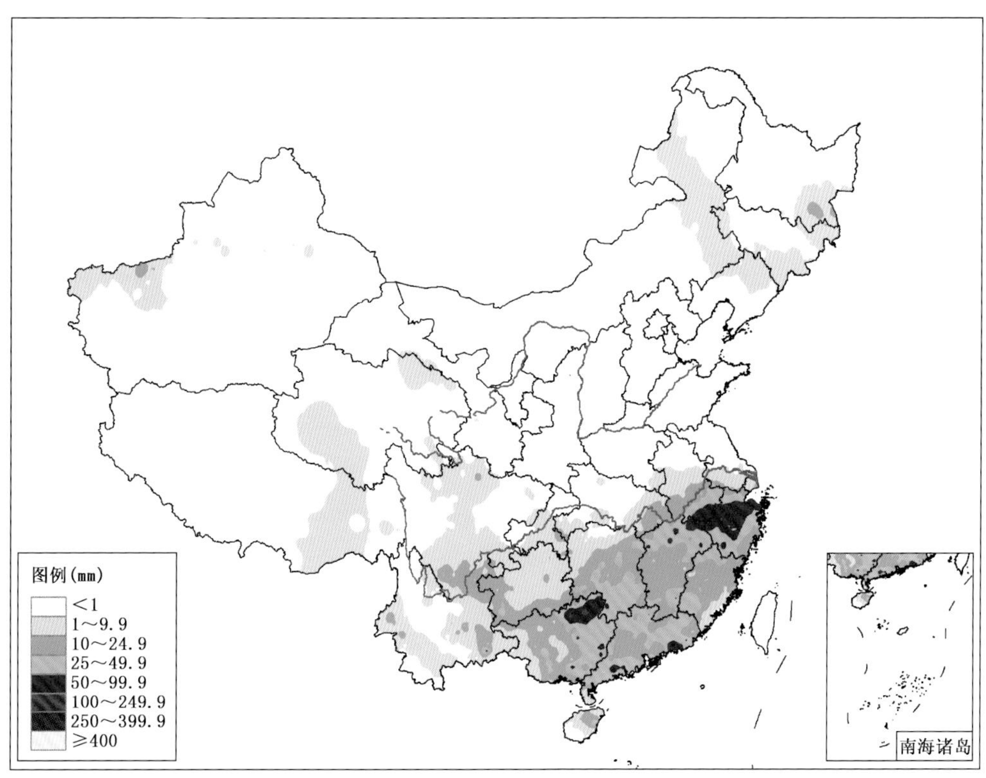

图 3.2.9　2013 年 4 月 30 日全国降水量分布图(单位:mm)

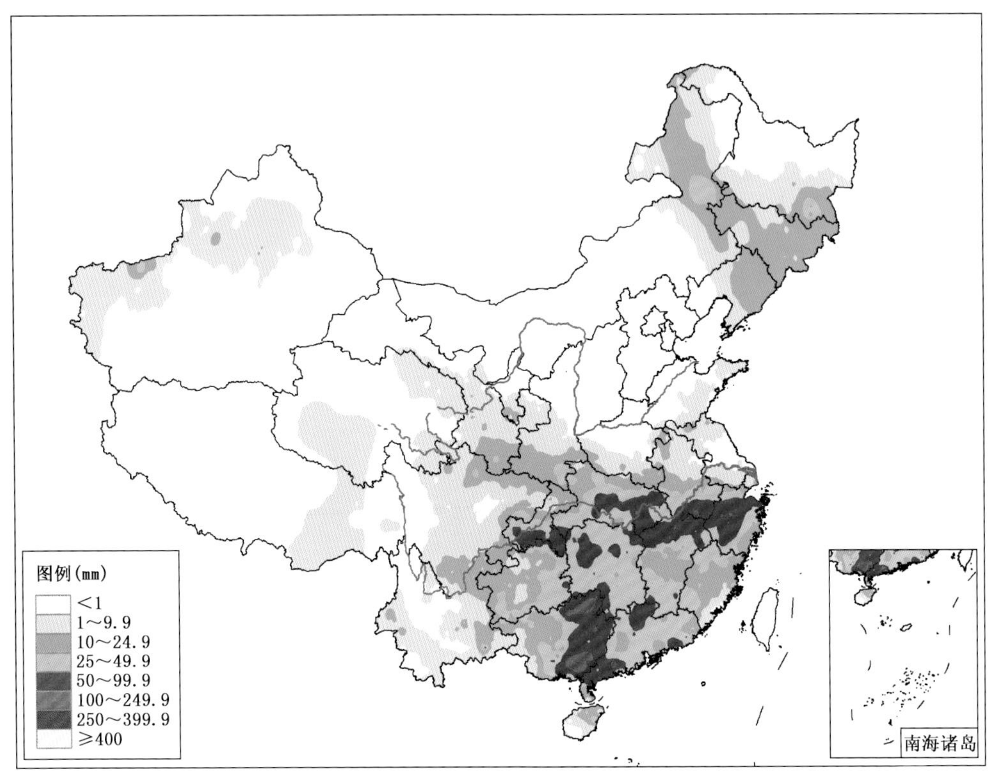

图 3.2.10　2013 年 4 月 29—30 日全国总降水量分布图(单位:mm)

3.3　5 月主要暴雨过程(No. 6—No. 10)

第 6 次主要暴雨过程(No. 6):5 月 7—10 日

5 月 7 日,500 hPa 青藏高原东侧有低值扰动发展,中低层四川盆地有西南低涡生成,沿长江流域有暖式切变线发展,副热带高压(以下简称副高)外围华南西部有低空急流加强,受其影响,西南地区东部、黄淮、江淮、江汉、江南、华南西部等地区出现大范围强降水,暴雨分布较为零散,局部地区出现大暴雨;8 日,500 hPa 高原东侧低值扰动移动缓慢,中低层切变线也稳定维持在长江流域,受其影响,雨区向东扩展,暴雨出现范围更大,其中广东中部沿海地区多站出现大暴雨;9 日,500 hPa 河套地区及高原东侧又有西风槽快速东移,中低层槽后冷空气从河套地区向东南扩散而下,与副高外围的暖湿气流在长江流域交汇形成切变,受其影响,降水继续维持在长江流域、江南、华南等地区,暴雨依然分布零散;10 日,西风槽继续东移南压,中低层切变也随之东移南压,受其影响,雨区整体南压至江南、华南地区(图 3.3.1—图 3.3.5)。

第 7 次主要暴雨过程(No. 7):5 月 14—17 日

5 月 14 日,500 hPa 青藏高原东侧有低值扰动发展东移,中低层四川盆地有西南低涡生成,受其影响,西南地区东部、江南西部出现降水,部分地区出现暴雨;15 日,500 hPa 高原东侧低值扰动逐渐发展成低涡并沿长江东移至江汉平原地区,中低层西南低涡也沿低涡东侧的暖式切变线东移至长江中游地区,受其影响,雨区迅速向东扩展,江汉、江南、华南北部

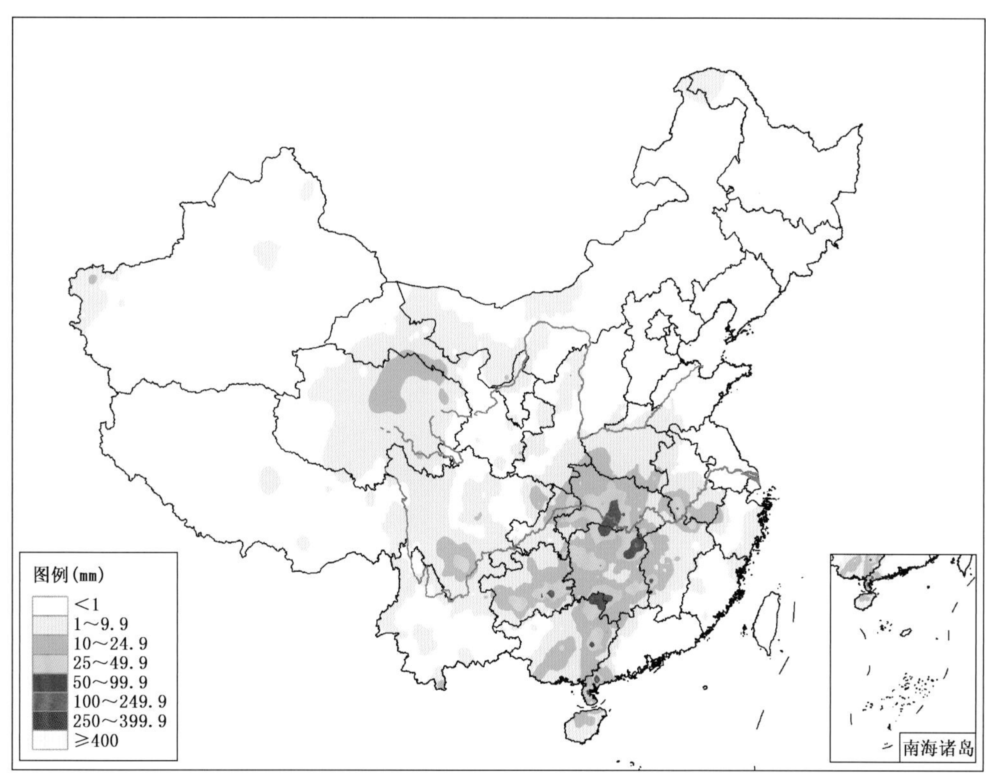

图 3.3.1　2013 年 5 月 7 日全国降水量分布图(单位:mm)

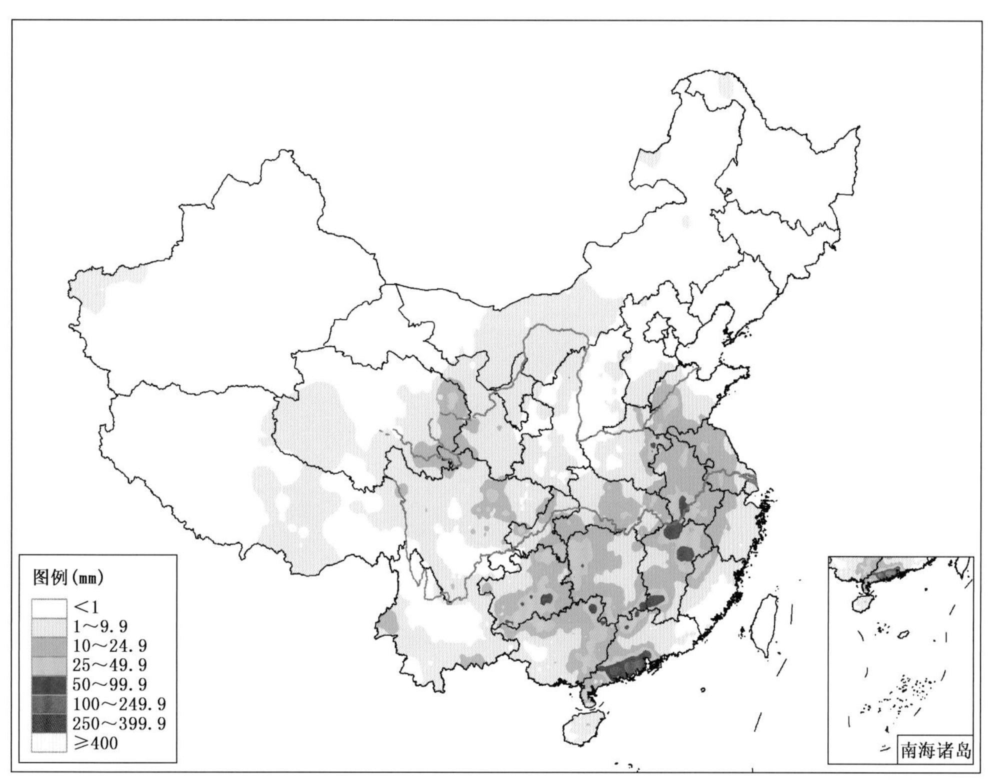

图 3.3.2　2013 年 5 月 8 日全国降水量分布图(单位:mm)

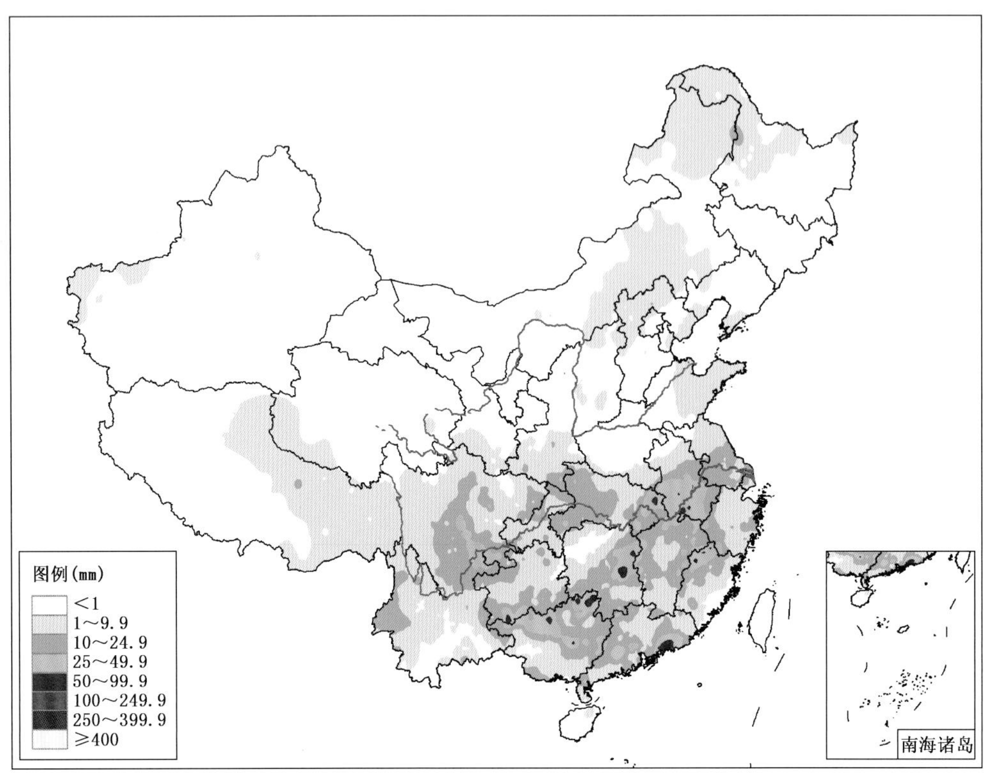

图 3.3.3　2013 年 5 月 9 日全国降水量分布图(单位:mm)

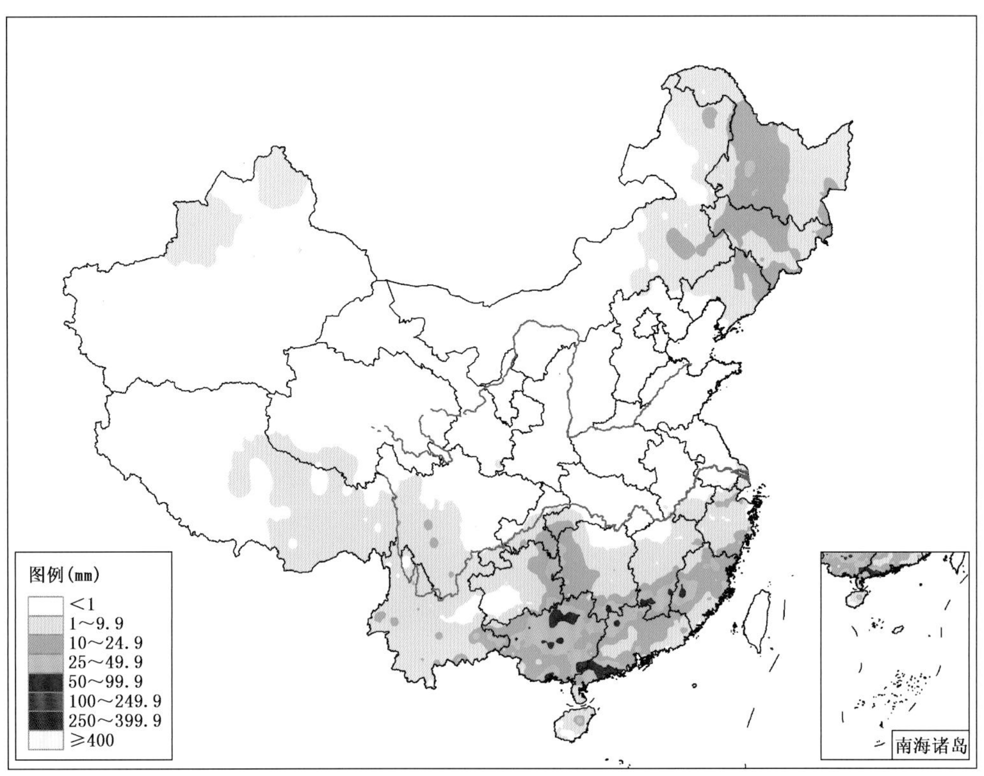

图 3.3.4　2013 年 5 月 10 日全国降水量分布图(单位:mm)

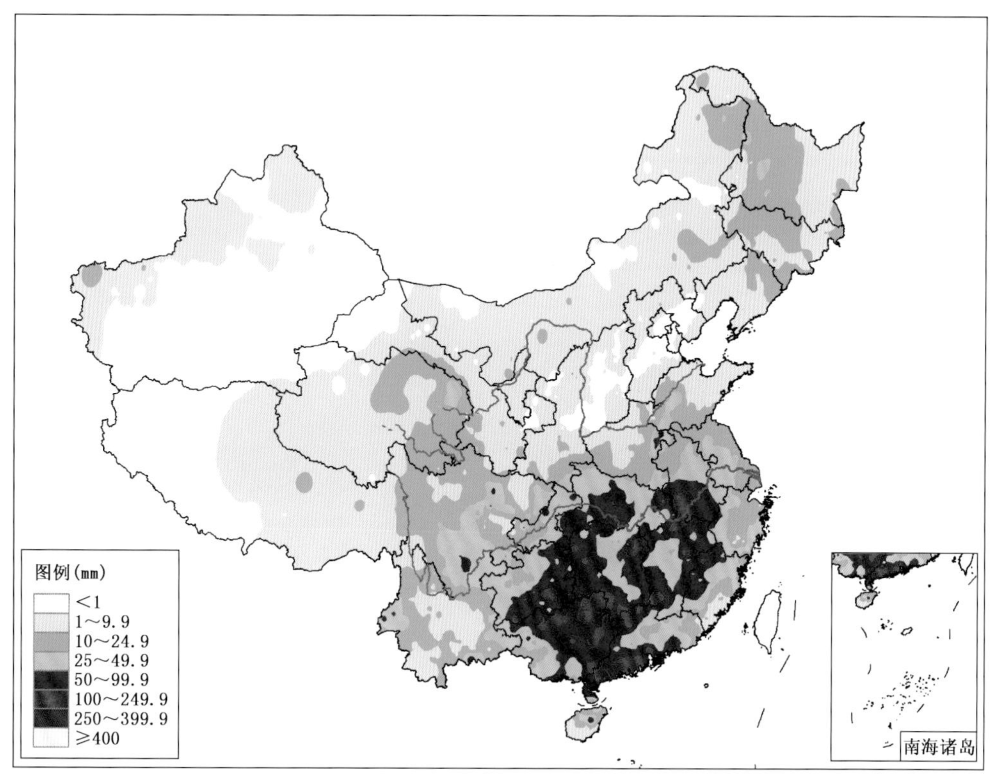

图 3.3.5　2013 年 5 月 7—10 日全国总降水量分布图(单位:mm)

出现较大范围强降水,暴雨主要出现在江西、湘东,江西部分地区出现大暴雨;16 日,500 hPa 低涡东移减弱,但江南、华南地区不断有短波槽生成并快速东移,中低层低涡切变也随之东移南压,受其影响,雨带整体东移南压,江南、华南出现大范围暴雨过程,广东北部、福建部分地区出现大暴雨;17 日,500 hPa 短波槽及中低层低涡切变继续东移南压,暴雨过程迅速减弱,局部地区出现暴雨(图 3.3.6—图 3.3.10)。

第 8 次主要暴雨过程(No. 8):5 月 19—22 日

5 月 19 日,500 hPa 青藏高原东南侧有短波槽发展东移,中低层槽后冷空气从长江以北地区逐渐向南扩展,与副高外围的暖湿气流在江南地区形成切变,受其影响,江南南部、华南北部出现暴雨过程,福建东南部局部地区出现大暴雨;20 日,500 hPa 高空槽和低层切变缓慢东移南压,受其影响,雨区出现在江南南部和华南地区,范围向东南有所扩展,暴雨区范围有所扩大;21 日,500 hPa 高空槽和低层切变进一步缓慢东移南压,受其影响,雨区也继续东移南压,降水主要出现在华南地区,暴雨范围缩小,主要出现在广东东部和福建南部的部分地区;22 日,500 hPa 云贵高原上空又有短波槽快速东移并在江南中部新生低涡,中低层云贵高原上空也有切变快速东移,并与江南切变相互作用在江南中部地区新生低涡,受其影响,广东、福建降水加强,暴雨范围扩大,广东中东部沿海及福建局部出现大暴雨,广东珠海出现 326 mm 特大暴雨(图 3.3.11—图 3.3.15)。

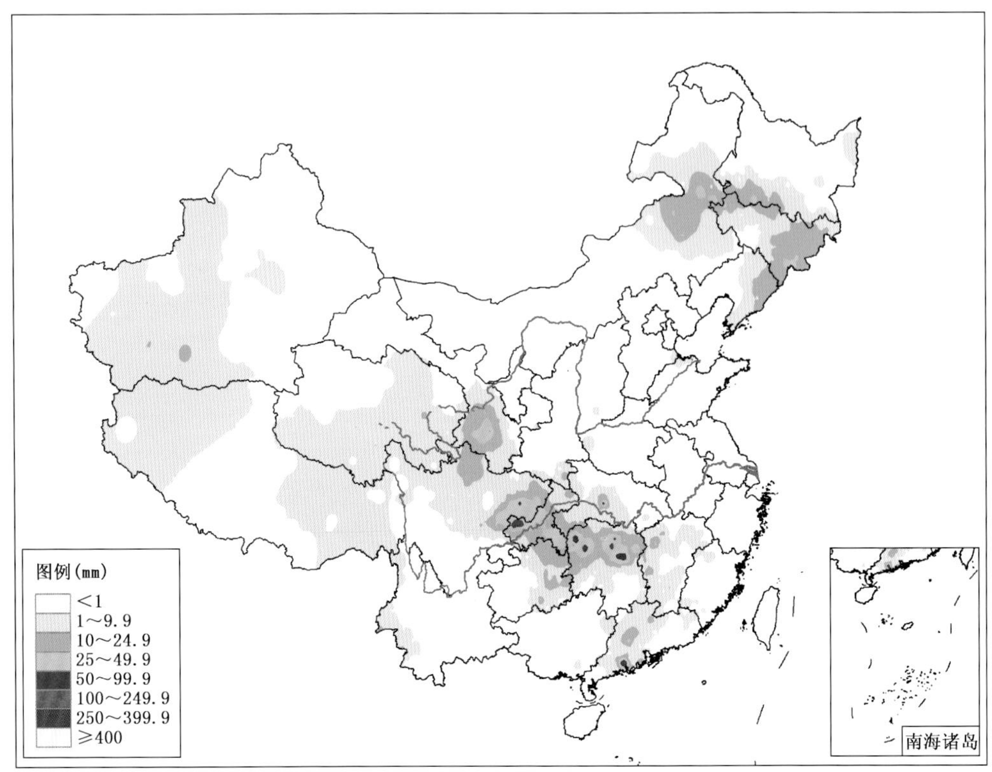

图 3.3.6　2013 年 5 月 14 日全国降水量分布图(单位:mm)

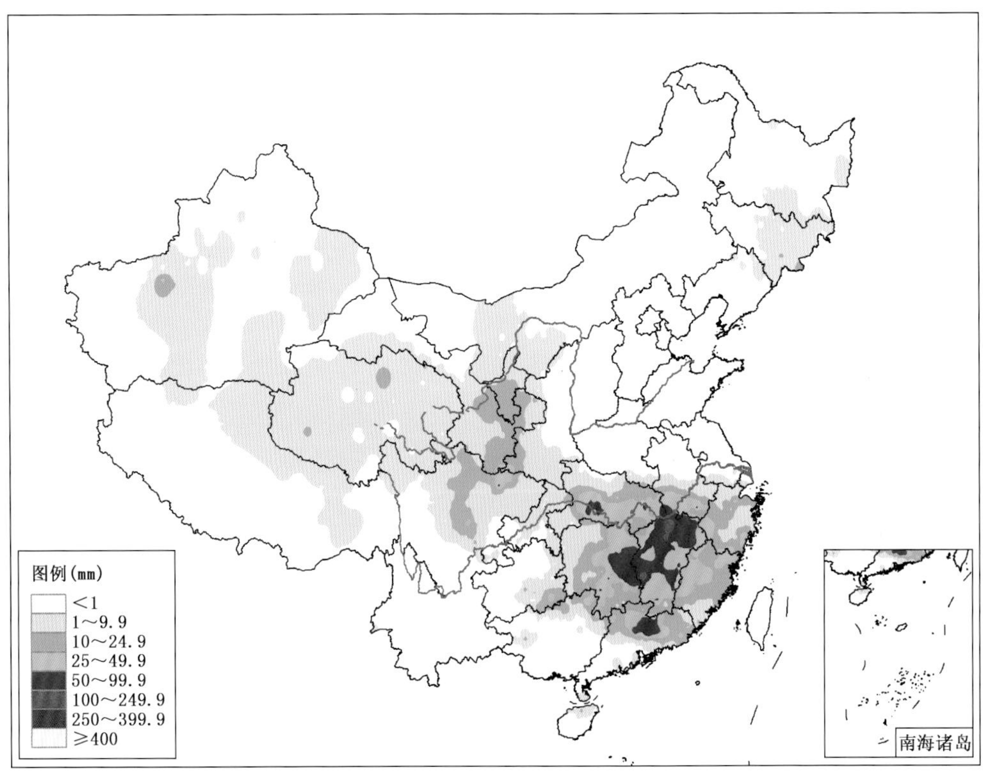

图 3.3.7　2013 年 5 月 15 日全国降水量分布图(单位:mm)

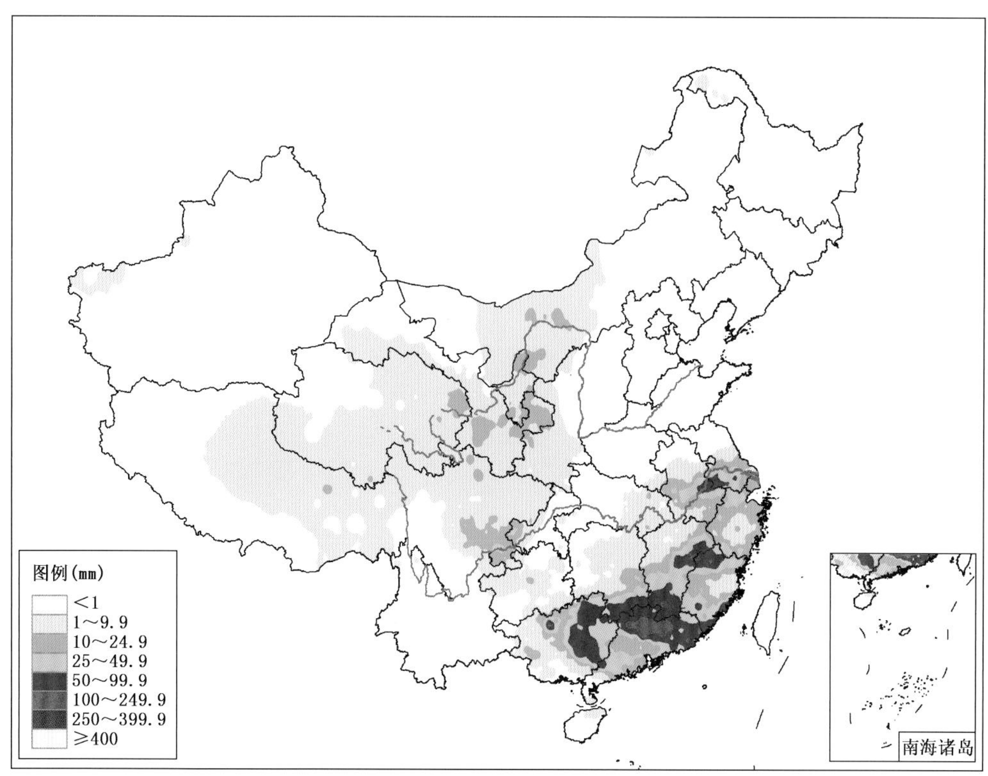

图3.3.8　2013年5月16日全国降水量分布图(单位:mm)

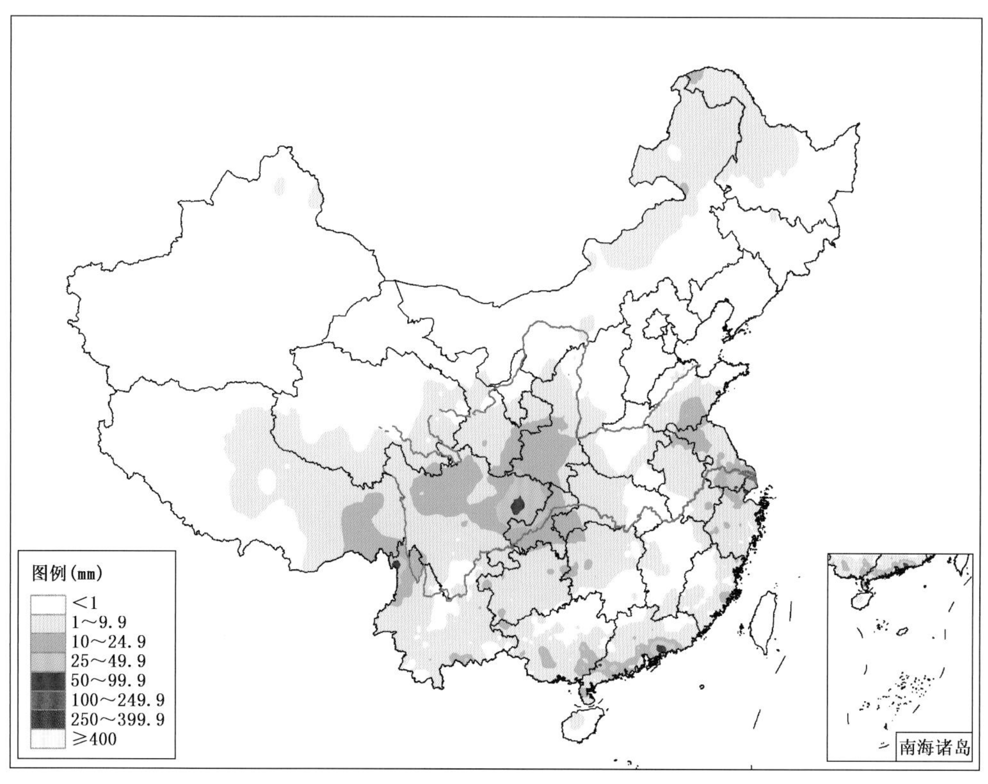

图3.3.9　2013年5月17日全国降水量分布图(单位:mm)

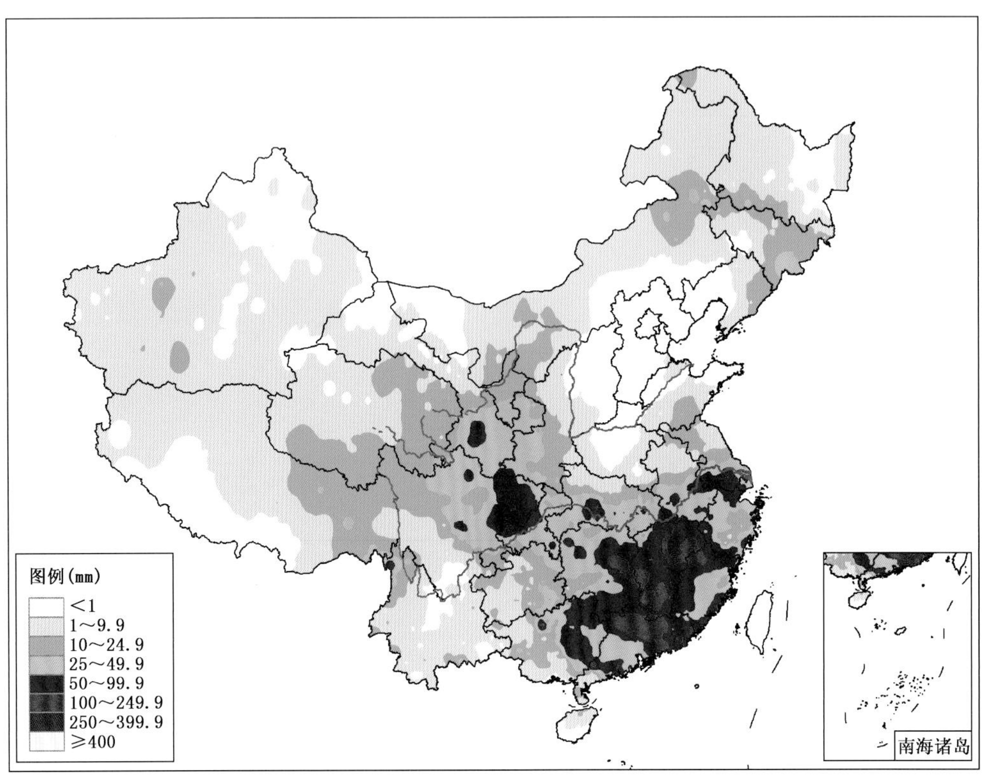

图 3.3.10　2013 年 5 月 14—17 日全国总降水量分布图(单位:mm)

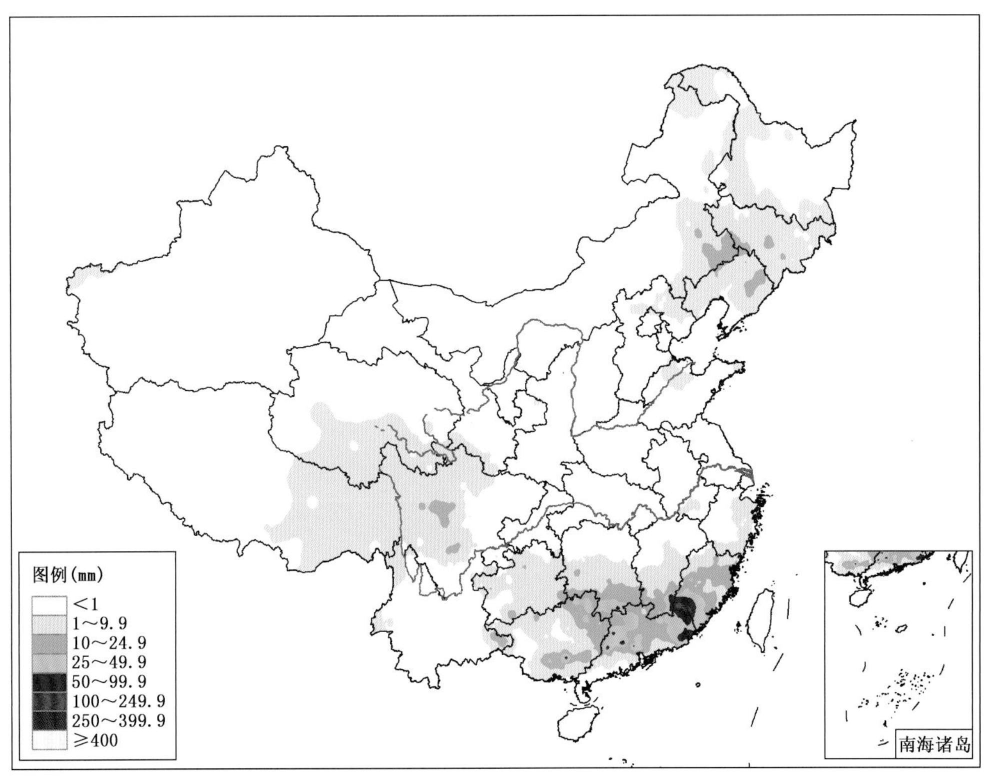

图 3.3.11　2013 年 5 月 19 日全国降水量分布图(单位:mm)

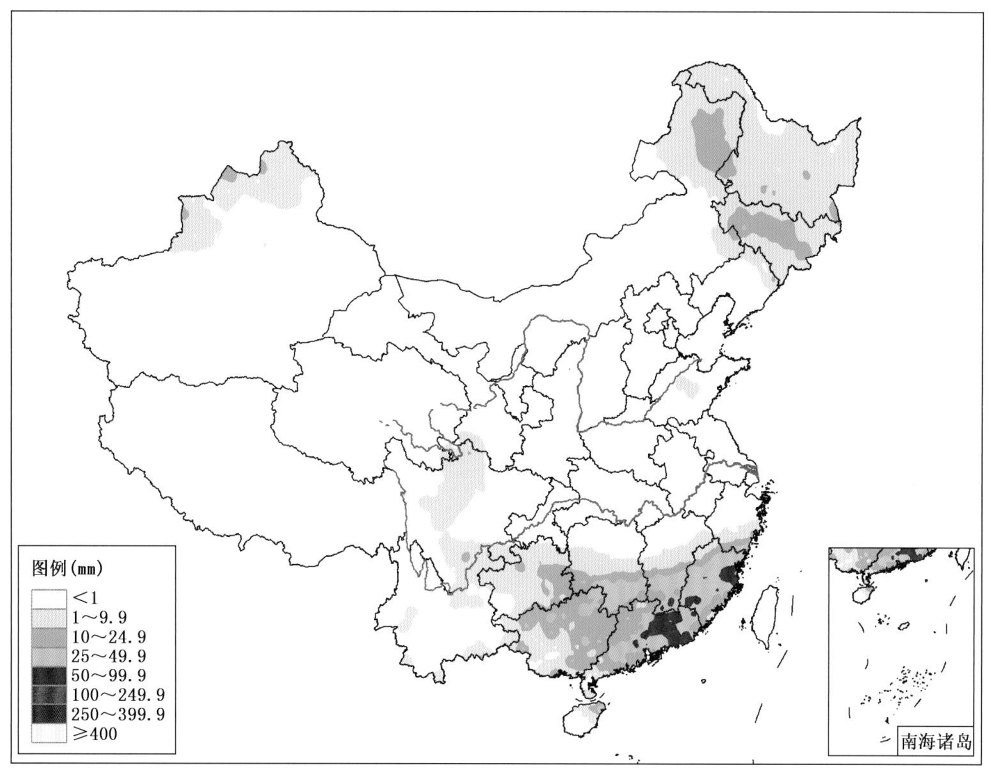

图 3.3.12 2013年5月20日全国降水量分布图(单位:mm)

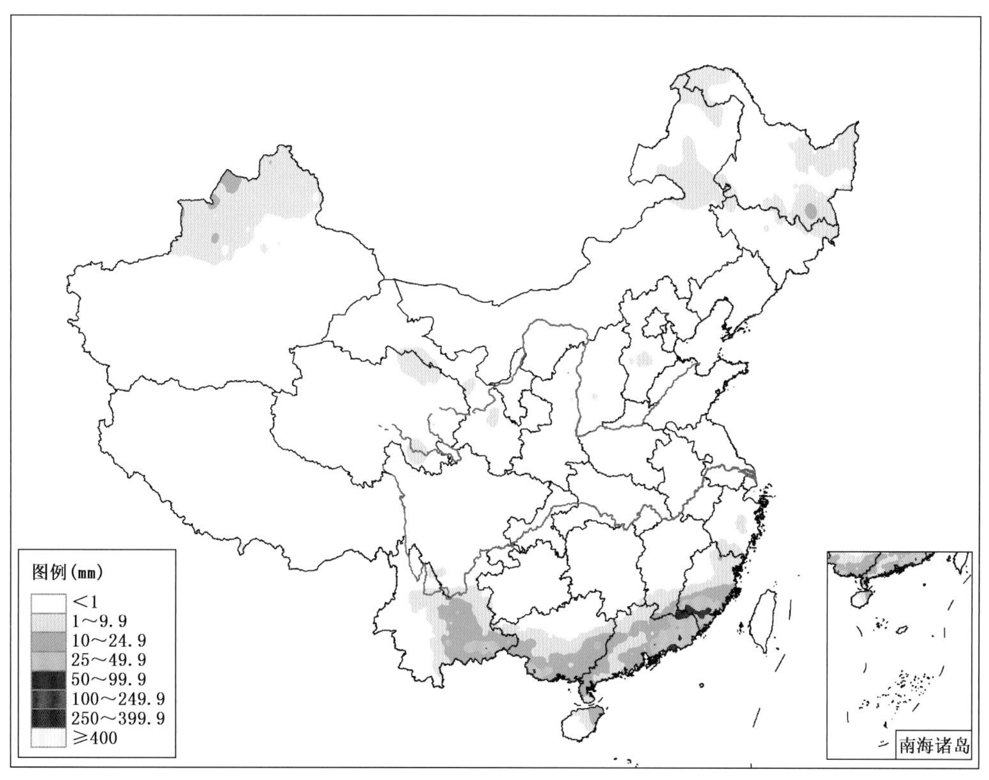

图 3.3.13 2013年5月21日全国降水量分布图(单位:mm)

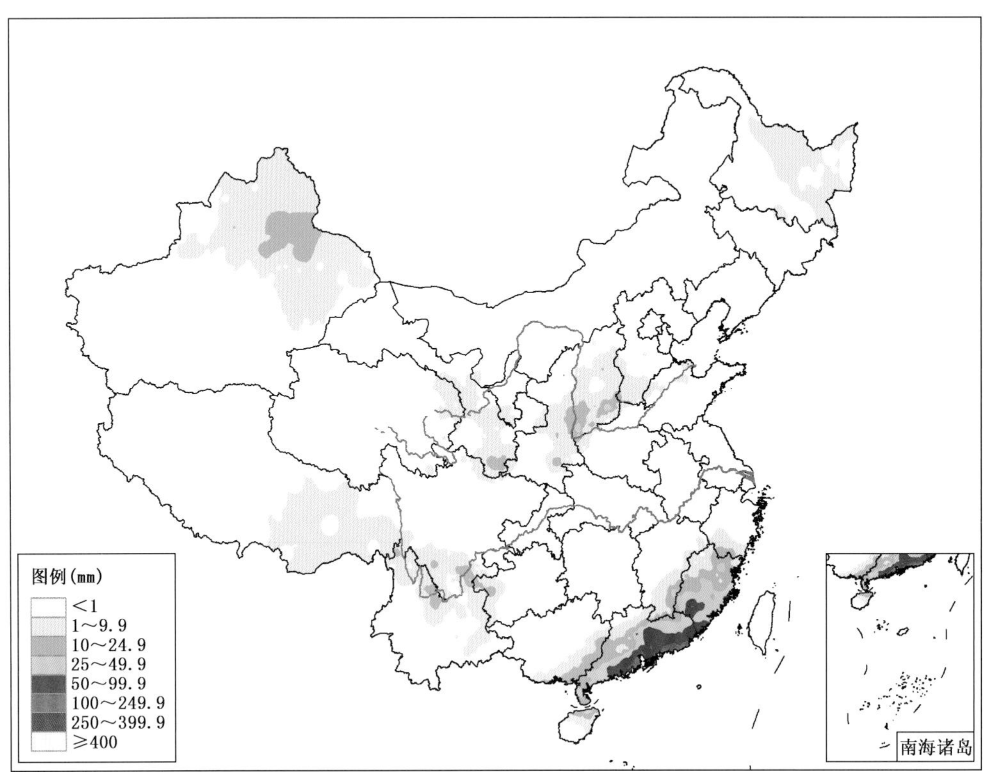

图 3.3.14　2013 年 5 月 22 日全国降水量分布图(单位:mm)

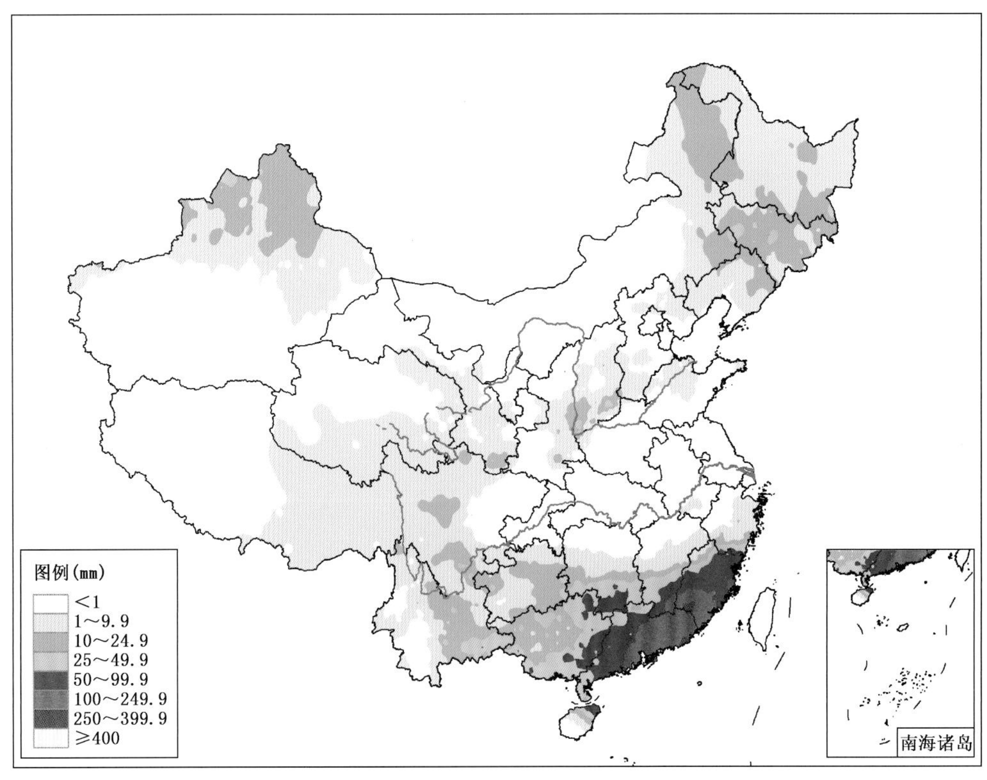

图 3.3.15　2013 年 5 月 19—22 日全国总降水量分布图(单位:mm)

第 9 次主要暴雨过程(No. 9):5 月 24—27 日

5 月 24 日,500 hPa 青藏高原东侧有低值扰动发展东移,中低层四川盆地有西南低涡生成发展,受其影响,四川盆地西部和甘肃东部的局部地区出现暴雨;25 日,500 hPa 低值扰动发展加强形成低涡并缓慢东移,中低层西南低涡随之发展加强,位于副高外围的江南、华南地区西南暖湿气流加强,受其影响,我国黄河以南的大部地区出现大范围降水过程,暴雨主要出现在陕西、重庆、湖北交界处及周边地区,降水范围内其他地区也有零散暴雨出现,其中重庆北部、贵州西部、广西沿海的局部地区出现大暴雨,广西东兴出现 314.8 mm 特大暴雨;26 日,500 hPa 及中低层西南低涡发展加强,并沿东偏北方向影响至黄淮地区,在其移动过程中,位于低涡东南侧的江南、华南及江淮地区西南低空急流明显加强,并出现大范围 20 m/s 以上的急流中心,受其影响,降水区整体东移加强,范围进一步扩大,暴雨带从贵州中部一直伸展到黄淮地区,河南、山东多站出现大暴雨;27 日,低涡切变逐步东移北收,雨区整体东移至我国东部地区,暴雨范围缩小,强度逐步减弱(图 3.3.16—图 3.3.20)。

第 10 次主要暴雨过程(No. 10):5 月 29—30 日

5 月 29 日,500 hPa 青藏高原东侧及云贵高原上空有阶梯型短波槽快速东移,中低层四川盆地有西南低涡生成并向东南方向移动,黄淮、江淮地区有切变线活动,受其影响,黄河以南大部地区出现强降水,但暴雨分布较为零散,贵州、广西局部地区出现大暴雨;30 日,500 hPa 短波槽快速东移北收,中低层西南低涡沿切变向东偏北方向移动并逐步减弱,受其影响,雨区快速东移南压,暴雨区范围缩小,主要出现在广西西部(图 3.3.21—图 3.3.23)。

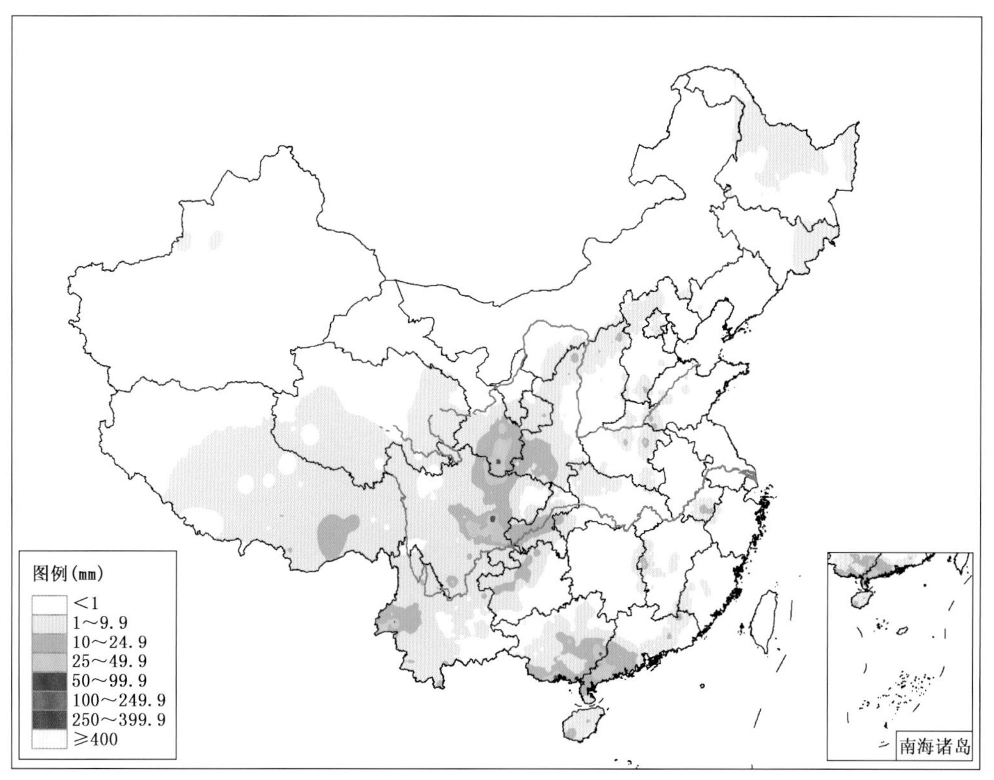

图 3.3.16　2013 年 5 月 24 日全国降水量分布图(单位:mm)

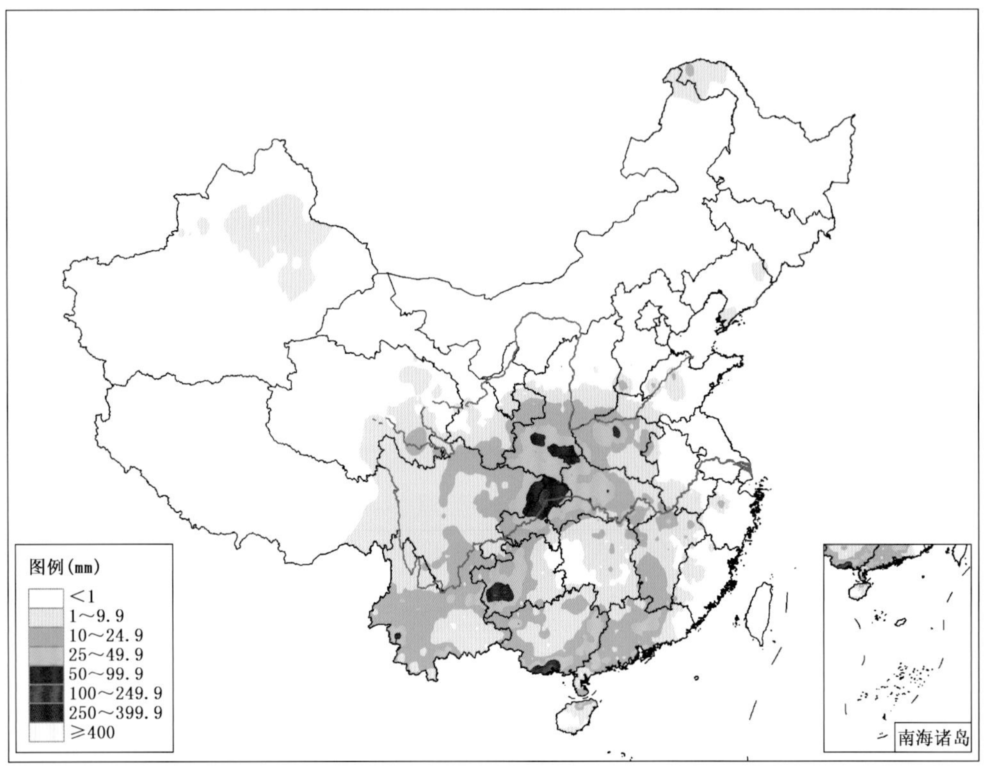

图 3.3.17　2013 年 5 月 25 日全国降水量分布图(单位:mm)

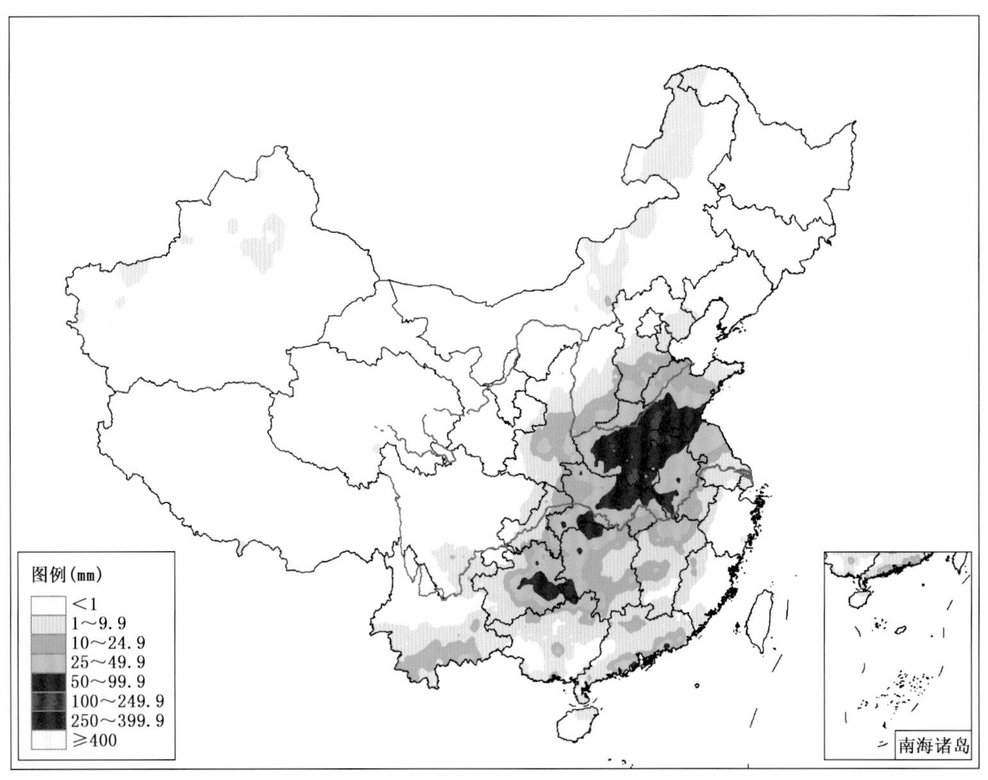

图 3.3.18　2013 年 5 月 26 日全国降水量分布图(单位:mm)

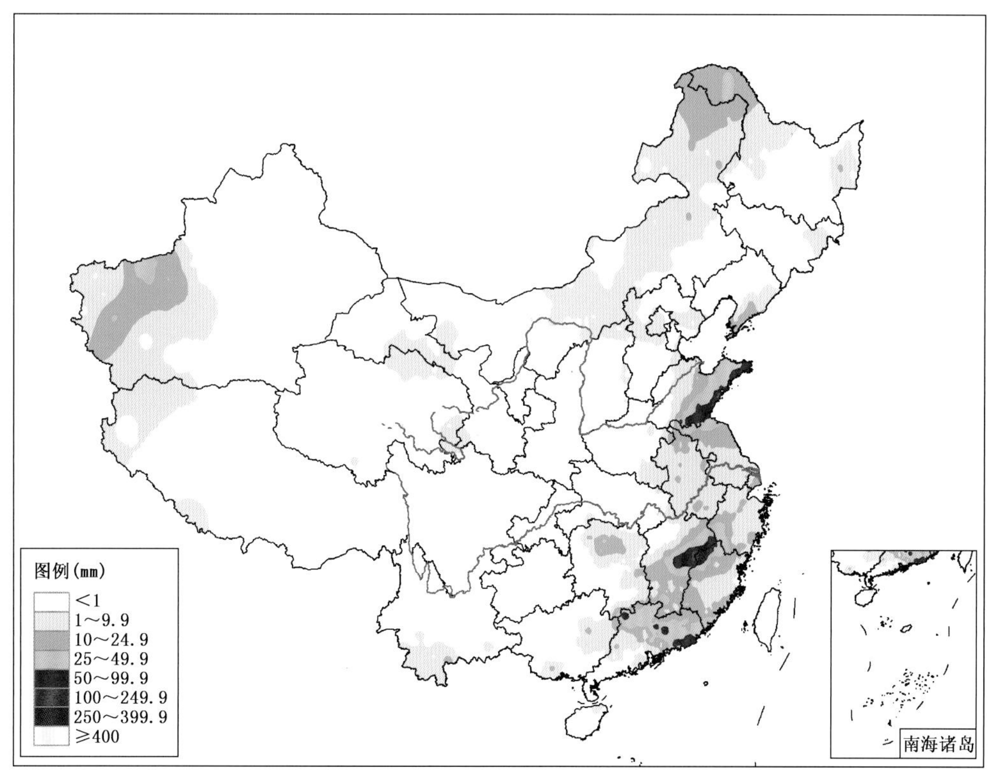

图3.3.19　2013年5月27日全国降水量分布图(单位:mm)

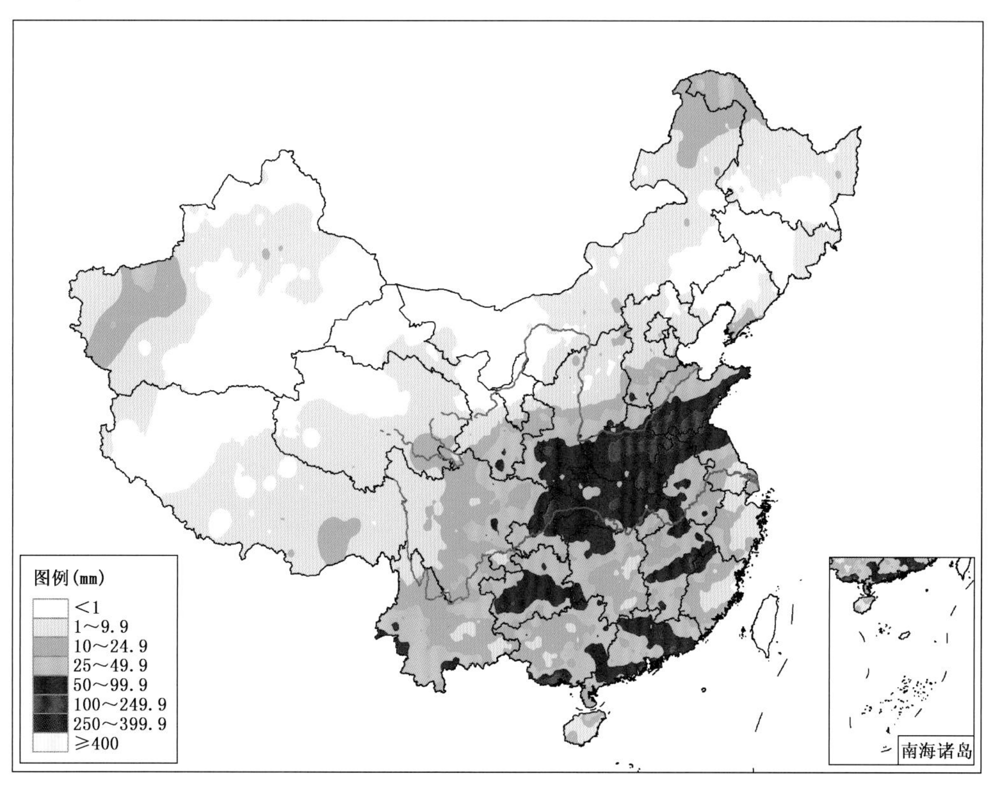

图3.3.20　2013年5月24—27日全国总降水量分布图(单位:mm)

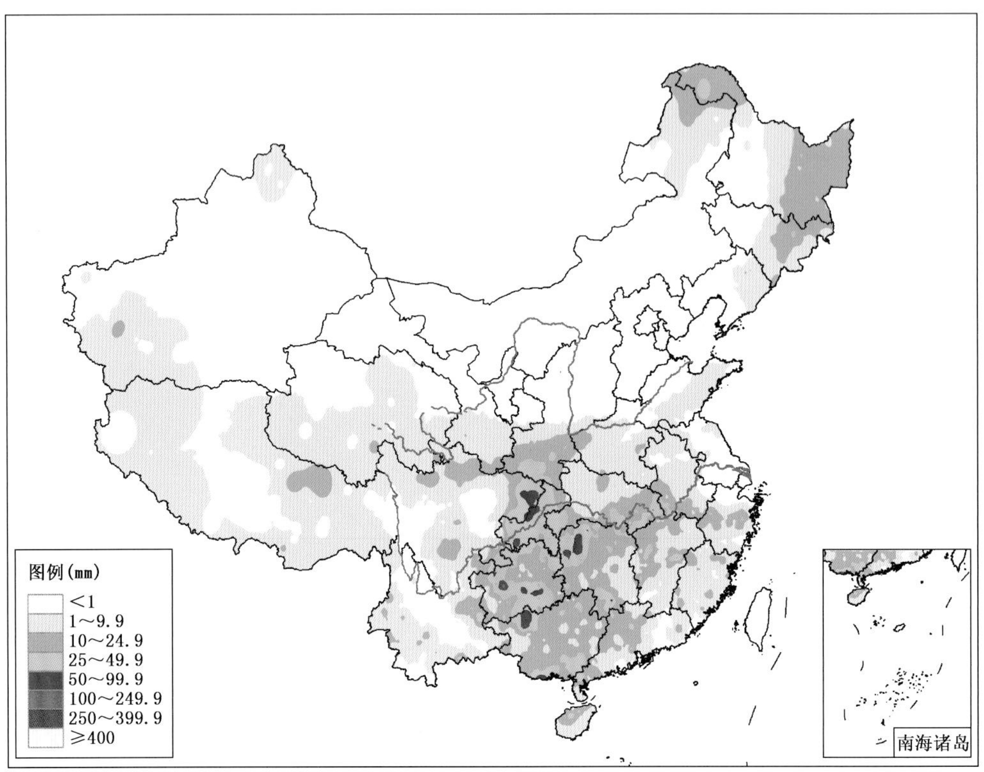

图 3.3.21　2013 年 5 月 29 日全国降水量分布图(单位:mm)

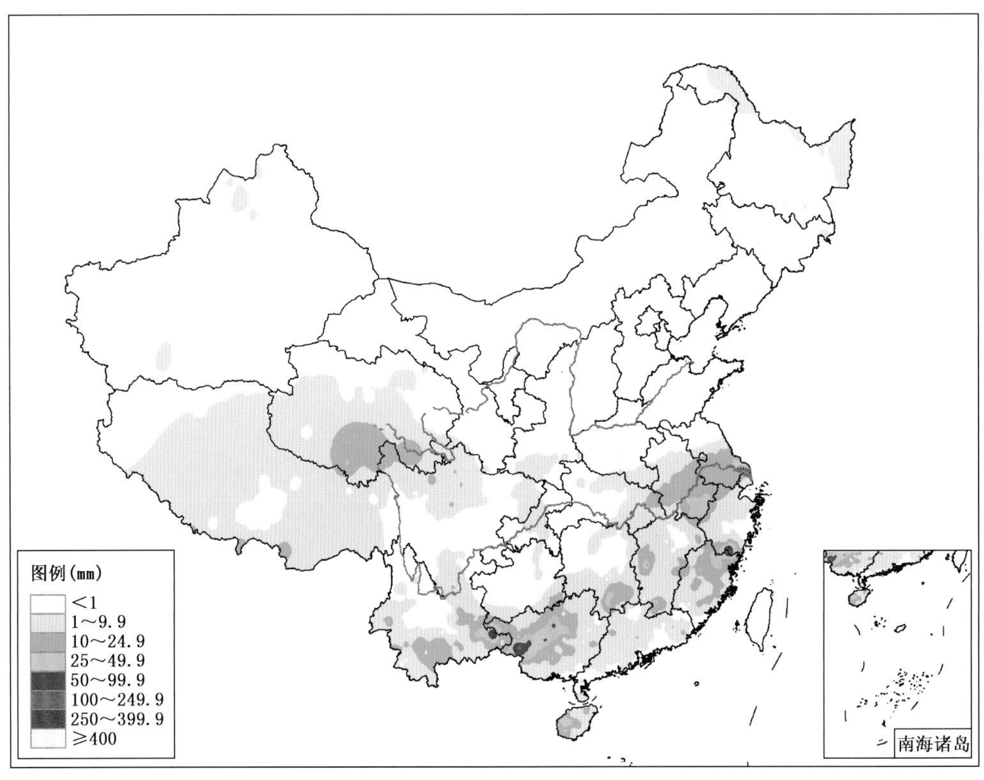

图 3.3.22　2013 年 5 月 30 日全国降水量分布图(单位:mm)

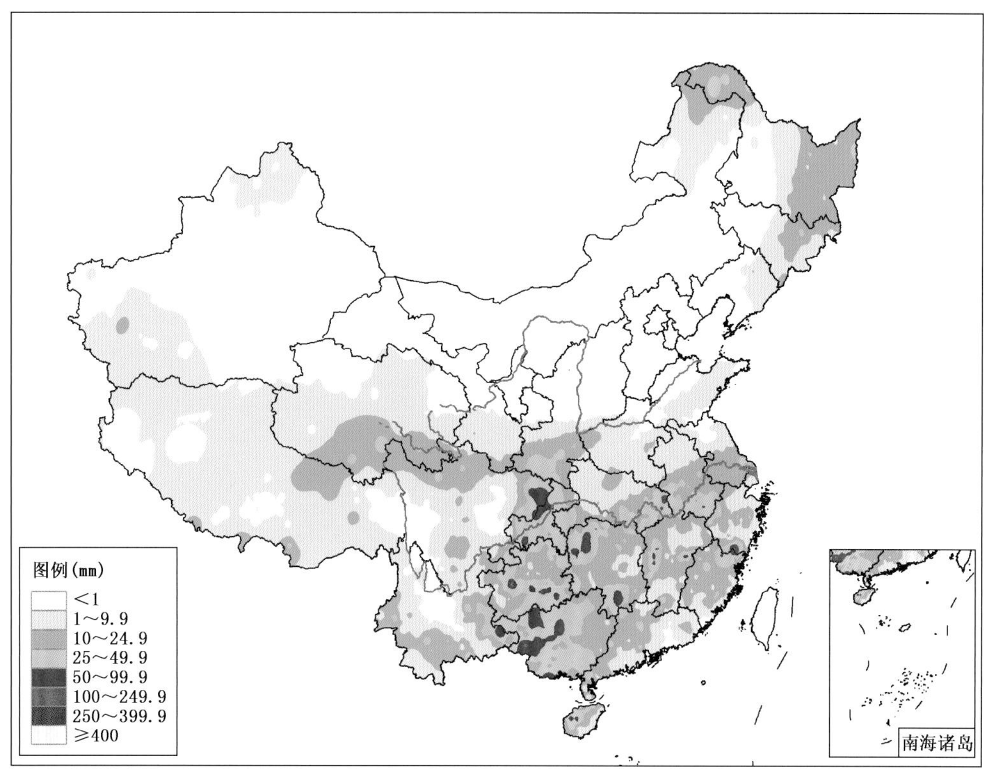

图 3.3.23　2013 年 5 月 29—30 日全国总降水量分布图(单位:mm)

3.4　6 月主要暴雨过程(No. 11—No. 17)

第 11 次主要暴雨过程(No. 11):6 月 6—7 日

6 月 6 日,500 hPa 青藏高原东侧的短波槽快速东移至三峡和云贵高原地区,中低层四川盆地东部有西南低涡活动并沿长江流域东移,低涡切变主要在长江中上游地区和云贵高原地区活动,受其影响,长江流域出现强降水,暴雨主要出现在湖北中西部、贵州西部及川东、重庆的局部地区,湖北南部、湖南北部多站出现大暴雨;7 日,500 hPa 短波槽快速东移至长江中下游地区,并在江淮地区有气旋发展,中低层西南低涡在沿长江流域东移的过程中发展加强,位于低涡东南侧的江南北部地区低空急流明显加强,受其影响,雨区快速东移至长江中下游地区,从湖北东部至长江入海口形成一条明显的东西向的暴雨带,安徽南部、浙江北部多站出现大暴雨(图 3.4.1—图 3.4.3)。

第 12 次主要暴雨过程(No. 12):6 月 8—10 日

6 月 8 日,500 hPa 青藏高原东侧有短波槽生成,中低层四川盆地上空有弱的切变形成,受其影响,四川盆地部分地区出现暴雨;9 日,500 hPa 短波槽缓慢东移,同时在云贵高原上空又有短波槽生成东移影响华南西部地区,中低层四川盆地有西南低涡生成并向东南方向移动,受其影响,西南地区东部、华南西部出现较大范围暴雨,暴雨区内多站出现大暴雨,其中广西融安出现了 271.6 mm 的特大暴雨;10 日,500 hPa 短波槽继续缓慢东移,中低层西南低涡也继续并向东南方向移动到广西中部地区,受其影响,雨区继续东移南压,暴雨主要出现在湖南南部及华南地区(图 3.4.4—图 3.4.7)。

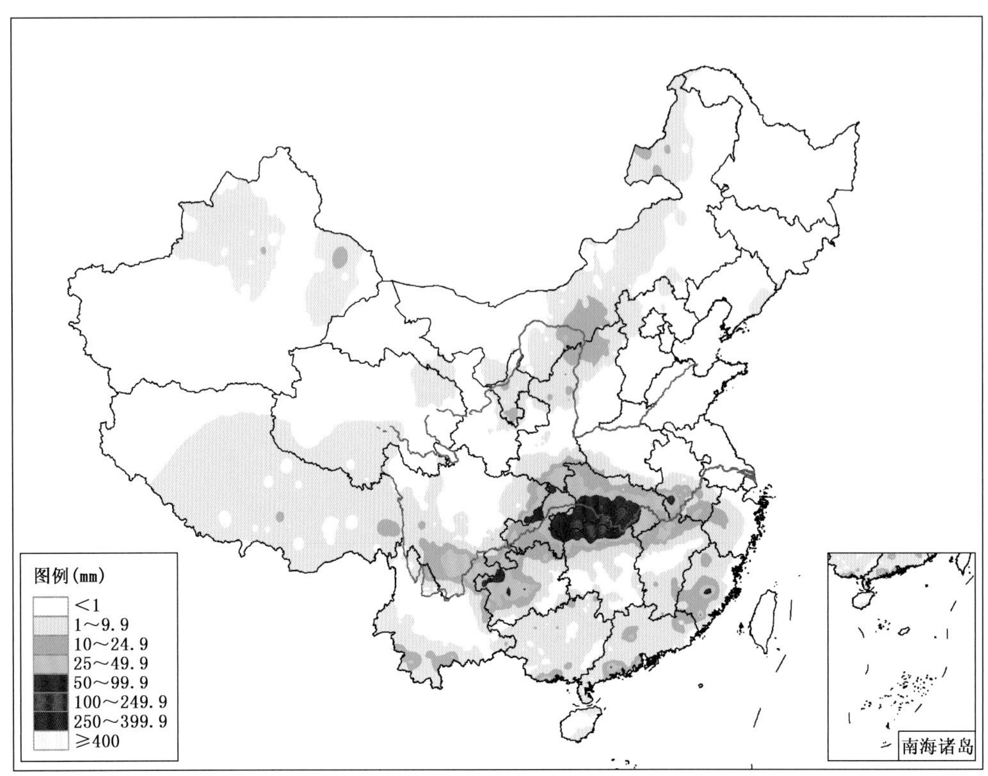

图 3.4.1　2013 年 6 月 6 日全国降水量分布图(单位:mm)

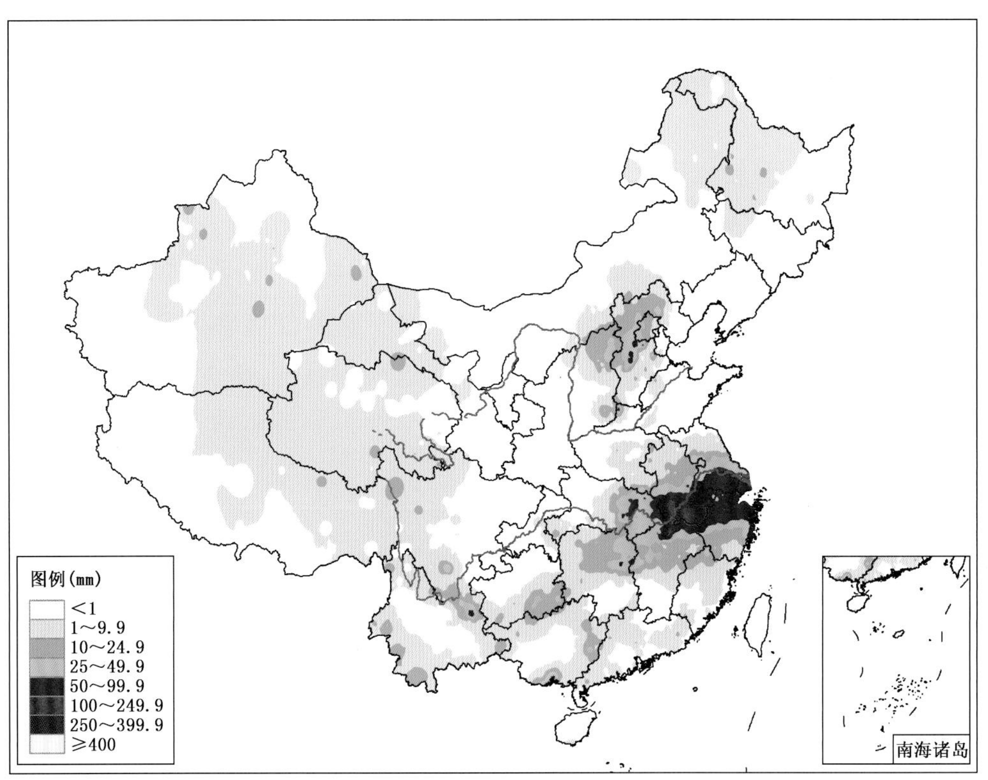

图 3.4.2　2013 年 6 月 7 日全国降水量分布图(单位:mm)

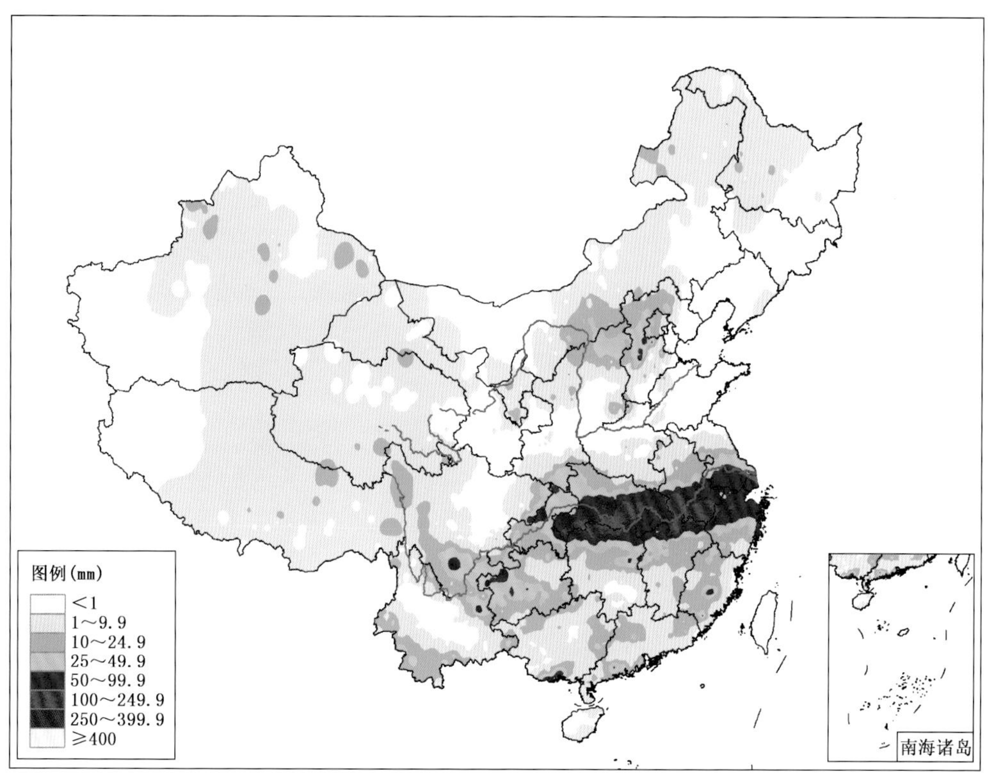

图 3.4.3 2013 年 6 月 6—7 日全国总降水量分布图(单位:mm)

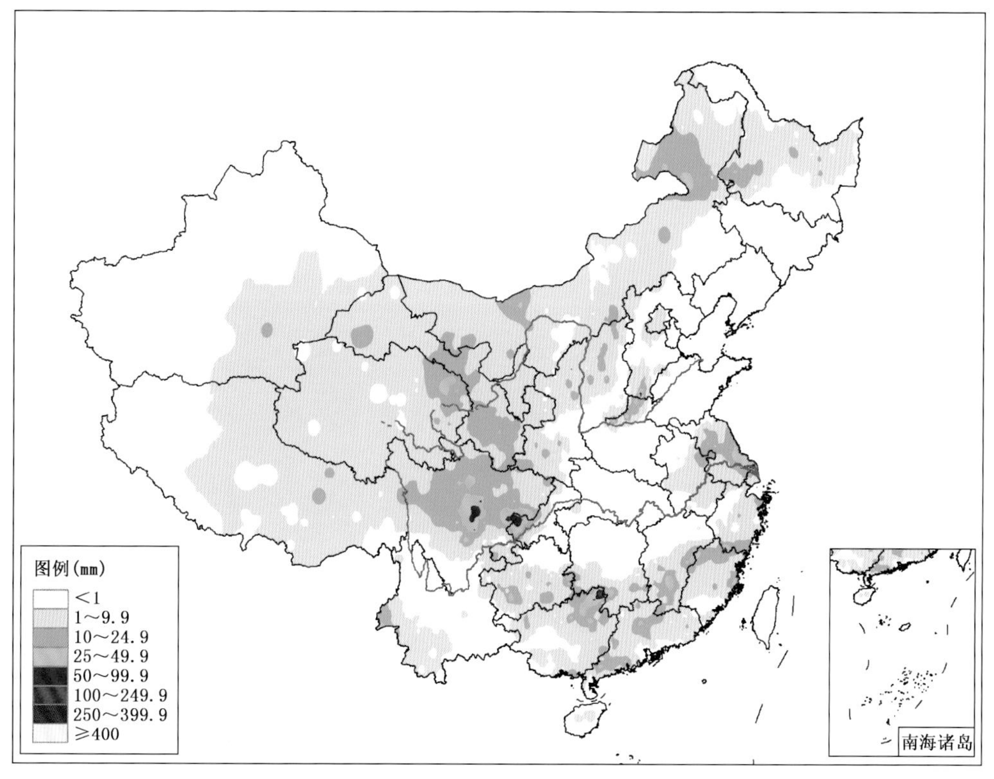

图 3.4.4 2013 年 6 月 8 日全国降水量分布图(单位:mm)

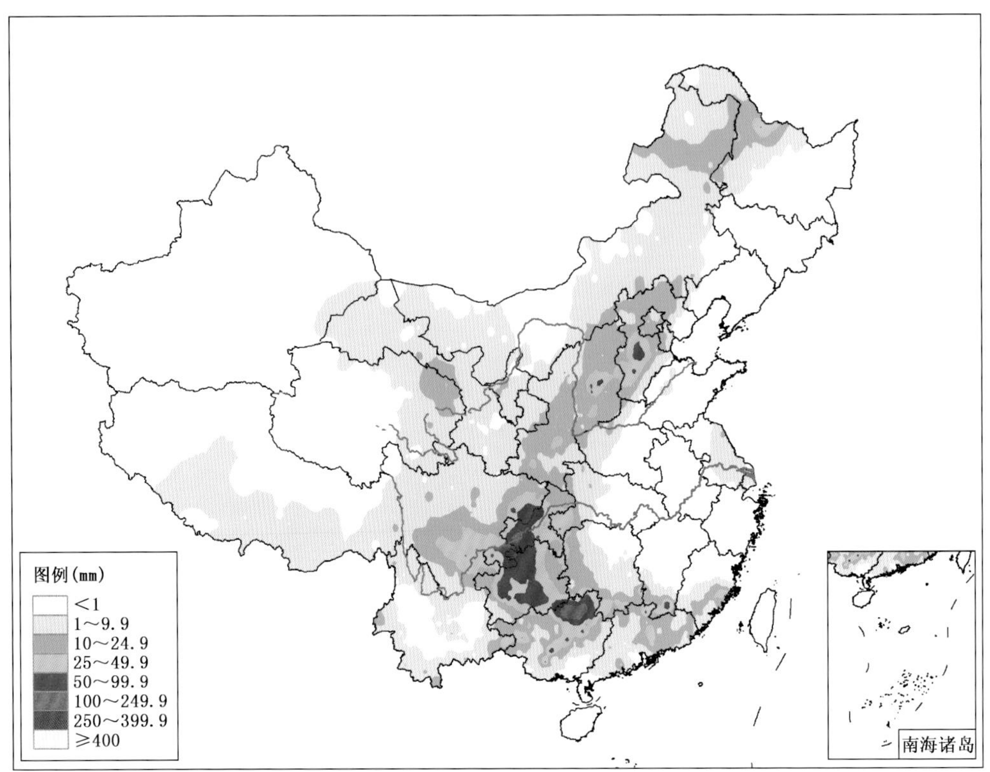

图 3.4.5　2013 年 6 月 9 日全国降水量分布图(单位:mm)

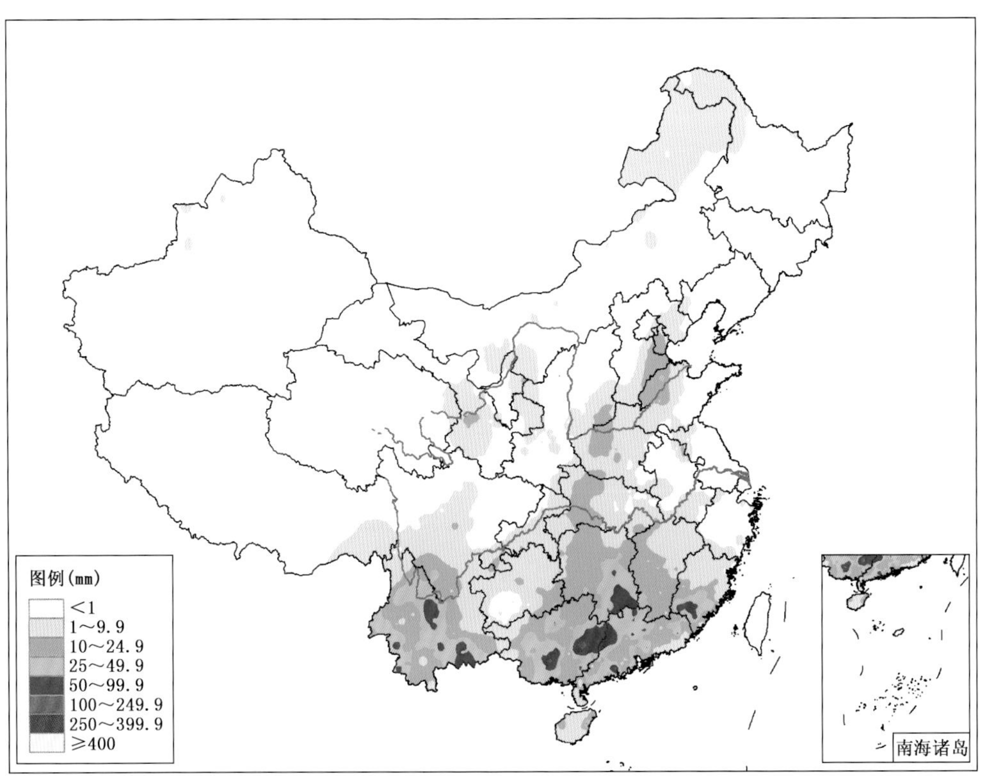

图 3.4.6　2013 年 6 月 10 日全国降水量分布图(单位:mm)

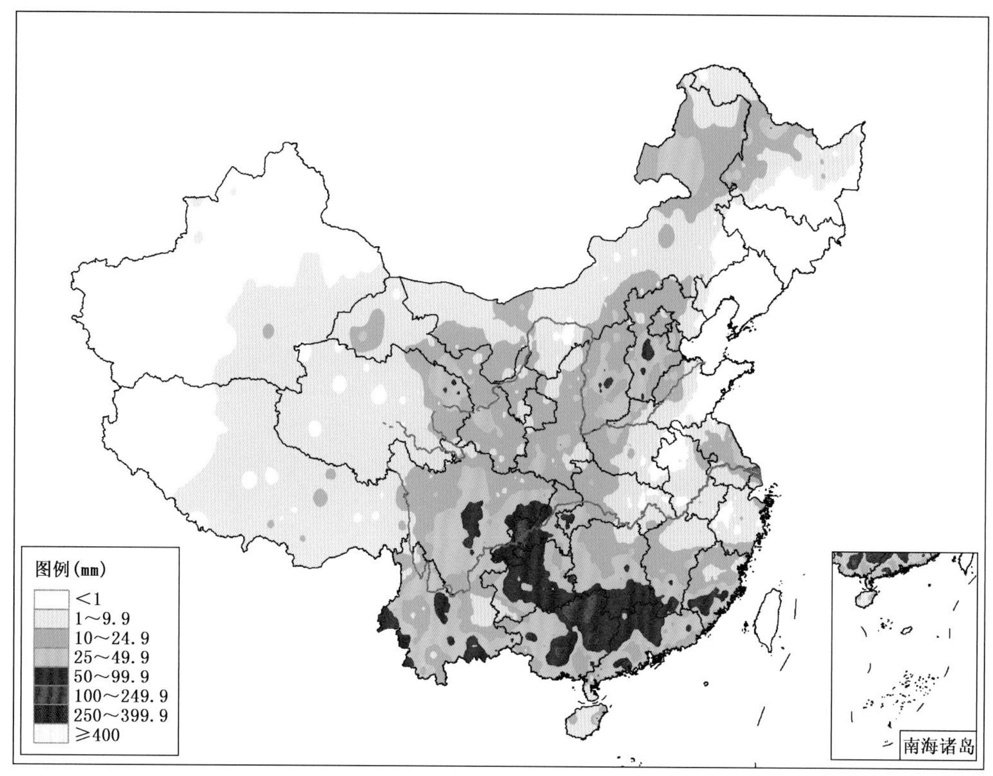

图 3.4.7　2013 年 6 月 8—10 日全国总降水量分布图(单位:mm)

第 13 次主要暴雨过程(No. 13):6 月 12 日

6 月 12 日,500 hPa 西风槽东移至华中及华南中部地区,中低层江南中东部、华南中东部地区有切变东移南压,受其影响,我国东南部地区出现强降水,暴雨主要出现在广东东部、福建大部,部分地区出现大暴雨(图 3.4.8)。

第 14 次主要暴雨过程(No. 14):6 月 19—22 日

6 月 19 日,500 hPa 青藏高原东部有弱的低值扰动东移,中低层高原东侧及盆地西部有弱的西南低涡形成,受其影响,盆地西部到高原东侧的地形过渡带内出现了一条范围狭窄的东北—西南走向的暴雨带,局部出现大暴雨;20 日,500 hPa 高原东部低值扰动加强东移,中低层盆地西部低涡加强,同时在甘肃、宁夏交界处也有低涡新生,受低涡、切变的共同影响,暴雨带从四川盆地西部向东北方向扩展至山西北部,主要暴雨区出现在四川盆地西部到甘肃陇南、陇东地区,并有多站出现大暴雨;21 日,500 hPa 高原东部又有新的低值扰动东移,中低层盆地低涡维持少动,甘肃、宁夏交界处的低涡向东北方向移至河套地区,受其共同影响,暴雨带主要出现在四川盆地西部到陕西汉中地区,局部有大暴雨;22 日,高原东部低值扰动东移减弱,中低层盆地低涡缓慢东移减弱,受其影响,雨带减弱,暴雨主要出现在四川盆地部分地区(图 3.4.9—图 3.4.13)。

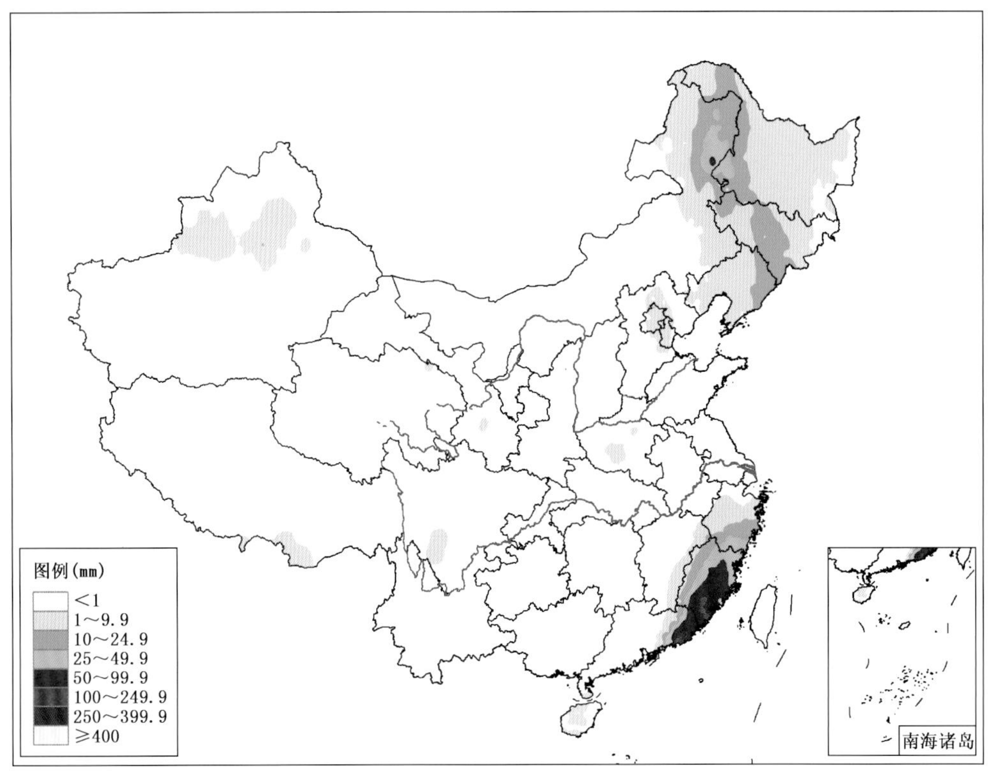

图 3.4.8 2013 年 6 月 12 日全国降水量分布图(单位:mm)

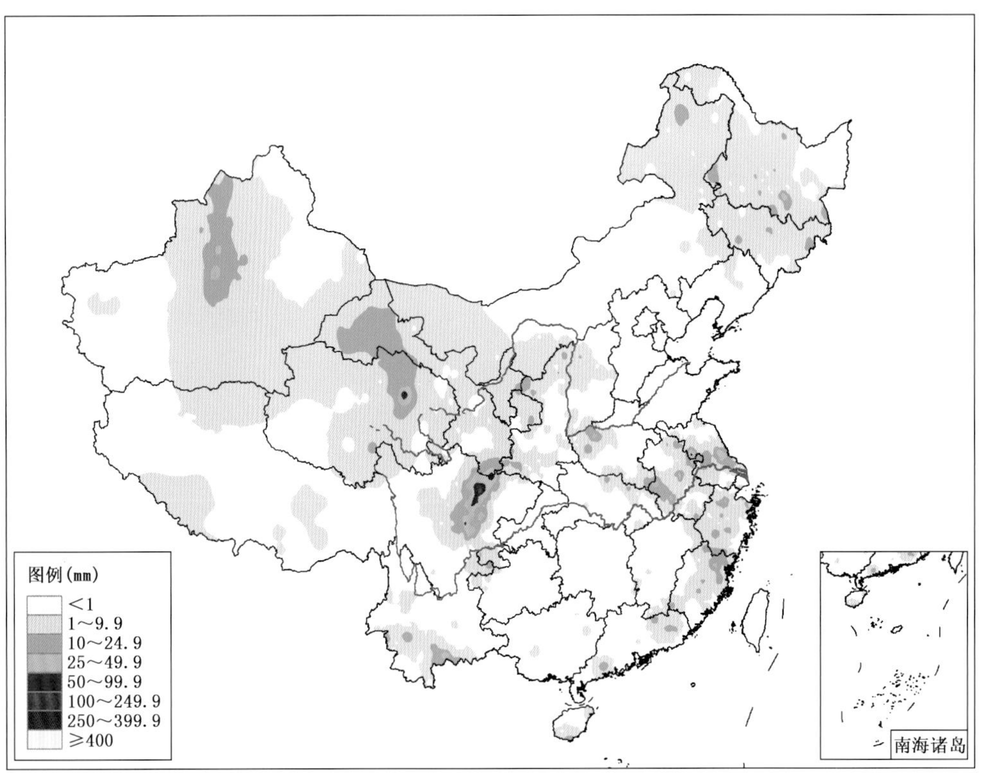

图 3.4.9 2013 年 6 月 19 日全国降水量分布图(单位:mm)

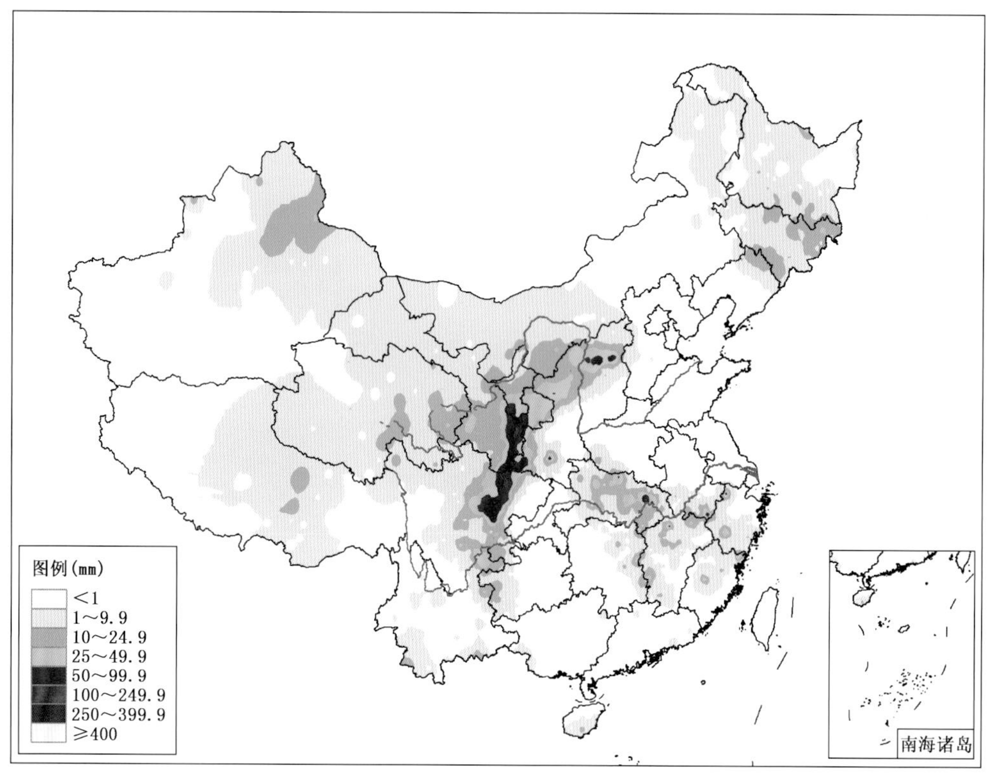

图3.4.10 2013年6月20日全国降水量分布图(单位:mm)

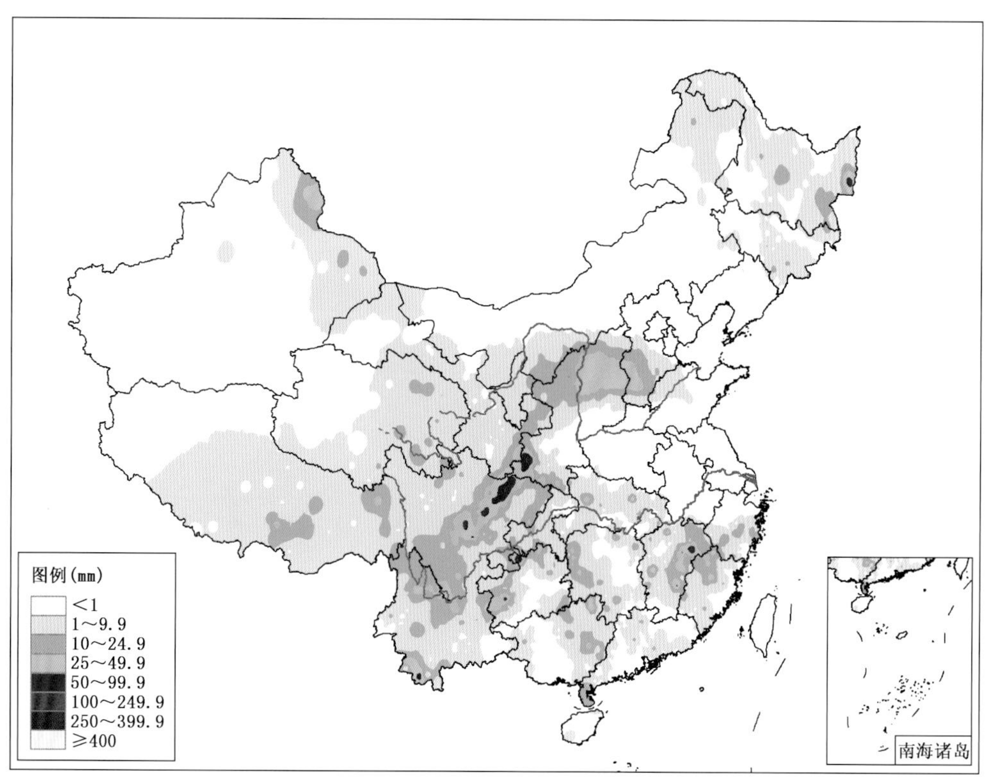

图3.4.11 2013年6月21日全国降水量分布图(单位:mm)

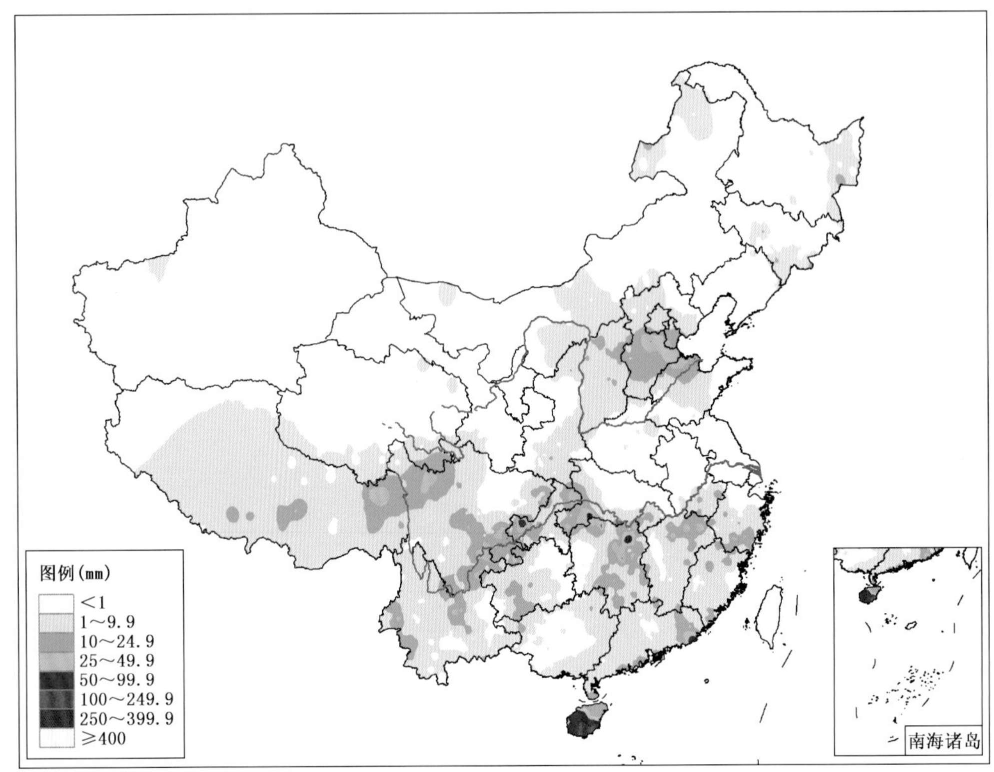

图 3.4.12　2013 年 6 月 22 日全国降水量分布图(单位:mm)

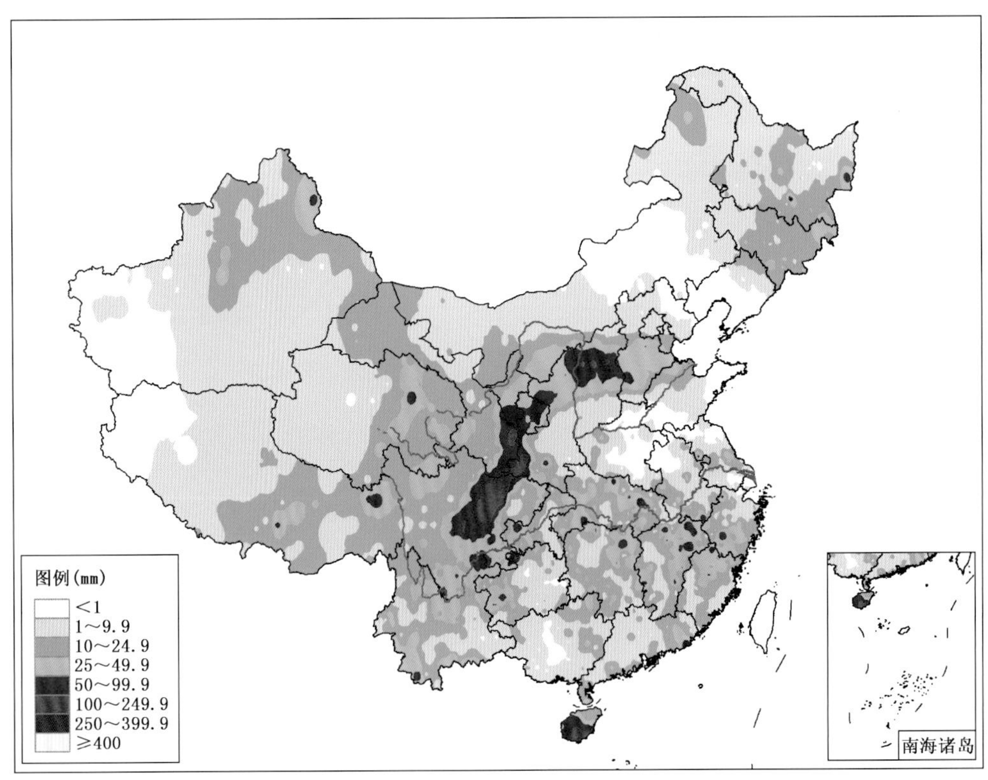

图 3.4.13　2013 年 6 月 19—22 日全国总降水量分布图(单位:mm)

第15次主要暴雨过程(No. 15):6月24—25日

6月24日,500 hPa华南沿海地区受暖切变影响,中低层华南地区主要受西南暖湿气流控制,并有弱的气旋切变影响,受其影响,广东、福建沿海地区出现暴雨,多站出现大暴雨,其中广东斗门出现324.8 mm的特大暴雨;25日,500 hPa华南暖切变减弱,500 hPa及以下各层均受西南暖湿气流控制,受其影响,广东中部部分地区及东部沿海地区出现暴雨,局部大暴雨(图3.4.14—图3.4.16)。

第16次主要暴雨过程(No. 16):6月24—30日

6月24日,500 hPa青藏高原东侧有短波槽东移发展,中低层高原东侧及四川盆地有西南低涡生成并东移发展,受其影响,沿大巴山脉出现近东西向的暴雨带,局部出现大暴雨;25日,500 hPa短波槽快速东移发展,中低层西南低涡沿长江流域快速东移至江淮地区,江淮切变发展明显,受其影响,江汉地区、江淮地区、江南北部部分地区出现大范围暴雨,安徽、江苏多站出现大暴雨;26日,500 hPa青藏高原东侧及云贵高原又有新的短波槽发展东移,中低层四川盆地又有西南低涡发展并沿长江流域东移,江淮地区的切变略有南压,受其共同影响,从贵州到江南北部地区出现暴雨;27日,500 hPa短波槽继续东移南压,中低层西南低涡及其切变线东移南压、发展明显,华南地区低空急流加强,受其影响,云贵高原、华南西部、江南北部出现大范围暴雨带,多站出现大暴雨;28日,500 hPa短波槽受副高影响东移缓慢,中低层低涡切变在江南北部停滞少动,受其影响,雨带整体略有南压,暴雨带主要出现在广西北部至江南北部一线,其中江西北部出现大范围大暴雨;29—30日,500 hPa副高加强北抬,短波槽东移北收,中低层低涡切变逐渐减弱消失,受其影响,雨带逐渐收缩,暴雨区由江西北部移至安徽南部后减弱消失(图3.4.17—图3.4.24)。

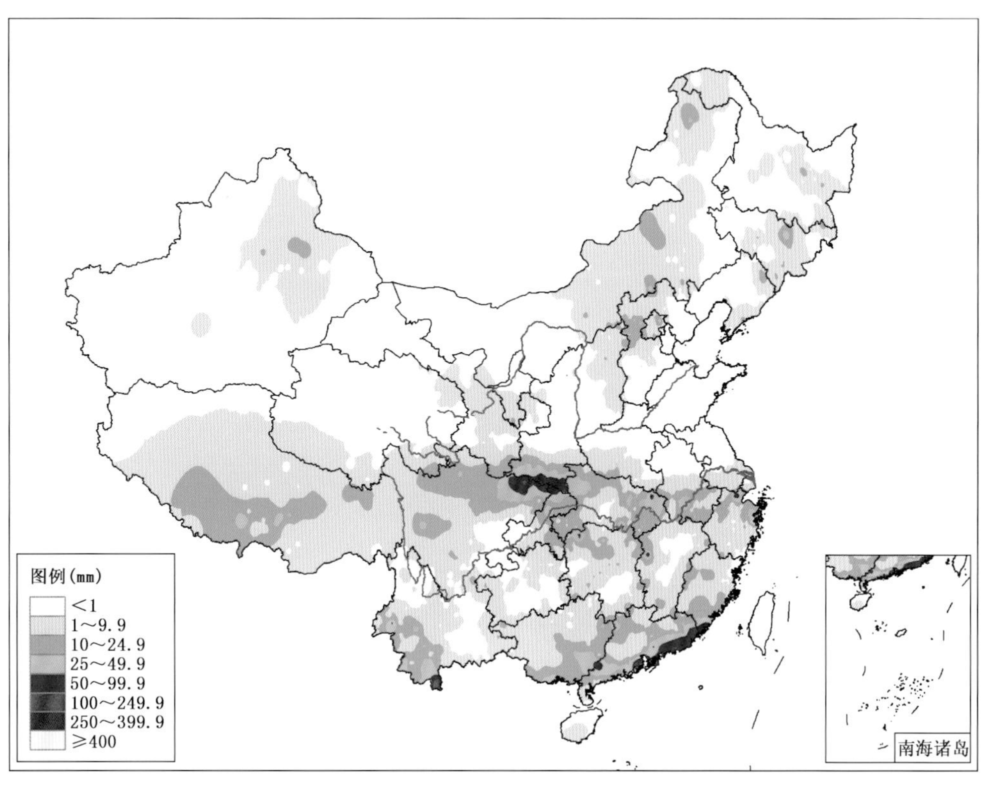

图3.4.14　2013年6月24日全国降水量分布图(单位:mm)

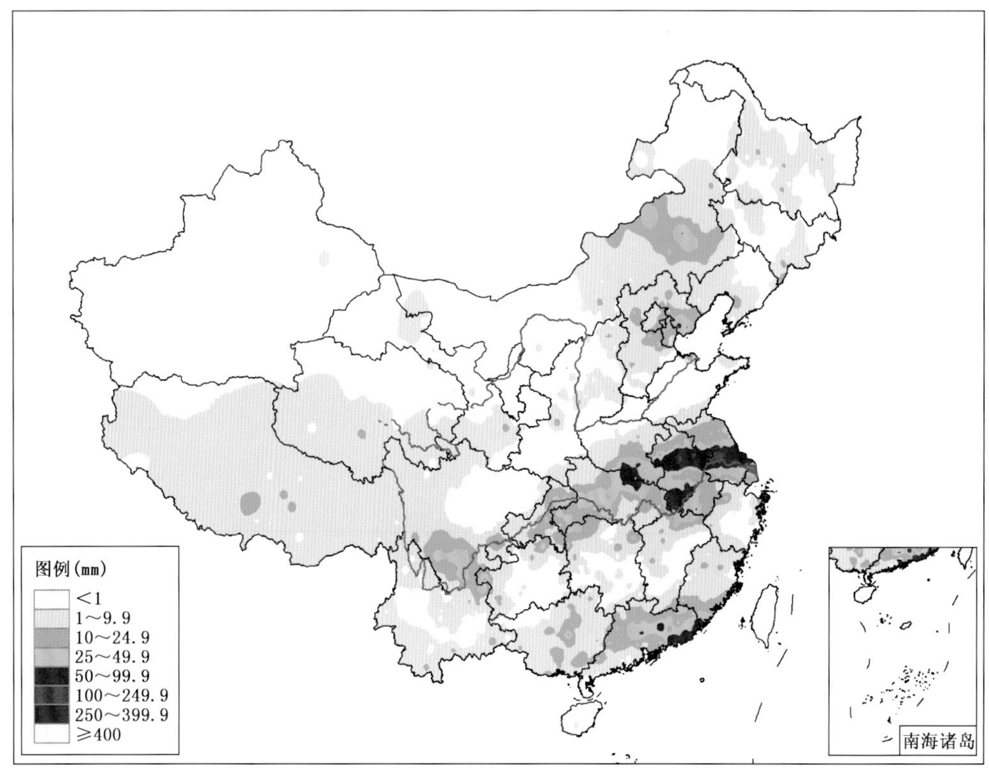

图 3.4.15　2013 年 6 月 25 日全国降水量分布图(单位:mm)

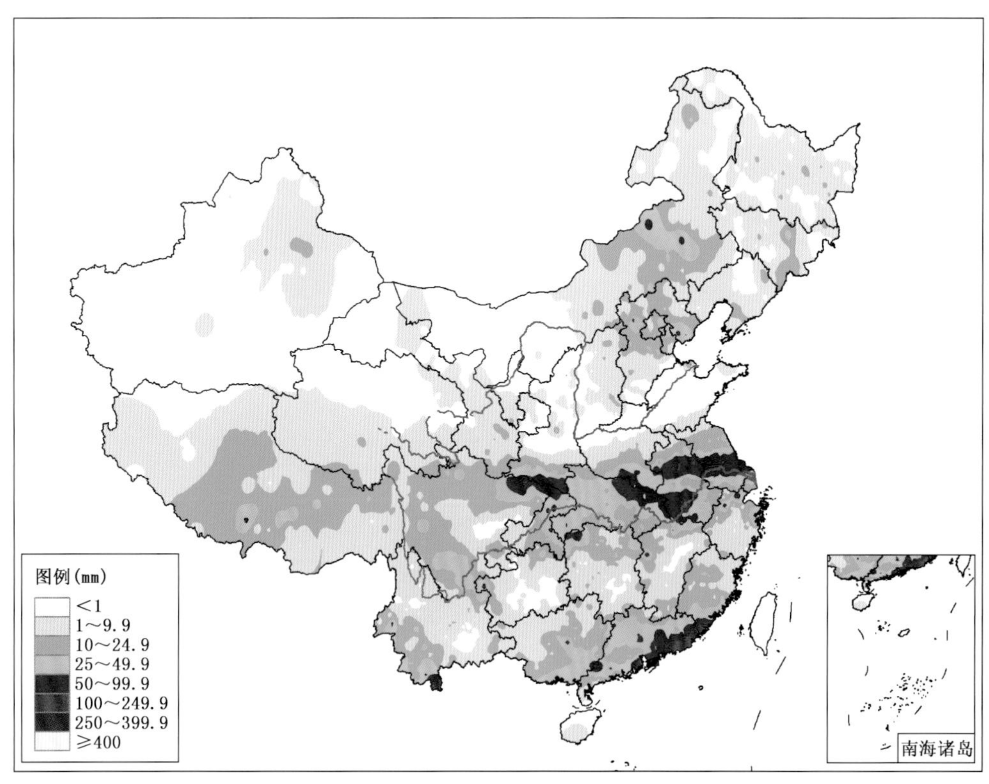

图 3.4.16　2013 年 6 月 24—25 日全国总降水量分布图(单位:mm)

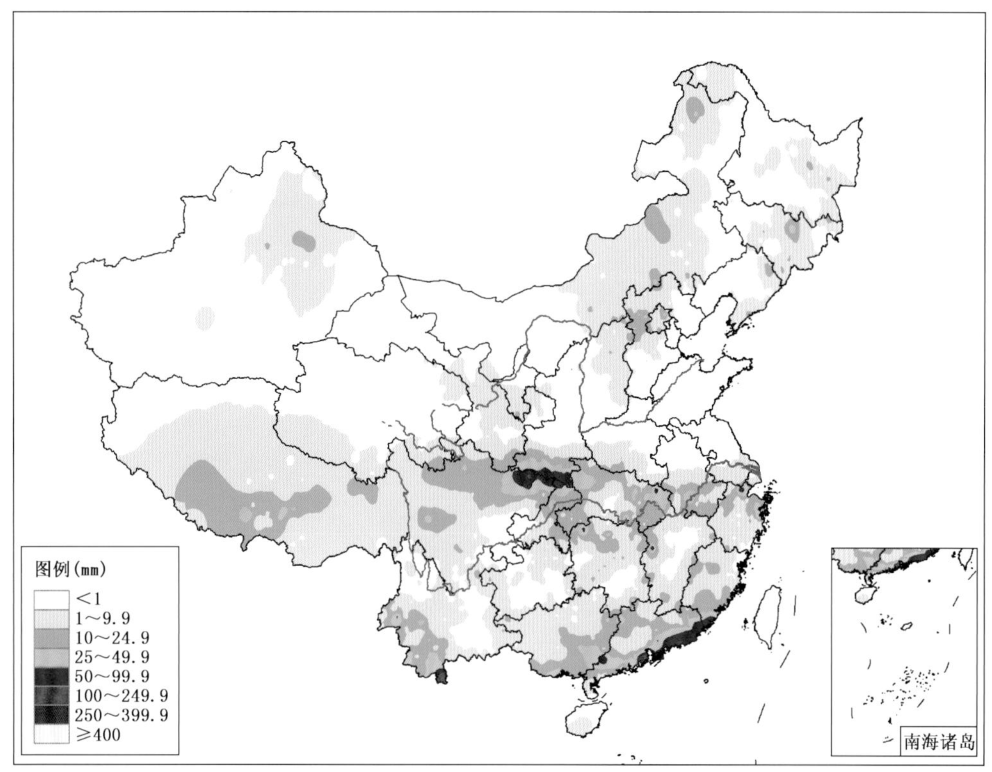

图 3.4.17　2013年6月24日全国降水量分布图(单位:mm)

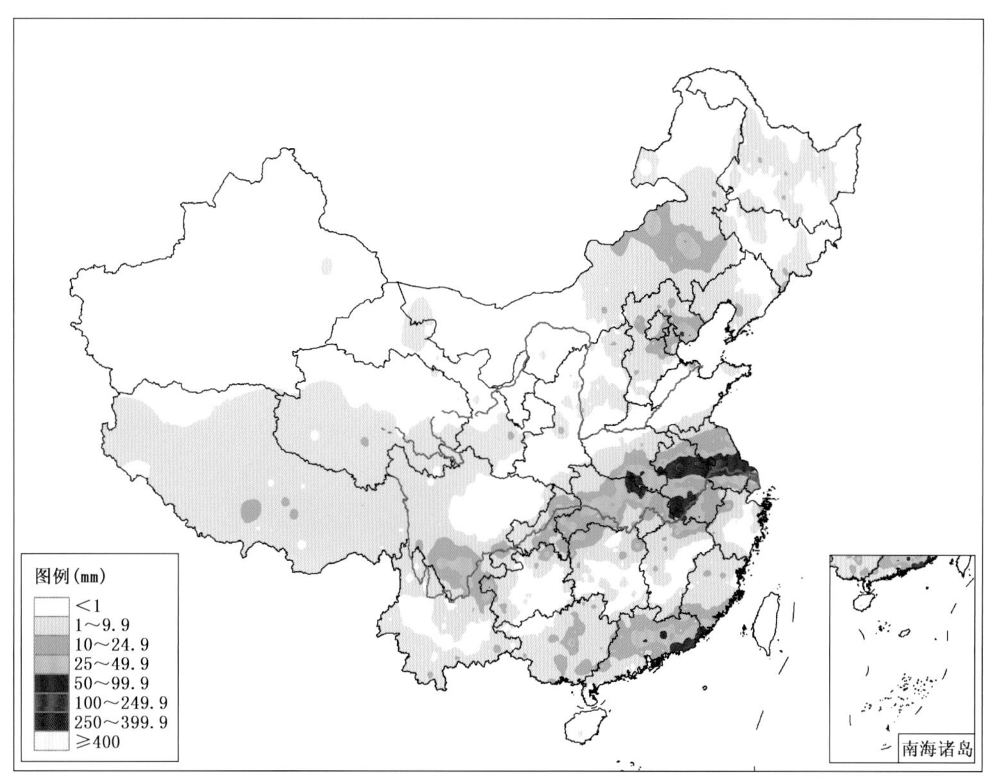

图 3.4.18　2013年6月25日全国降水量分布图(单位:mm)

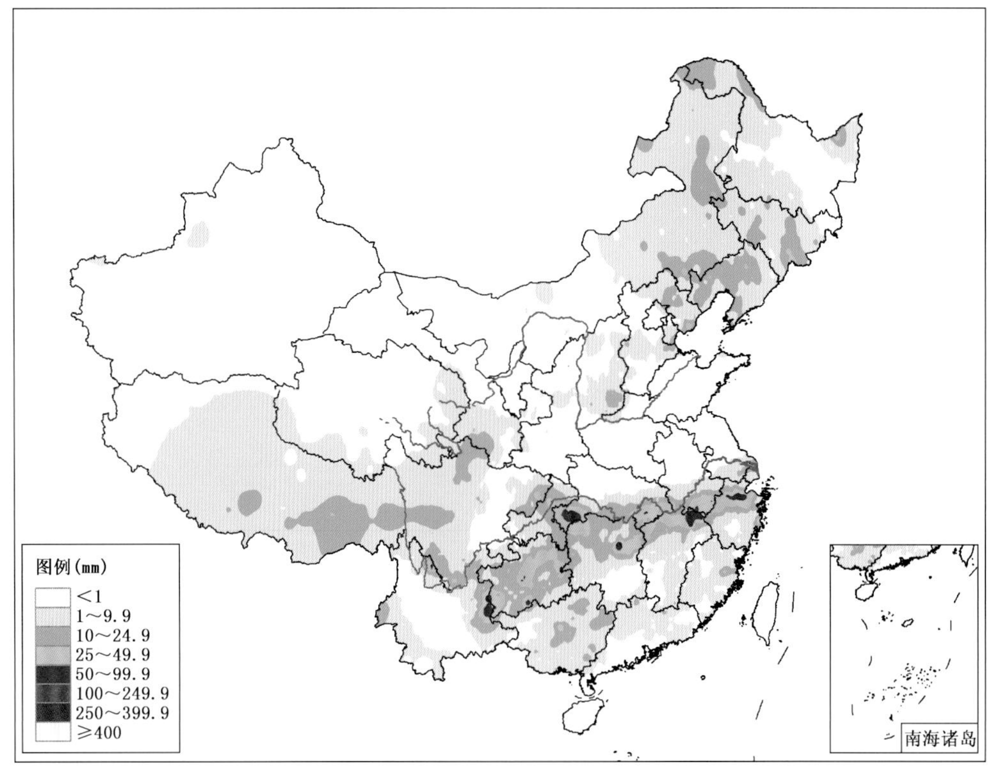

图 3.4.19 2013 年 6 月 26 日全国降水量分布图(单位:mm)

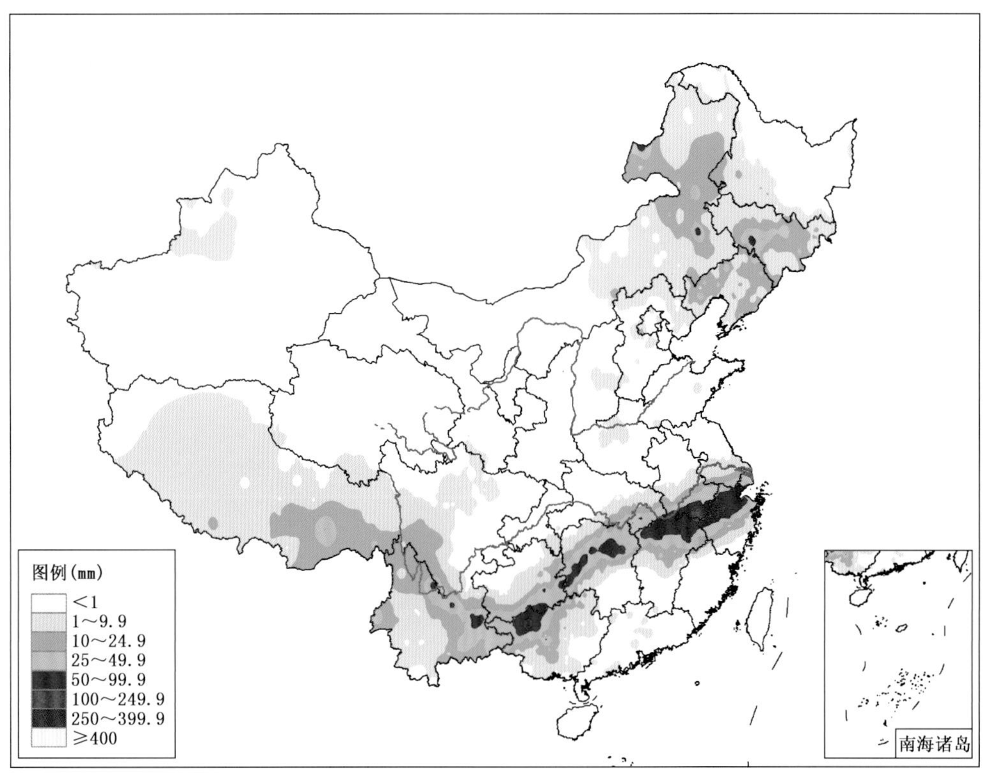

图 3.4.20 2013 年 6 月 27 日全国降水量分布图(单位:mm)

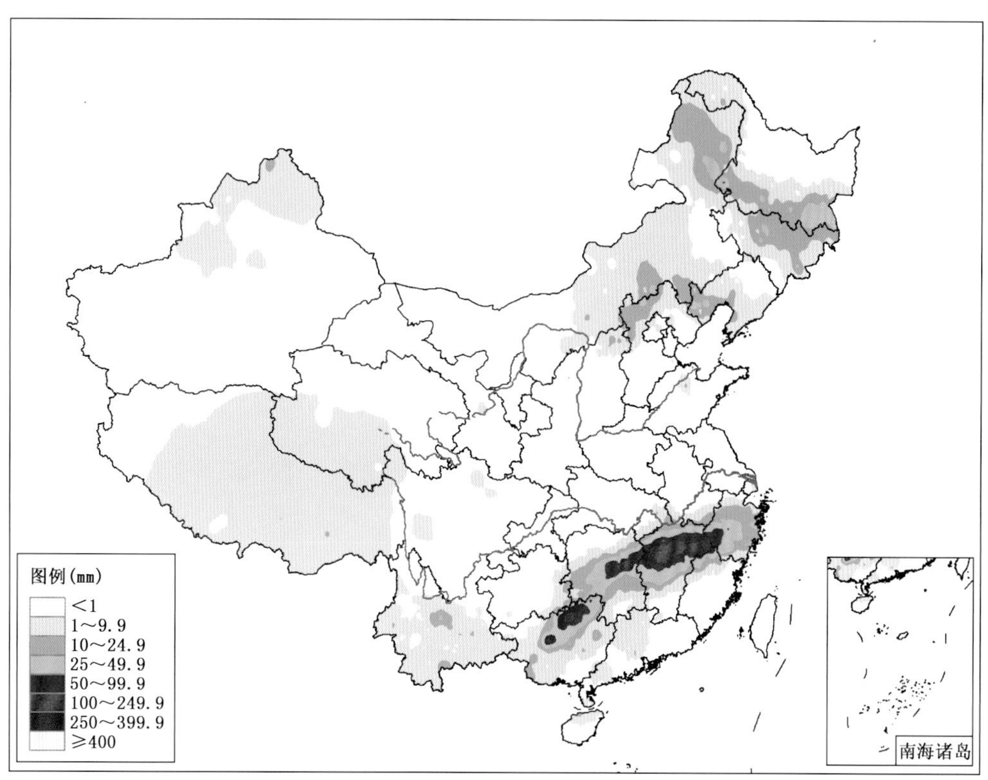

图3.4.21 2013年6月28日全国降水量分布图(单位:mm)

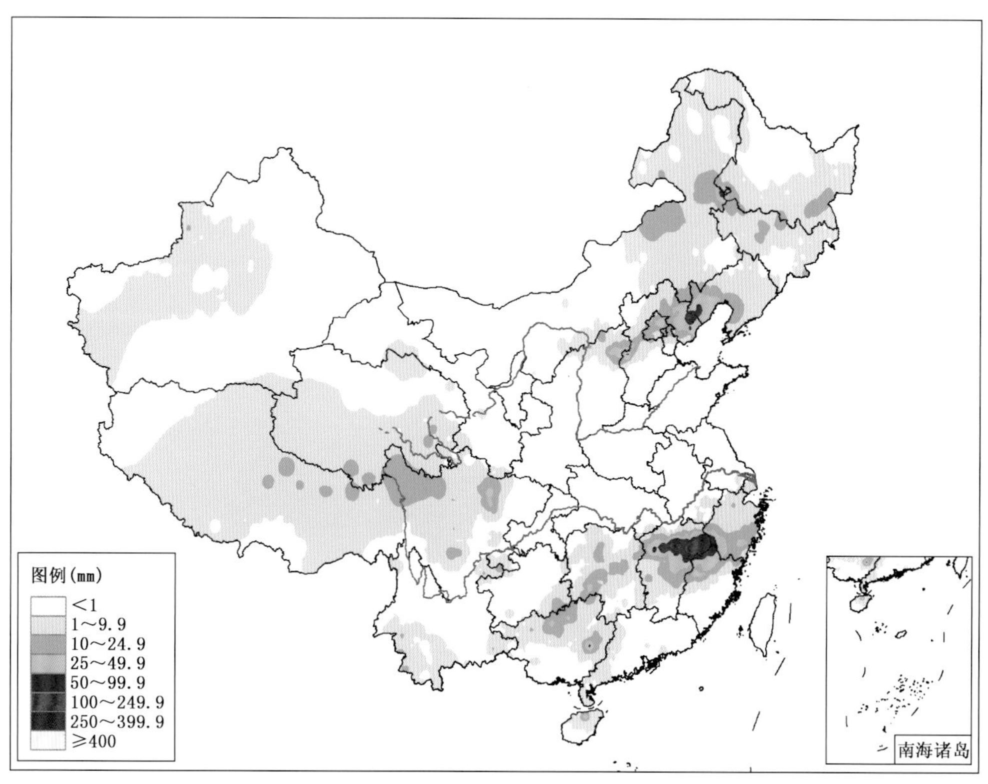

图3.4.22 2013年6月29日全国降水量分布图(单位:mm)

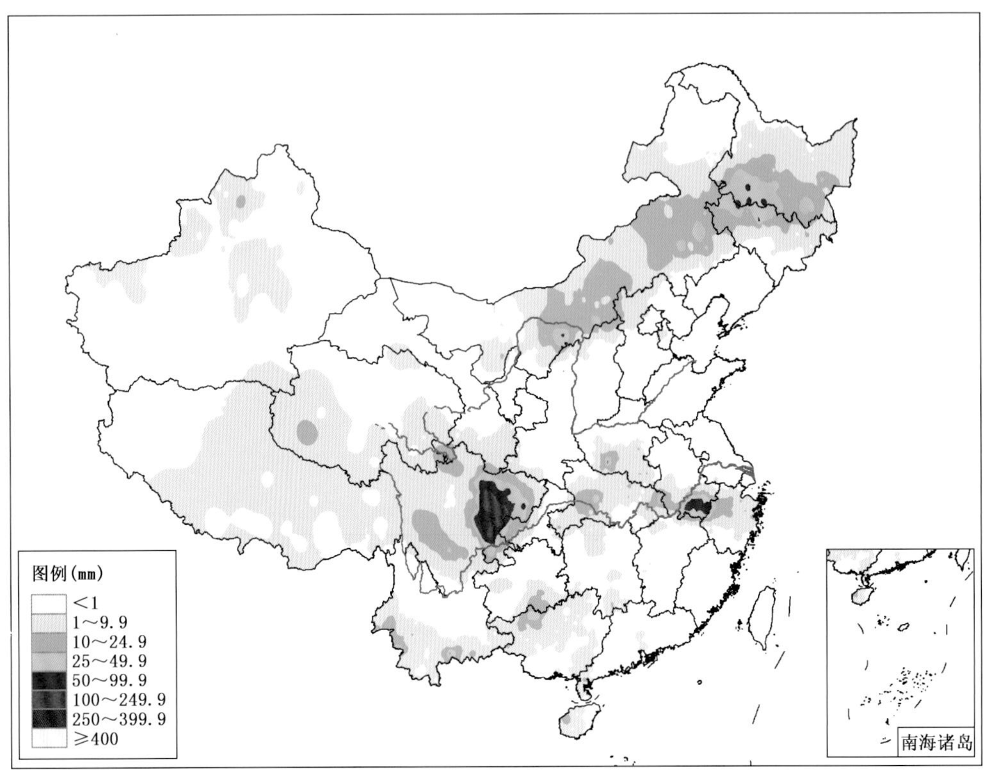

图 3.4.23 2013 年 6 月 30 日全国降水量分布图(单位:mm)

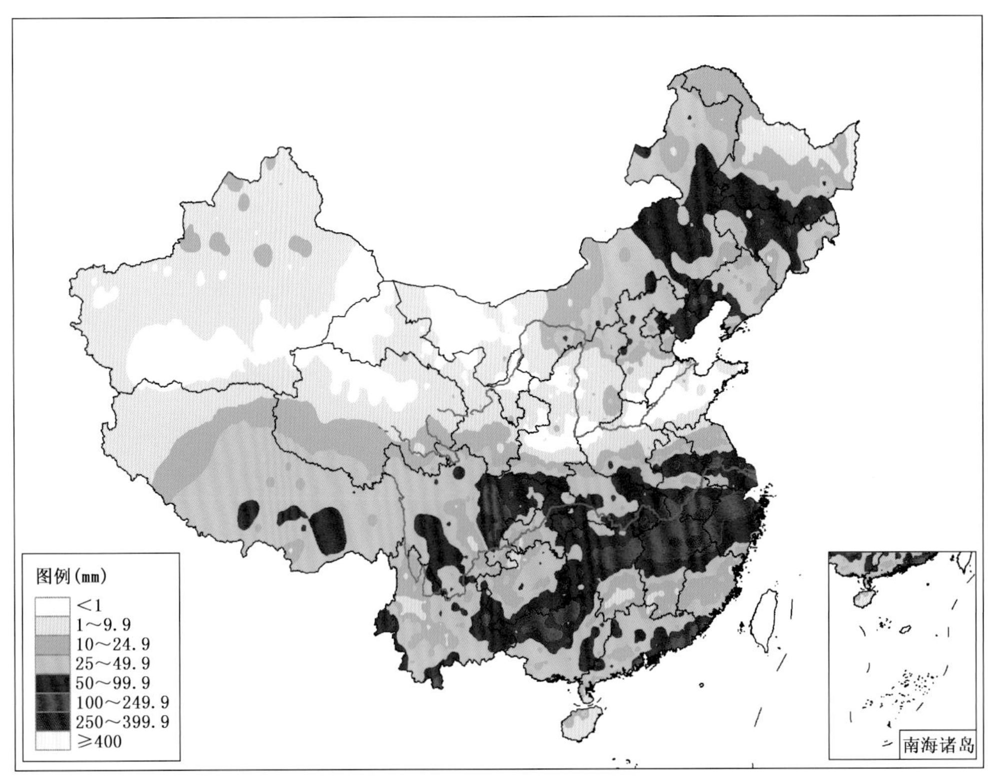

图 3.4.24 2013 年 6 月 24—30 日全国总降水量分布图(单位:mm)

第 17 次主要暴雨过程(No. 17):6 月 30 日—7 月 2 日

6 月 30 日,500 hPa 青藏高原东侧有短波槽发展东移,中低层四川盆地有西南低涡生成,受其影响,四川盆地出现大范围暴雨过程,并有 17 站出现大暴雨以上降水,其中四川遂宁出现 323.7 mm 的特大暴雨;7 日 1,500 hPa 短波槽及中低层西南低涡在四川盆地区域内东移缓慢,低涡东侧低空急流加强,受其影响,暴雨区整体略有东移,川东、渝西多站出现大暴雨;2 日,受副高加强西伸阻挡,500 hPa 短波槽东移北收,中低层西南低涡也随之向北偏东方向移动并逐渐减弱,受其影响,暴雨区向北移动,范围减小,强度减弱(图 3.4.25—图 3.4.28)。

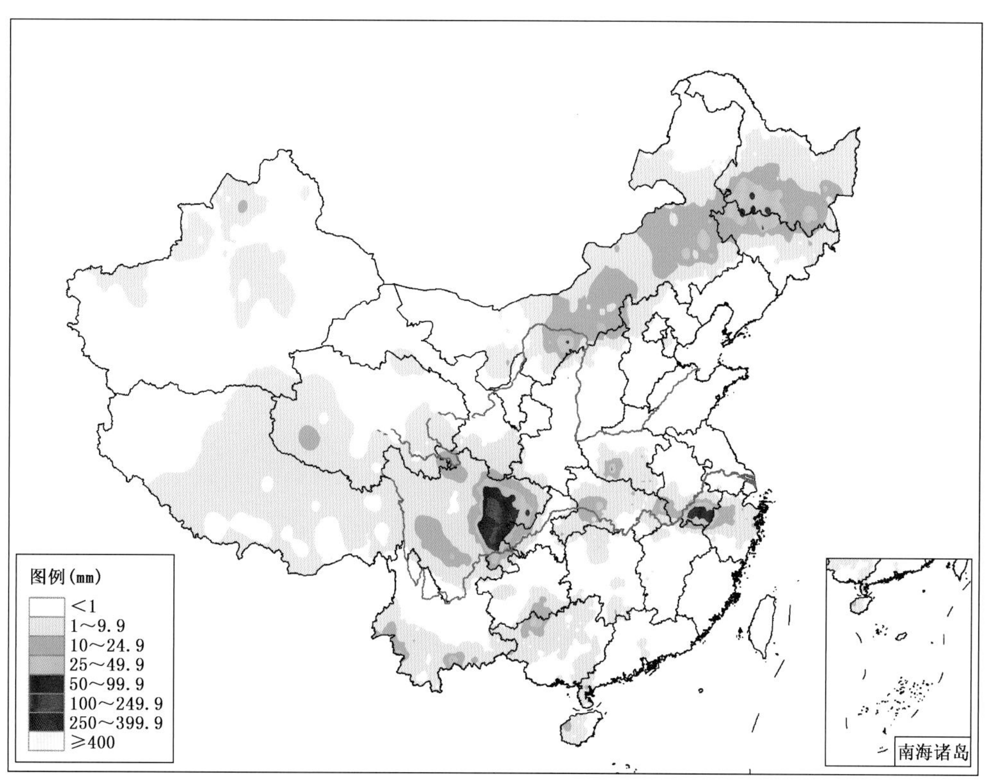

图 3.4.25　2013 年 6 月 30 日全国降水量分布图(单位:mm)

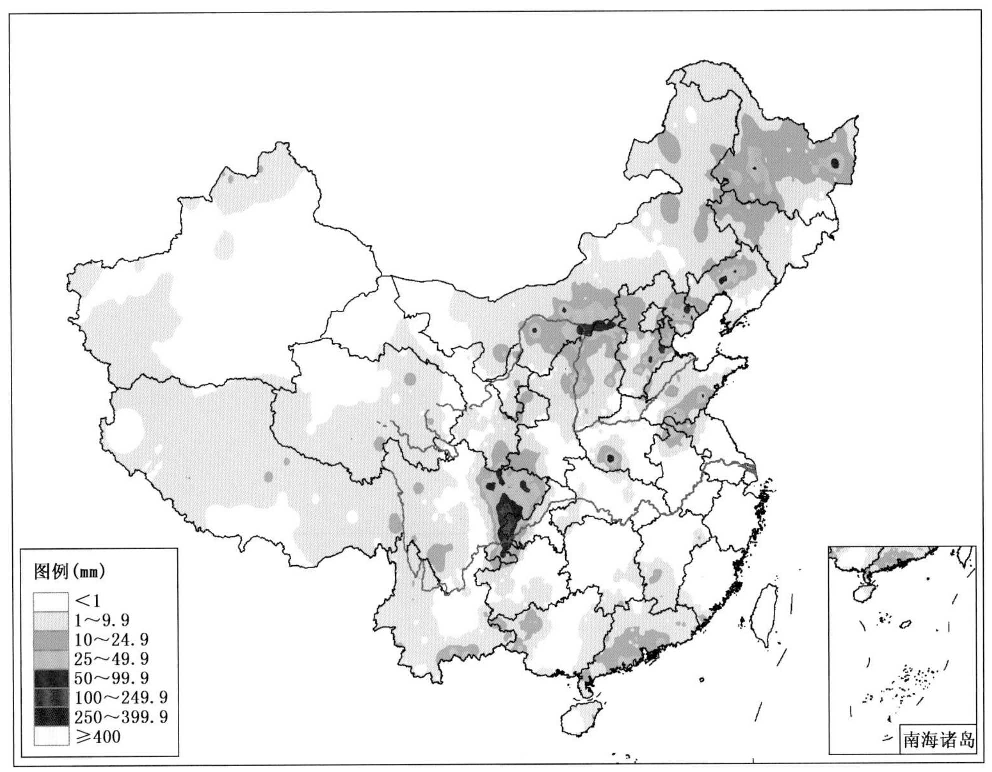

图 3.4.26　2013 年 7 月 1 日全国降水量分布图(单位:mm)

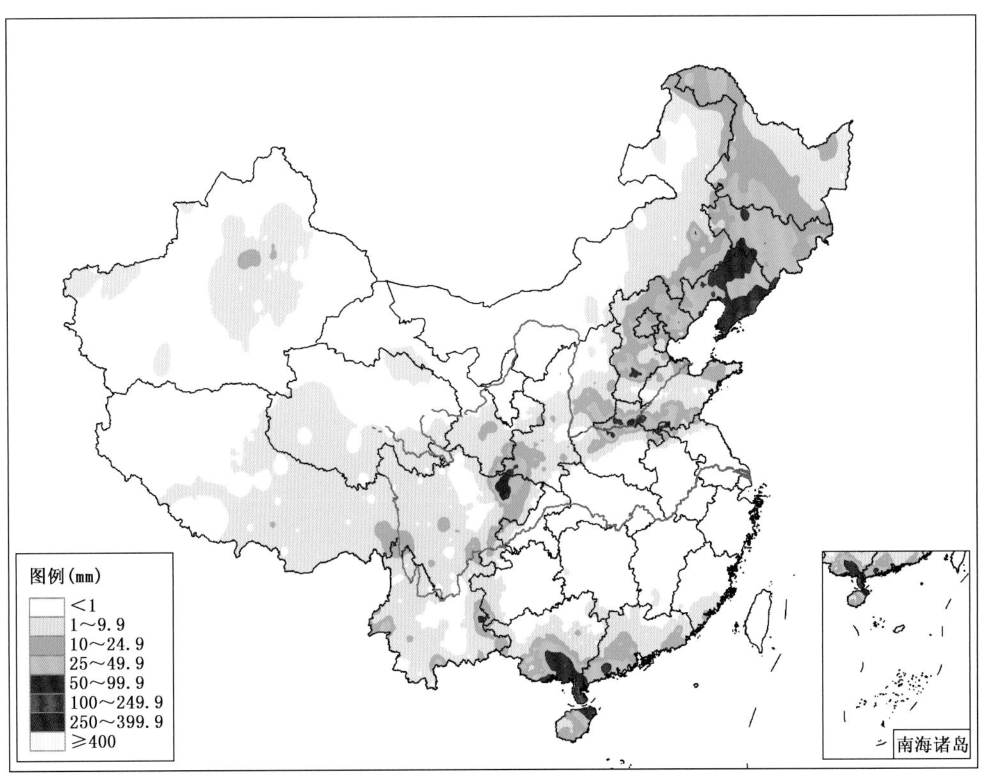

图 3.4.27　2013 年 7 月 2 日全国降水量分布图(单位:mm)

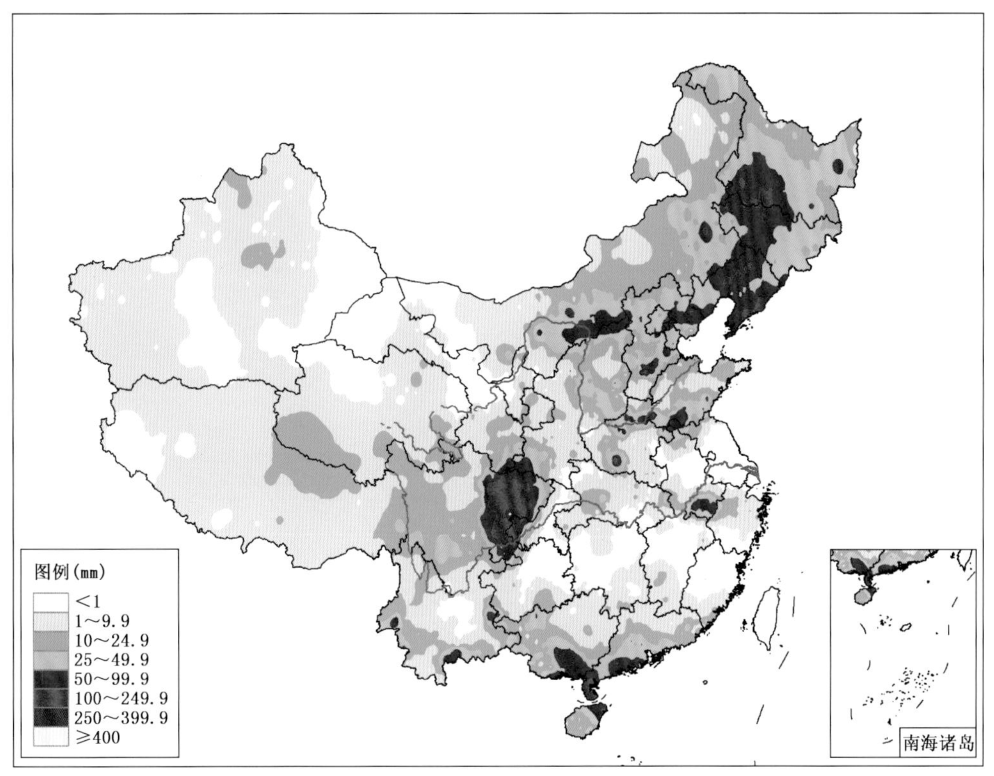

图 3.4.28　2013 年 6 月 30—7 月 2 日全国总降水量分布图(单位:mm)

3.5　7 月主要暴雨过程(No. 18—No. 27)

第 18 次主要暴雨过程(No. 18):7 月 1—3 日

7 月 1 日,500 hPa 我国西北地区有短波槽快速东移至华北地区,中低层有冷切变随之东移,受其影响,华北中北部部分地区出现暴雨,局部地区出现大暴雨;2 日,500 hPa 短波槽快速东移发展,影响华北、东北及黄淮地区,中低层切变线快速东移南压并有东北冷涡发展,受其影响,华北东部、黄淮地区、东北大部出现强降水,暴雨区分布较广但不集中,辽宁东部多站出现大暴雨;3 日,500 hPa 及中低层东北冷涡东移,受其影响,暴雨主要出现在黑龙江中西部部分地区(图 3.5.1—图 3.5.4)。

第 19 次主要暴雨过程(No. 19):7 月 2 日

7 月 2 日,1306 号强热带风暴“温比亚”(Rumbia)在南海海域向西北方向移动的过程中于清晨 05 时 30 分在广东省湛江市登陆,登陆后继续向西北方向移动,强度迅速减弱,当日早晨进入广西境内,夜间减弱为热带低压,受其影响,海南东部、广东西南部、广西南部出现暴雨,部分地区出现大暴雨(图 3.5.5)。

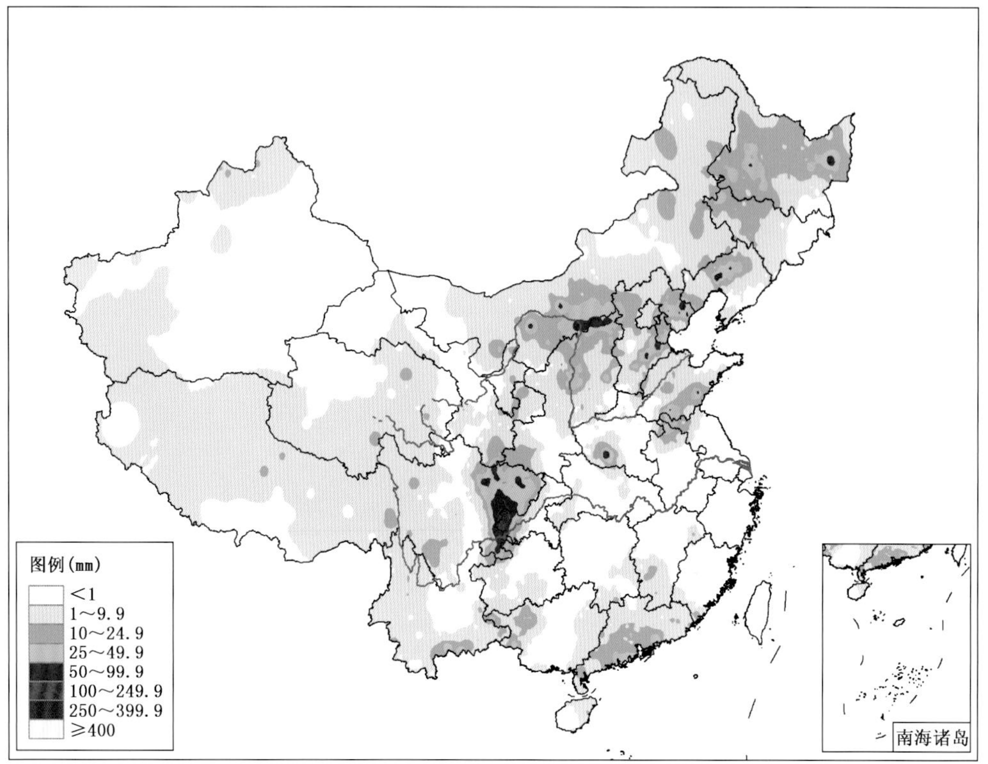

图 3.5.1　2013 年 7 月 1 日全国降水量分布图(单位:mm)

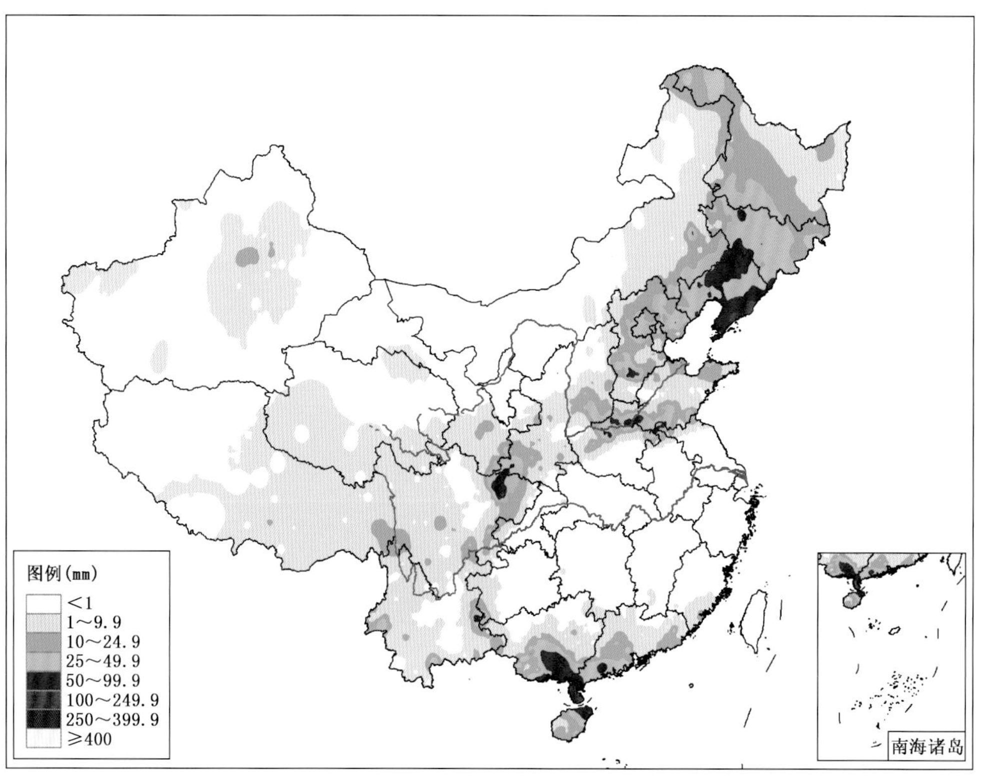

图 3.5.2　2013 年 7 月 2 日全国降水量分布图(单位:mm)

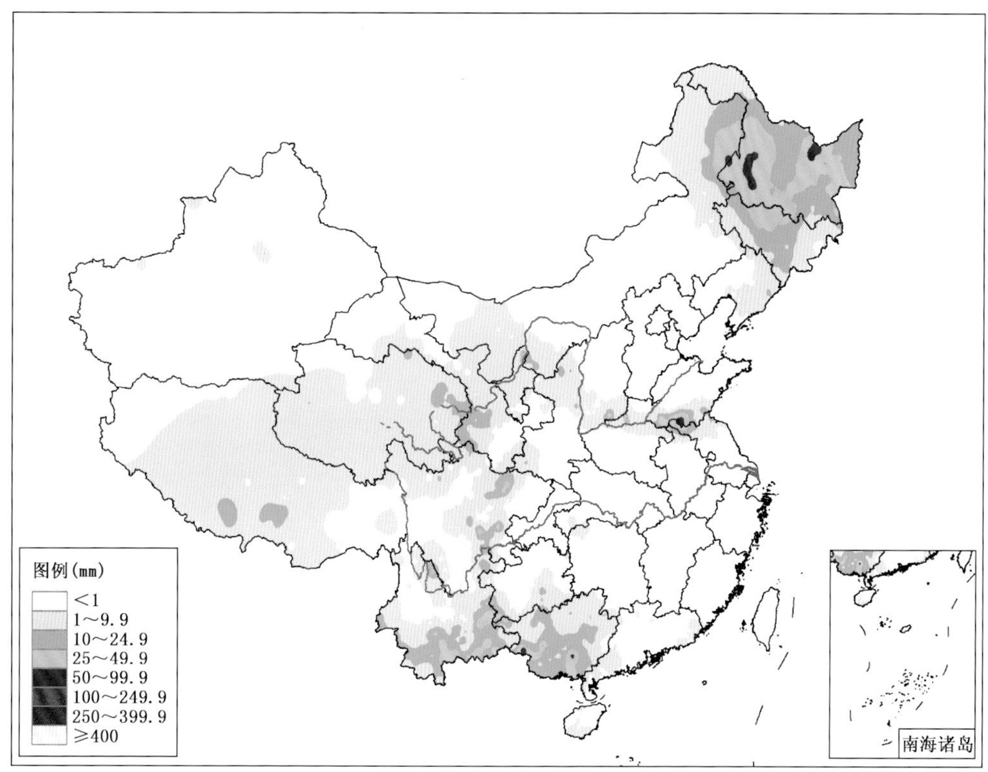

图3.5.3　2013年7月3日全国降水量分布图(单位:mm)

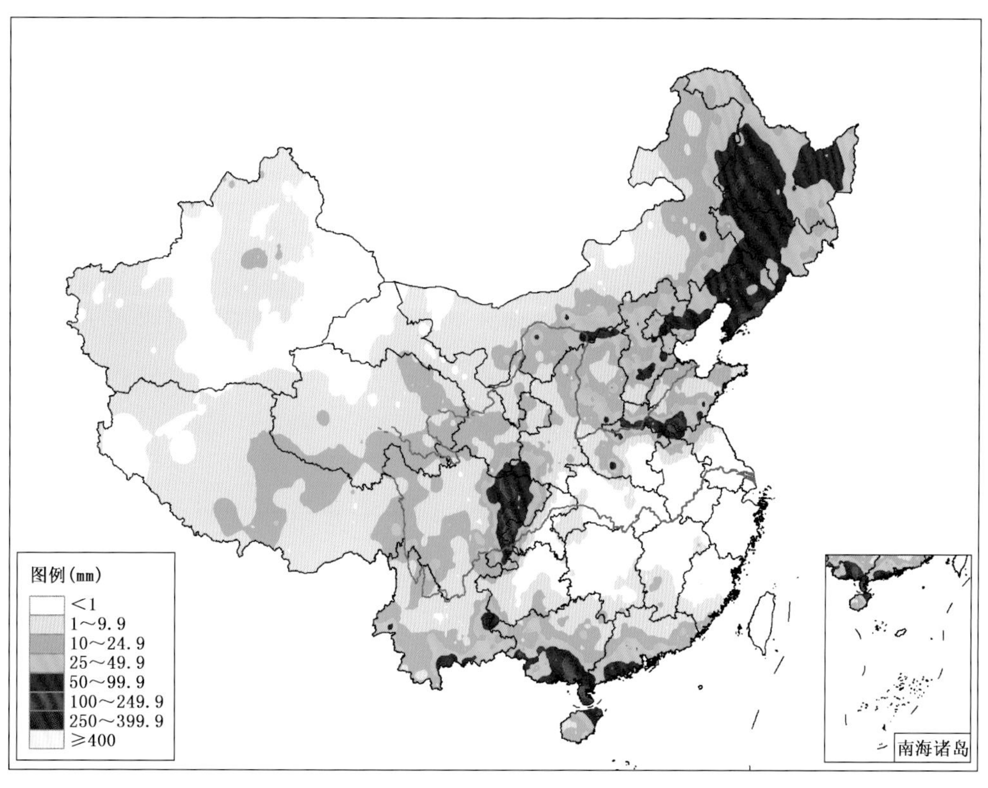

图3.5.4　2013年7月1—3日全国总降水量分布图(单位:mm)

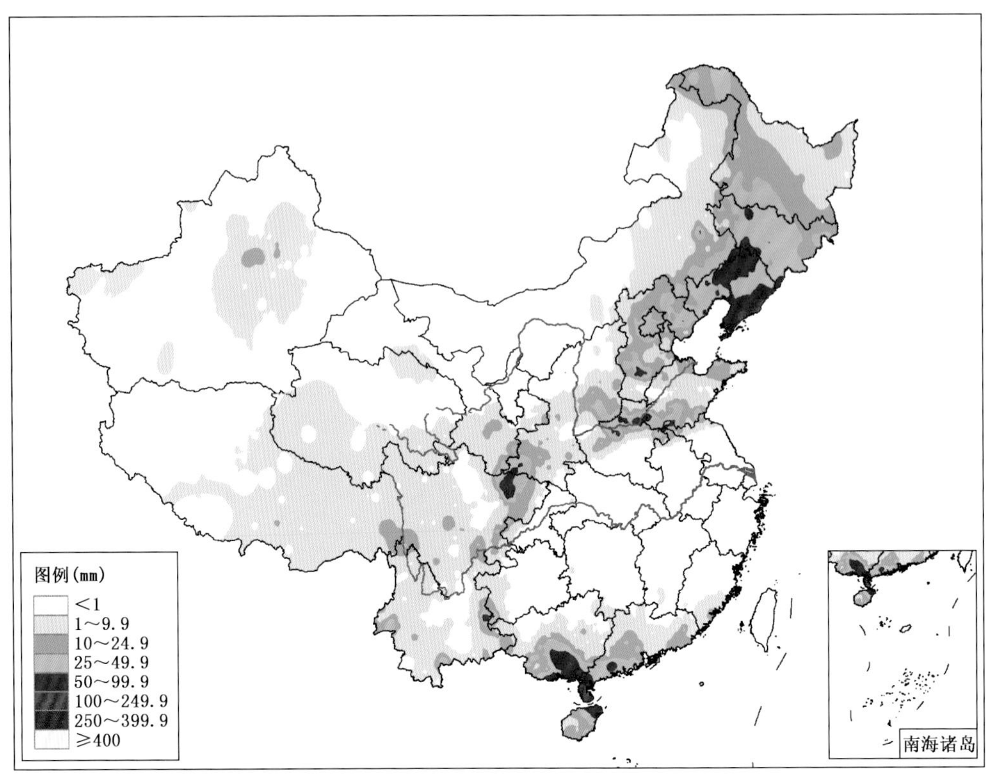

图 3.5.5　2013 年 7 月 2 日全国降水量分布图(单位:mm)

第 20 次主要暴雨过程(No. 20):7 月 4—7 日

7 月 4 日,500 hPa 我国西北地区有短波槽快速东移影响华北及黄淮地区,同时在青藏高原东侧也有短波槽发展,中低层华北南部和四川盆地都有低涡发展,江南、江淮地区低空急流发展明显,受其影响,从黄淮东部、华北南部到四川盆地西部出现强降水带,暴雨主要出现在鲁南、山西南部和四川盆地西部,局部地区出现大暴雨;5 日,500 hPa 华北短波槽快速东移南压至江淮地区,高原东侧短波槽则缓慢东移,中低层低涡切变整体东移南压,切变南侧西南低空急流依然强盛,受其影响,强降水带整体东移南压,暴雨主要出现在江苏、安徽以及川渝地区,江苏部分地区出现大暴雨;6 日,500 hPa 长江流域短波槽活动频繁,中低层低涡切变缓慢东移南压,切变南侧强西南低空急流维持,受其影响,强降水带整体东移南压,暴雨从贵州北部向东偏北方向一直伸展到长江下游地区,形成一条明显的暴雨带,其中湖北东部至安徽南部多站出现大暴雨;7 日,500 hPa 华北至华中地区有明显的西风槽形成,中低层低涡切变缓慢东移并维持在江淮流域,切变南侧低空急流维持加强,受其影响,雨带整体东移北收,暴雨从江汉平原向东北方向一直伸展到江苏中部,湖北东部至安徽中部部仍有多站出现大暴雨(图 3.5.6—图 3.5.10)。

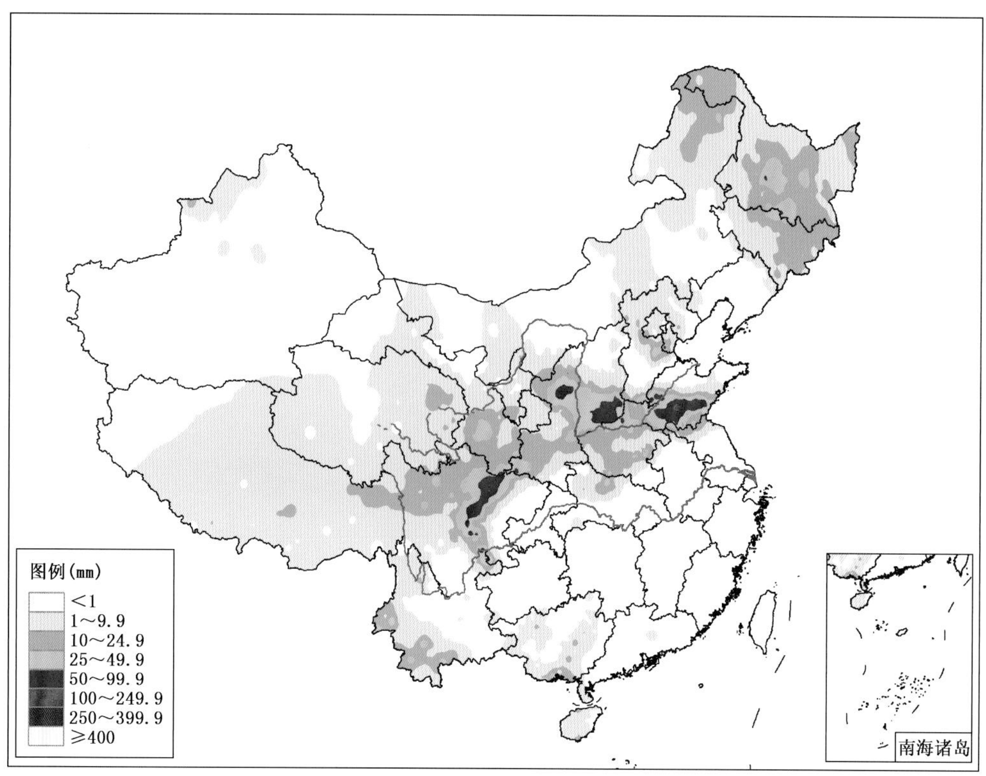

图 3.5.6　2013 年 7 月 4 日全国降水量分布图(单位:mm)

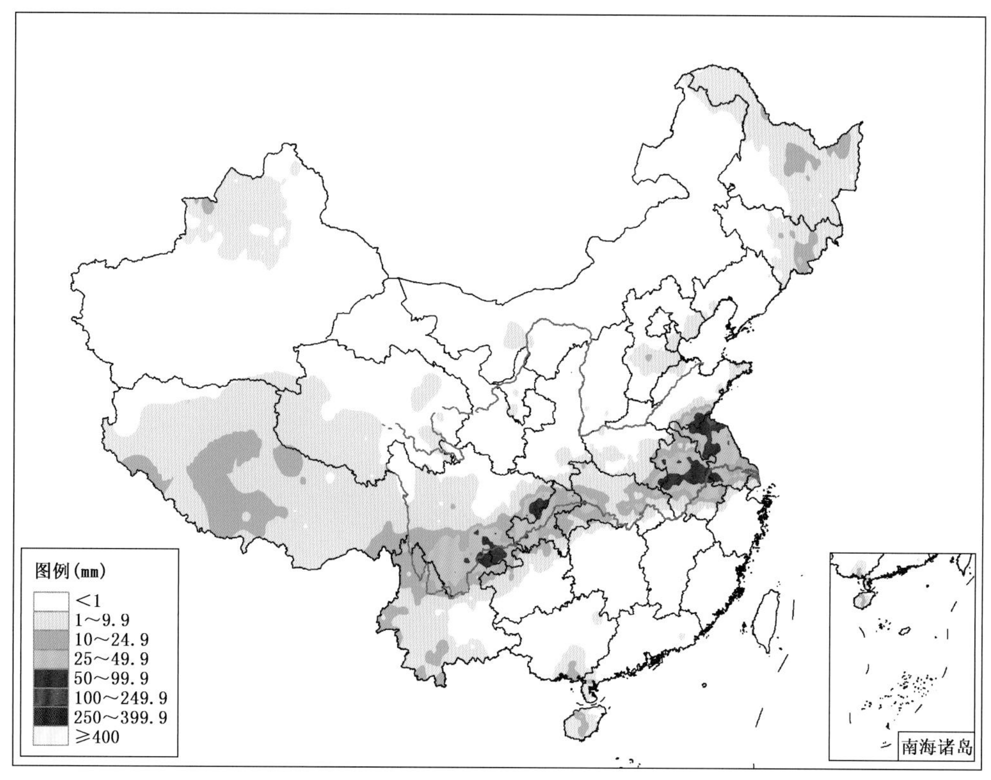

图 3.5.7　2013 年 7 月 5 日全国降水量分布图(单位:mm)

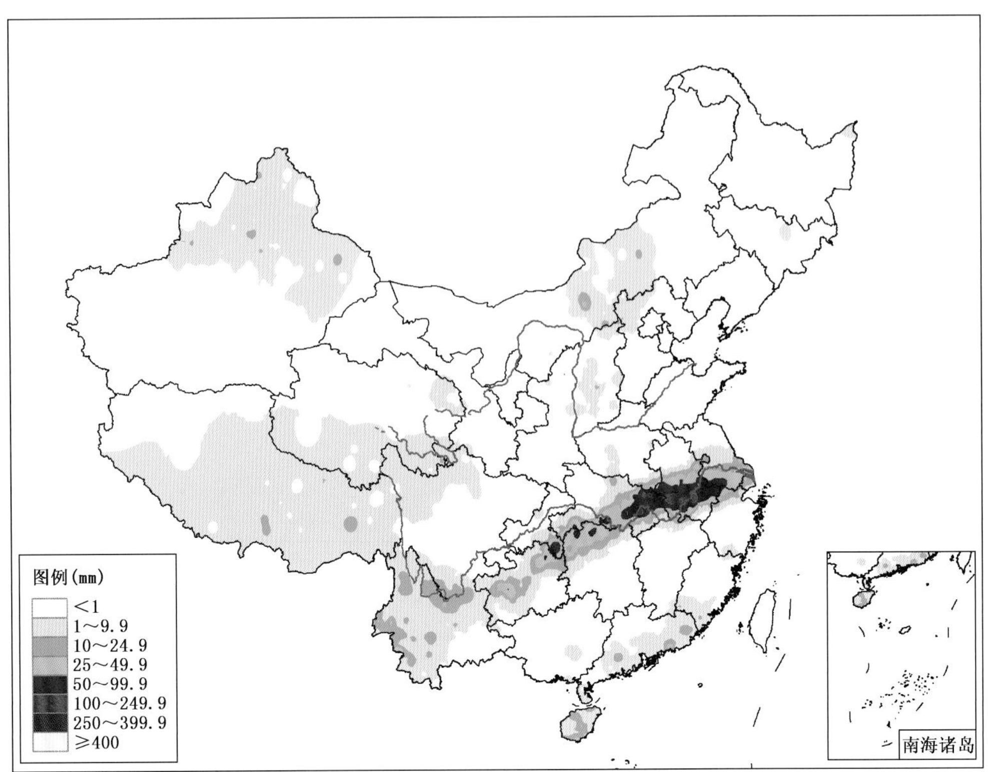

图 3.5.8　2013 年 7 月 6 日全国降水量分布图(单位:mm)

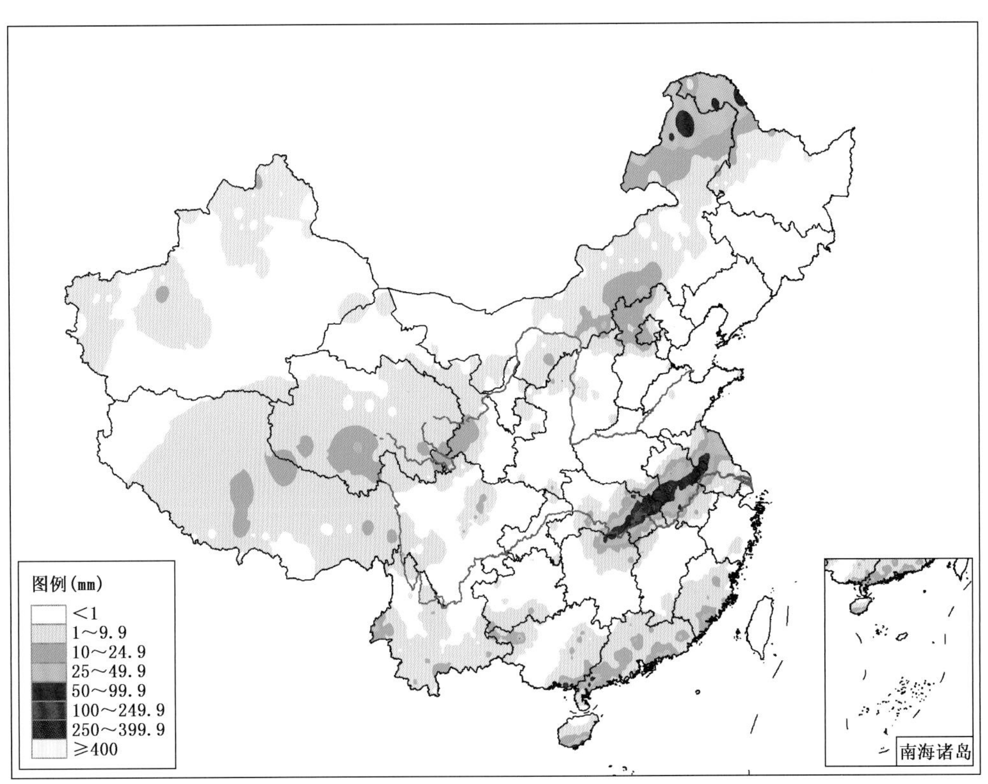

图 3.5.9　2013 年 7 月 7 日全国降水量分布图(单位:mm)

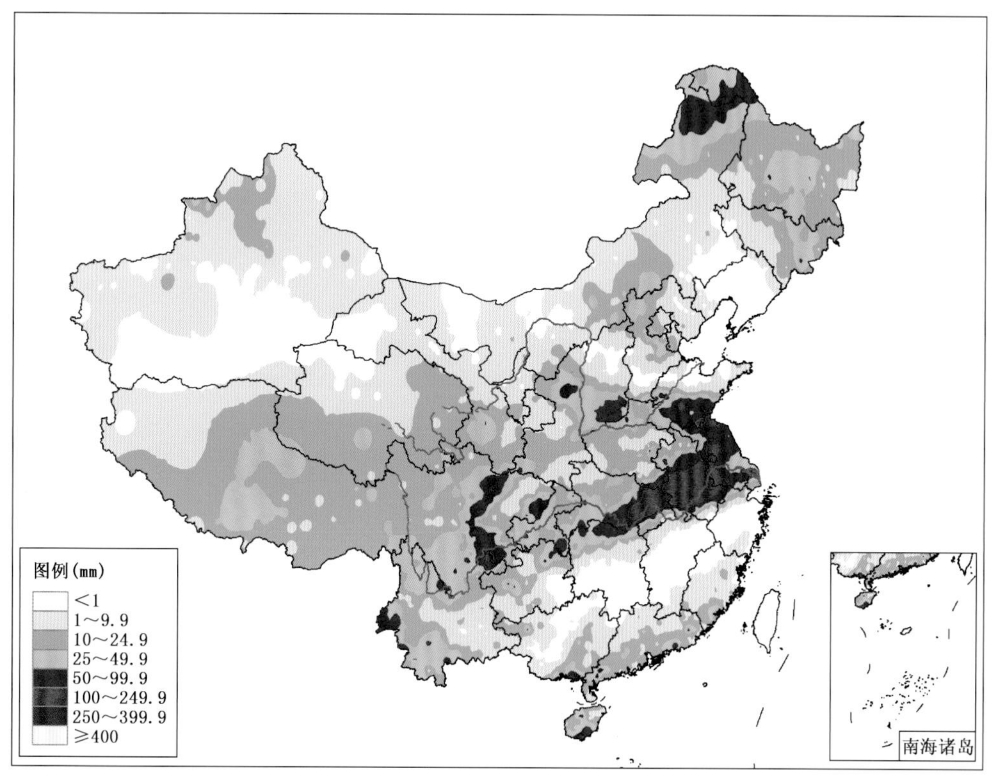

图 3.5.10　2013 年 7 月 4—7 日全国总降水量分布图(单位:mm)

第 21 次主要暴雨过程(No.21):7 月 8—13 日

7 月 8 日,500 hPa 我国西北地区及青藏高原东侧多短波槽活动,中低层高原东部到四川盆地有西南低涡生成,西北地区东部有切变线活动,受其影响,高原东侧到西北地区东部出现强降水,暴雨主要出现在四川盆地西部到甘肃陇南、陇东地区,并有多站出现大暴雨;9 日,500 hPa 西北地区短波槽快速东移,而青藏高原东侧短波槽受副高阻挡移动缓慢,中低层西南低涡东移缓慢,西北地区东部的切变线则开始东移,受其影响,上述雨带进一步扩展到华北地区,暴雨范围扩大、强度加强,除华北地区局部出现大暴雨外,四川盆地西部多站集中出现大暴雨,其中都江堰出现了 423.8 mm 的特大暴雨;10 日,500 hPa 华北西风槽继续东移,而高原东侧短波槽继续停滞少动,中低层西南低涡及切变线略有东移南压,受其影响,上述雨带整体略有东移南压,暴雨主要还是出现在四川盆地西部和华北地区,并都有多站出现出现大暴雨,其中四川大邑出现了 279.2 mm 的特大暴雨;11—13 日,连续 3 天 500 hPa 西北至河套地区都有短波槽东移,而高原东侧短波槽则停滞少动,中低层西南低涡及切变线主要在高原东侧、西北地区东部至华北地区活动,受其影响,连续 3 天雨带整体依然维持在高原东侧—西北地区东部—华北一线,暴雨分布在雨带中,每天局部地区都有大暴雨出现(图 3.5.11—图 3.5.17)。

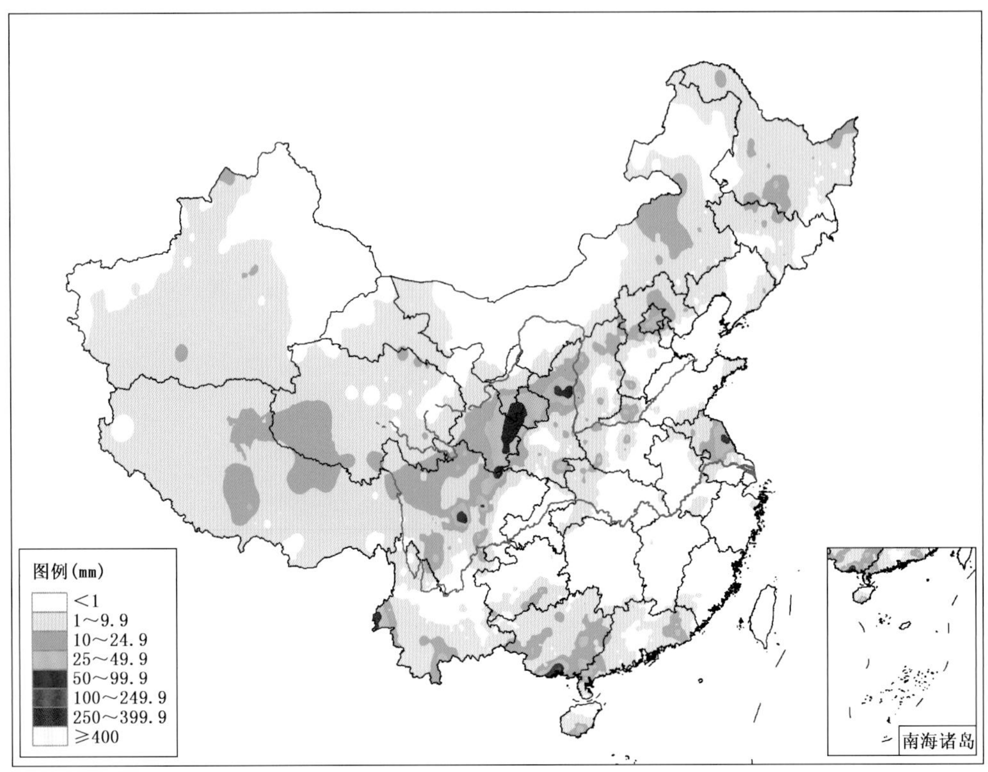

图 3.5.11　2013 年 7 月 8 日全国降水量分布图(单位:mm)

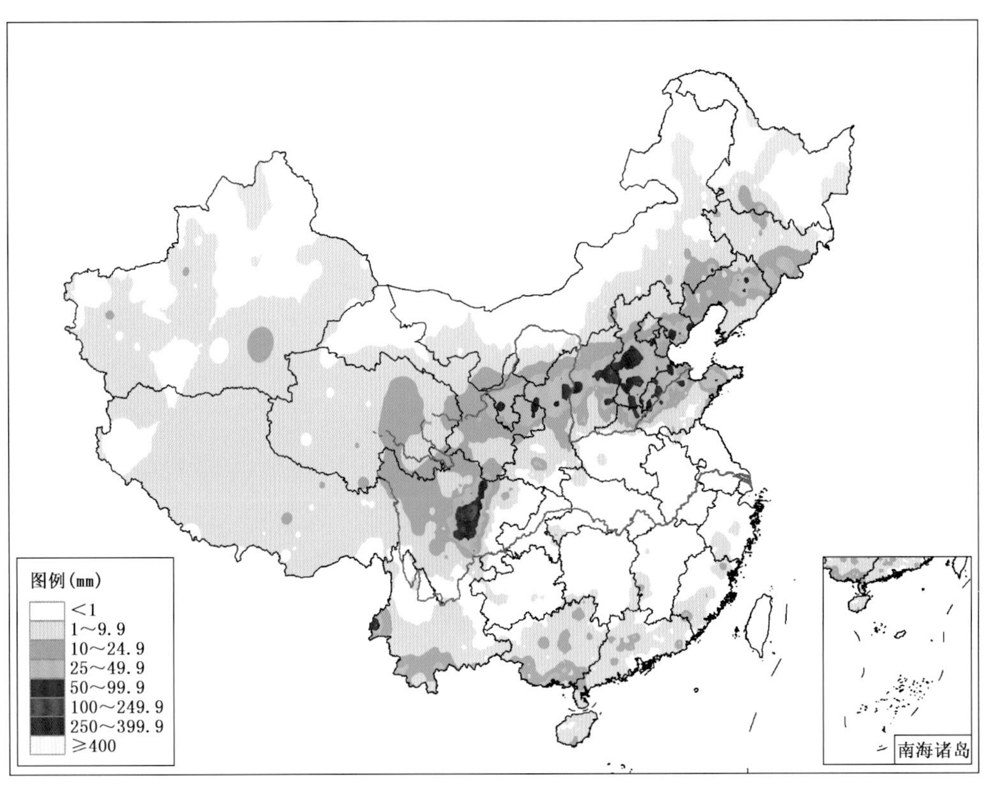

图 3.5.12　2013 年 7 月 9 日全国降水量分布图(单位:mm)

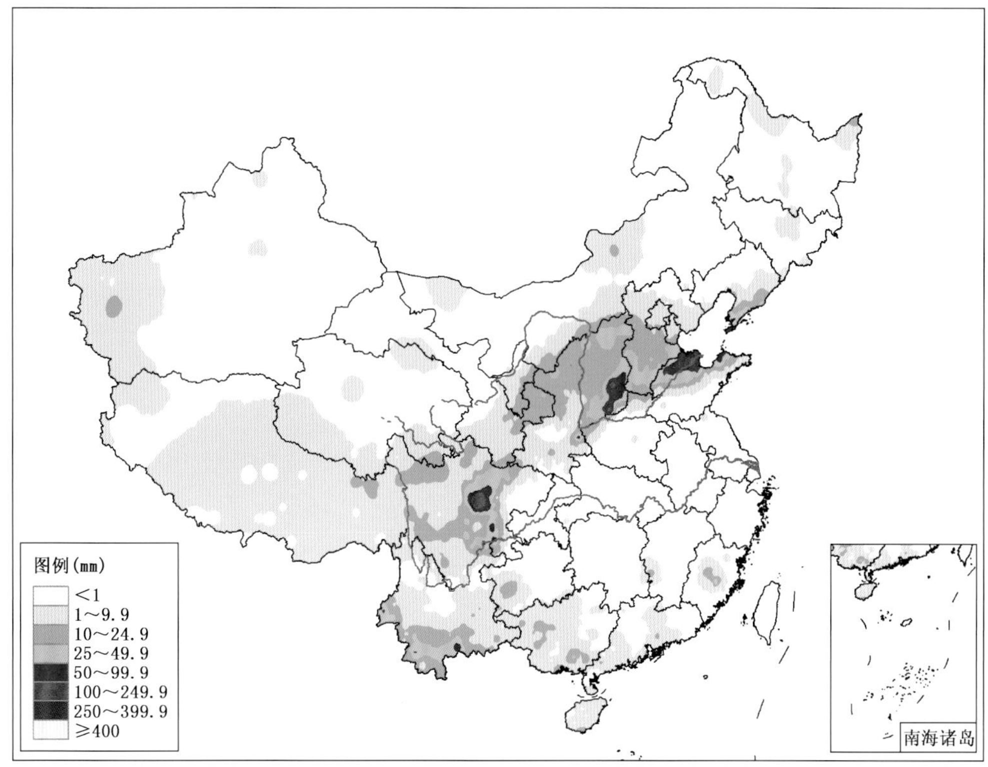

图 3.5.13 2013 年 7 月 10 日全国降水量分布图(单位:mm)

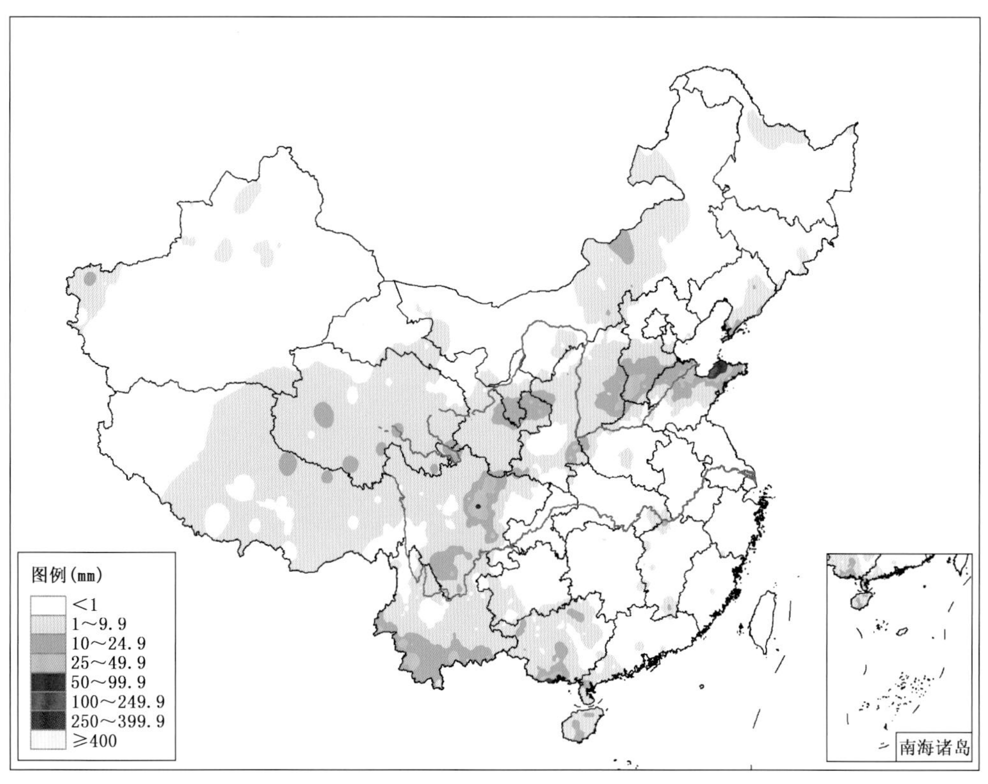

图 3.5.14 2013 年 7 月 11 日全国降水量分布图(单位:mm)

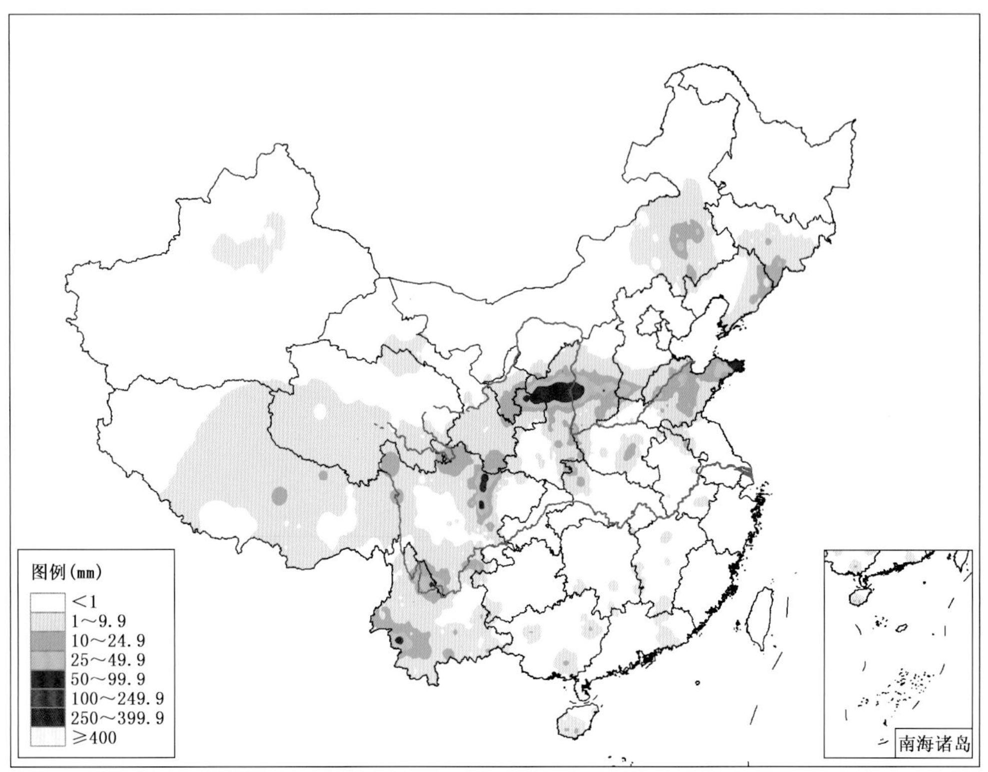

图 3.5.15　2013 年 7 月 12 日全国降水量分布图(单位:mm)

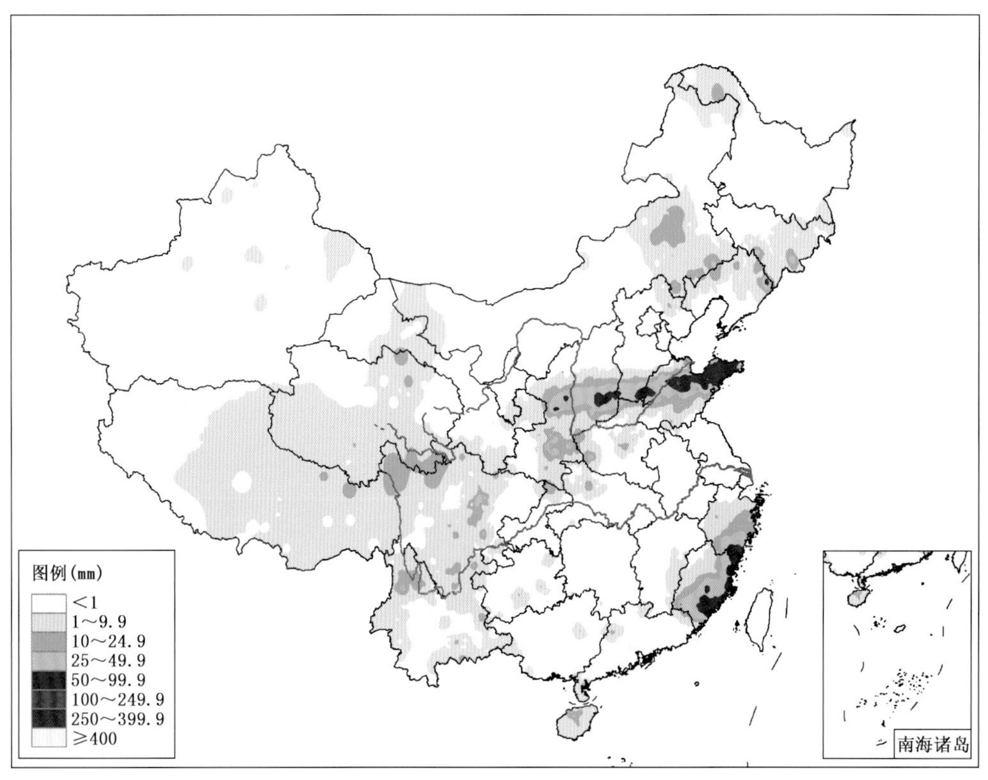

图 3.5.16　2013 年 7 月 13 日全国降水量分布图(单位:mm)

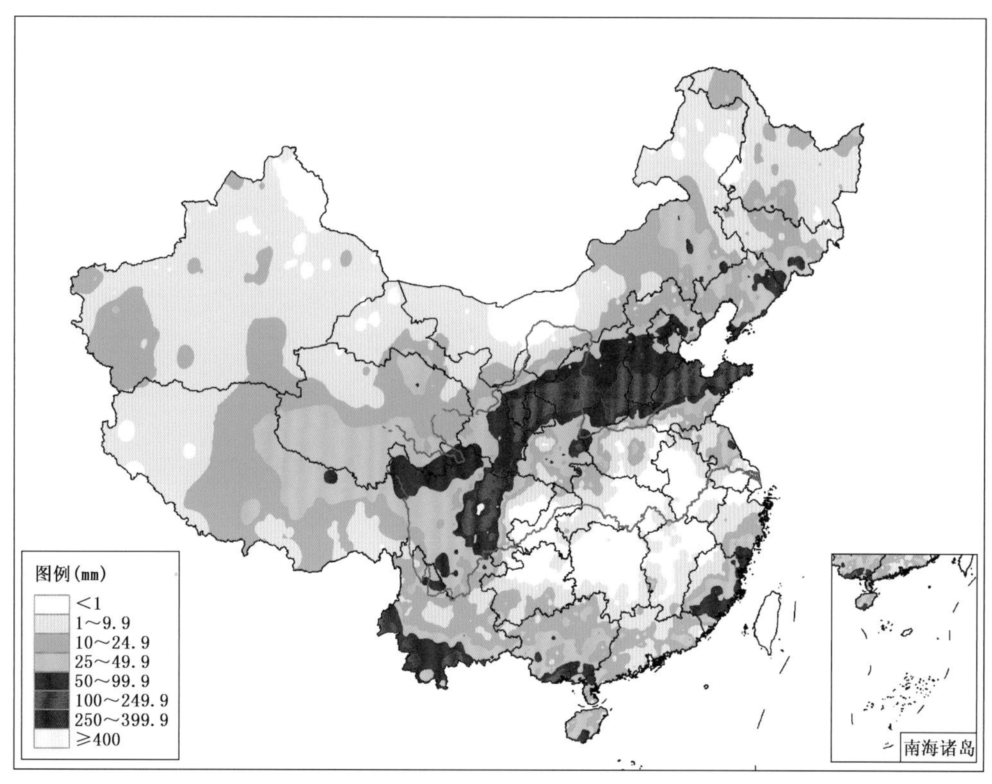

图3.5.17　2013年7月8—13日全国总降水量分布图(单位:mm)

第22次主要暴雨过程(No.22):7月13—17日

7月13日,1307号超强台风“苏力”(Soulik)在强度减弱为强台风后不断向西北方向移动,并于13日03时前后在台湾新北市与宜兰县交界处登陆,当日早晨进入台湾海峡,减弱为台风,并于当日16时前后在福建省连江县登陆,登陆后向西北方向移动,夜间强度减弱为强热带风暴,受其影响,浙江、福建出现强降水过程,暴雨主要出现在福建沿海和浙江南部沿海,福建沿海局部出现大暴雨;14日凌晨,“苏力”减弱为热带风暴,之后进入江西境内,当日早晨减弱为热带低压,夜间在江西境内消失,受其影响,雨区向西扩展,暴雨主要出现在福建大部、江西中部和广东东部的部分地区,多站出现大暴雨;15日,受“苏力”减弱后残留气旋环流、切变线及中低层西南暖湿气流的共同影响,江西中北部、广东部分地区出现暴雨,局部出现大暴雨,其中广东茂名出现了282.5 mm的特大暴雨;16—17日,受“苏力”减弱后残留气旋环流、切变线及中低层西南暖湿气流的共同影响,华南三省和福建仍有局部暴雨出现(图3.5.18—图3.5.23)。

第23次主要暴雨过程(No.23):7月15—16日

7月15日,500 hPa河套地区有西风槽东移,中低层该地区有切变线随之东移,受其影响,西北地区东部、华北地区、东北地区南部及内蒙古东部地区出现大范围降水,暴雨主要出现在华北中北部及内蒙古部分地区;16日,500 hPa西风槽及中低层切变线从华北快速东移至东北地区,切变南侧偏南暖湿气流明显加强,受其影响,雨区整体东移,华北东部、黄淮地区、东北地区及内蒙古东部地区出现大范围降水,暴雨分布范围较广,主要出现在东北地区中部和南部,辽宁局部地区出现大暴雨(图3.5.24—图3.5.26)。

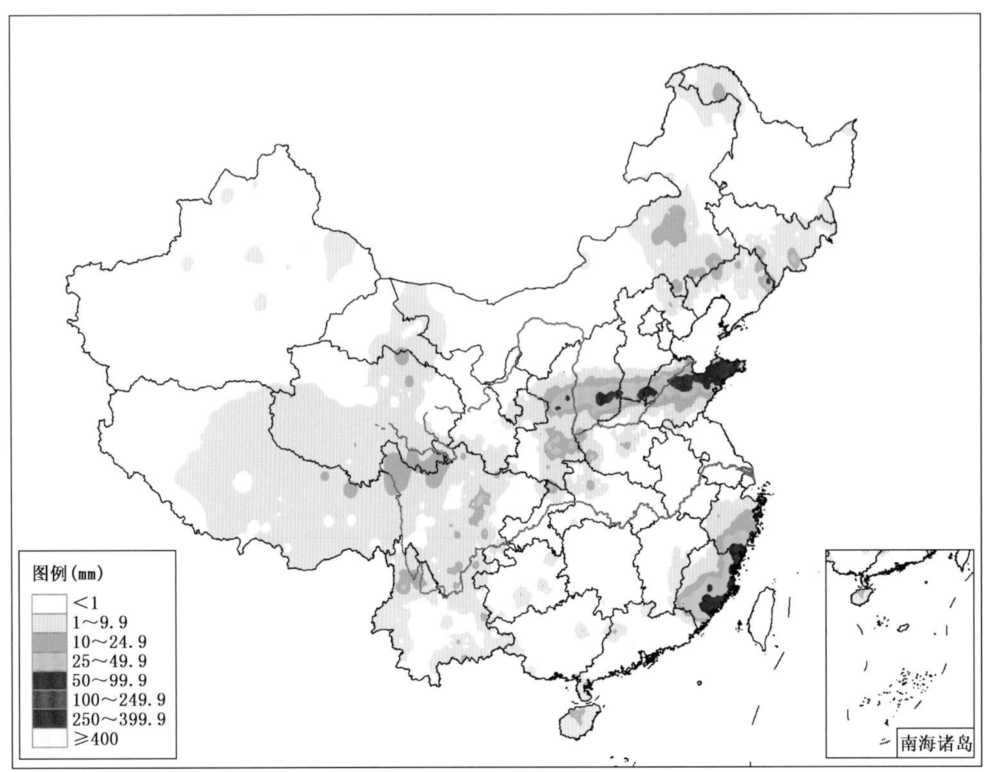

图 3.5.18　2013 年 7 月 13 日全国降水量分布图(单位:mm)

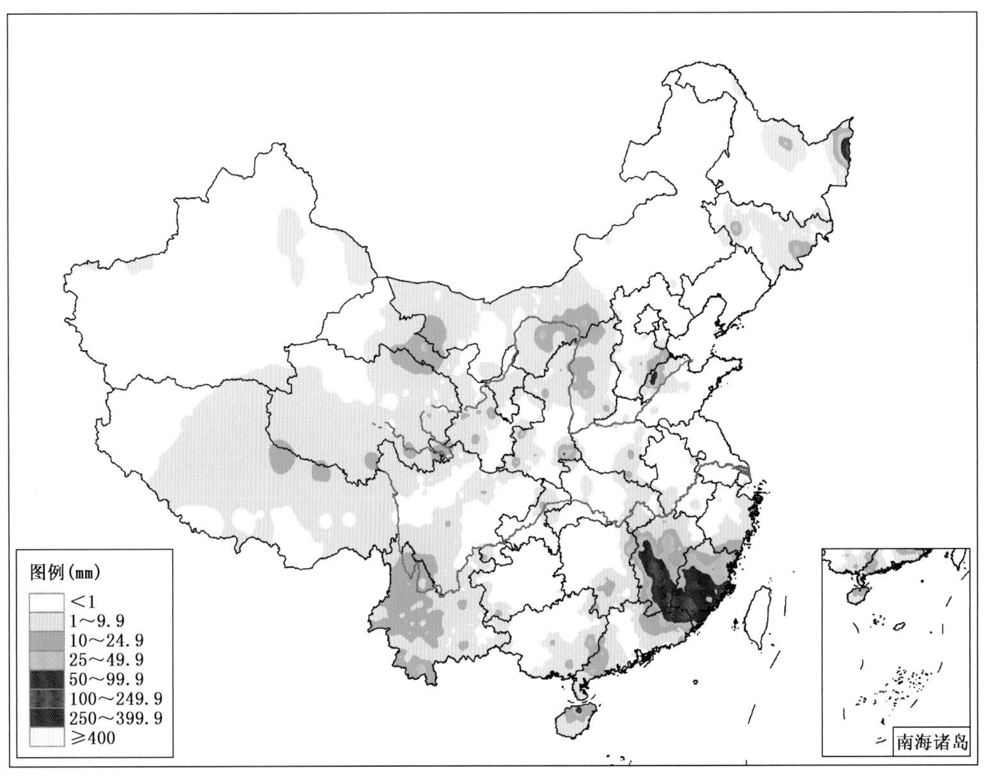

图 3.5.19　2013 年 7 月 14 日全国降水量分布图(单位:mm)

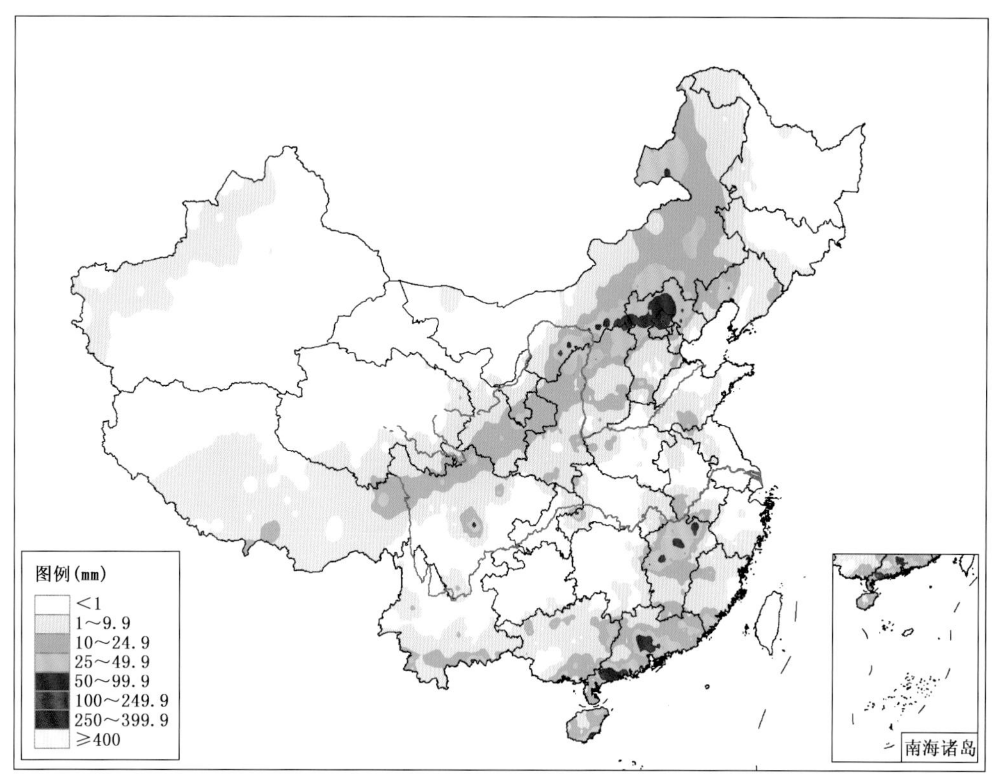

图 3.5.20　2013 年 7 月 15 日全国降水量分布图(单位:mm)

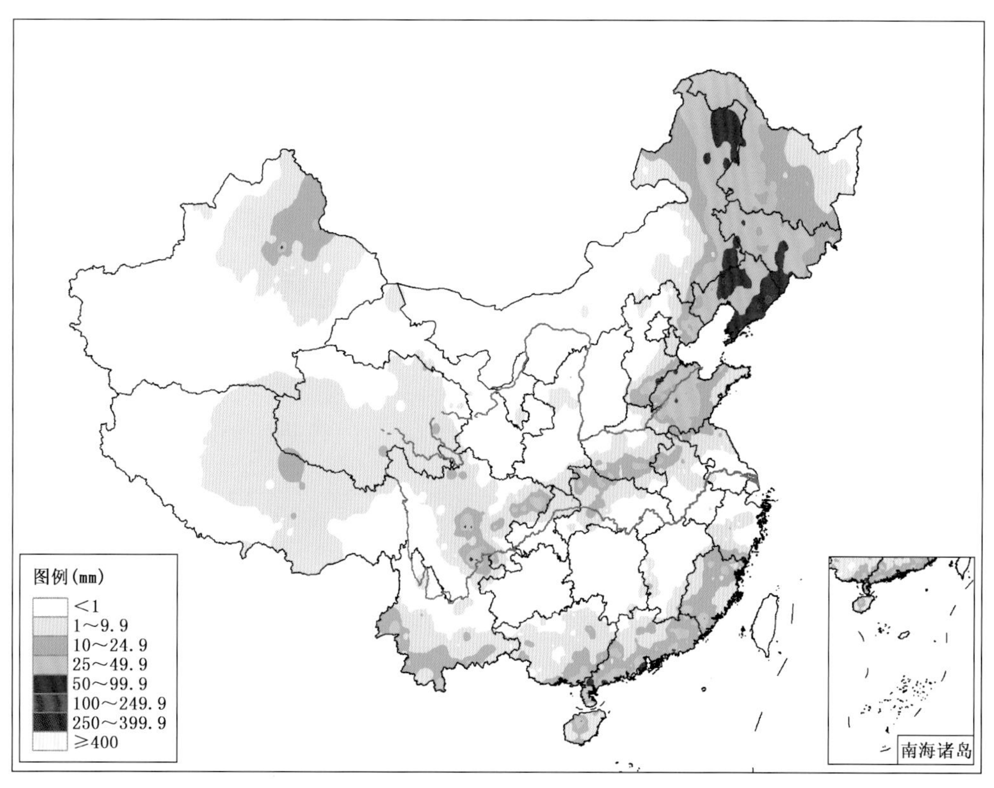

图 3.5.21　2013 年 7 月 16 日全国降水量分布图(单位:mm)

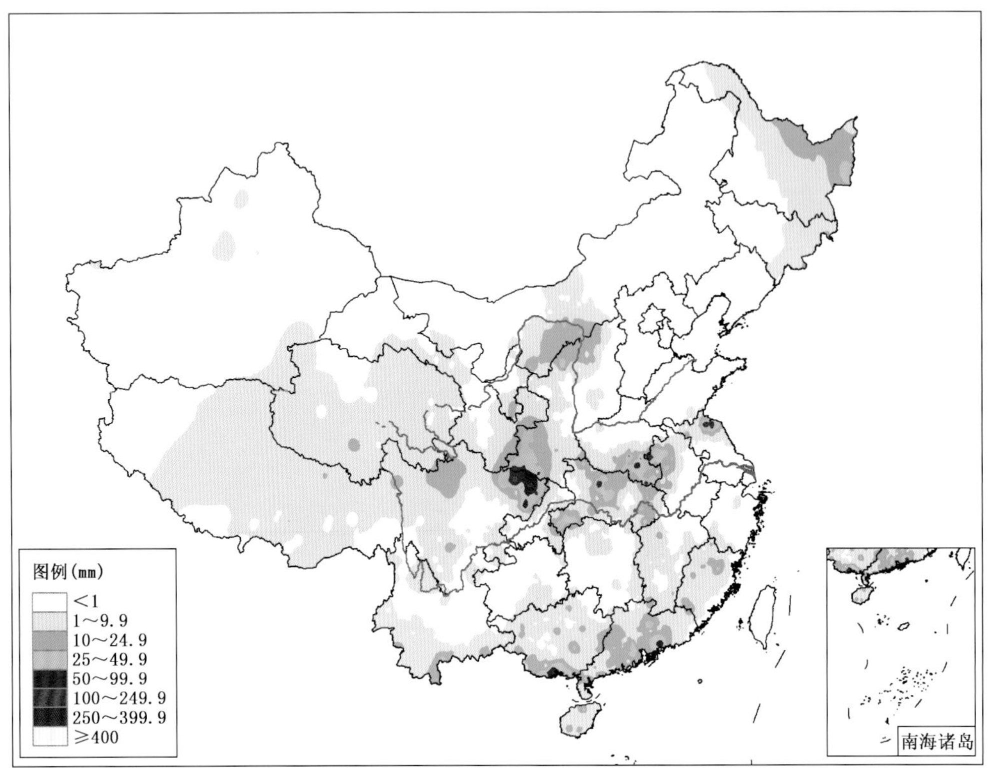

图 3.5.22 2013 年 7 月 17 日全国降水量分布图(单位:mm)

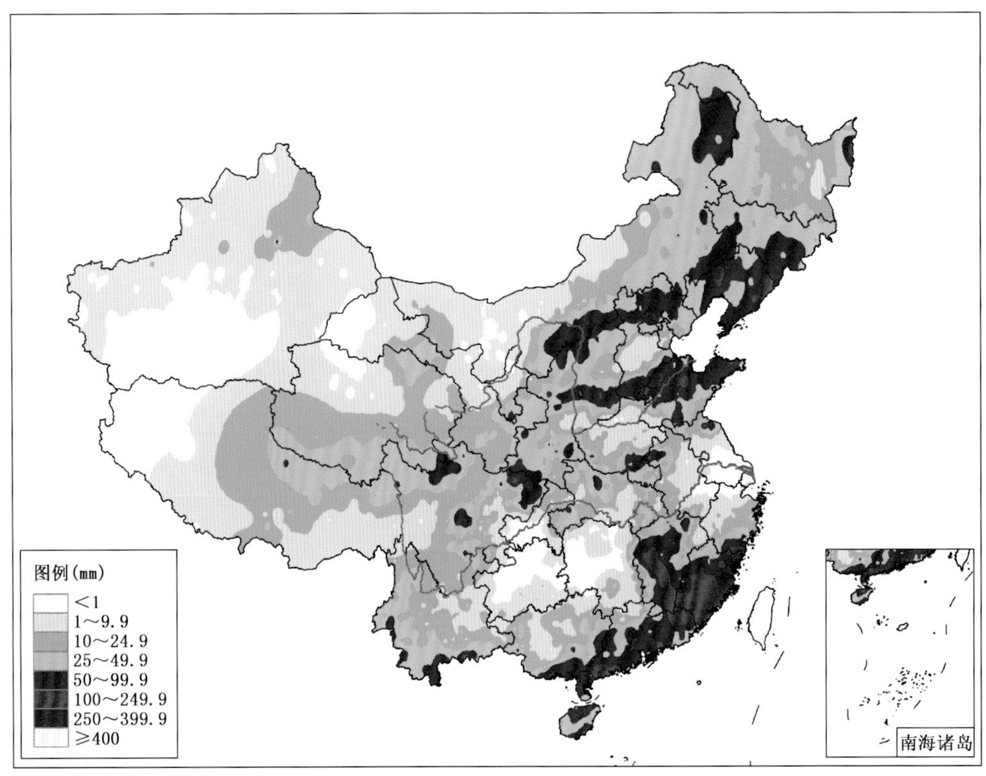

图 3.5.23 2013 年 7 月 13—17 日全国总降水量分布图(单位:mm)

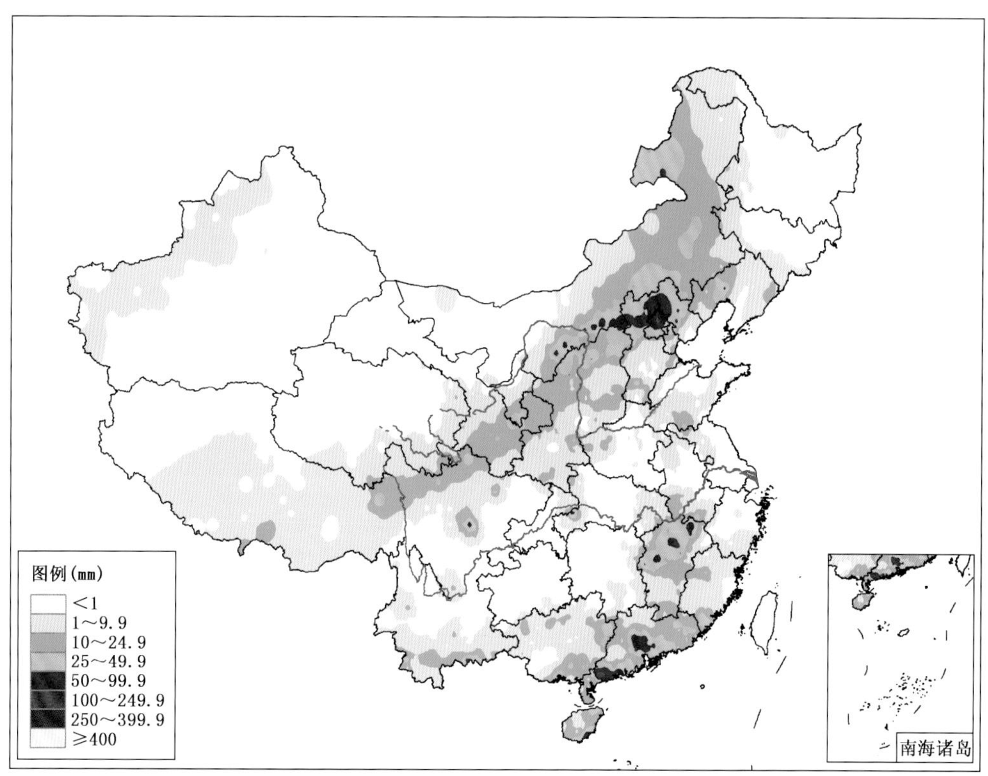

图 3.5.24 2013 年 7 月 15 日全国降水量分布图(单位:mm)

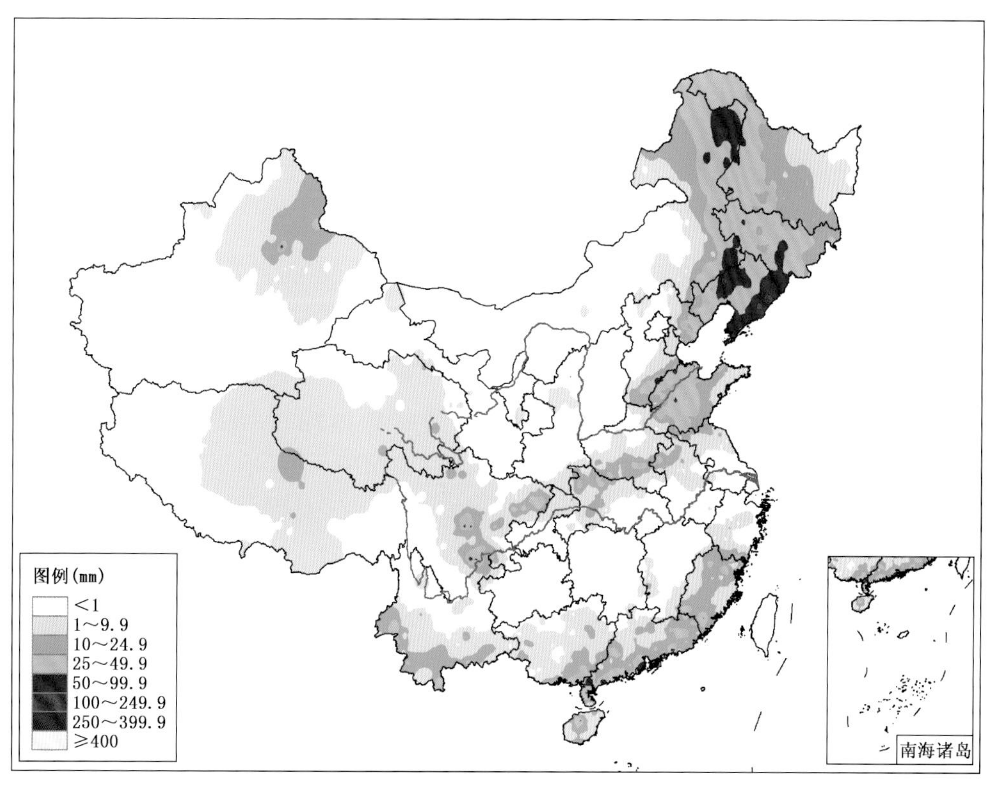

图 3.5.25 2013 年 7 月 16 日全国降水量分布图(单位:mm)

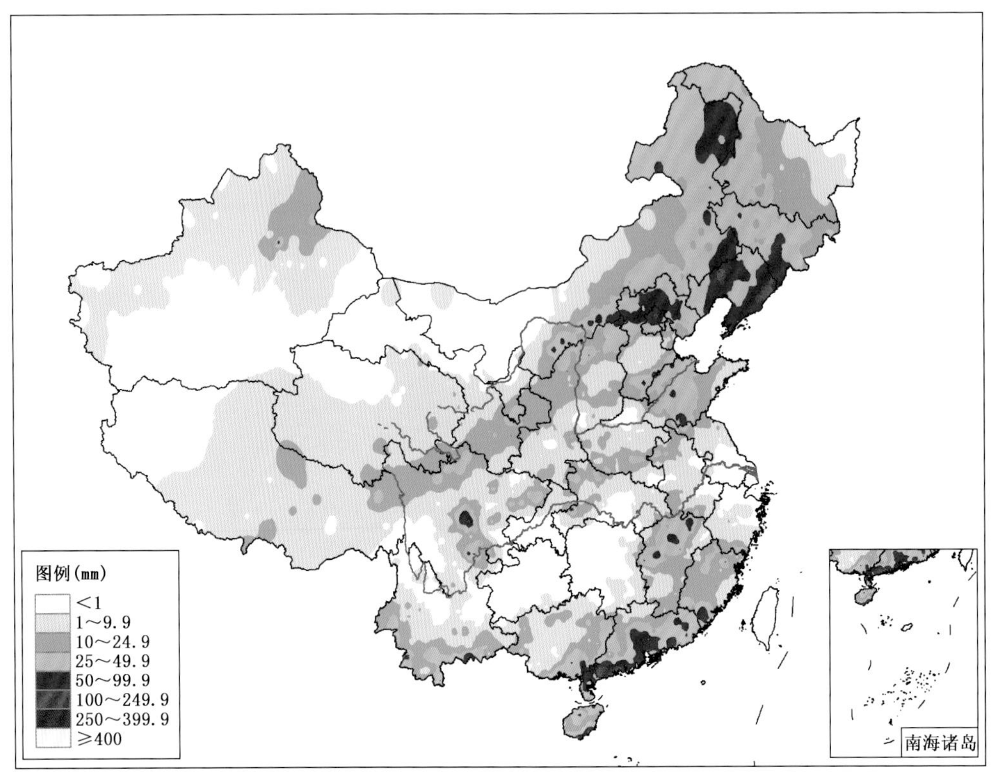

图 3.5.26　2013 年 7 月 15—16 日全国总降水量分布图(单位:mm)

第 24 次主要暴雨过程(No. 24):7 月 16—21 日

7 月 16 日,500 hPa 青藏高原东侧有低值扰动出现,中低层四川盆地有西南低涡生成,受其影响,四川盆地局部出现暴雨;17 日,500 hPa 高原东侧低值扰动东移缓慢、强度加强,中低层西南低涡向东北方向移动,受其影响,川陕交界处出现暴雨、局部大暴雨;18 日,500 hPa 高原东侧低值槽快速东移至华北上空,同时云南上空也有短波槽出现,中低层在前述西南低涡向东北方向移动至山西上空时,四川盆地上空又有新的西南低涡生成,受其影响,从四川盆地至华北中南部、黄河流域出现大范围暴雨带,四川盆地多站出现大暴雨;19 日,受 500 hPa 副高阻挡,华北低槽东移北收,而云南上空短波槽东移缓慢,中低层低涡切变缓慢东移南压,受其影响,雨带整体缓慢东移南压,暴雨区从云南经四川盆地、黄淮流域一直伸展到东北中南部,雨带中局部出现大暴雨;20 日,500 hPa 河套地区又有短波槽东移,中低层从四川盆地到东北地区低涡、切变活动频繁,受其影响,雨带整体东移南压,暴雨区从四川盆地东北部经黄淮流域至东北地区,局部有大暴雨;21 日,500 hPa 短波槽东移南压至华中地区,中低层低涡、切变继续东移南压,受其影响,雨带继续东移南压,暴雨主要出现在长江中游地区,黄淮、江淮、江南局部地区也出现暴雨(图 3.5.27—图 3.5.33)。

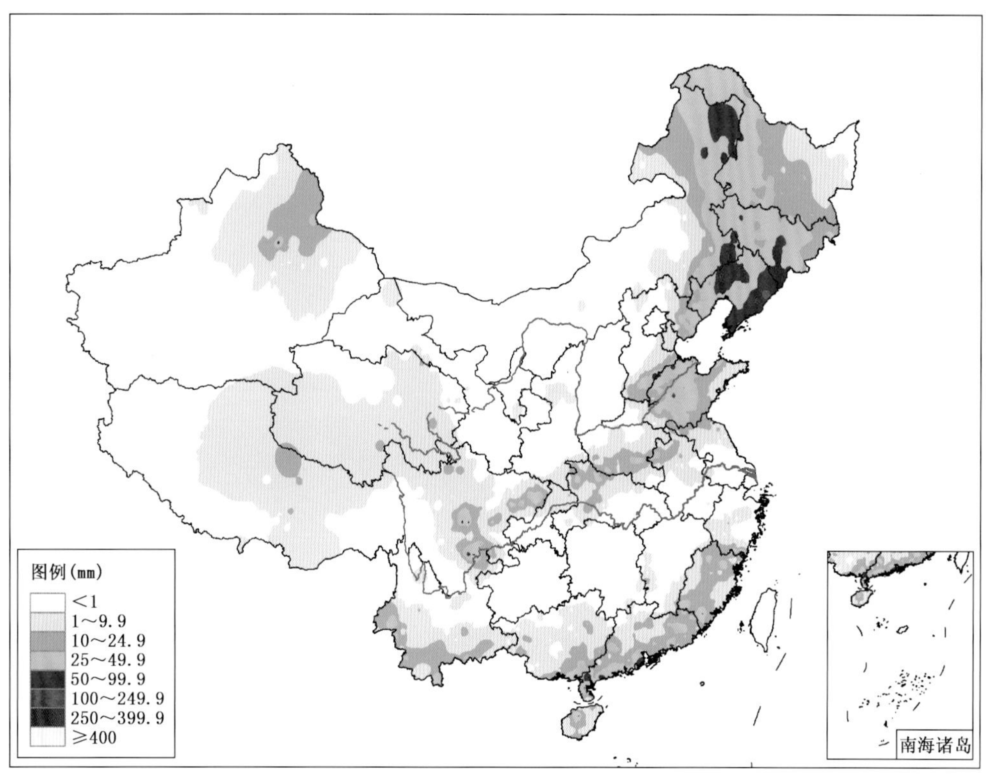

图 3.5.27 2013 年 7 月 16 日全国降水量分布图(单位:mm)

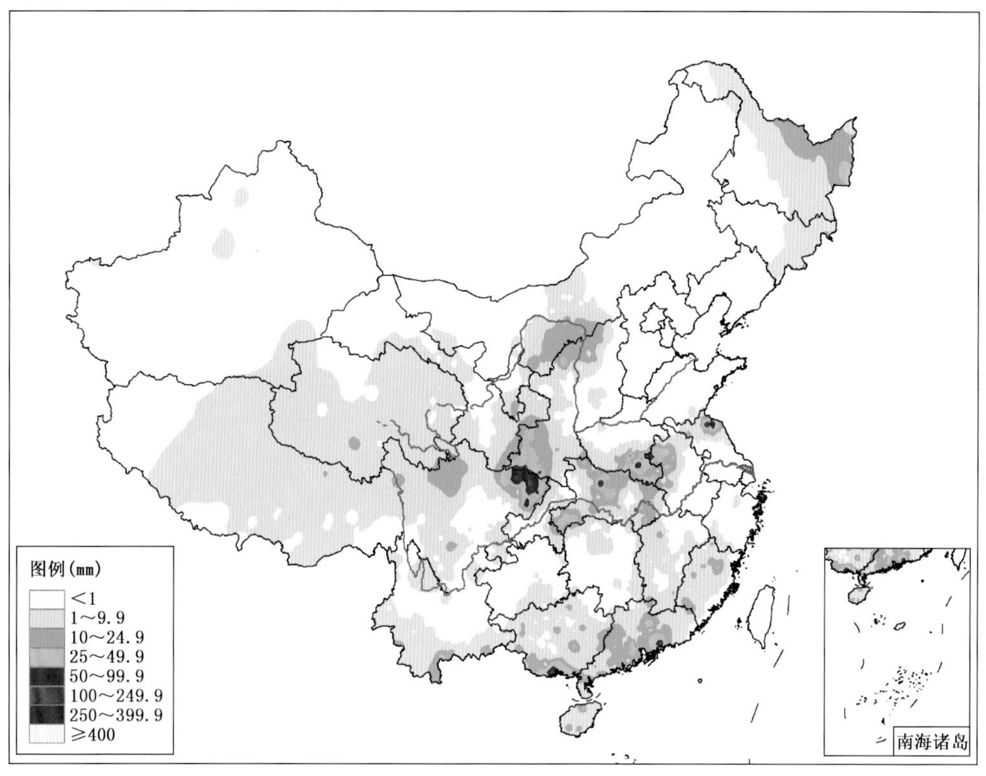

图 3.5.28 2013 年 7 月 17 日全国降水量分布图(单位:mm)

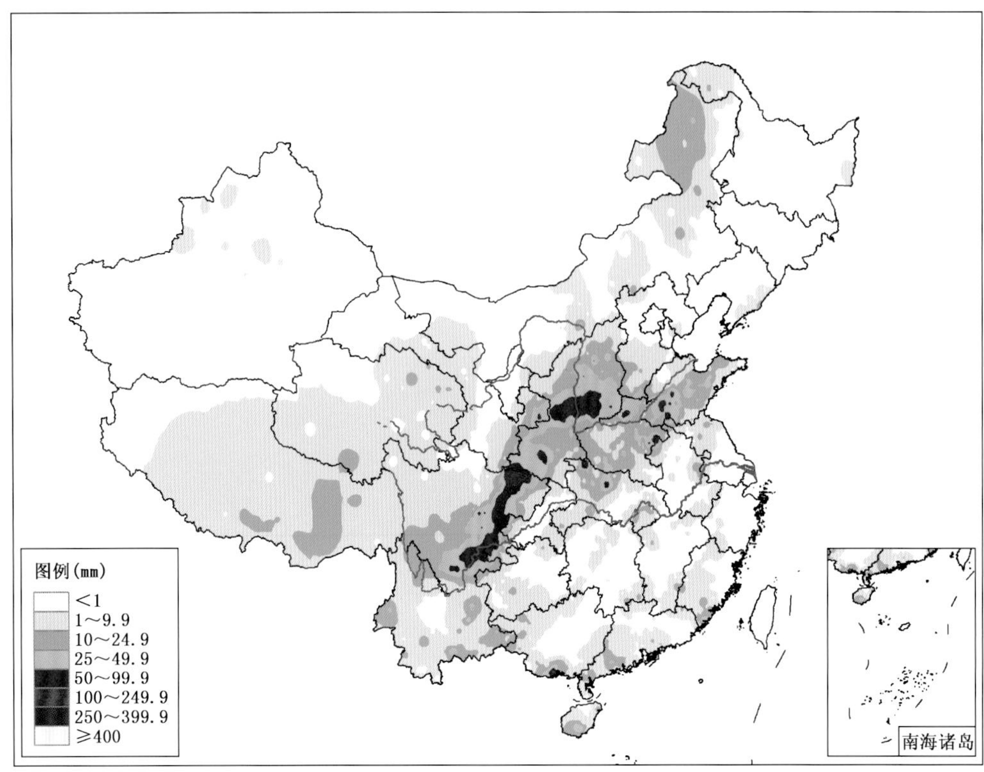

图 3.5.29　2013 年 7 月 18 日全国降水量分布图(单位:mm)

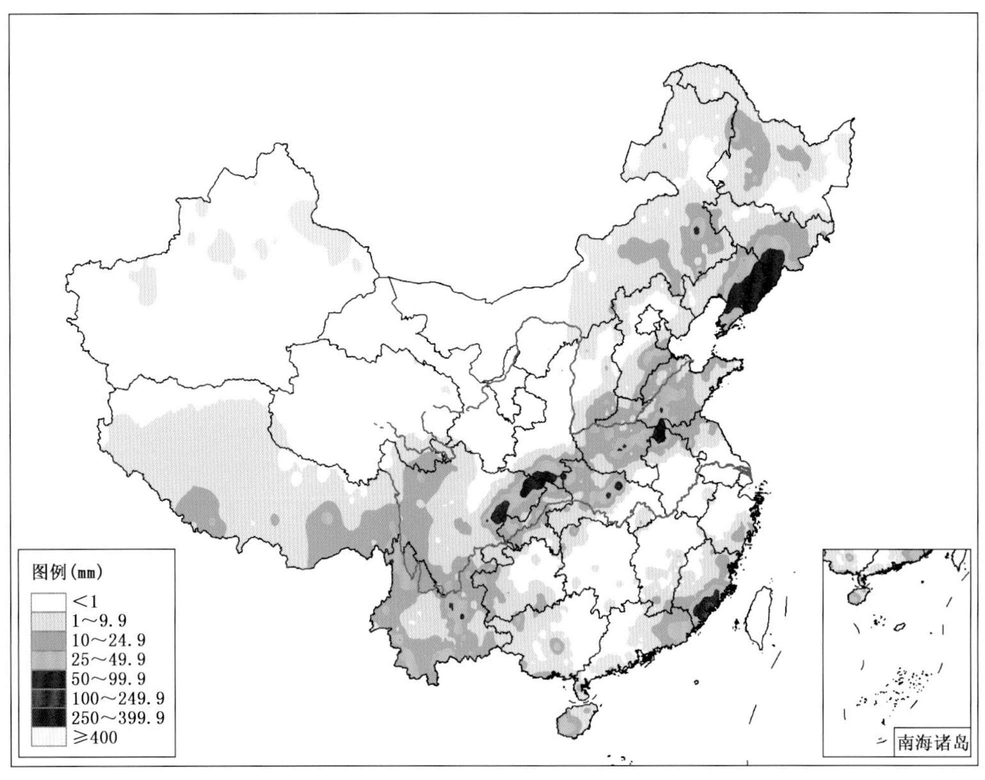

图 3.5.30　2013 年 7 月 19 日全国降水量分布图(单位:mm)

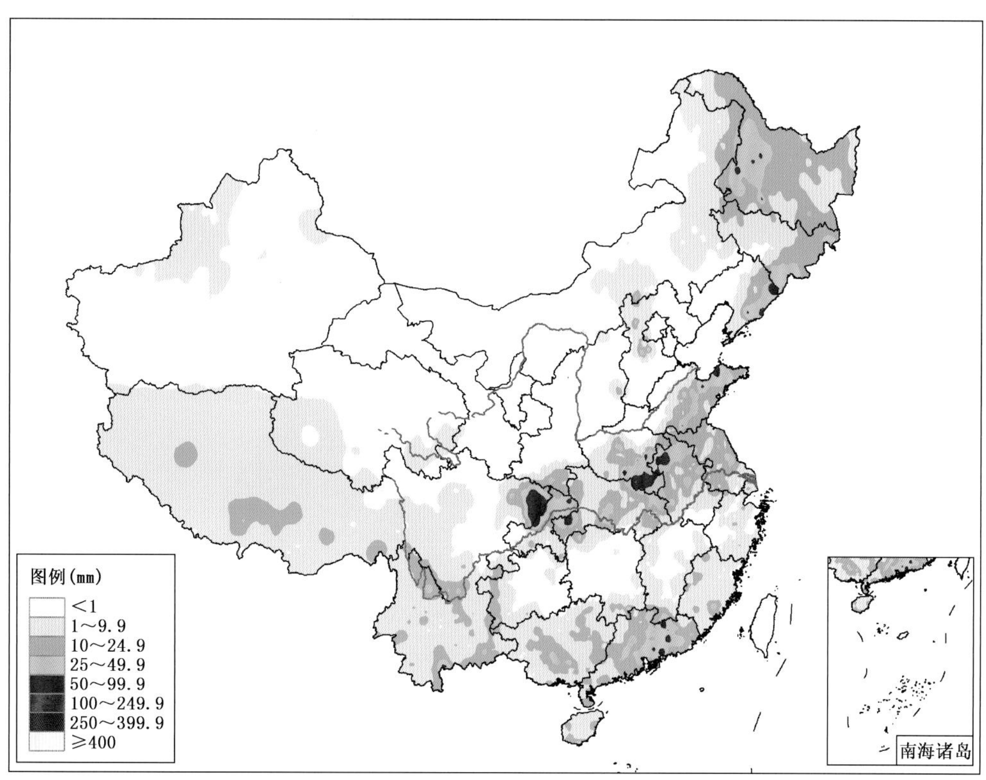

图3.5.31 2013年7月20日全国降水量分布图(单位:mm)

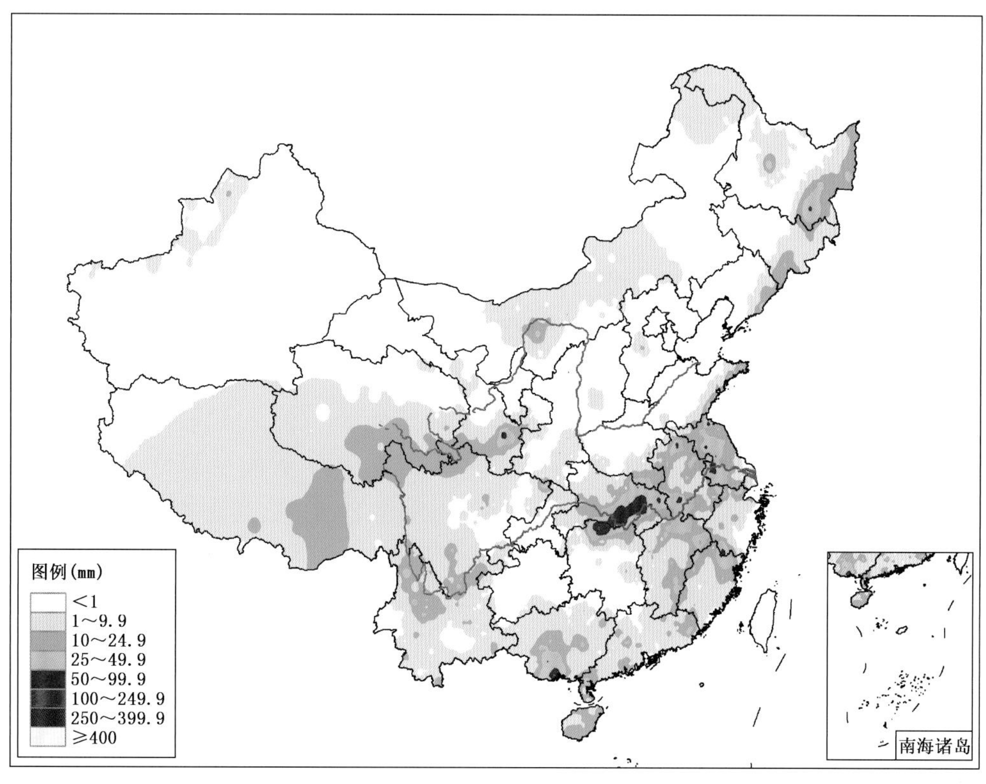

图3.5.32 2013年7月21日全国降水量分布图(单位:mm)

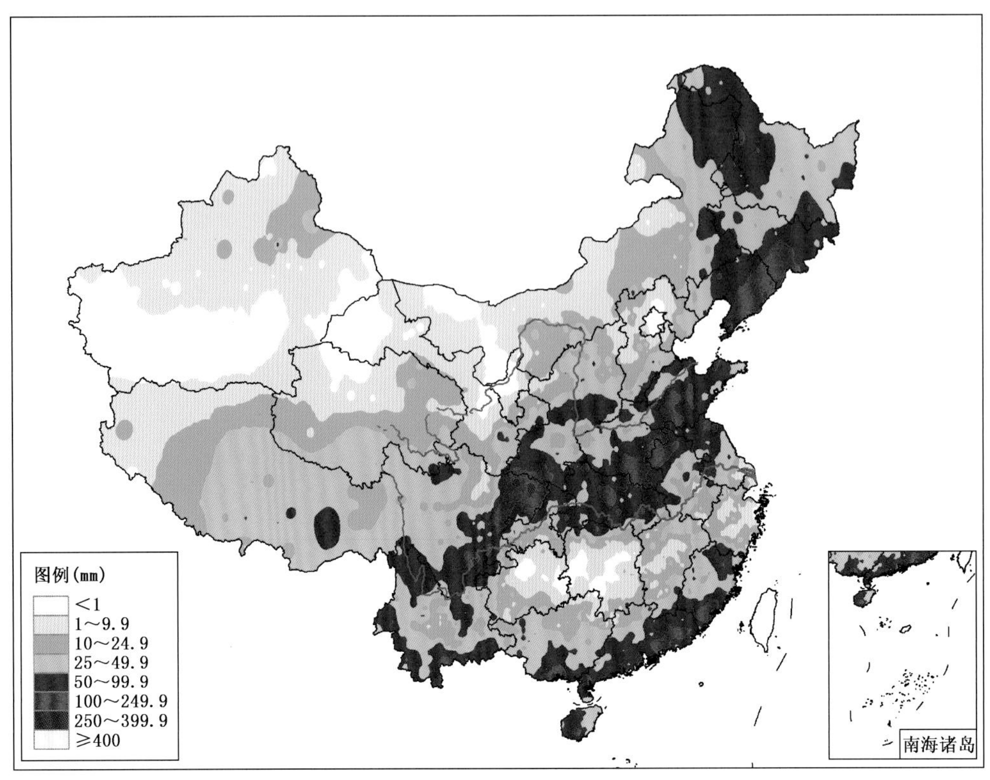

图 3.5.33　2013 年 7 月 16—21 日全国总降水量分布图(单位:mm)

第 25 次主要暴雨过程(No. 25):7 月 22—24 日

7 月 22 日,500 hPa 河套地区至高原东侧有西风槽发展东移,中低层四川盆地有西南低涡生成并向东北方向移动,受其影响,从盆地西北部到山西西部出现一条明显的东北—西南向的暴雨带,陕北高原至陇东多站出现大暴雨;23 日,500 hPa 西风槽东移至华北地区,中低层低涡切变继续向东北方向移动,受其影响,雨带整体东移,强降水主要出现在华北南部到黄淮流域,川东北、辽宁东部局部也出现暴雨;24 日,500 hPa 西风槽东移北收,东北地区有冷涡形成,中低层低涡切变继续向东北方向移动至东北地区,受其影响,雨带向东北方向移动,暴雨仅出现在吉林、黑龙江局部地区(图 3.5.34—图 3.5.37)。

第 26 次主要暴雨过程(No. 26):7 月 24—28 日

7 月 24 日,我国北部湾地区有一个弱的热带低压生成并东移至海南上空,受其影响,海南省局部地区出现暴雨;25 日,热带低压北移至粤西南地区,受其影响,该地区局部出现暴雨;26 日,热带低压西移至广西南部地区,强度加强,受其影响,广东沿海、广西部分地区出现暴雨,局部大暴雨;27 日,热带低压继续活动于广西南部及北部湾地区,受其影响,广东西南部、广西南部及海南局部地区出现暴雨,多站出现大暴雨;28 日,热带低压西移进入越南境内,受其影响,广东、广西及海南三省(区)的部分地区出现暴雨,局部出现大暴雨(图 3.5.38—图 3.5.43)。

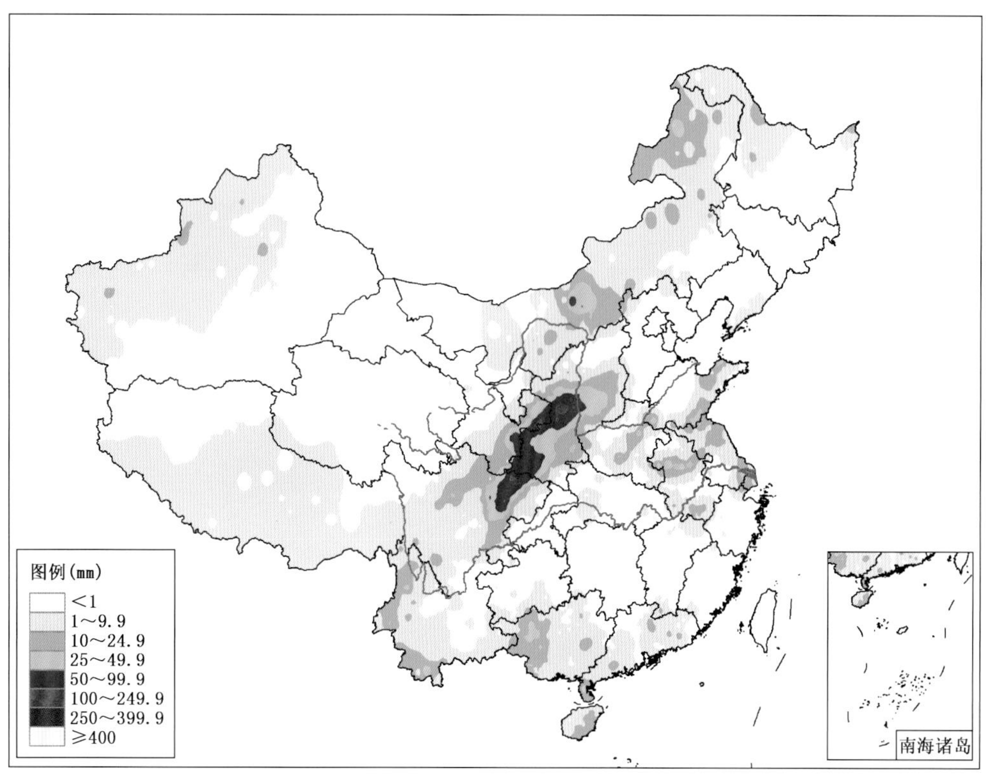

图 3.5.34　2013 年 7 月 22 日全国降水量分布图(单位:mm)

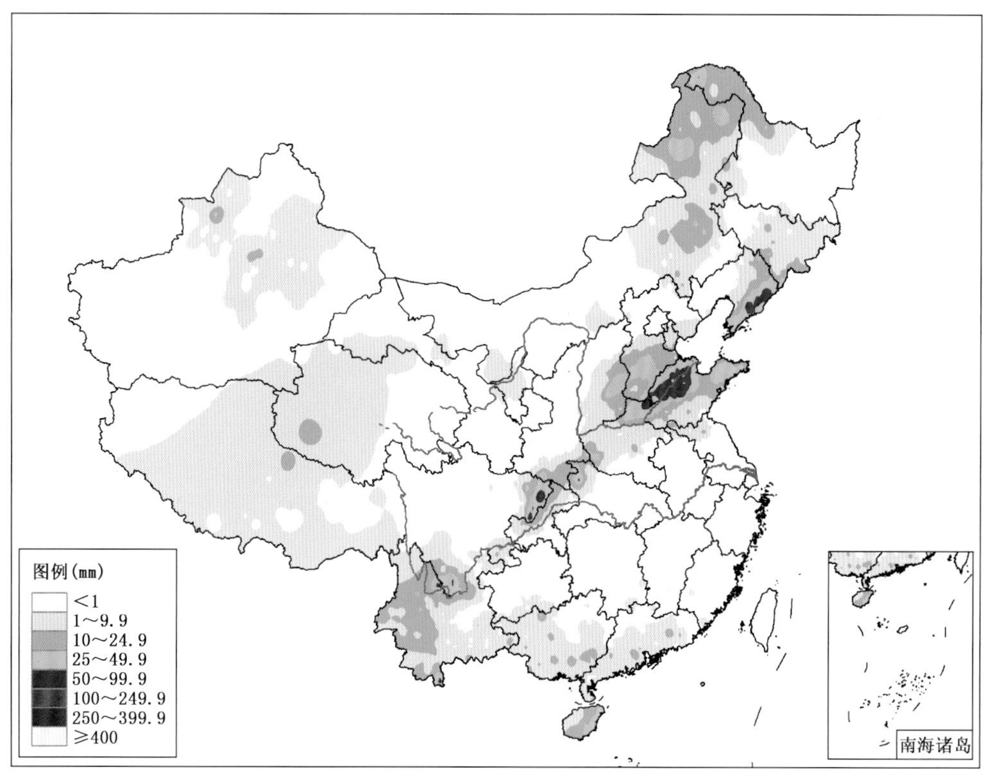

图 3.5.35　2013 年 7 月 23 日全国降水量分布图(单位:mm)

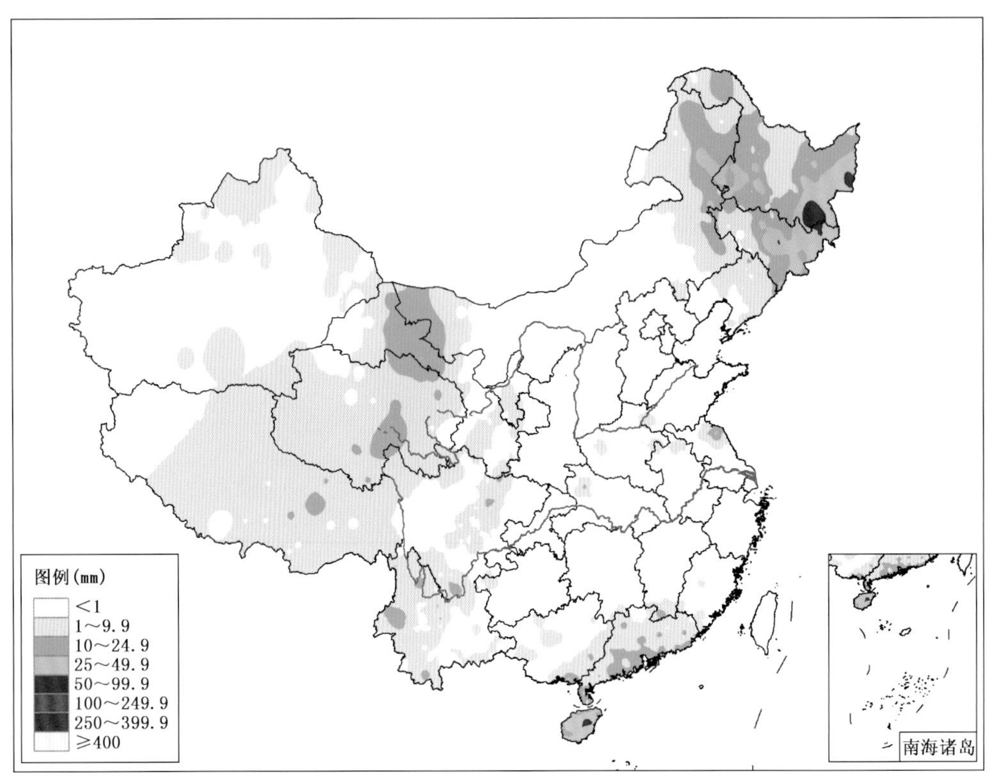

图 3.5.36　2013 年 7 月 24 日全国降水量分布图(单位:mm)

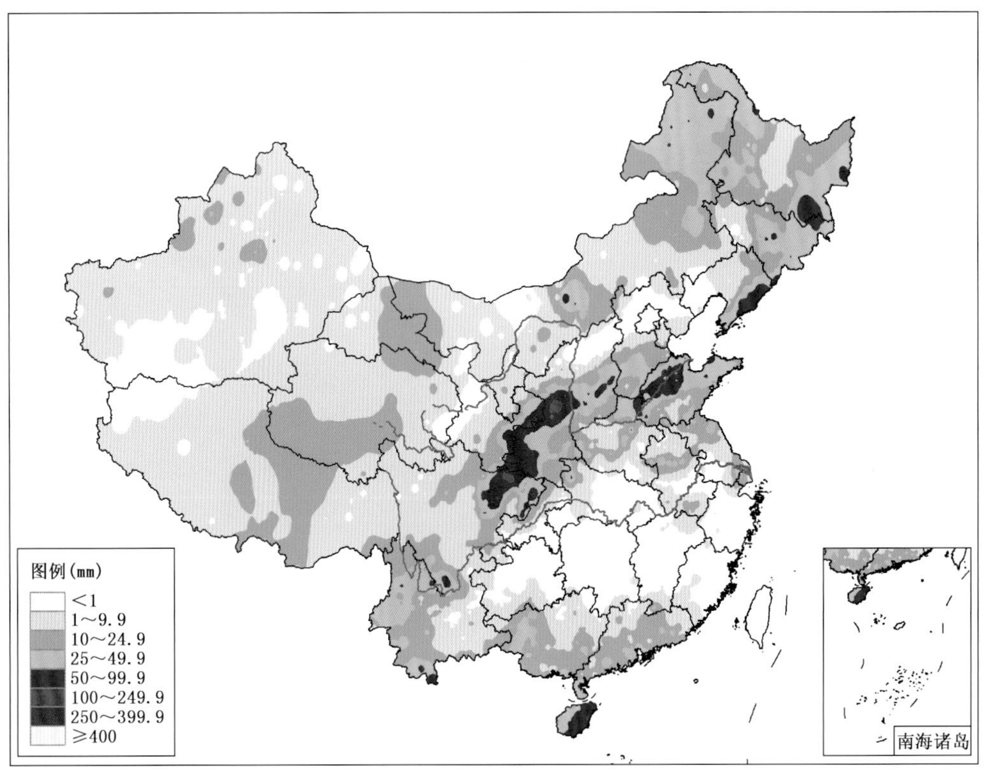

图 3.5.37　2013 年 7 月 22—24 日全国总降水量分布图(单位:mm)

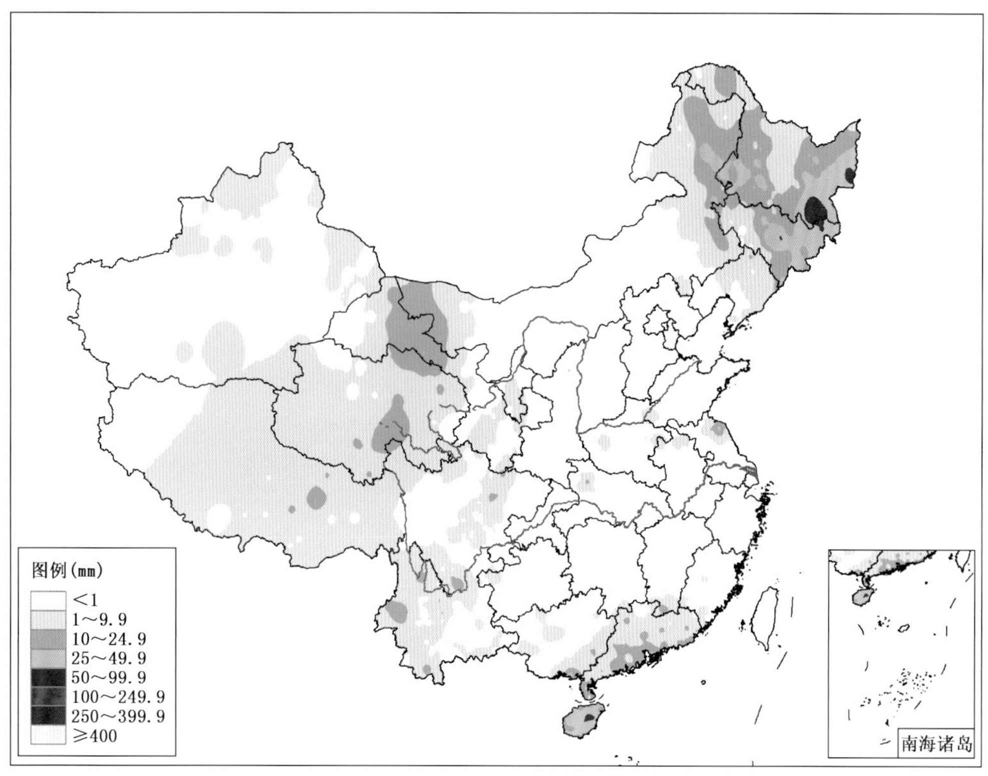

图 3.5.38　2013 年 7 月 24 日全国降水量分布图(单位:mm)

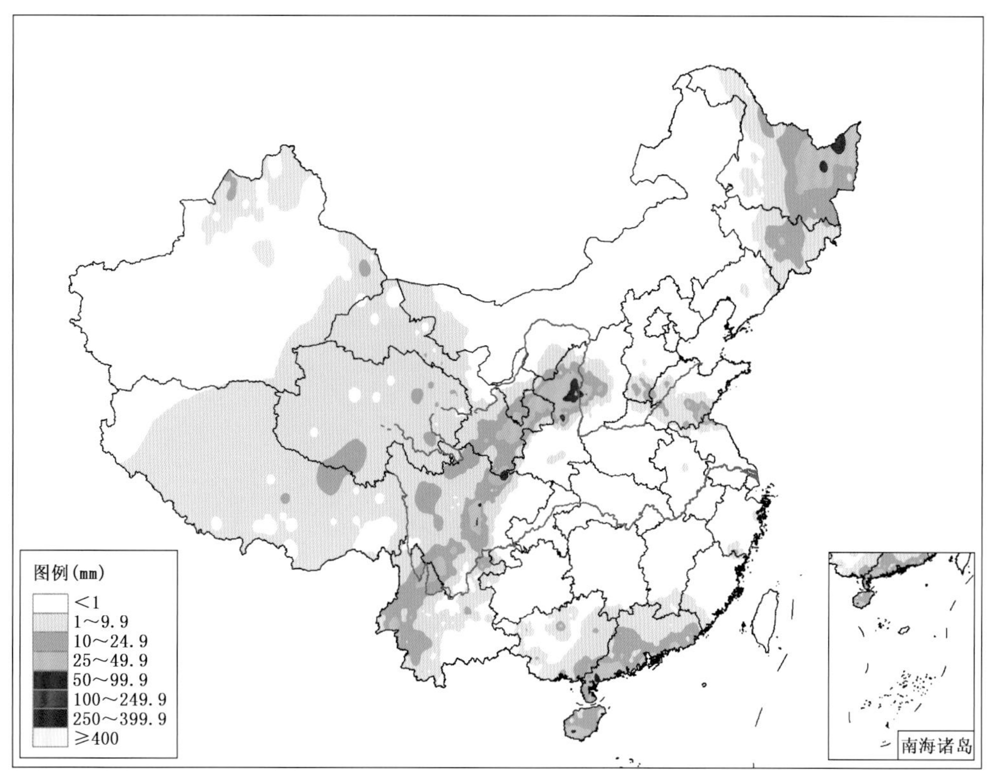

图 3.5.39　2013 年 7 月 25 日全国降水量分布图(单位:mm)

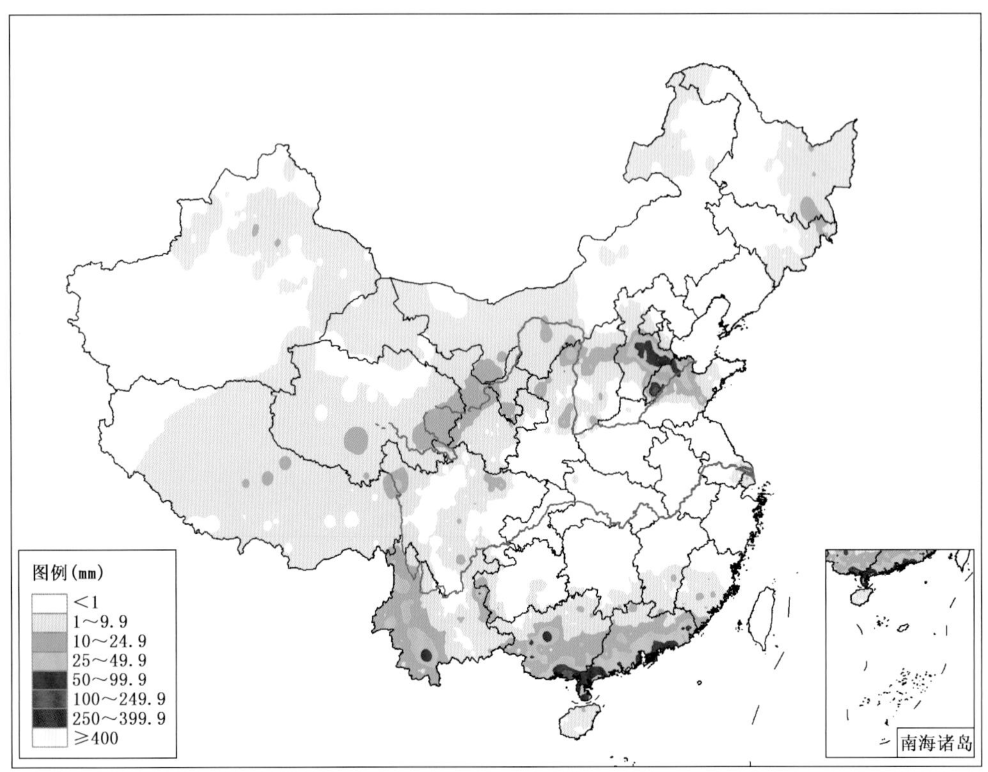

图 3.5.40　2013 年 7 月 26 日全国降水量分布图(单位:mm)

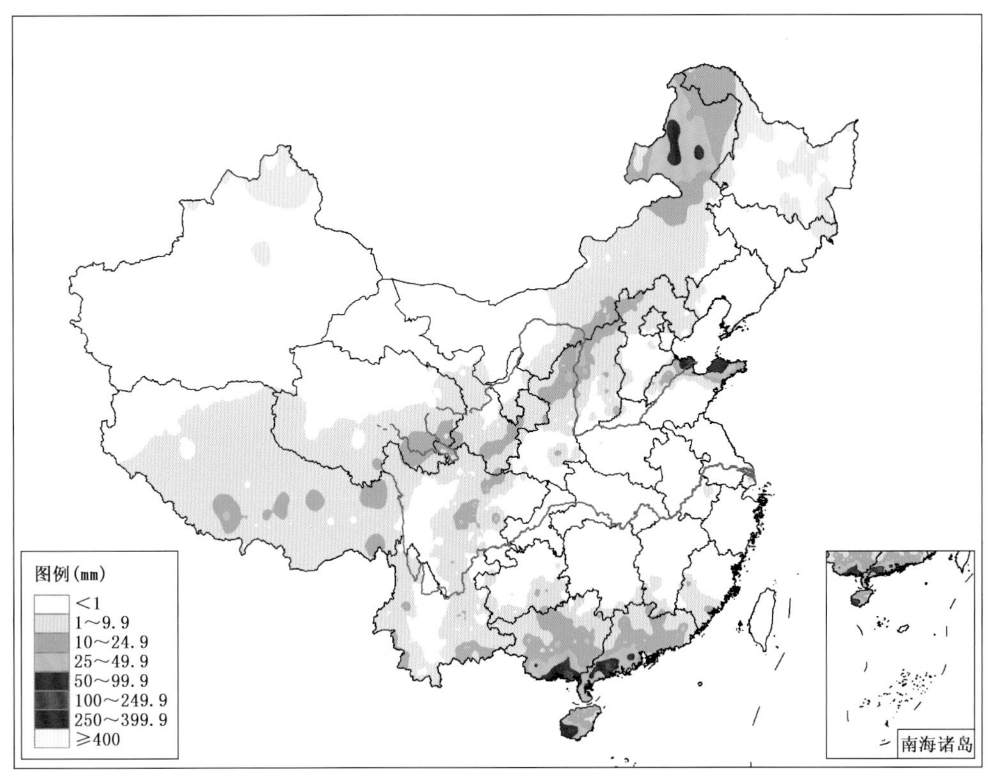

图 3.5.41　2013 年 7 月 27 日全国降水量分布图(单位:mm)

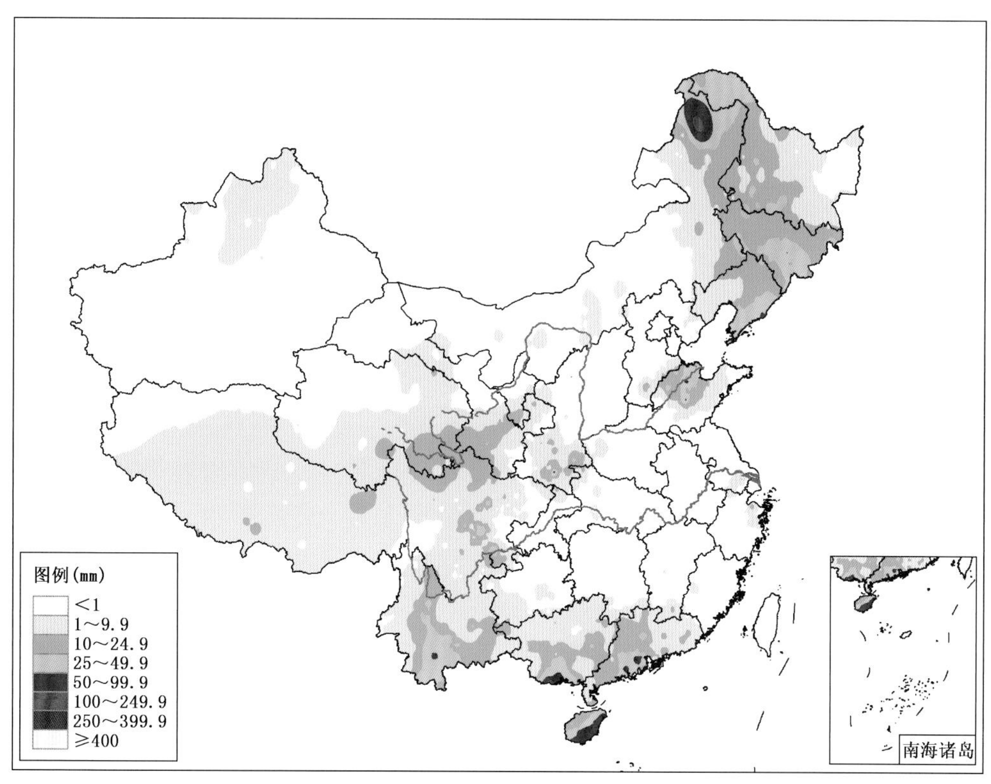

图3.5.42　2013年7月28日全国降水量分布图(单位:mm)

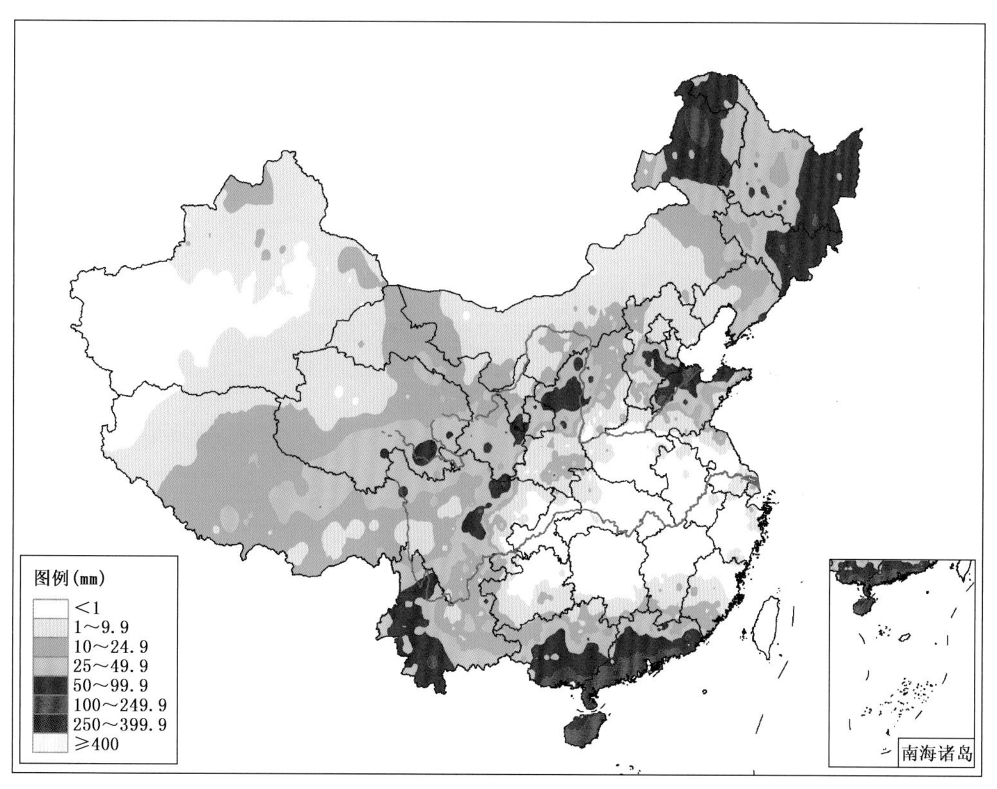

图3.5.43　2013年7月24—28日全国总降水量分布图(单位:mm)

第27次主要暴雨过程(No.27):7月25—28日

7月25日,500 hPa副高加强西伸,河套地区、青藏高原东侧及云贵高原上空有短波槽快速东移北收,中低层河套地区及四川盆地有低涡切变生成,受其影响,西北地区东部、西南地区东部、华北南部、黄淮东部出现较大范围降水,暴雨主要出现在黄河中游及四川盆地西部,局部出现大暴雨;26日,500 hPa副高稳定维持,副高外围继续有短波槽东移北收,中低层继续有低涡切变维持,受其影响,雨带继续维持在西北地区东部、西南地区东部、华北中南部、黄淮东部等地区,暴雨主要出现在河北中东部及山东北部,部分地区出现大暴雨,同时云南南部局部地区也出现暴雨;27日,500 hPa副高继续稳定维持,西北地区有短波槽东移,中低层低涡切变缓慢东移,受其影响,雨带继续维持在西北地区东部、西南地区东部、华北大部、内蒙古中东部及山东北部等地区,暴雨主要出现在山东北部,局部出现大暴雨,同时四川盆地局部、内蒙古东部局部地区也出现暴雨;28日,500 hPa副高稳定维持,短波槽东移至华北及东北地区,中低层低涡切变继续缓慢东移,受其影响,雨带整体东移至山东及东北地区,局部出现暴雨(图3.5.44—图3.5.48)。

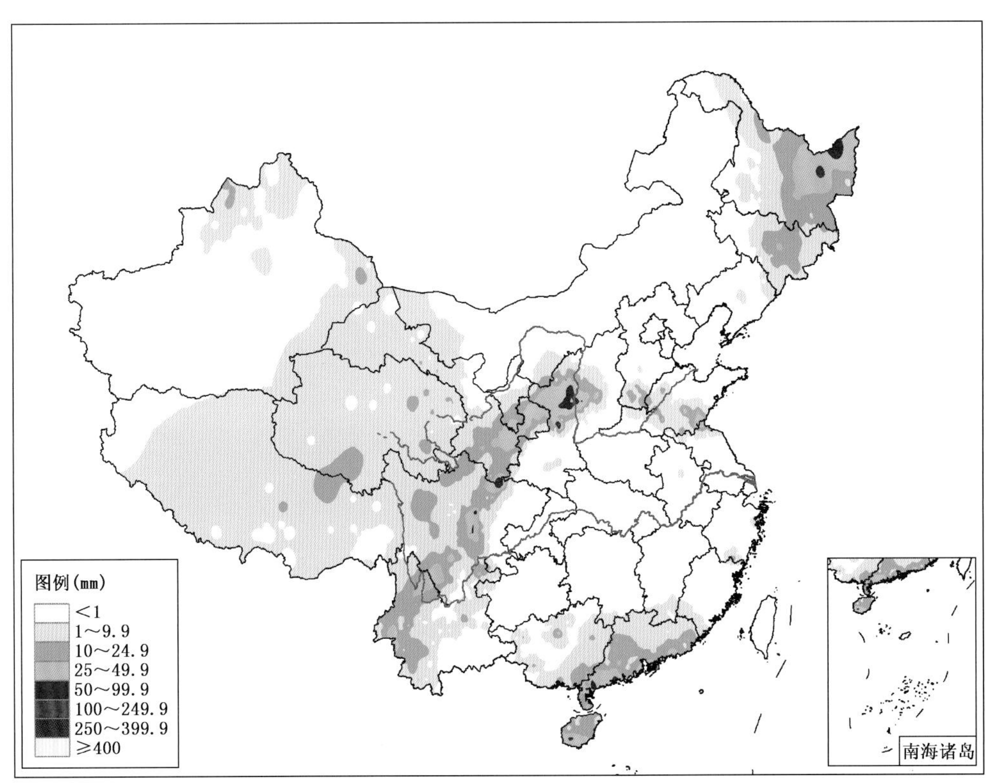

图3.5.44　2013年7月25日全国降水量分布图(单位:mm)

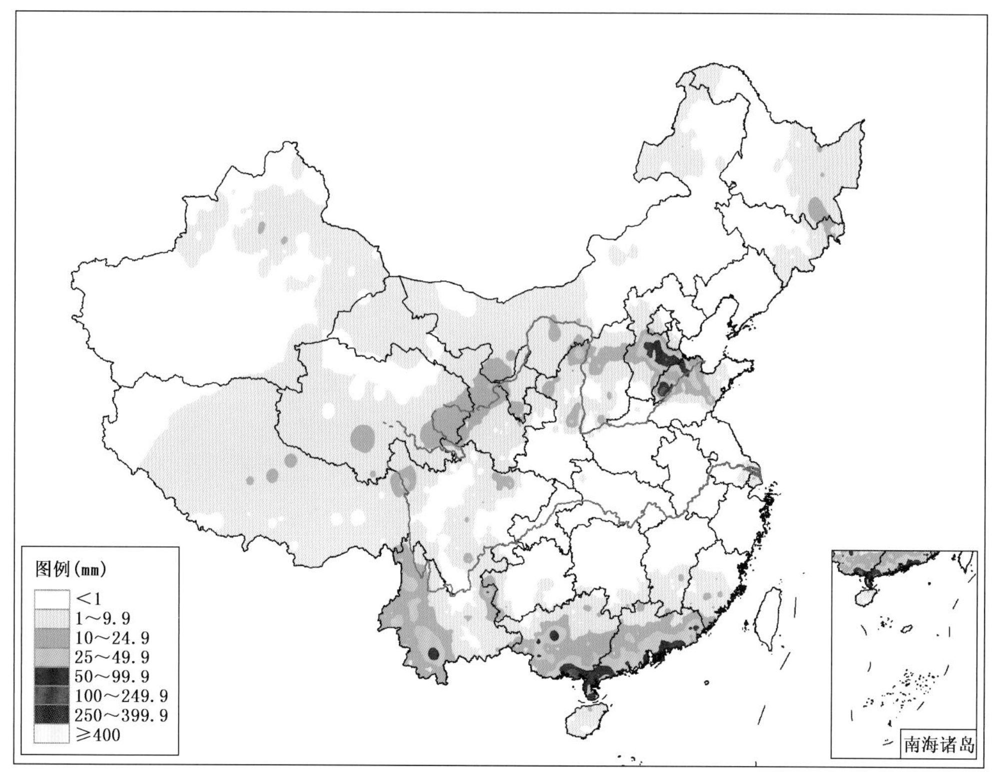

图 3.5.45　2013 年 7 月 26 日全国降水量分布图(单位:mm)

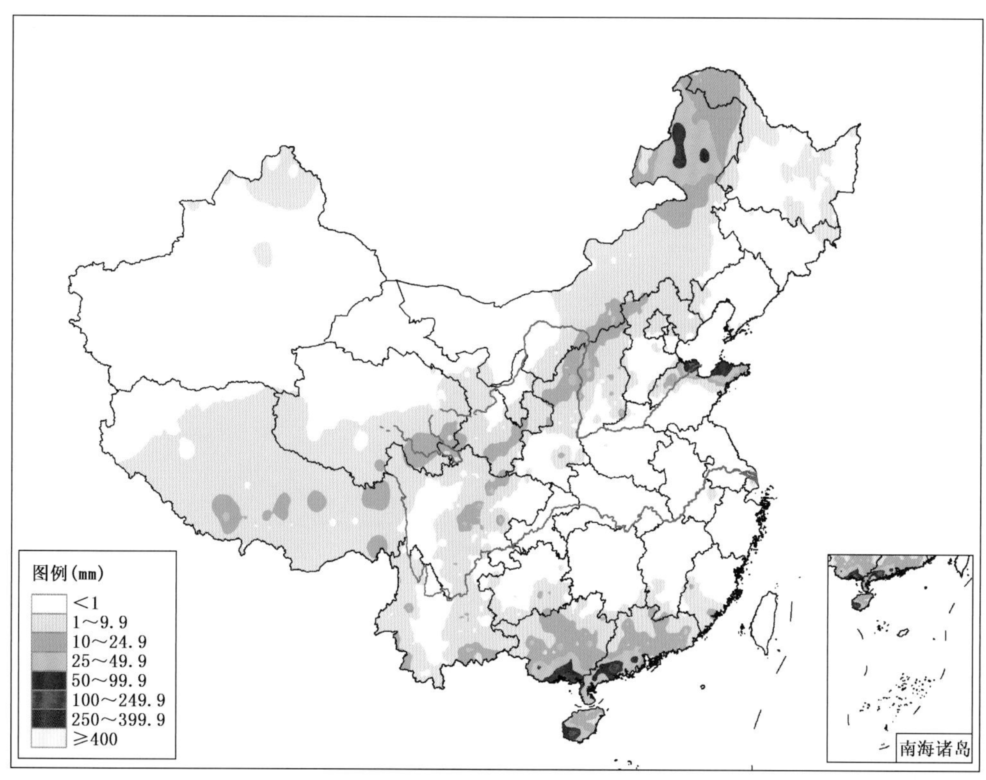

图 3.5.46　2013 年 7 月 27 日全国降水量分布图(单位:mm)

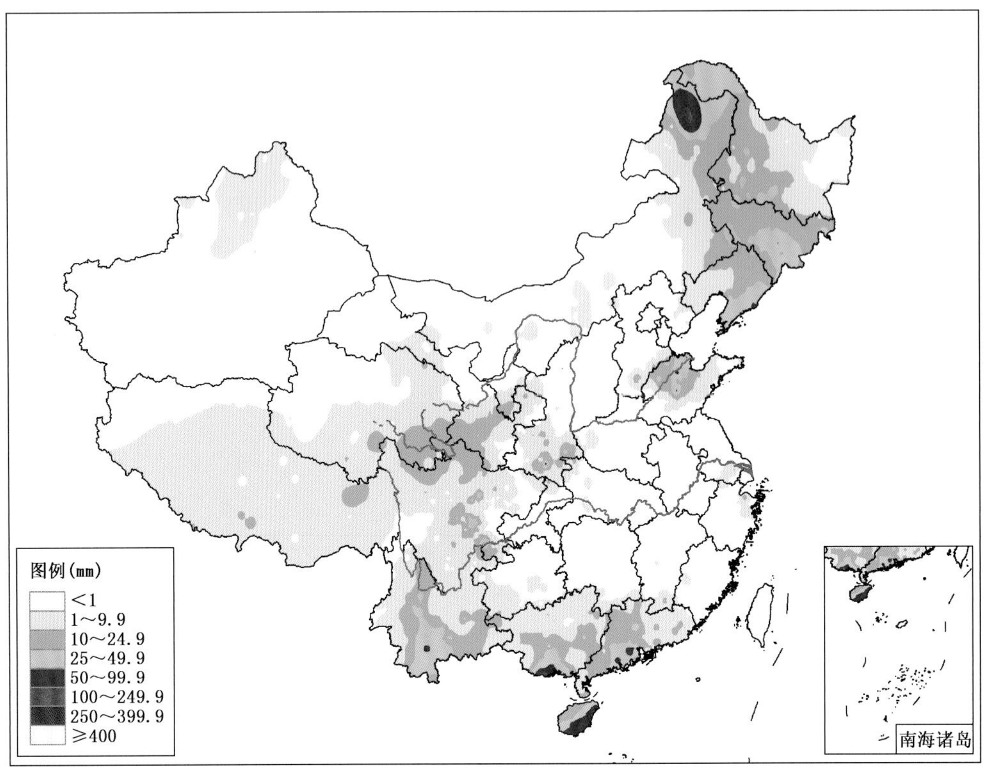

图 3.5.47　2013 年 7 月 28 日全国降水量分布图(单位:mm)

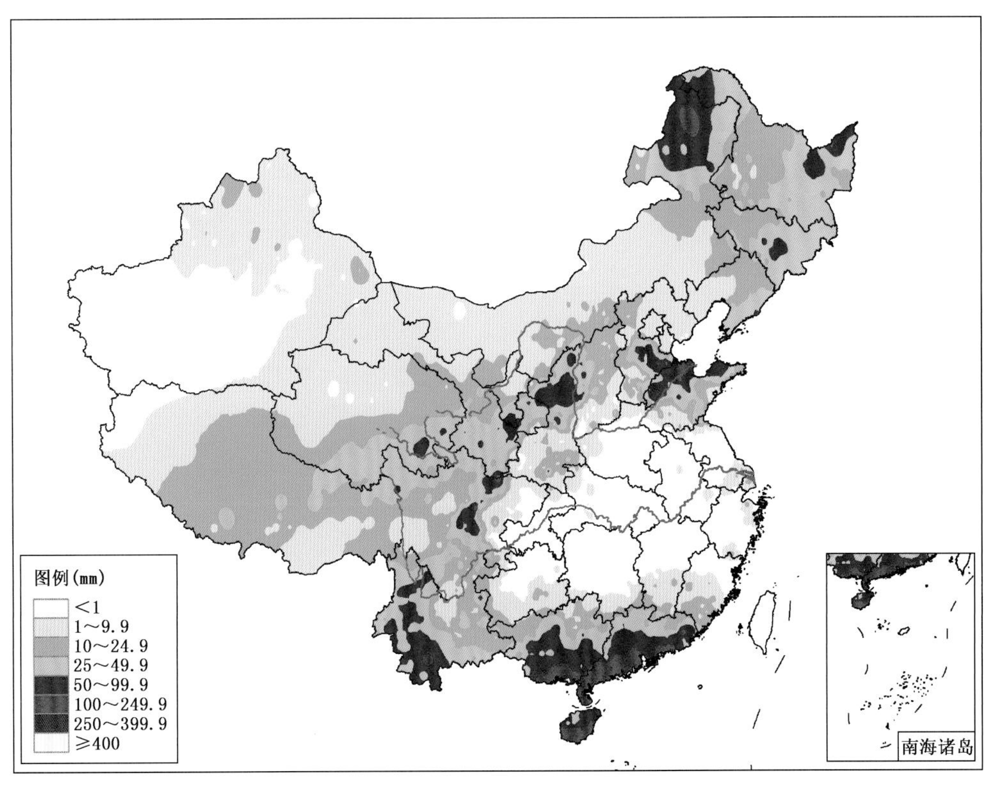

图 3.5.48　2013 年 7 月 25—28 日全国总降水量分布图(单位:mm)

3.6　8 月主要暴雨过程(No. 28—No. 35)

第 28 次主要暴雨过程(No. 28):8 月 1—2 日

8 月 1 日,500 hPa 河套地区有西风槽东移,同时青藏高原东侧有短波槽活动,中低层四川盆地有低涡生成,河套地区有切变东移,受其影响,西南地区东部、西北地区东部、华北地区、黄淮地区、江汉西部出现较大范围降水,暴雨分布较为零散,局部出现大暴雨;2 日,500 hPa 河套地区西风槽、青藏高原东侧短波槽及中低层低涡、切变线东移缓慢,受其影响,雨带整体东移南压,从淮河流域至云南呈东北—西南走向,雨带中暴雨分布较为零散(图 3.6.1—图 3.6.3)。

第 29 次主要暴雨过程(No. 29):8 月 2—4 日

8 月 2 日,1309 号强热带风暴"飞燕"(Jebi)于当日 19 时 30 分在海南省文昌市登陆,受其影响,海南、广东、福建、浙江等地出现降水,暴雨主要出现在海南中东部地区及广东、福建沿海部分地区,西沙群岛出现大暴雨;3 日,"飞燕"继续向西北方向移动进入北部湾,当日 10 时左右在中越边境越南一侧沿海登陆,之后强度迅速减弱为热带风暴,当日夜间在越南境内减弱为热带低压后消散,受其影响,暴雨范围扩大,主要出现在海南中西部、广东中南部和广西南部沿海地区,局部大暴雨;4 日,"飞燕"减弱后残留的气旋低压环流继续向西移动,受其影响,雨区向西扩展,暴雨主要出现在云南南部,局部出现大暴雨(图 3.6.4—图 3.6.7)。

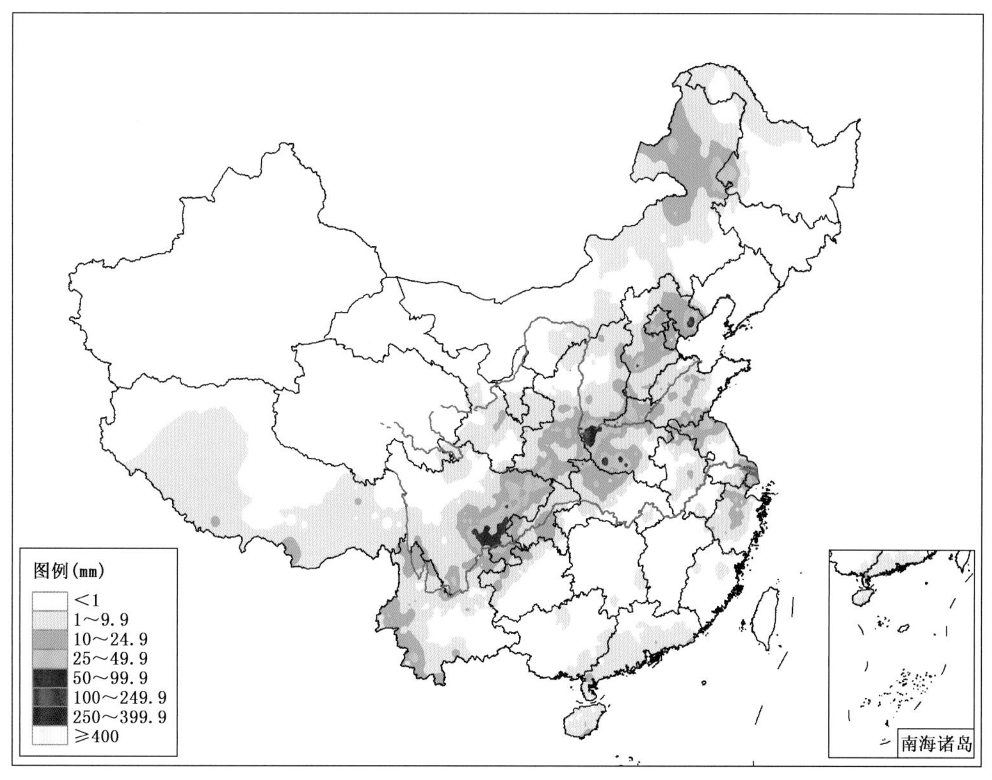

图 3.6.1　2013 年 8 月 1 日全国降水量分布图(单位:mm)

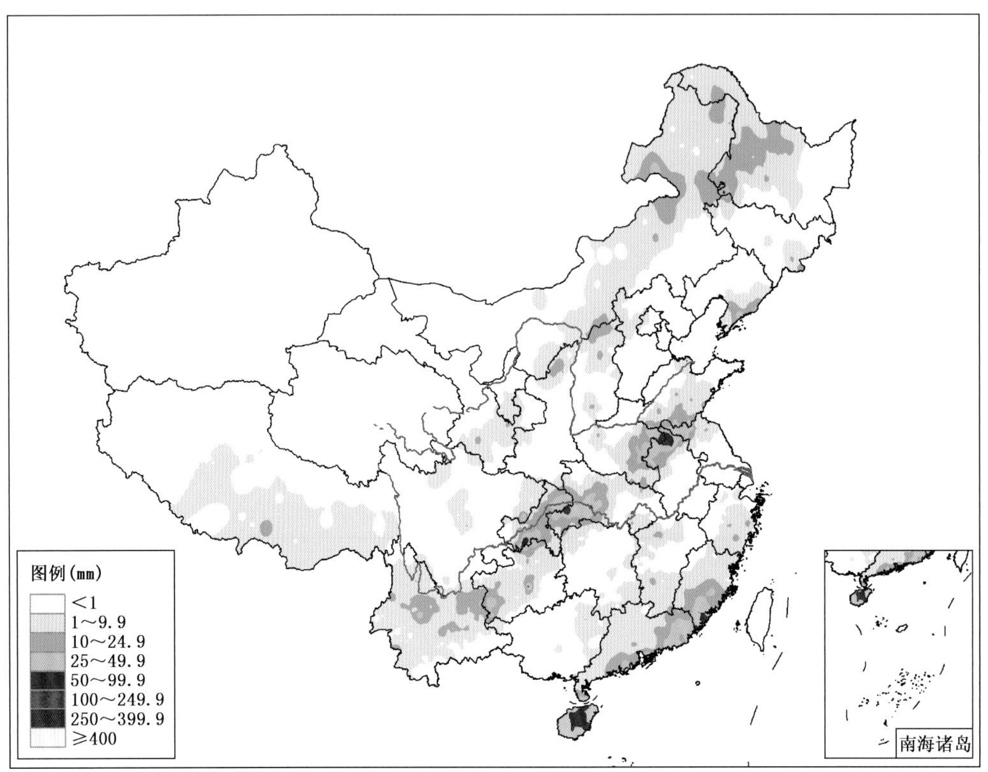

图 3.6.2　2013 年 8 月 2 日全国降水量分布图(单位:mm)

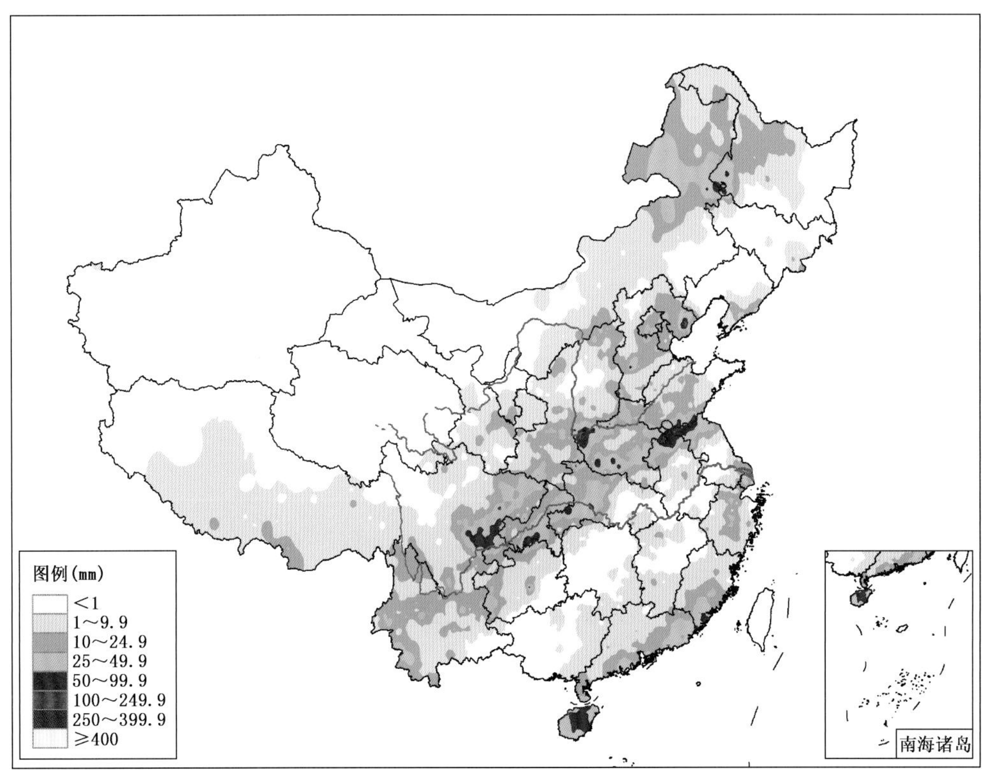

图 3.6.3　2013 年 8 月 1—2 日全国总降水量分布图(单位:mm)

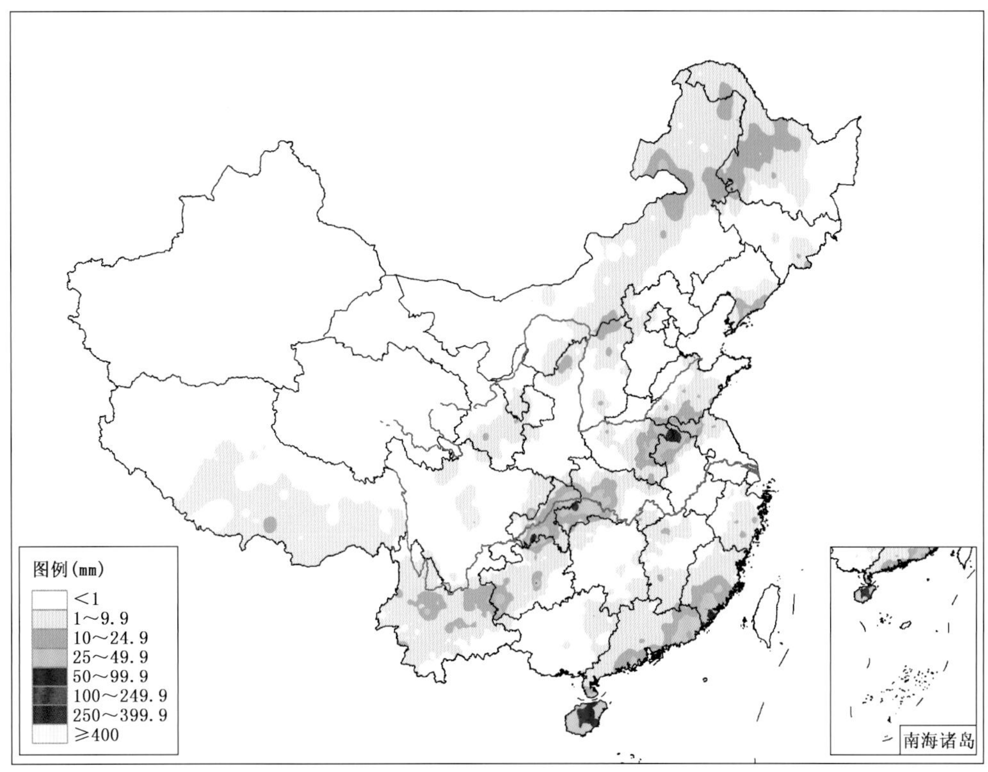

图3.6.4　2013年8月2日全国降水量分布图(单位:mm)

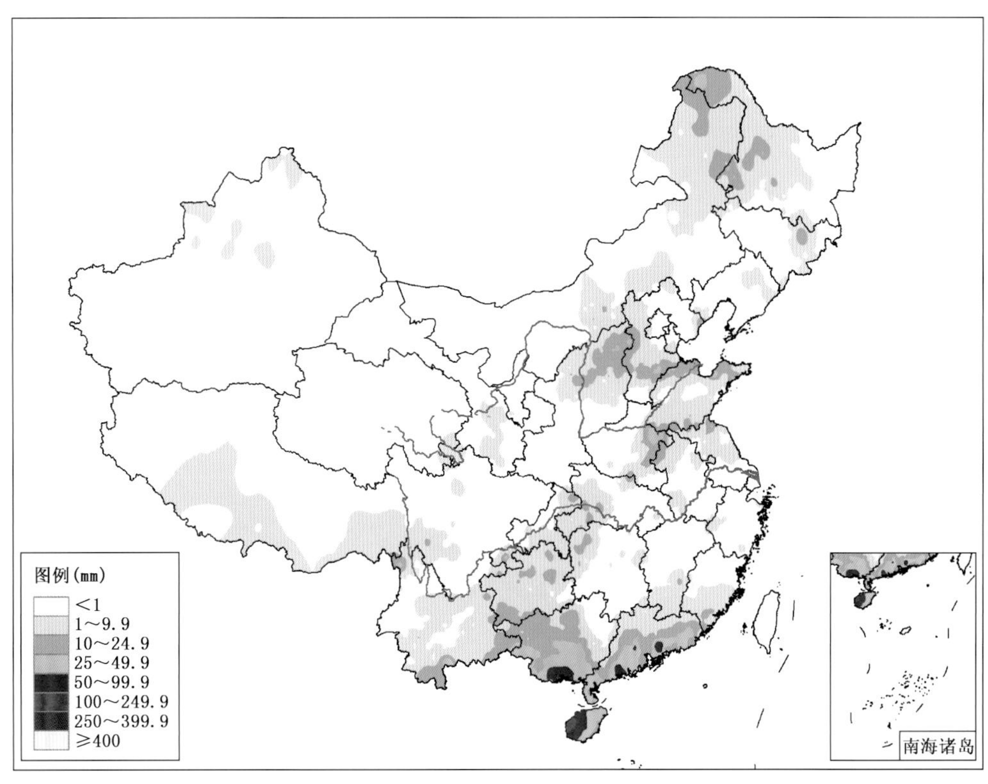

图3.6.5　2013年8月3日全国降水量分布图(单位:mm)

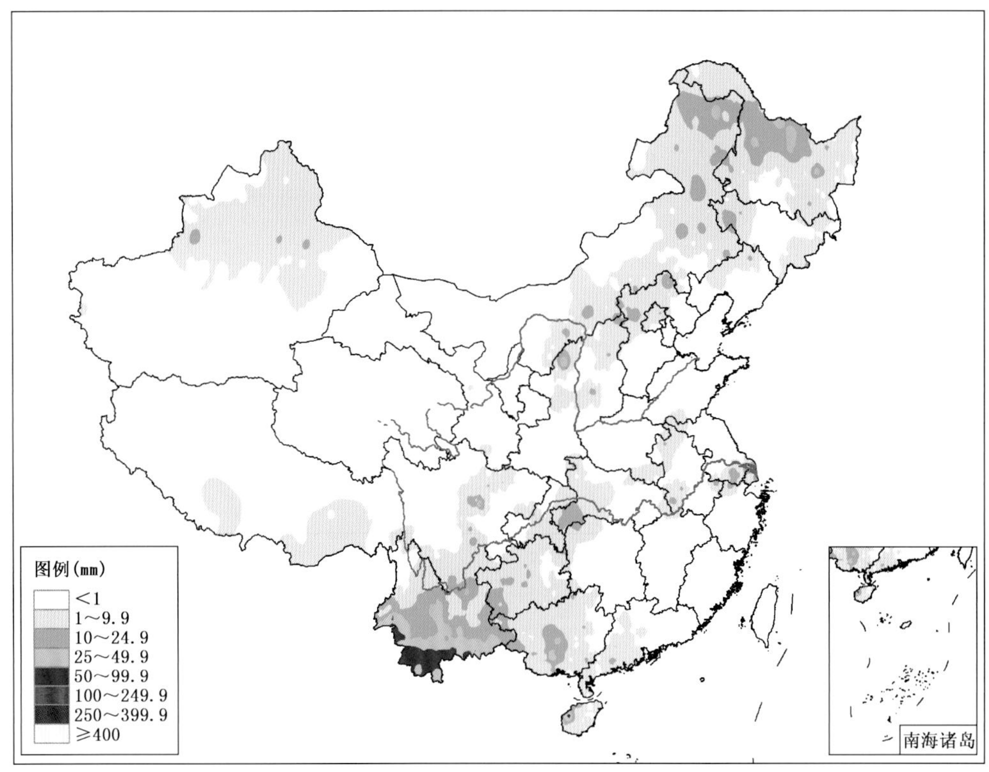

图 3.6.6 2013 年 8 月 4 日全国降水量分布图(单位:mm)

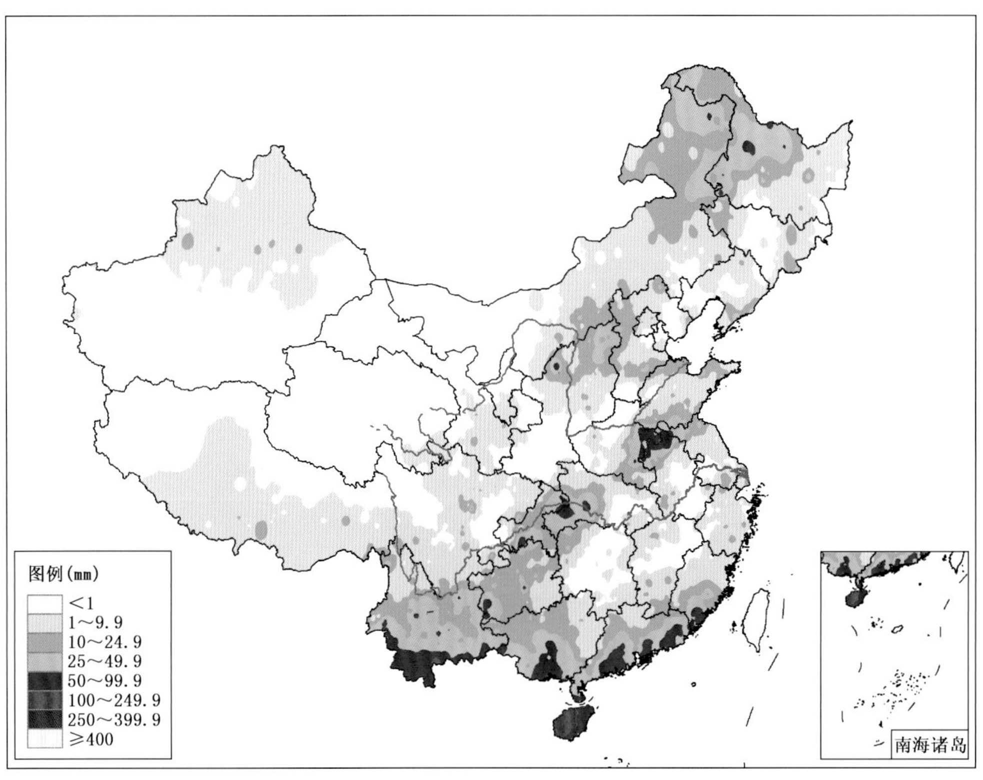

图 3.6.7 2013 年 8 月 2—4 日全国总降水量分布图(单位:mm)

第 30 次主要暴雨过程(No. 30):8 月 7—8 日

8 月 7 日,500 hPa 贝加尔湖地区有冷涡发展东移,西风槽从西北地区东移至河套地区,700 hPa 从蒙古东部青藏高原东侧有低涡切变东移,850 hPa 内蒙古东部及四川盆地有低涡活动,受其影响,华北地区、西北地区东部、四川大部及东北部分地区出现大范围降水,雨区中有三个暴雨中心,分别位于川陕地区、河北南部及黑龙江中部,四川盆地西部多站出现大暴雨;8 日,500 hPa 冷涡及西风槽缓慢东移,中低层低涡切变也随之东移南压,受其影响,雨带整体略有东移南压,暴雨主要出现在四川盆地(图 3.6.8—图 3.6.10)。

第 31 次主要暴雨过程(No. 31):8 月 11—17 日

8 月 11 日,500 hPa 贝加尔湖至青藏高原东侧有冷涡及西风槽东移发展,中低层河套地区至高原东侧有切变生成,受其影响,西北地区东部、西南地区东部及华北地区出现较大范围降水,暴雨主要出现在河北中部,局部出现大暴雨;12 日,500 hPa 冷涡及西风槽东移发展加深,中低层切变线缓慢东移南压,受其影响,雨带整体东移南压并向东北方向发展,雨带中多地出现暴雨,局部出现大暴雨;13—15 日,500 hPa 蒙古冷涡缓慢东移,西风槽则逐步东移北收,中低层低涡切变缓慢东移北收,受其影响,降水连续 3 天稳定维持在华北东部及东北地区,暴雨主要出现在山东北部、河北中部和吉林中部;16 日,500 hPa 贝加尔湖地区又有低涡发展东移,蒙古中部至我国西北地区北部有西风槽发展,中低层有切变东移至内蒙古中东部及东北地区,受其影响,内蒙古中部、华北中北部及东北大部降水范围扩大,暴雨主要出现在吉林南部和辽宁北部,多站出现大暴雨,其中辽宁黑山出现 264.1 mm 特大暴雨;17 日,500 hPa 冷涡低槽继续东移至我国东北地区,中低层有低涡切变东移,受其影响,雨带整体向东北方向移动,暴雨主要出现在吉林、辽宁的东部部分地区,局地仍有大暴雨(图 3.6.11—图 3.6.18)。

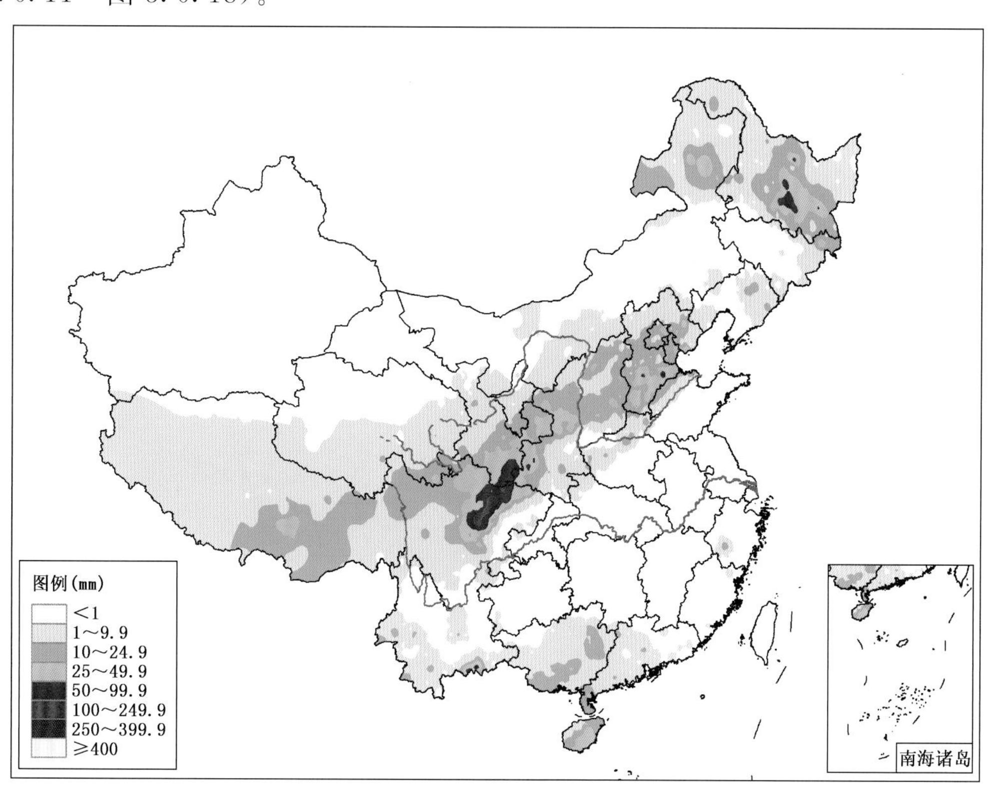

图 3.6.8　2013 年 8 月 7 日全国降水量分布图(单位:mm)

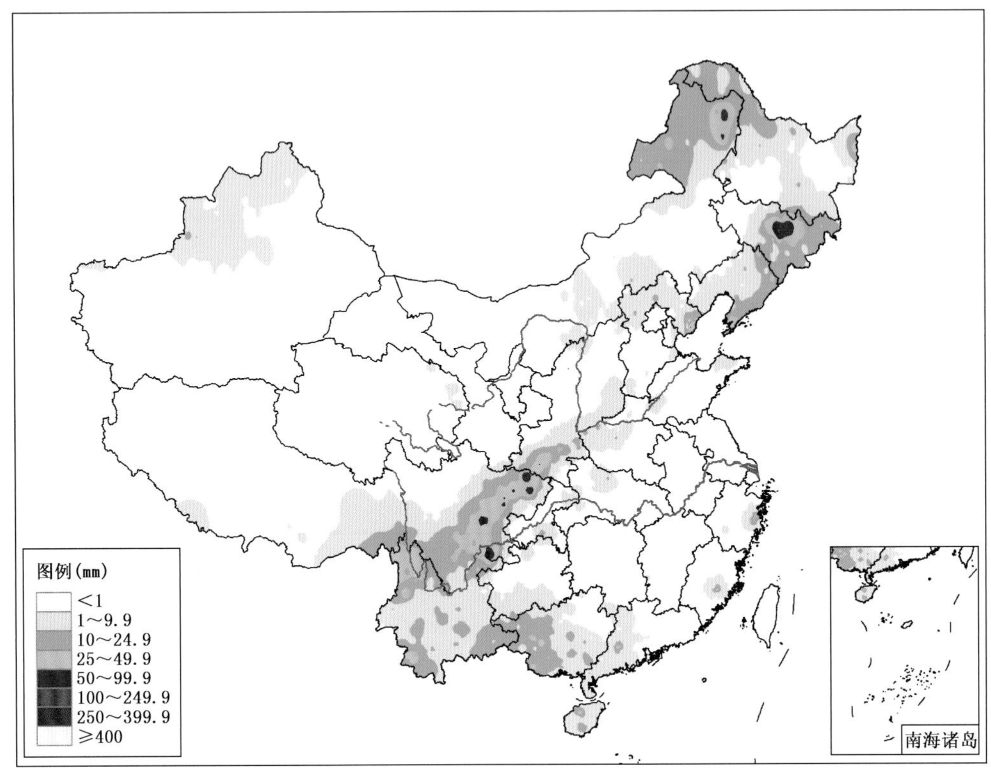

图 3.6.9　2013 年 8 月 8 日全国降水量分布图(单位:mm)

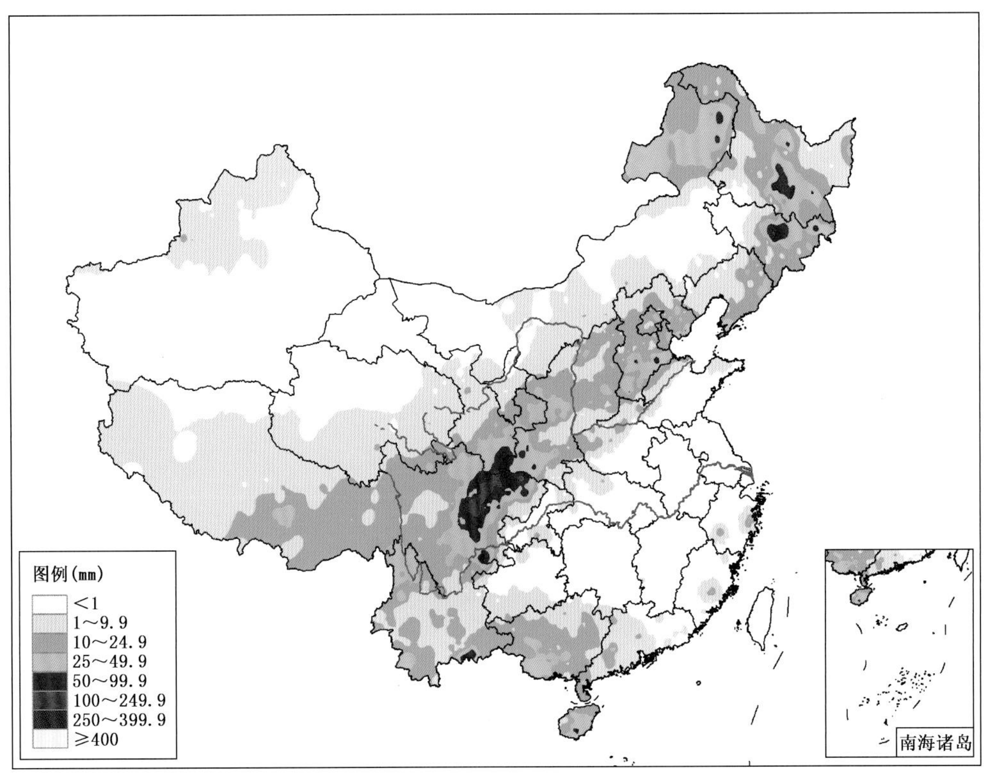

图 3.6.10　2013 年 8 月 7—8 日全国总降水量分布图(单位:mm)

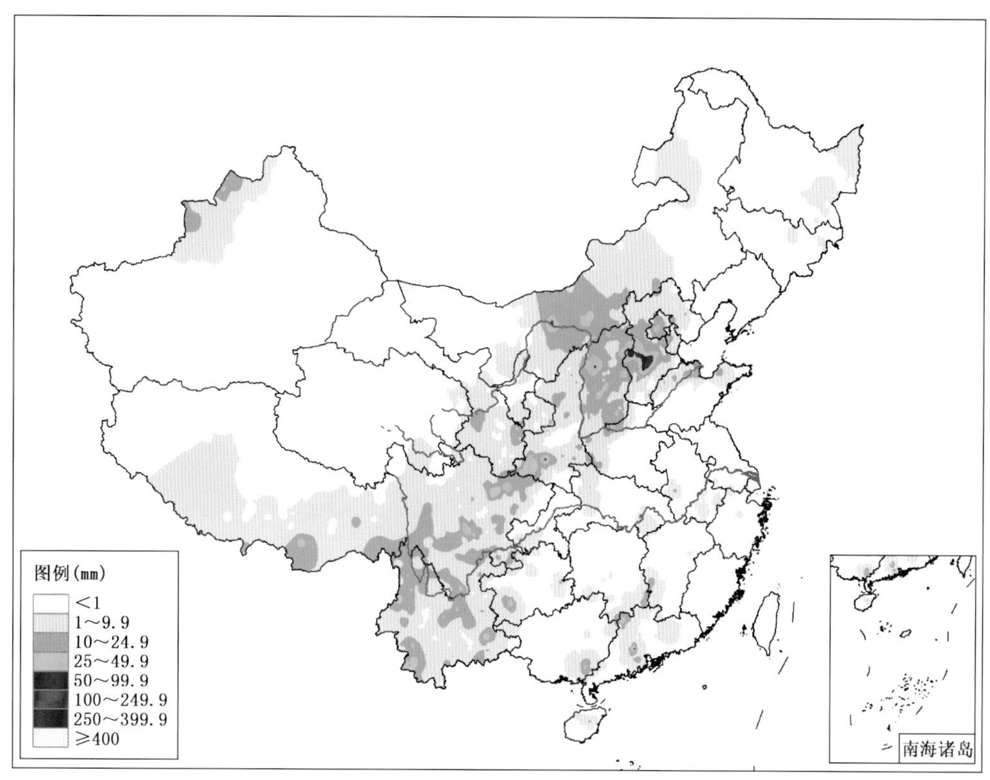

图3.6.11 2013年8月11日全国降水量分布图(单位:mm)

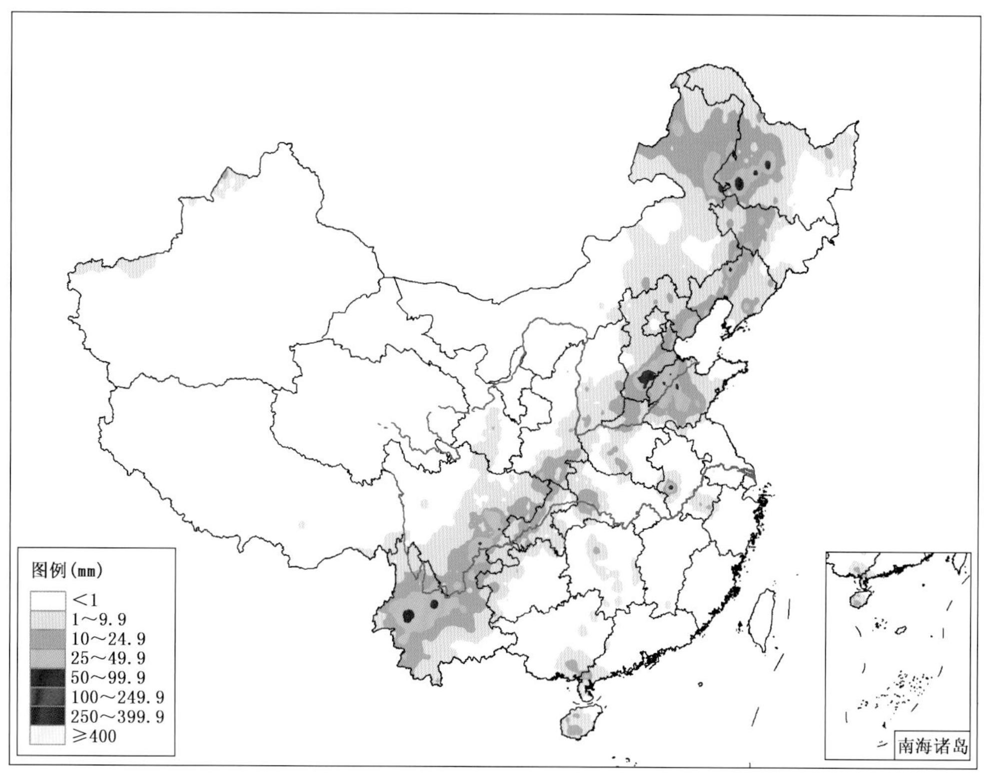

图3.6.12 2013年8月12日全国降水量分布图(单位:mm)

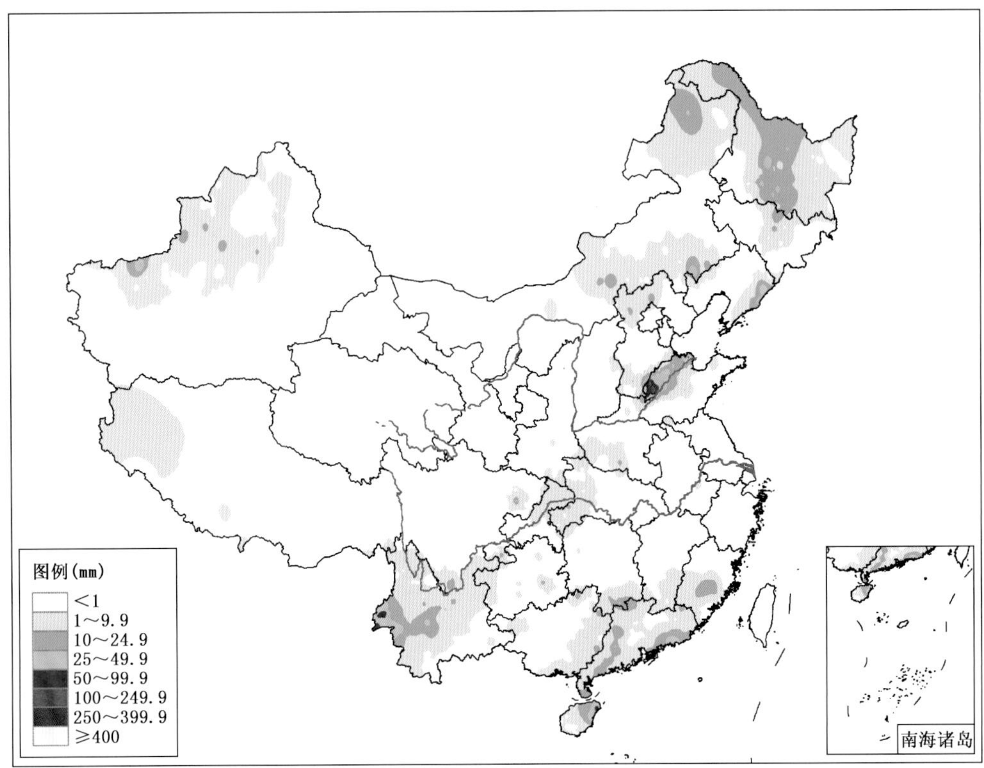

图 3.6.13　2013 年 8 月 13 日全国降水量分布图(单位:mm)

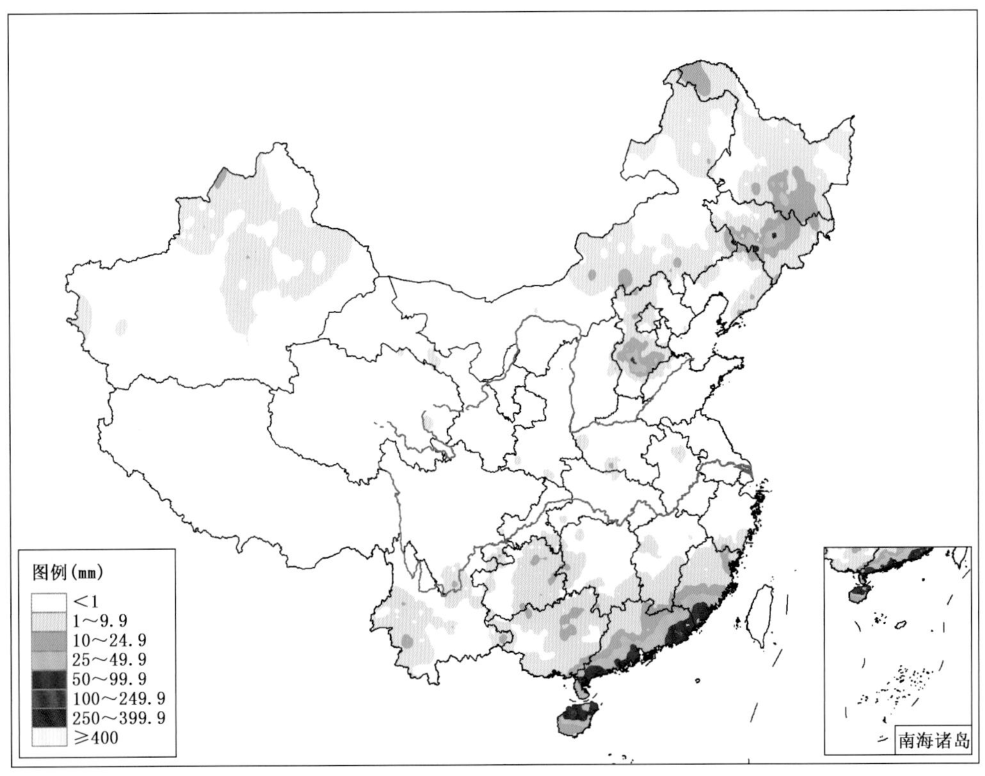

图 3.6.14　2013 年 8 月 14 日全国降水量分布图(单位:mm)

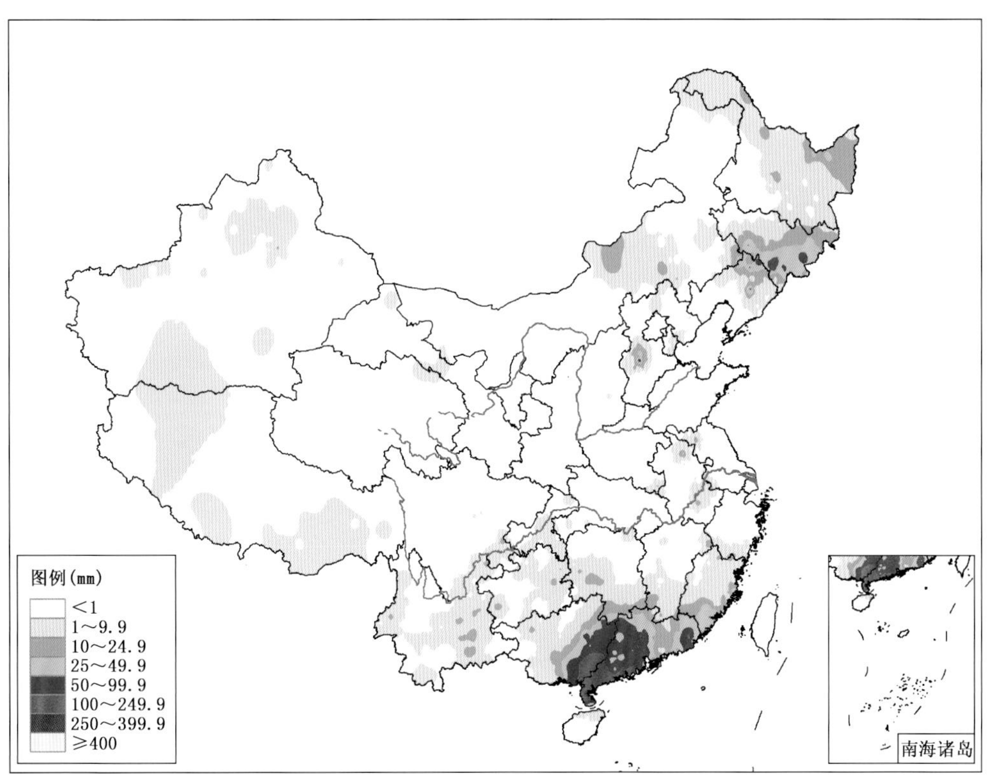

图 3.6.15 2013年8月15日全国降水量分布图(单位:mm)

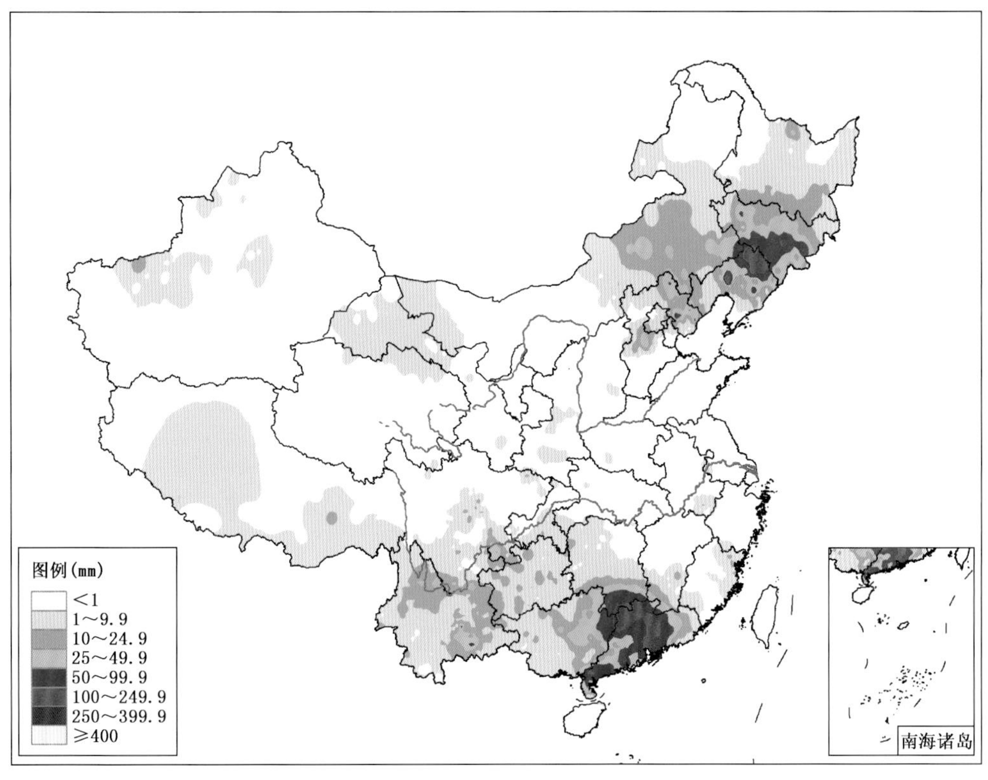

图 3.6.16 2013年8月16日全国降水量分布图(单位:mm)

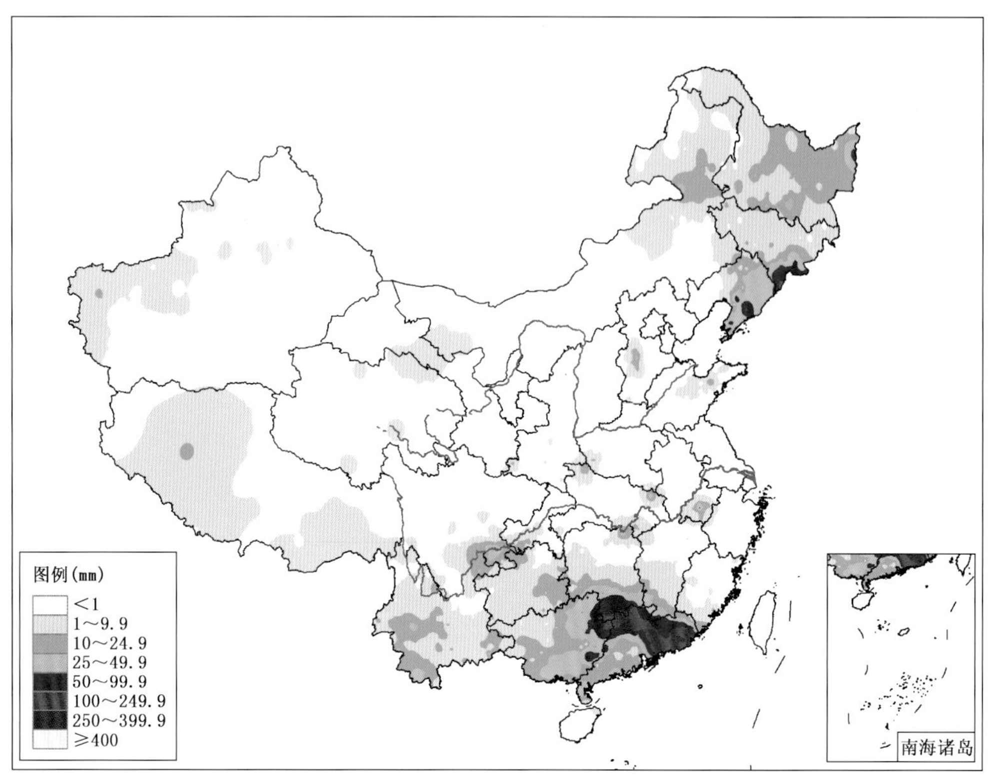

图 3.6.17　2013 年 8 月 17 日全国降水量分布图(单位:mm)

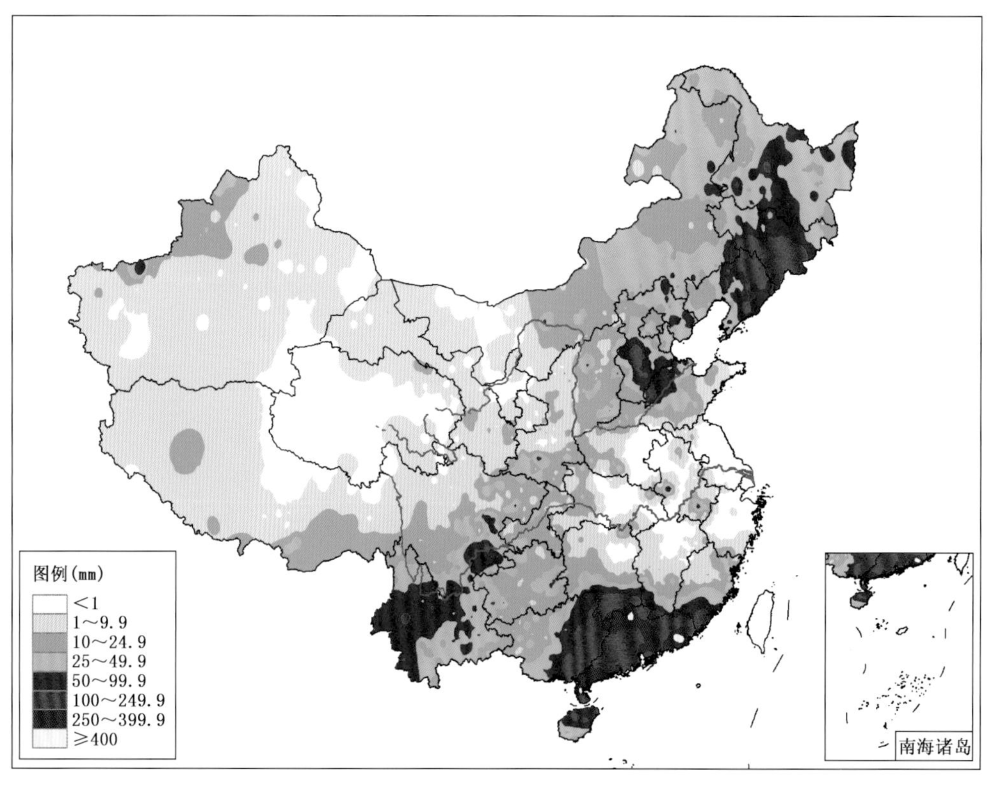

图 3.6.18　2013 年 8 月 11—17 日全国总降水量分布图(单位:mm)

第32次主要暴雨过程(No. 32):8月14—20日

8月14日,1311号超强台风"尤特"(Utor)于当日15时50分在广东省阳江市阳西县登陆,登陆时为强台风级别,受其影响,海南岛北部、广东沿海、福建南部沿海暴雨,部分地区出现大暴雨;15日,"尤特"登陆后继续向西北方向移动,强度迅速减弱为强热带风暴,进入广西境内后转向偏北方向移动,强度继续减弱为热带低压,受其影响,广东中西部、广西东部出现暴雨和大暴雨,其中广东雷州出现361.0 mm特大暴雨;16日,"尤特"在广西和湖南交界处折向西南方向缓慢移动,强度逐渐减弱,受其影响,广东大部继续出现大范围暴雨和大暴雨,湖南南部、广西东部局部地区出现暴雨到大暴雨;17日,"尤特"在广西境内缓慢向西南方向移动,受其影响,广东东部和北部、湖南南部、广西东部出现暴雨和大暴雨,其中广东普宁、揭西和乳源分别出现了343.7 mm、342.0 mm、269.8 mm的特大暴雨;18日,"尤特"继续滞留在广西境内,下午逐步消散,受其影响,广东部分地区、广西部分地区出现暴雨,局部大暴雨,其中广东潮阳、惠来分别出现了340.1 mm、295.4 mm的特大暴雨;19—20日,受残留涡旋环流影响,广西中部部分地区仍然出现暴雨,局部大暴雨(图3.6.19—图3.6.26)。

第33次主要暴雨过程(No. 33):8月22—25日

8月22日,1312号台风"潭美"(Trami)于当日凌晨03时20分在福建省福清市登陆,登陆后转向西北方向移动,强度迅速减弱,当日早晨减弱为强热带风暴,下午减弱为热带风暴,之后进入江西境内,受其影响,福建中部及东北部、浙江东部、江西部分地区出现暴雨到大暴雨;23日,"潭美"转向偏西方向移动,早晨减弱为热带低压之后进入湖南省境内,并于当日夜间减弱消散,受其影响,降水范围扩大到我国南方大部地区,暴雨区移至江西中部西

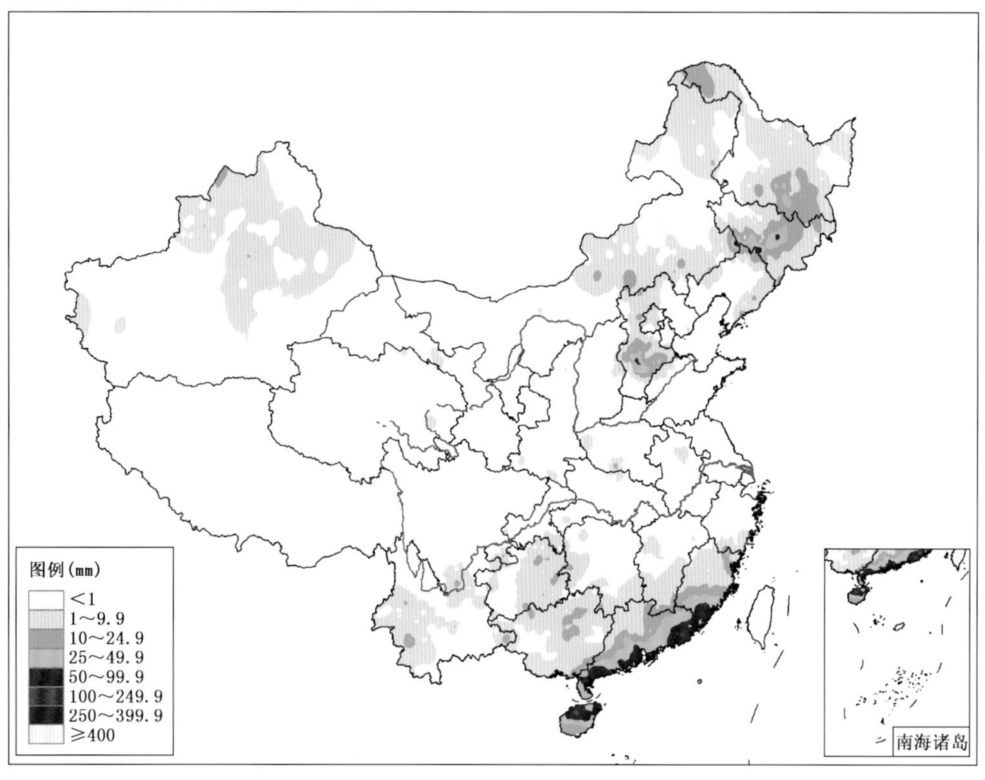

图3.6.19 2013年8月14日全国降水量分布图(单位:mm)

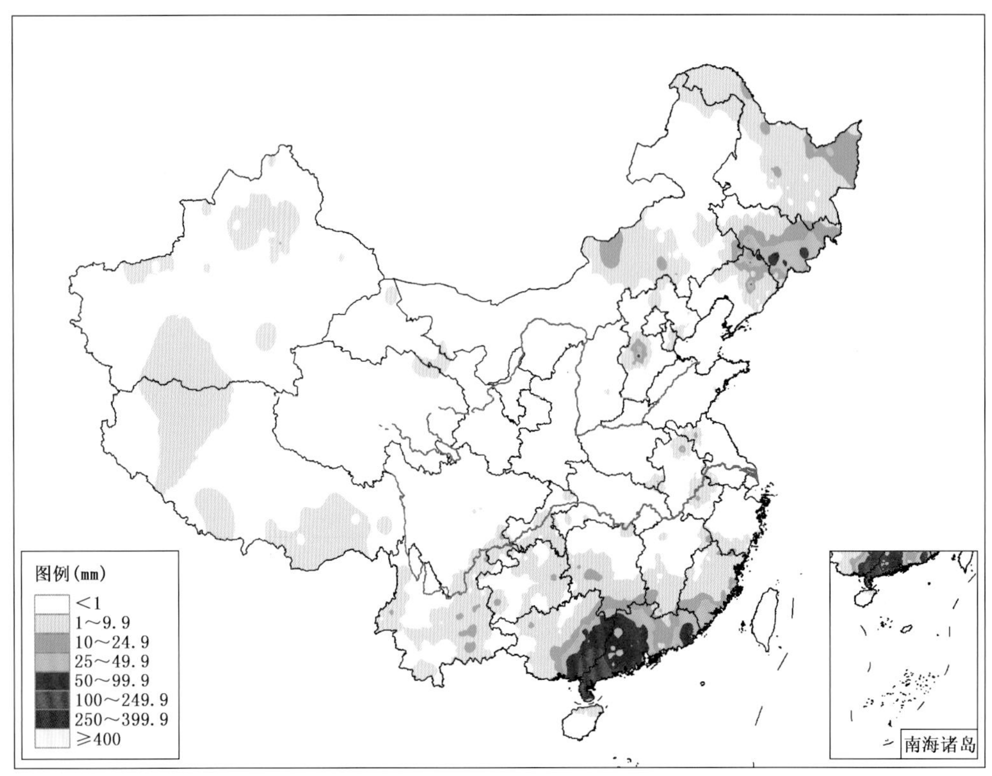

图 3.6.20　2013 年 8 月 15 日全国降水量分布图(单位:mm)

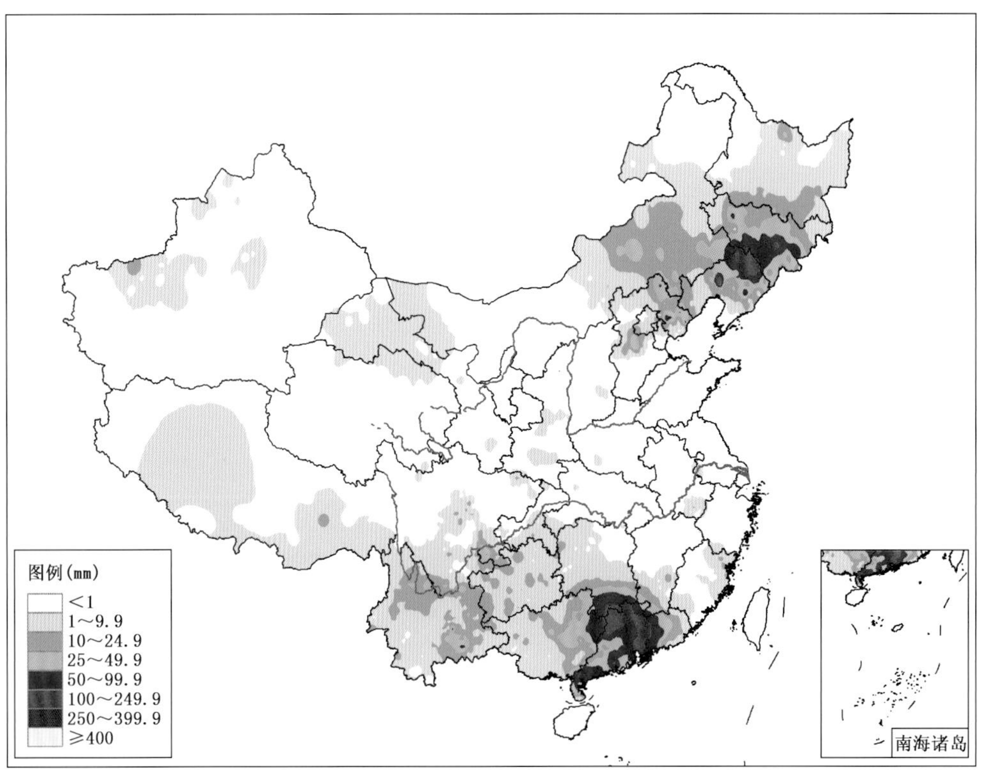

图 3.6.21　2013 年 8 月 16 日全国降水量分布图(单位:mm)

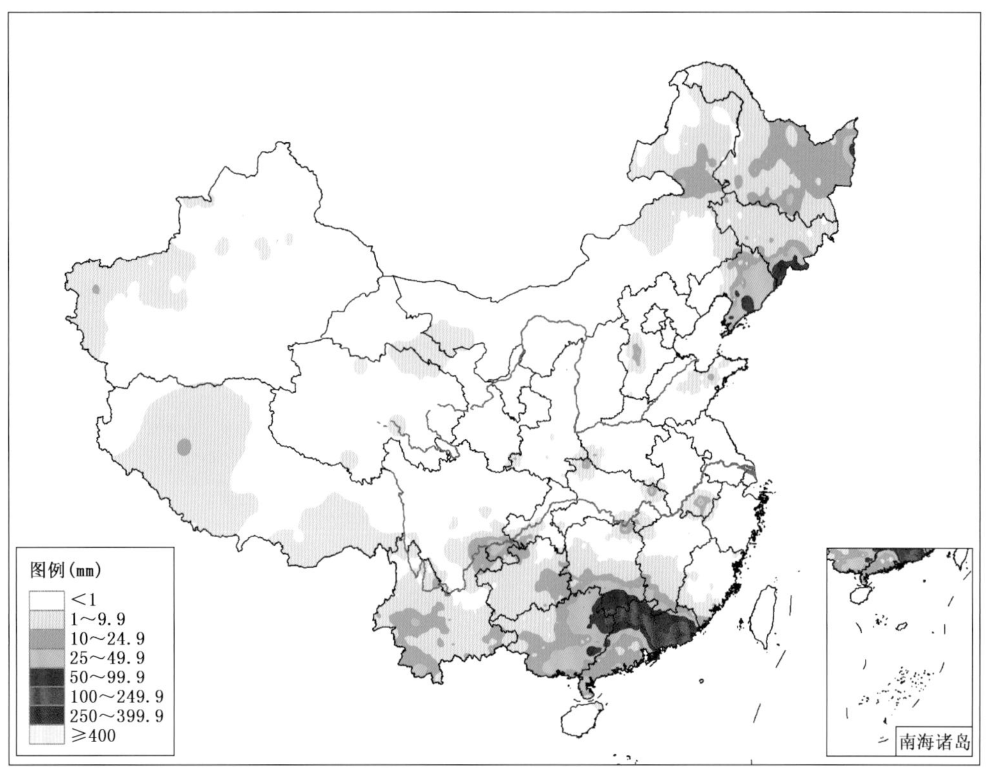

图3.6.22　2013年8月17日全国降水量分布图(单位:mm)

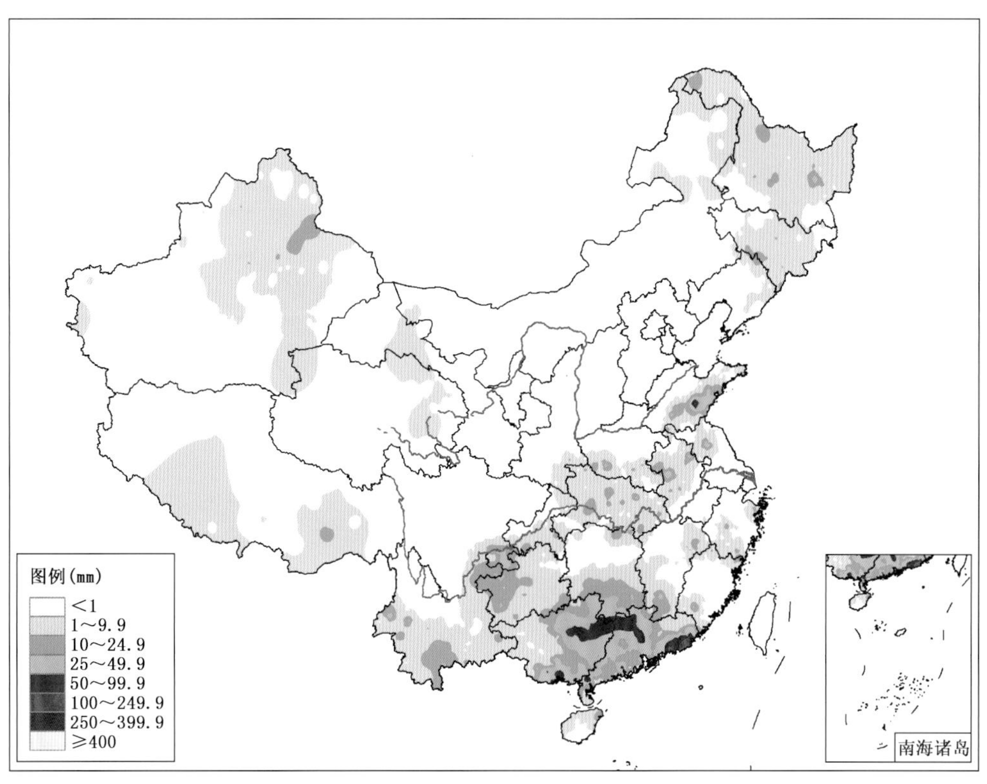

图3.6.23　2013年8月18日全国降水量分布图(单位:mm)

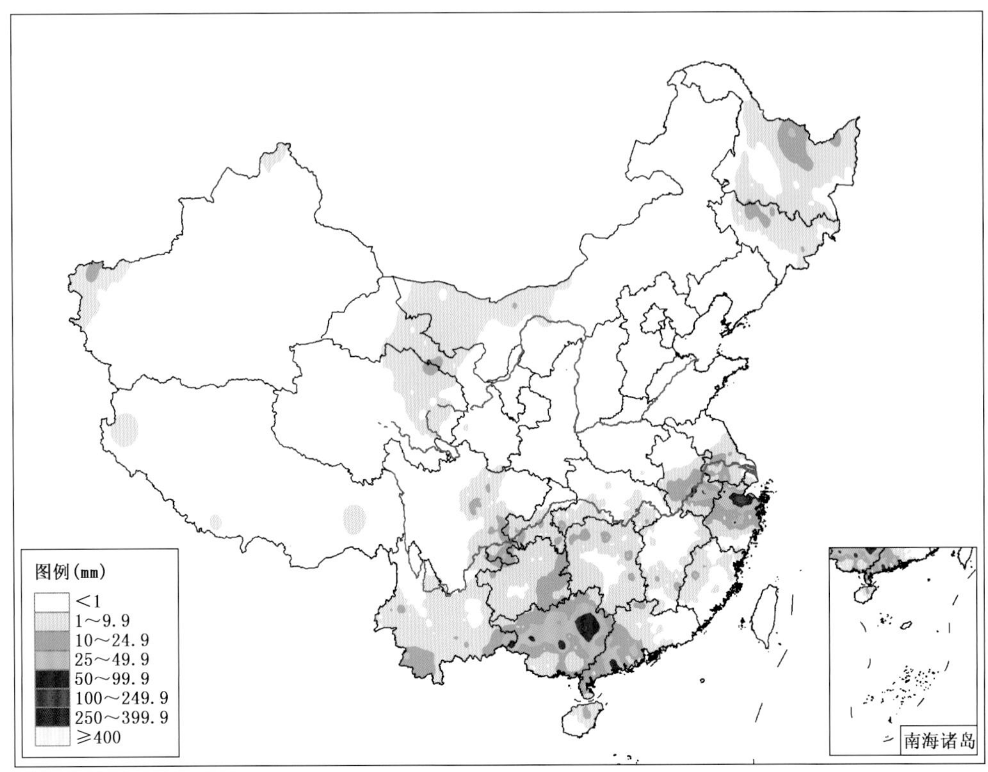

图 3.6.24　2013 年 8 月 19 日全国降水量分布图(单位:mm)

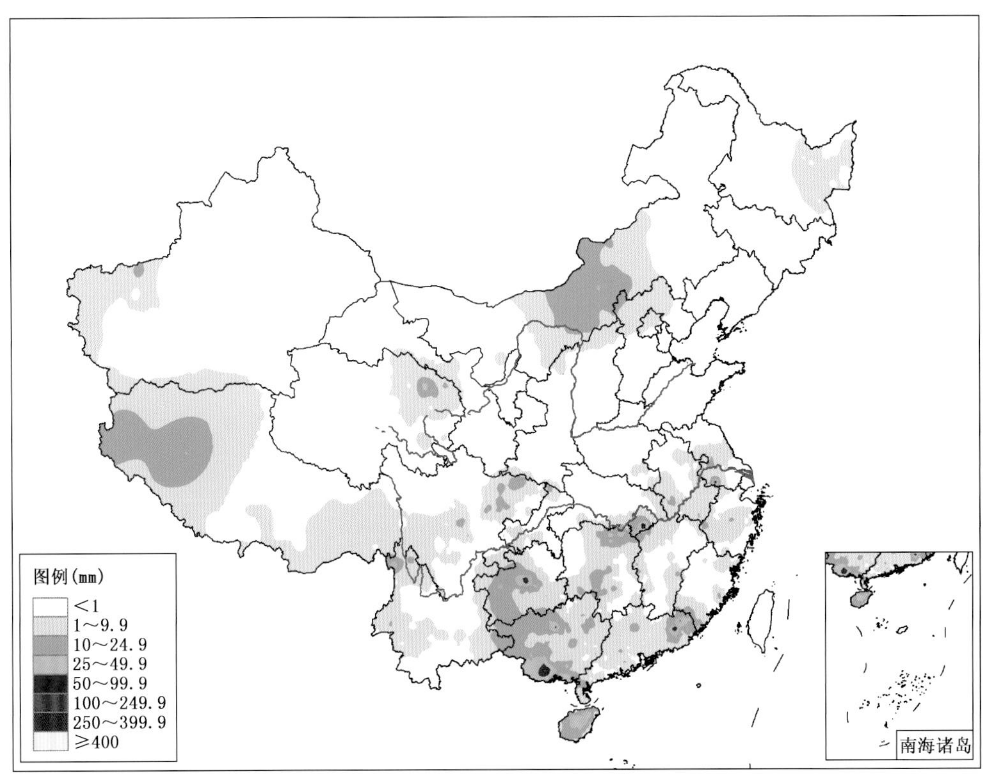

图 3.6.25　2013 年 8 月 20 日全国降水量分布图(单位:mm)

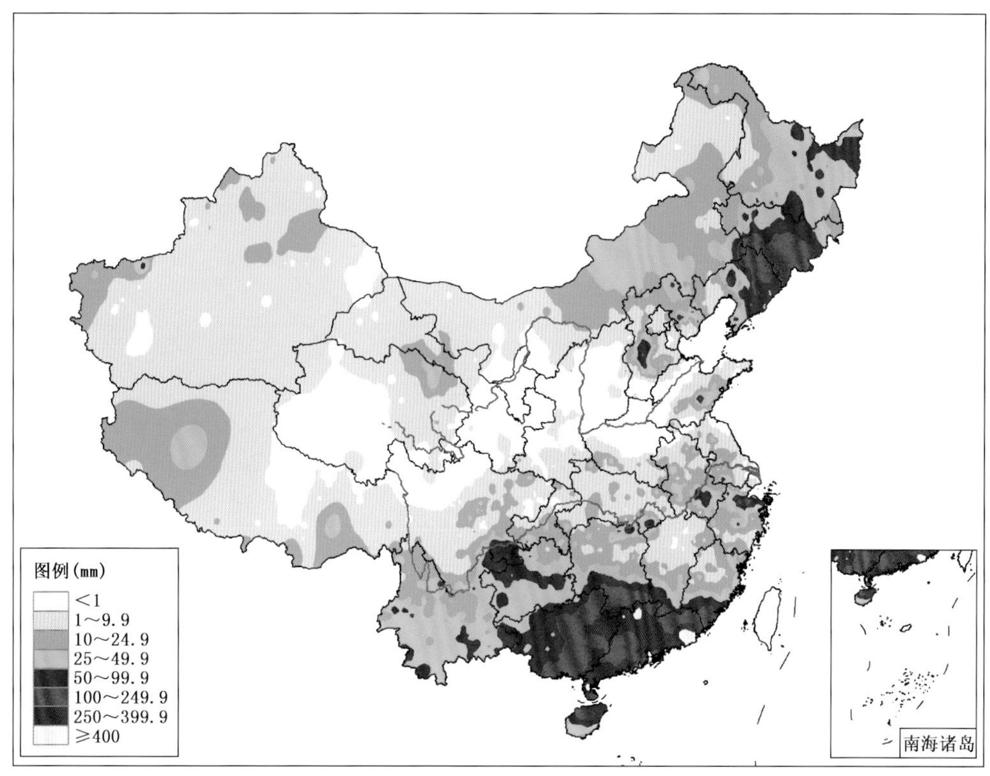

图 3.6.26　2013 年 8 月 14—20 日全国总降水量分布图(单位:mm)

侧和湖南东部;24 日,“潭美”消散后,残留涡旋环流从湖南进入广西境内,受其影响,广西南部、贵州中部局部、湖南北部局部、湖北中部、河南南部、安徽北部局部出现暴雨到大暴雨;25 日,受残留涡旋环流影响,云南西南部和东北部部分地区仍然出现暴雨,局部大暴雨(图 3.6.27—图 3.6.31)。

第 34 次主要暴雨过程(No. 34):8 月 28—31 日

8 月 28 日,500 hPa 副高加强西伸控制长江中下游及南方地区,贝加尔湖至我国河套地区有西风槽发展,青藏高原东侧及云贵高原上空有南支短波槽生成,中低层蒙古东部及四川盆地有低涡切变生成,受其影响,西北地区东部、西南地区东部、华北大部、东北中南部、黄淮大部出现较大范围降水,但暴雨分布较为零散;29 日,500 hPa 西风槽快速发展东移,中低层低涡切变整体东移南压,受其影响,雨带整体东移南压,雨带中暴雨依然分布较为零散;30—31 日,500 hPa 中高纬西风槽继续东移,而西南地区东部有短波槽活动,中低层云贵高原上空有低涡切变缓慢东移,受其影响,黄淮及东北地区降水减弱,而西南地区东部仍有较强降水,暴雨主要分布在云南、贵州的局部地区(图 3.6.32—图 3.6.36)。

第 35 次主要暴雨过程(No. 35):8 月 30 日—9 月 1 日

8 月 30 日,1315 号强热带风暴“康妮”(Kong-rey)从台湾岛以东向偏北方向进入我国东海海域,强度减弱为热带风暴,受其影响,我国东南沿海出现强降水,浙江、福建、广东、江西四省的部分地区,局部出现大暴雨;8 月 31 日—9 月 1 日,“康妮”从东海海域转向东北方向移动,而我国东南沿海地区有气旋性切变环流生成,受其影响,东南沿海地区连续两天局部出现暴雨(图 3.6.37—图 3.6.40)。

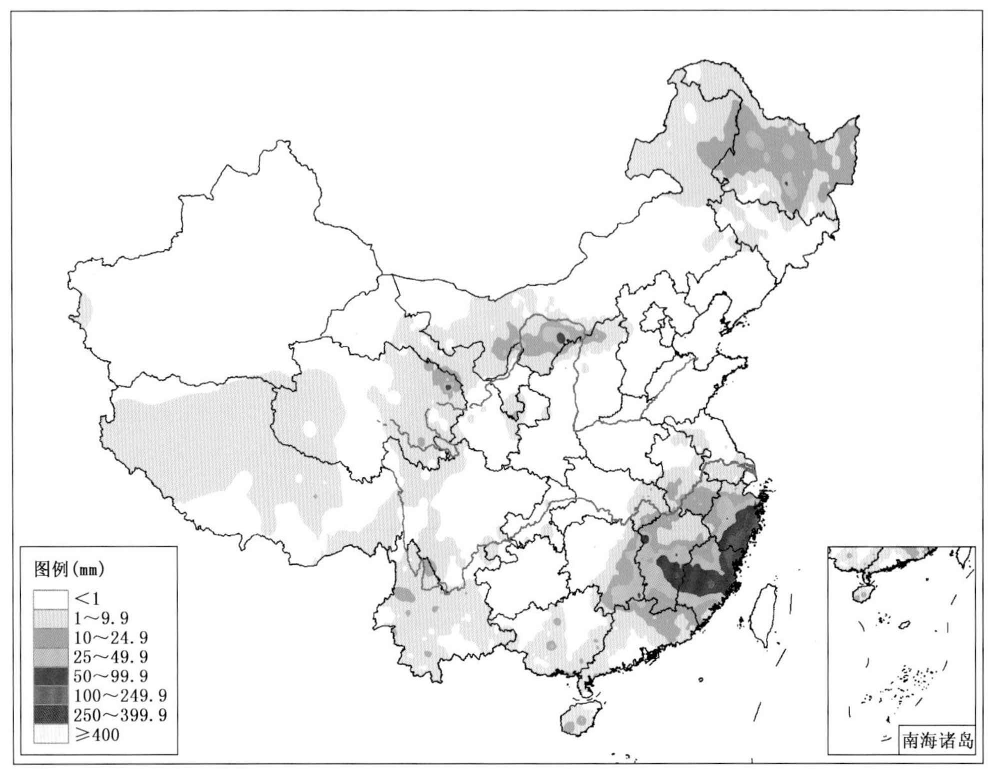

图 3.6.27　2013 年 8 月 22 日全国降水量分布图(单位:mm)

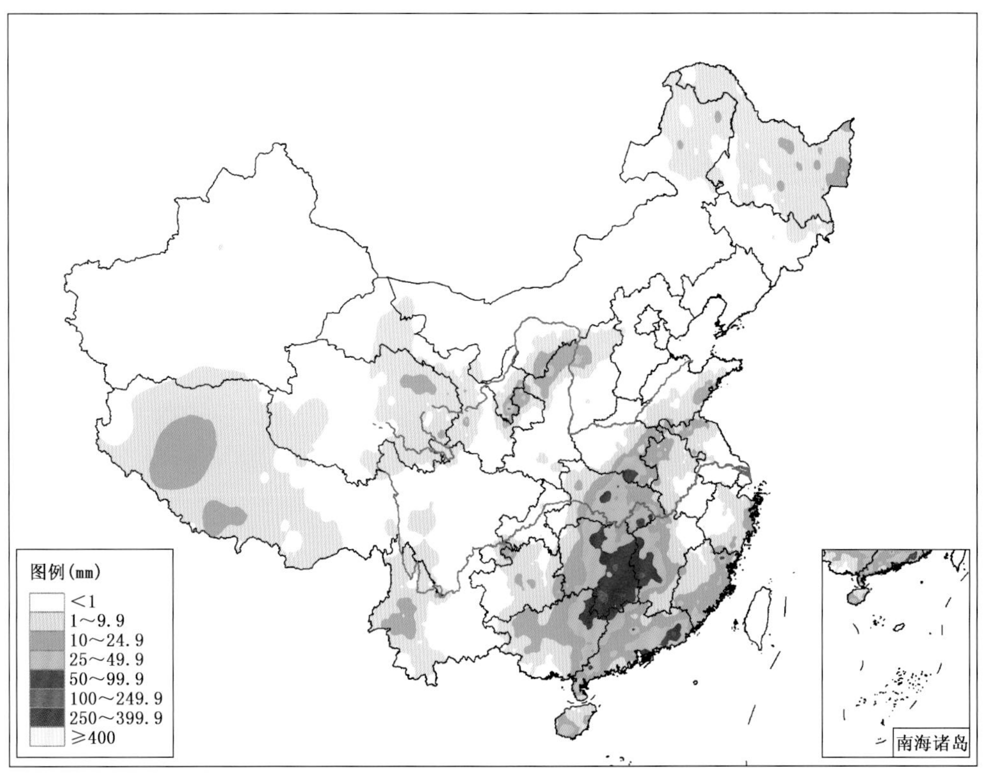

图 3.6.28　2013 年 8 月 23 日全国降水量分布图(单位:mm)

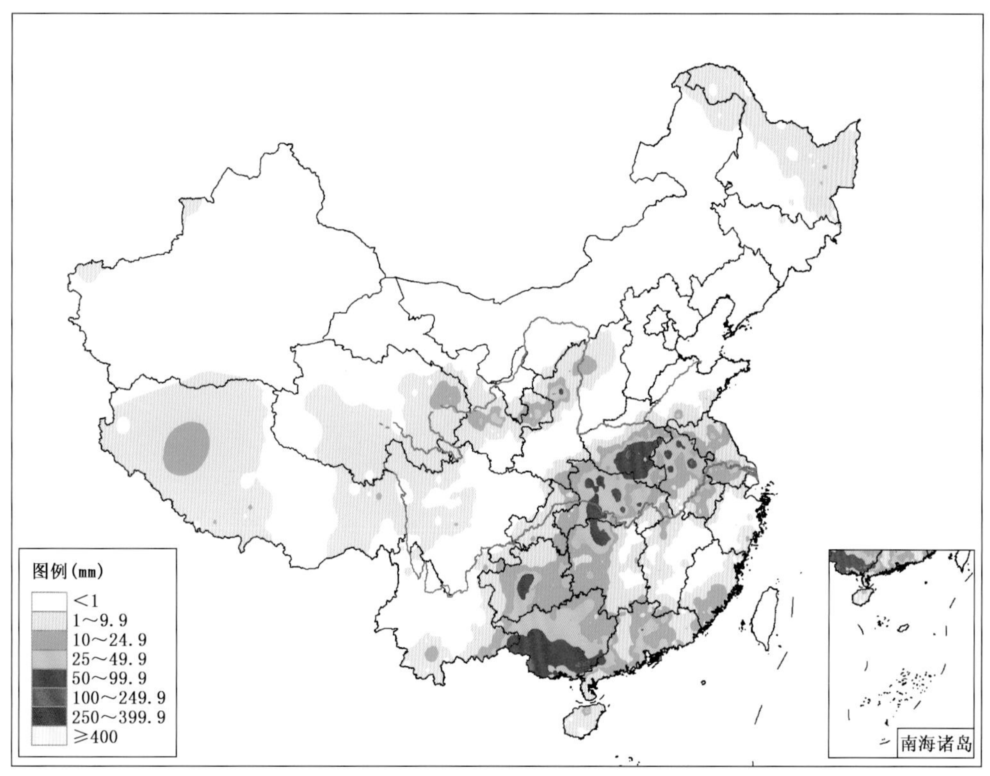

图3.6.29 2013年8月24日全国降水量分布图(单位:mm)

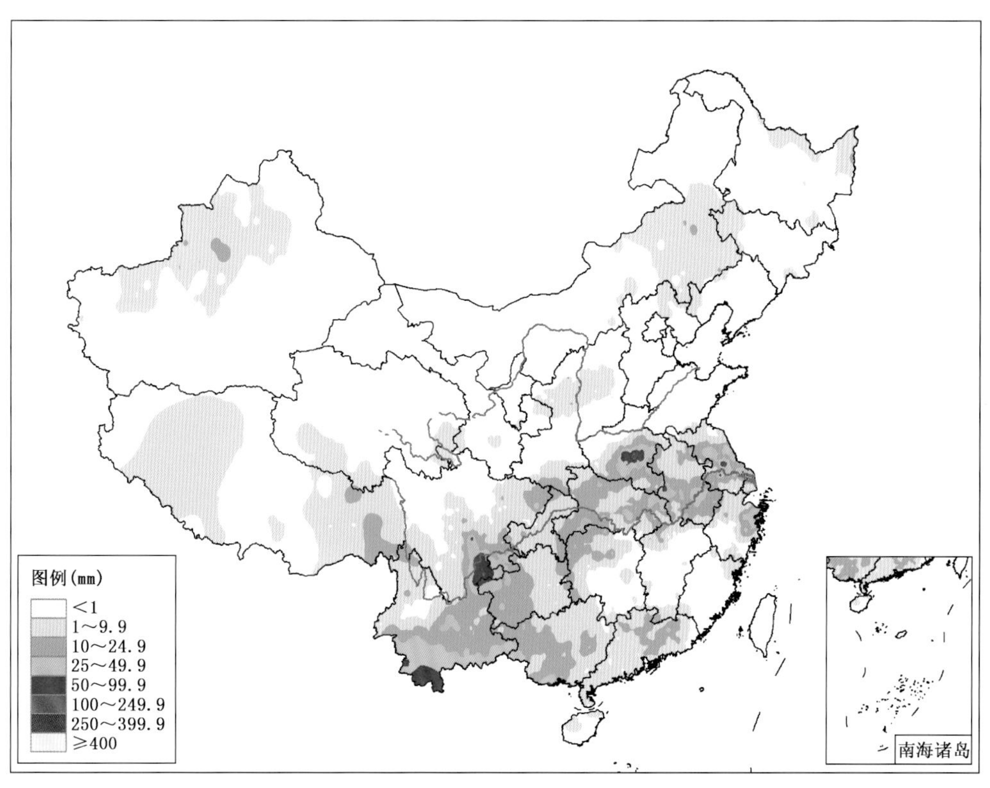

图3.6.30 2013年8月25日全国降水量分布图(单位:mm)

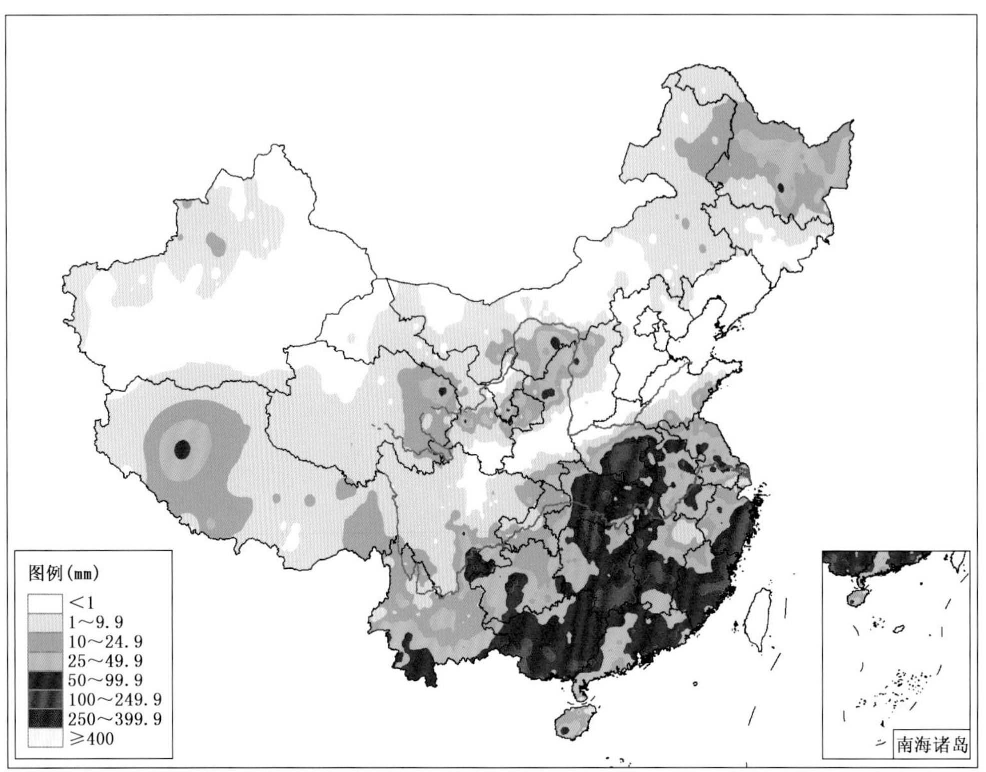

图 3.6.31　2013 年 8 月 22—25 日全国总降水量分布图(单位:mm)

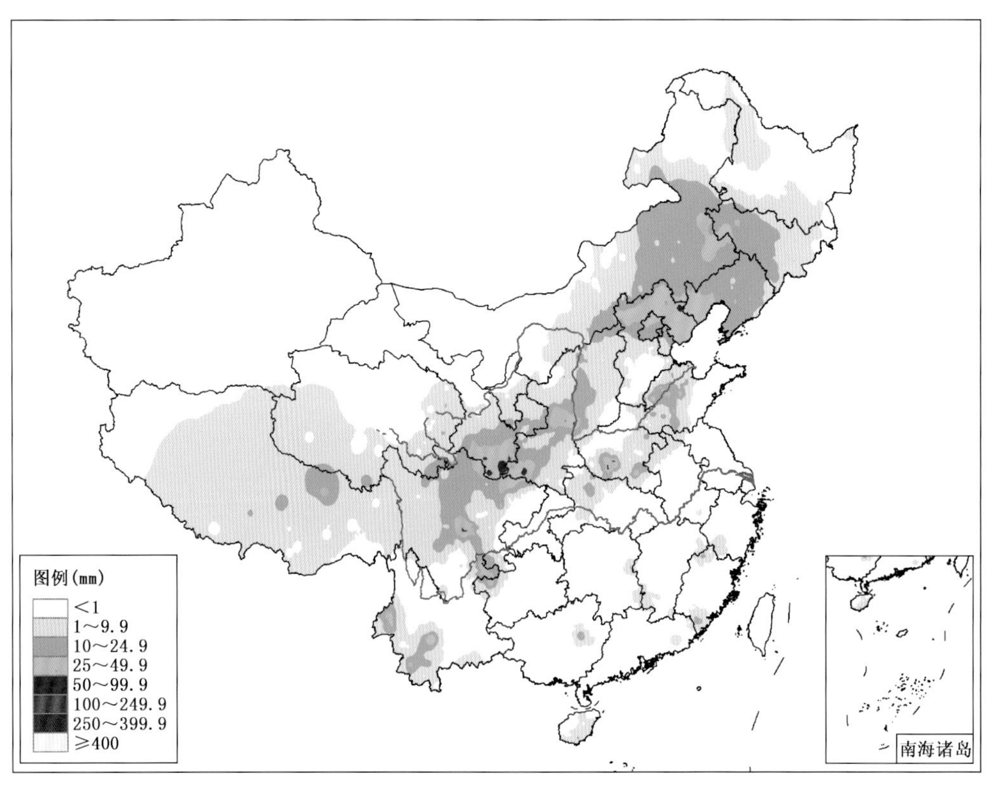

图 3.6.32　2013 年 8 月 28 日全国降水量分布图(单位:mm)

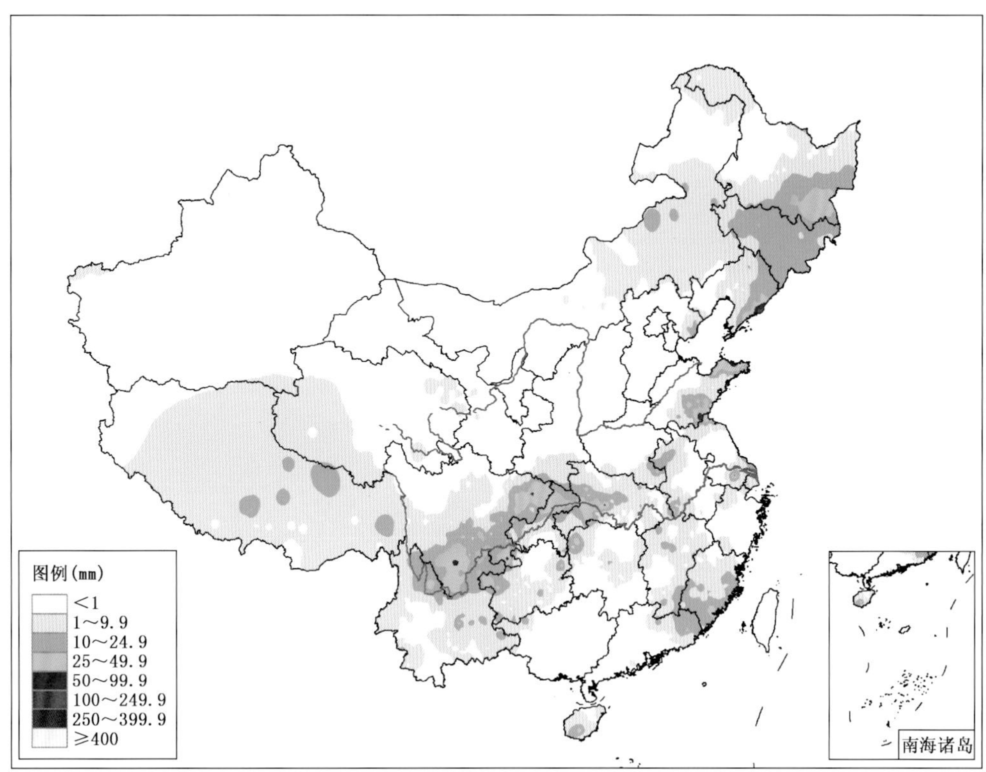

图3.6.33　2013年8月29日全国降水量分布图(单位:mm)

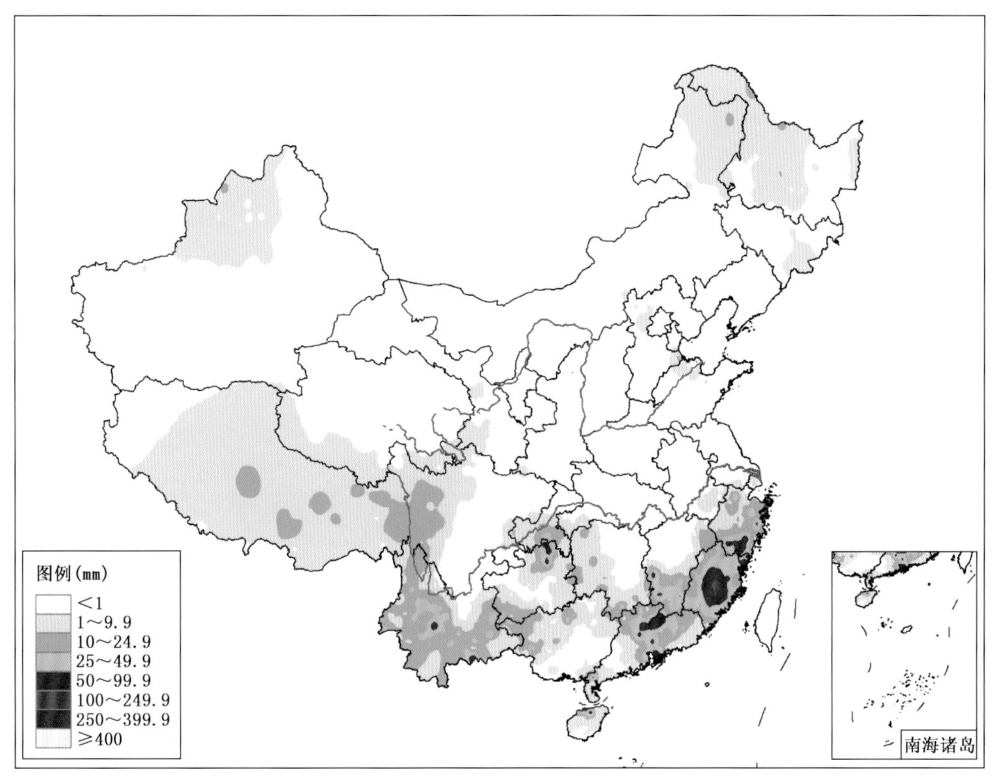

图3.6.34　2013年8月30日全国降水量分布图(单位:mm)

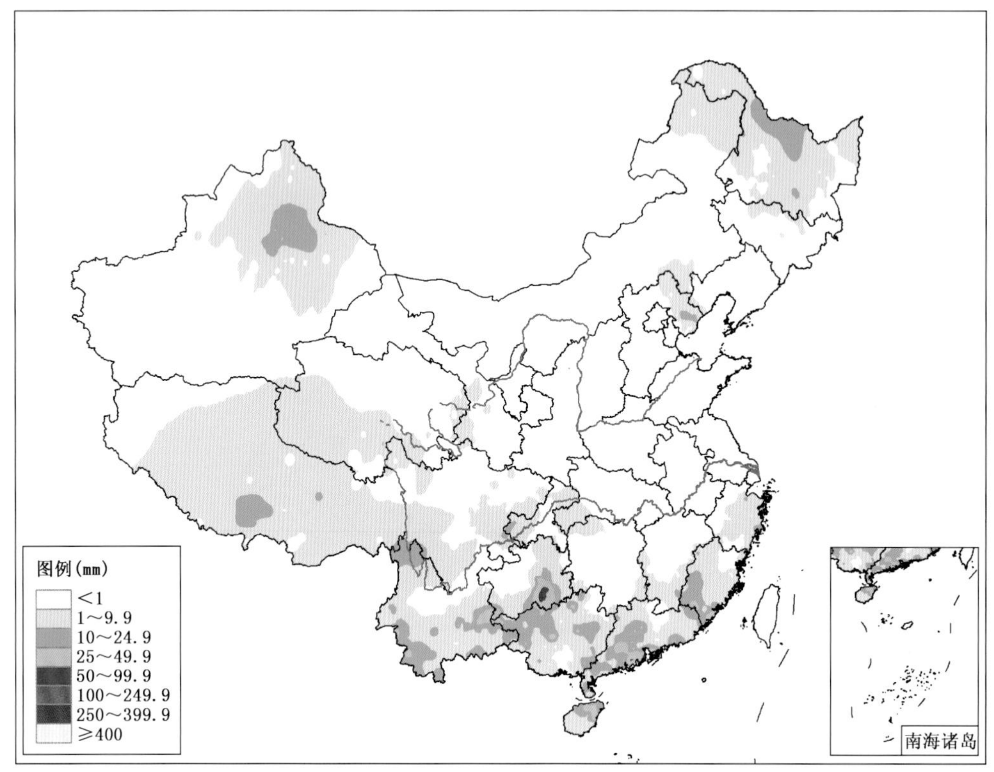

图 3.6.35 2013 年 8 月 31 日全国降水量分布图(单位:mm)

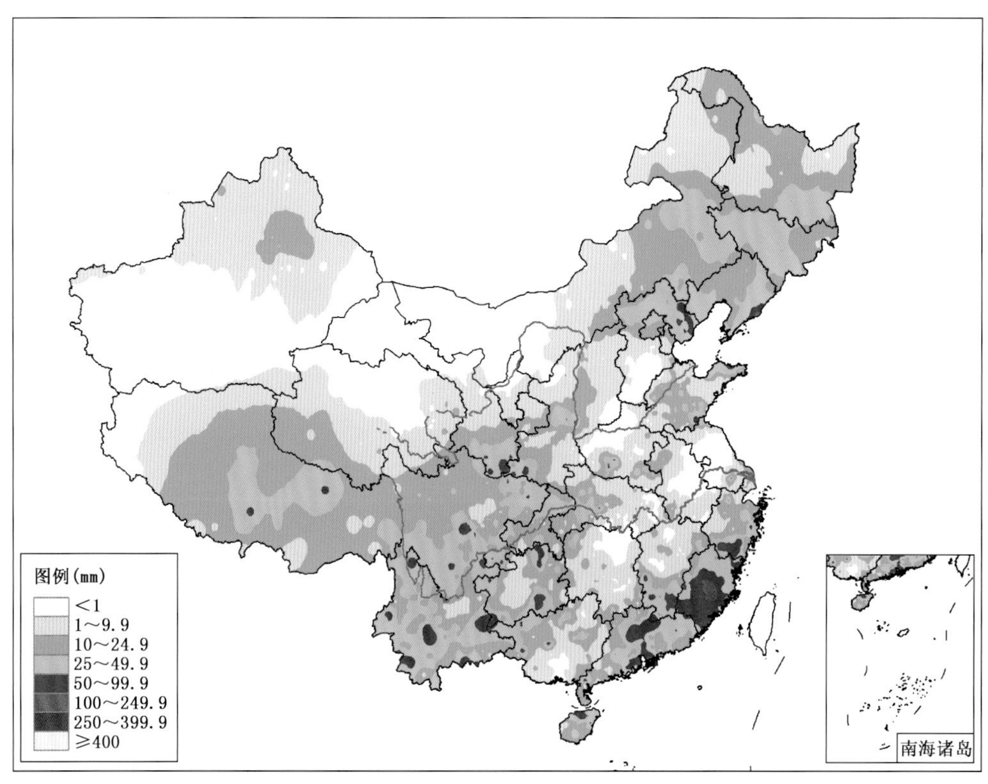

图 3.6.36 2013 年 8 月 28—31 日全国总降水量分布图(单位:mm)

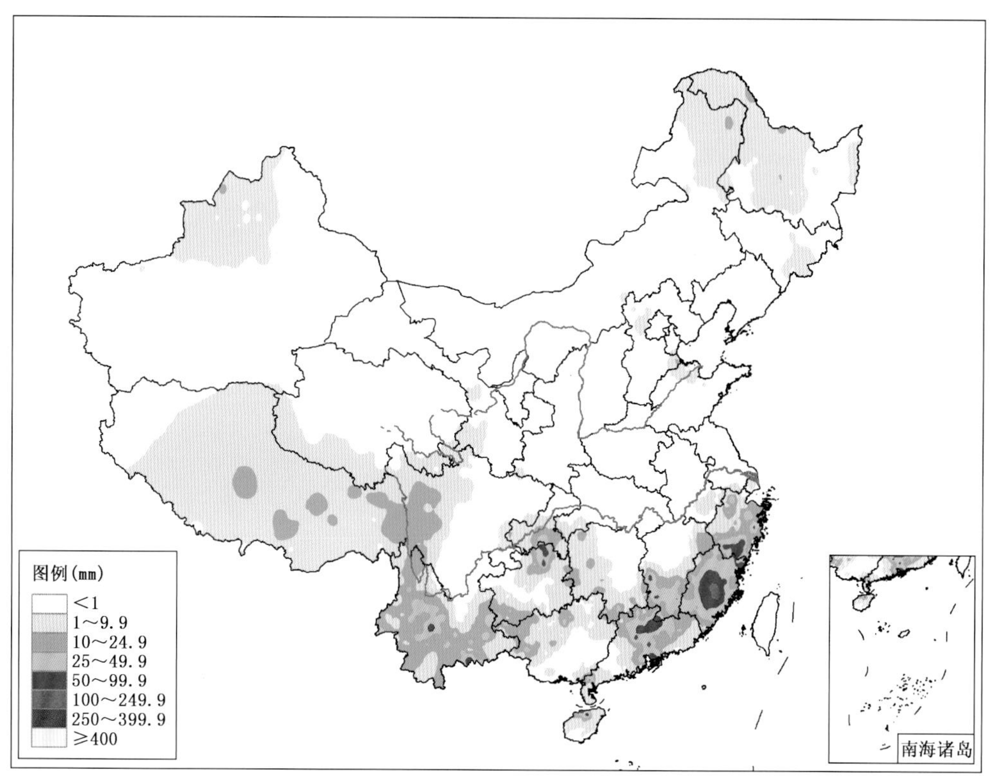

图3.6.37　2013年8月30日全国降水量分布图(单位:mm)

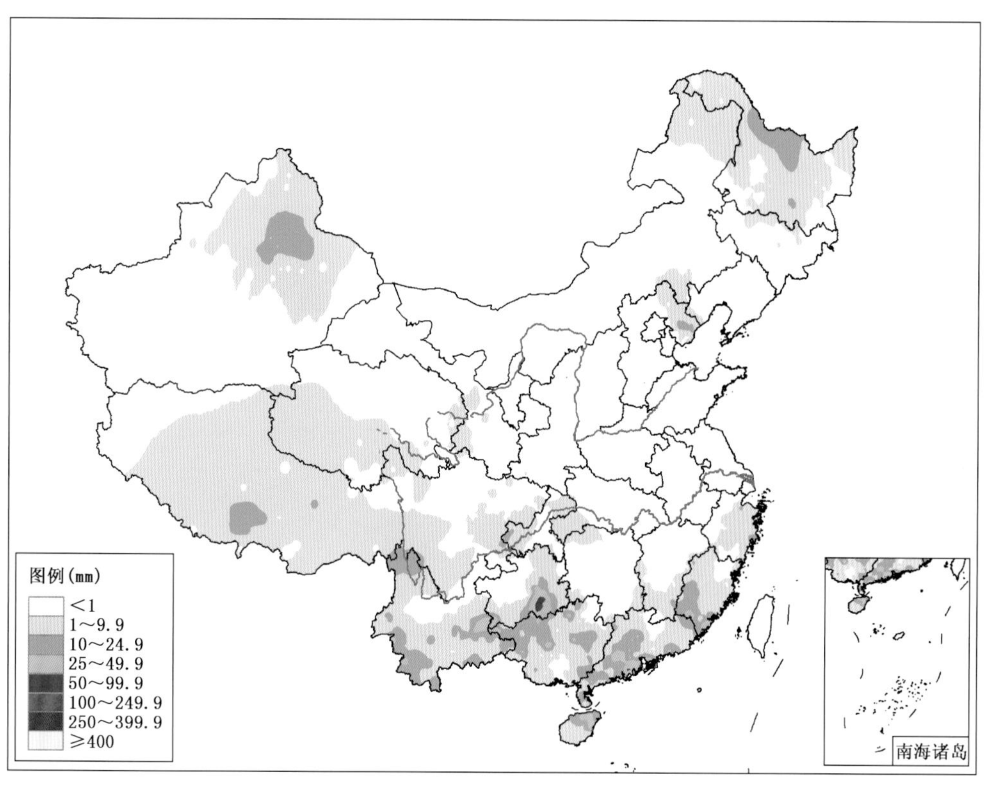

图3.6.38　2013年8月31日全国降水量分布图(单位:mm)

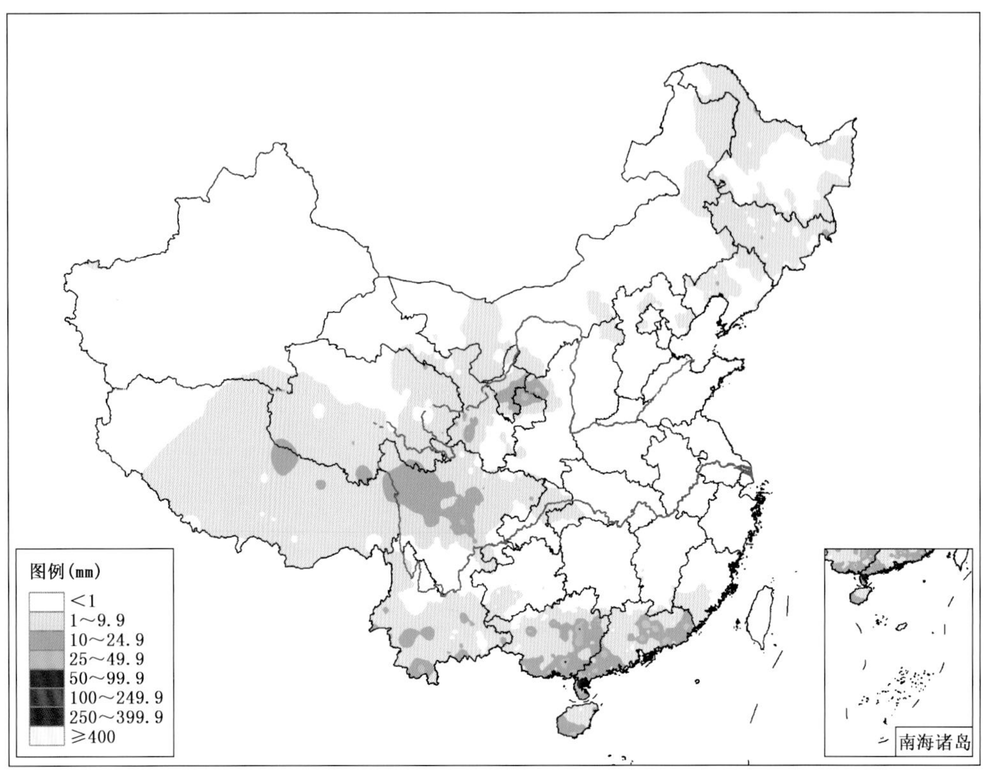

图 3.6.39　2013 年 9 月 1 日全国降水量分布图(单位:mm)

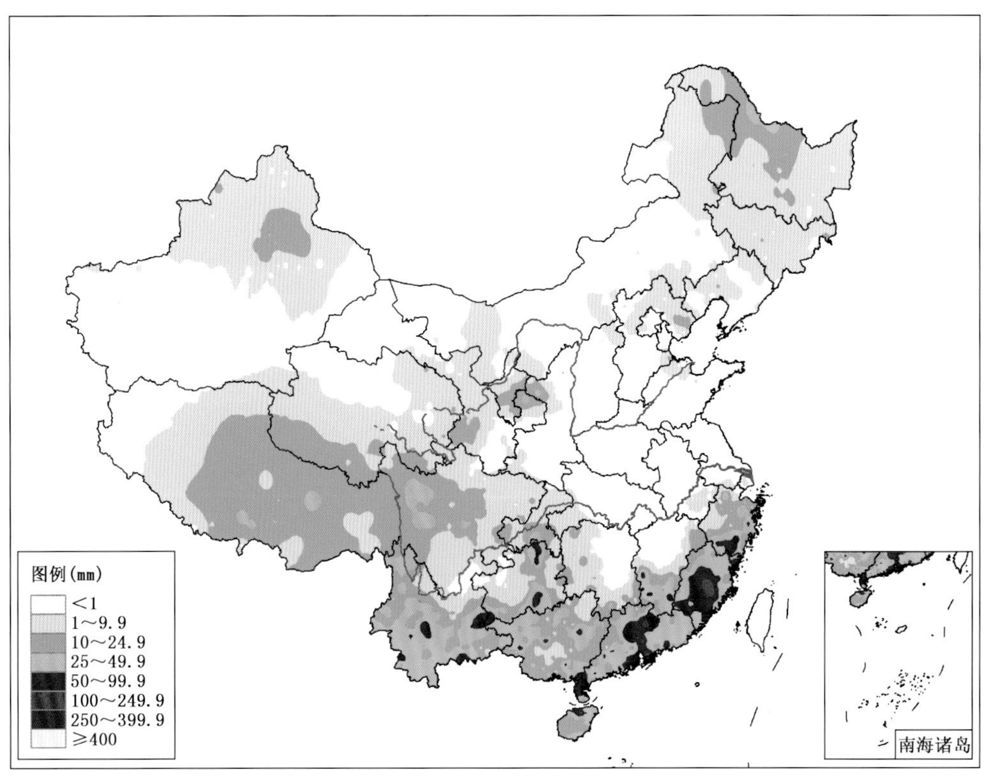

图 3.6.40　2013 年 8 月 30 日—9 月 1 日全国总降水量分布图(单位:mm)

3.7 9月主要暴雨过程(No. 36—No. 39)

第36次主要暴雨过程(No. 36):9月2—5日

9月2日,500 hPa青藏高原东侧有低值扰动生成,中低层四川盆地有西南低涡生成,受其影响,西南地区东部及鄂西南、湘西北出现降水过程,暴雨主要出现在重庆中南部部分地区及鄂西南局部地区;3日,500 hPa高原东侧低值扰动东移南压,中低层西南低涡向东南方向移动至湘渝黔交界处,受其影响,雨带整体东移南压,暴雨主要出现在湘西北及云贵交界处;4—5日,500 hPa高原东侧又有南支短波槽东移至云贵高原上空,中低层四川盆地又有西南低涡生成并向偏东方向移出,受其影响,降水区范围逐步向东扩展,但暴雨仅出现在云南东南部及华南南部部分地区(图3.7.1—图3.7.5)。

第37次主要暴雨过程(No. 37):9月10—12日

9月10日,500 hPa河套地区至青藏高原有西风槽发展东移,中低层黄淮流域至长江中上游地区有东北—西南向切变生成,受其影响,从淮河流域至云南西部出现了一条东北—西南向的狭长雨带,其中从淮河流域经江汉平原至重庆南部出现暴雨带,局部出现大暴雨;11日,500 hPa西风槽受副高阻挡东移缓慢,中低层切变线略有南压,受其影响,雨带维持少动,但暴雨分布较为零散;12日,500 hPa西风槽东移缓慢,中低层切变线略有南压,受其影响,雨带仍然维持在黄淮流域至长江中上游一线,暴雨主要出现在皖北、苏北的部分地区(图3.7.6—图3.7.9)。

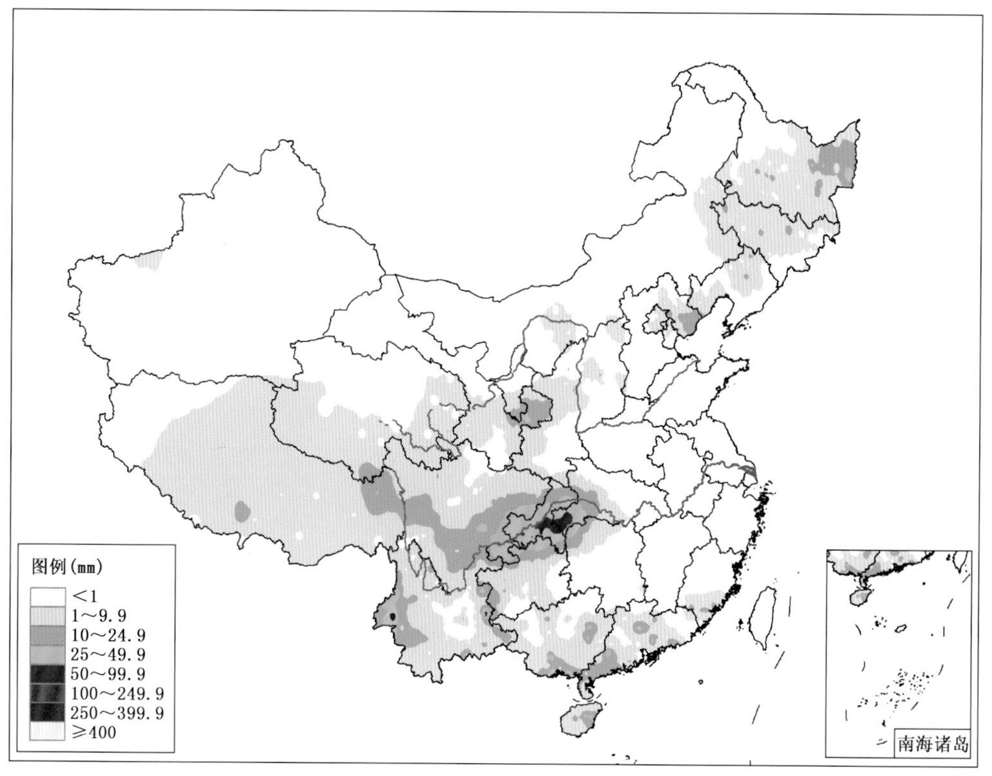

图3.7.1 2013年9月2日全国降水量分布图(单位:mm)

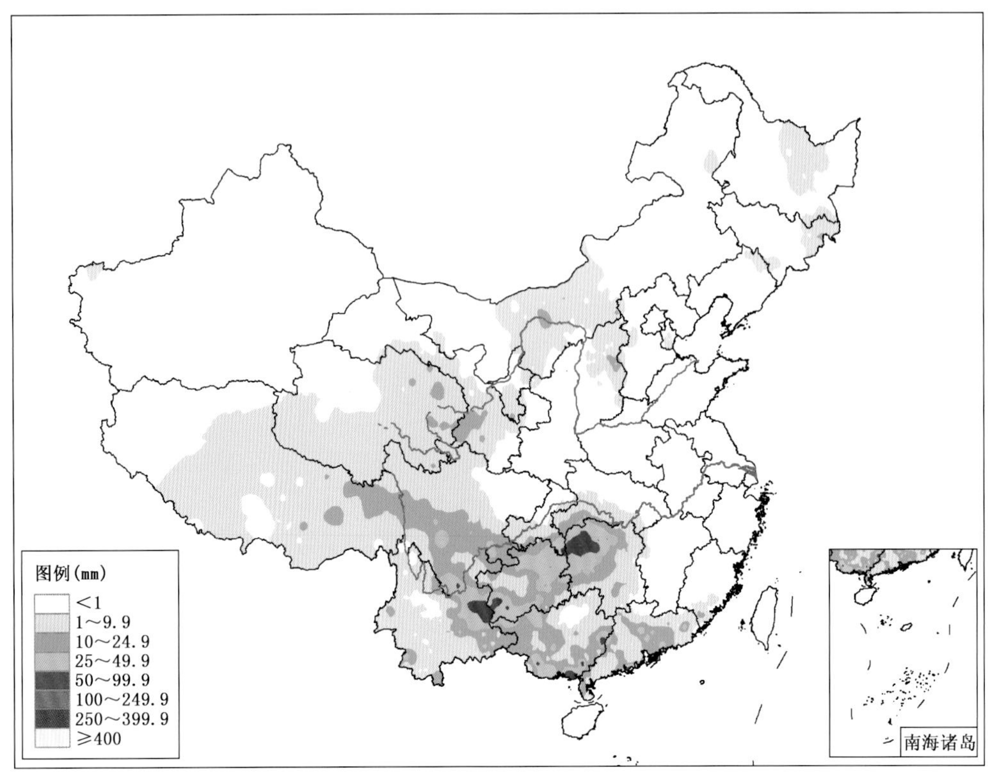

图 3.7.2 2013 年 9 月 3 日全国降水量分布图(单位:mm)

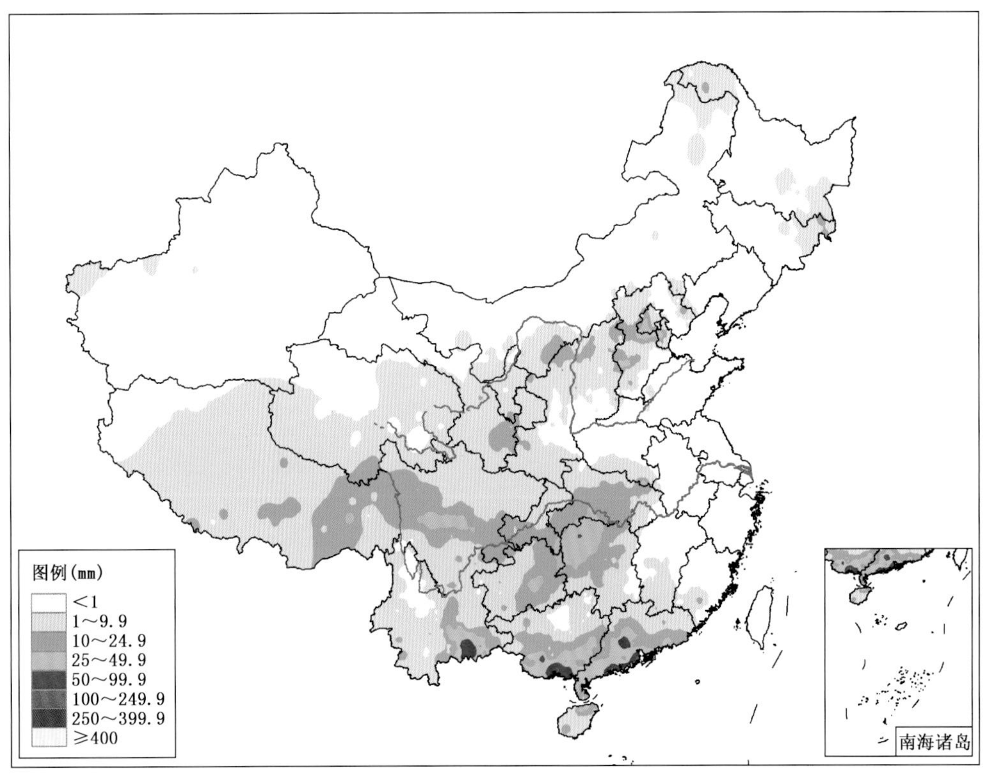

图 3.7.3 2013 年 9 月 4 日全国降水量分布图(单位:mm)

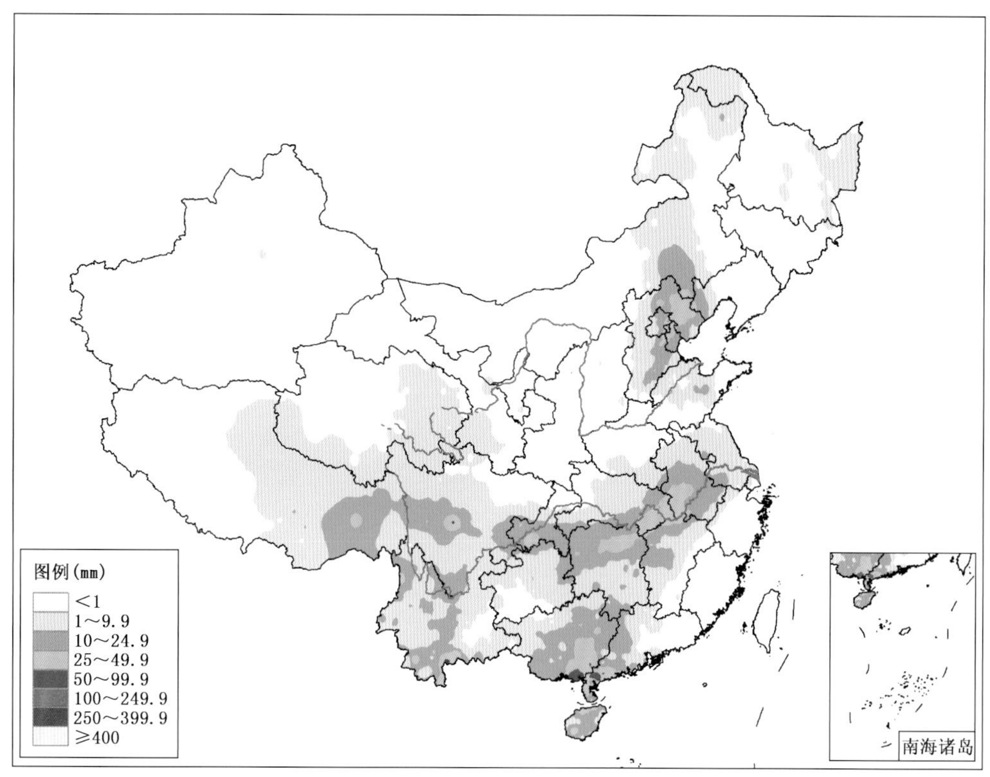

图 3.7.4　2013 年 9 月 5 日全国降水量分布图(单位:mm)

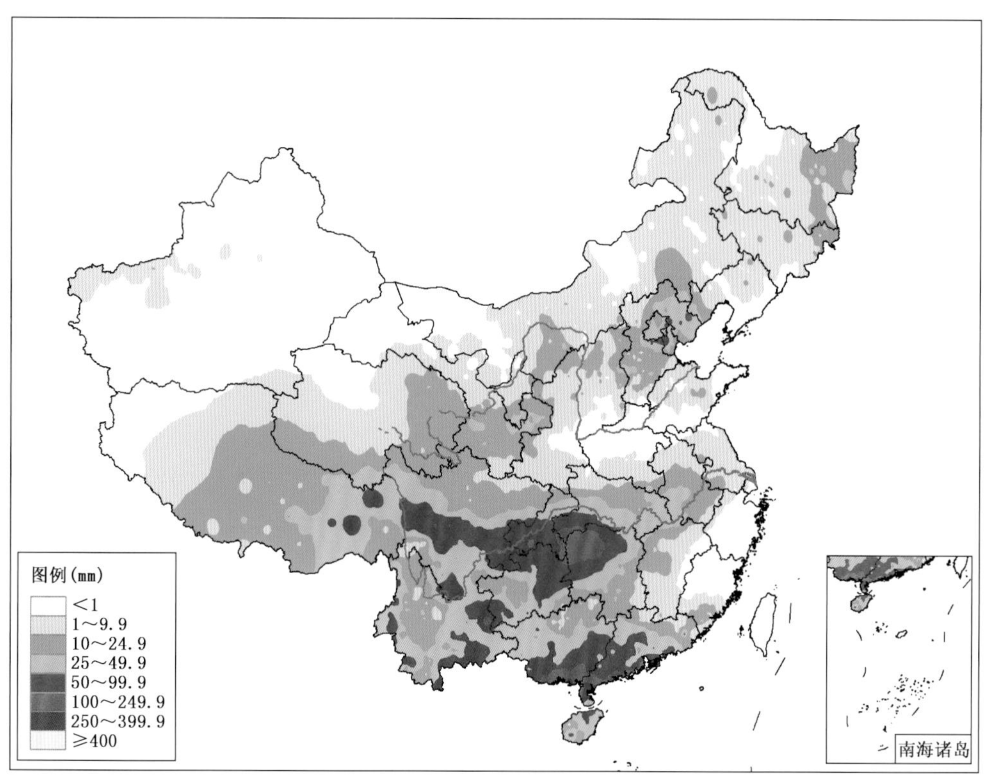

图 3.7.5　2013 年 9 月 2—5 日全国总降水量分布图(单位:mm)

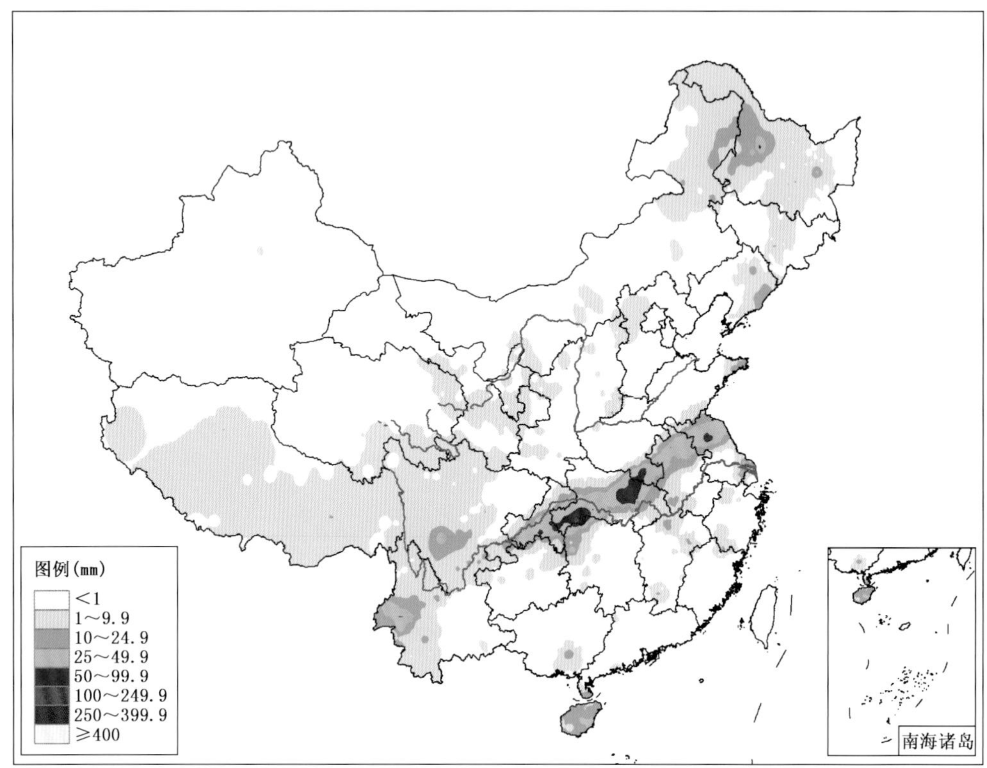

图 3.7.6　2013 年 9 月 10 日全国降水量分布图(单位:mm)

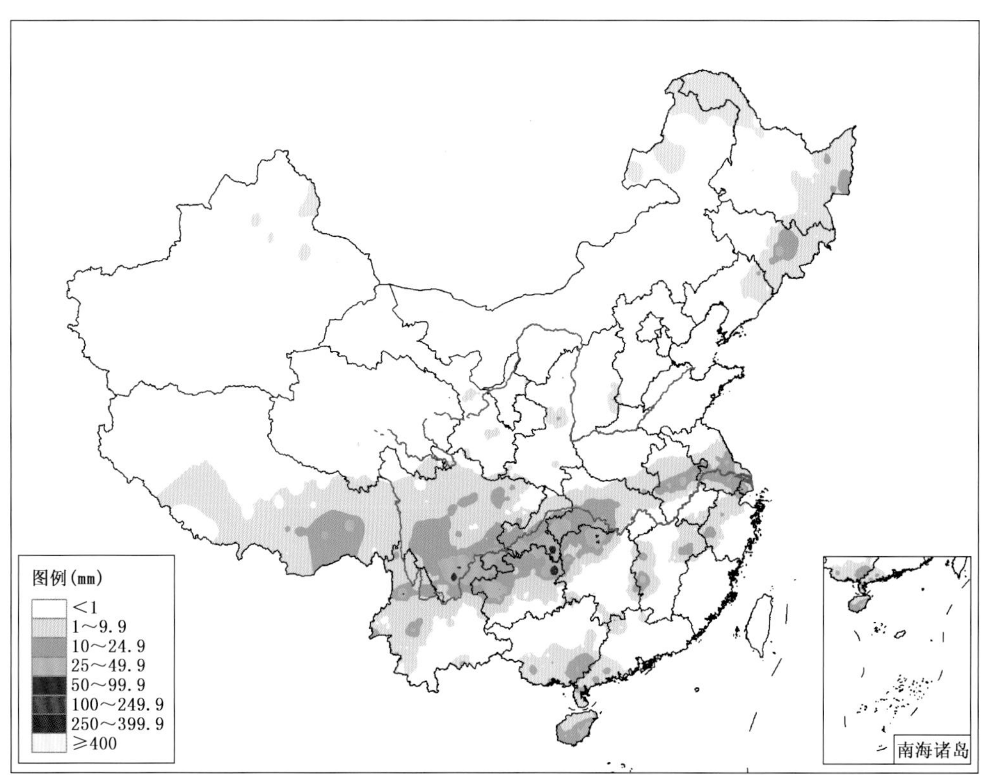

图 3.7.7　2013 年 9 月 11 日全国降水量分布图(单位:mm)

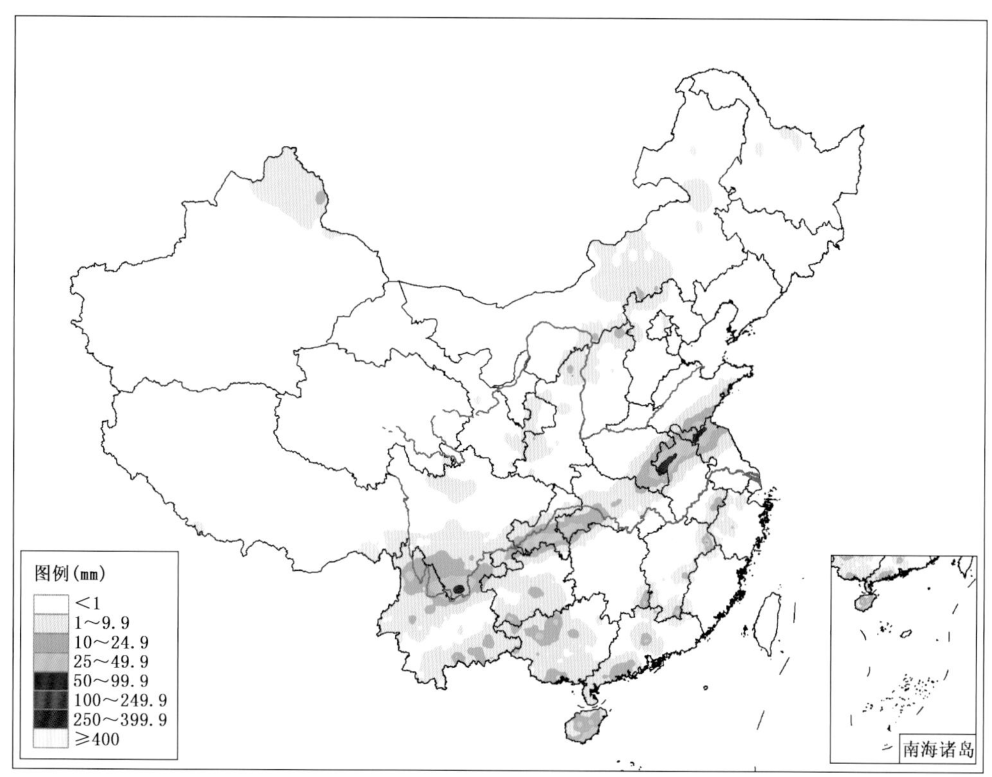

图 3.7.8　2013 年 9 月 12 日全国降水量分布图(单位:mm)

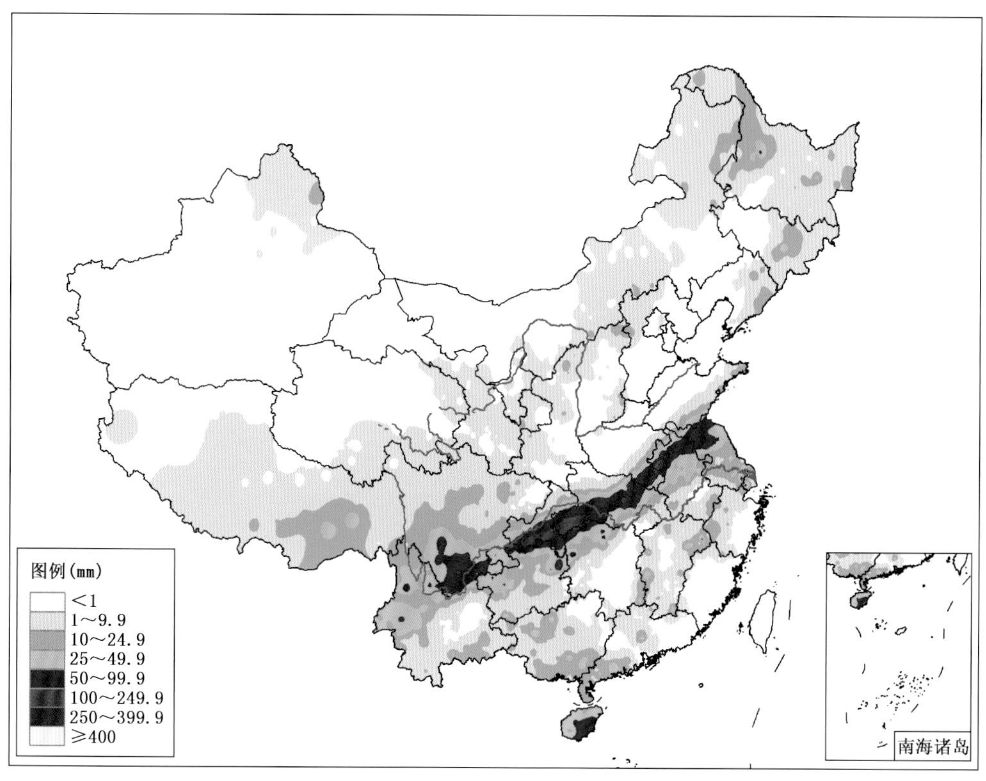

图 3.7.9　2013 年 9 月 10—12 日全国总降水量分布图(单位:mm)

第 38 次主要暴雨过程(No. 38):9 月 17—19 日

9 月 17 日,500 hPa 副高脊线位于 32°N 附近,青藏高原东北侧有短波槽生成,中低层四川盆地有西南低涡,河套地区至华北北部有暖式切变线,受其影响,四川盆地—河套地区—华北中部出现降水,局部地区出现暴雨;18 日,500 hPa 副高加强北抬,短波槽受副高阻挡停滞少动,中低层低涡切变也停滞少动,受其影响,雨带向北扩展到内蒙古中部地区,局部出现暴雨;19 日,500 hPa 蒙古中部至我国河套地区西风槽发展东移,中低层低涡切变整体东移南压,受其影响,雨带继续向东北方向扩展,而暴雨则主要出现在四川盆地西部至陕西西南部,四川盆地多站出现大暴雨(图 3.7.10—图 3.7.13)。

第 39 次主要暴雨过程(No. 39):9 月 22—25 日

9 月 22 日,1319 号超强台风"天兔"(Usagi)于当日 19 时在广东省汕尾市登陆,登陆时强度已减弱为强台风,受其影响,东南沿海地区出现降水,暴雨主要出现在广东、福建交界的沿海及其附近地区;23 日,"天兔"登陆后强度逐步减弱为台风、热带低压,并向西北偏北方向进入广西境内,与此同时,贝加尔湖至河套地区有西风槽、切变线东移进入东北及华北地区,受其影响,我国出现大范围降水,其中一条雨带从四川盆地伸展到东北地区,而中东部地区则为另一片大范围雨区,暴雨主要出现在辽宁中部、山东沿海及华南中东部,其中华南多站出现大暴雨;24 日,"天兔"在广西境内减弱消散,而华北、东北地区的西风槽、切变线迅速东移南压,台风倒槽与切变线在长江中游地区交汇,受其影响,华北、东北降水结束,而淮河流域、长江中下游地区、贵州、湖南、广西等地出现强降水,江苏北部至贵州西部出现东北—西南向的暴雨带,其中江汉平原南部、湘西北多站出现大暴雨;25 日,受低压倒槽和切变线的共同影响,雨区整体南压,江汉平原南部及湘西北依然出现暴雨到大暴雨,另外,广西部分地区也出现暴雨(图 3.7.14—图 3.7.18)。

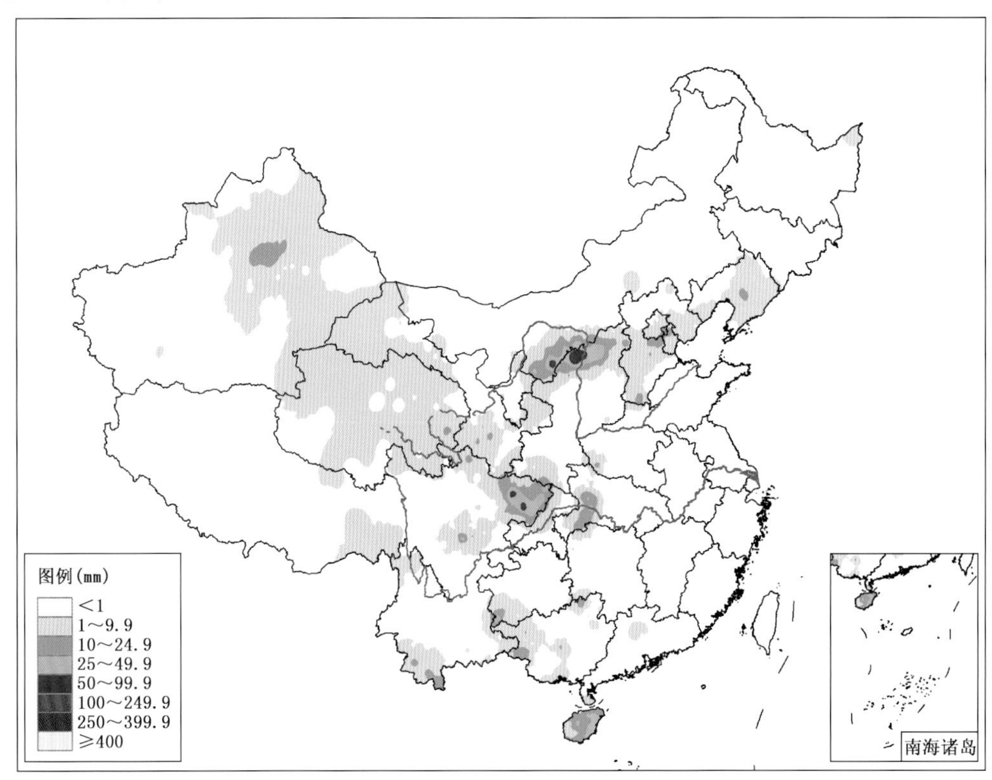

图 3.7.10　2013 年 9 月 17 日全国降水量分布图(单位:mm)

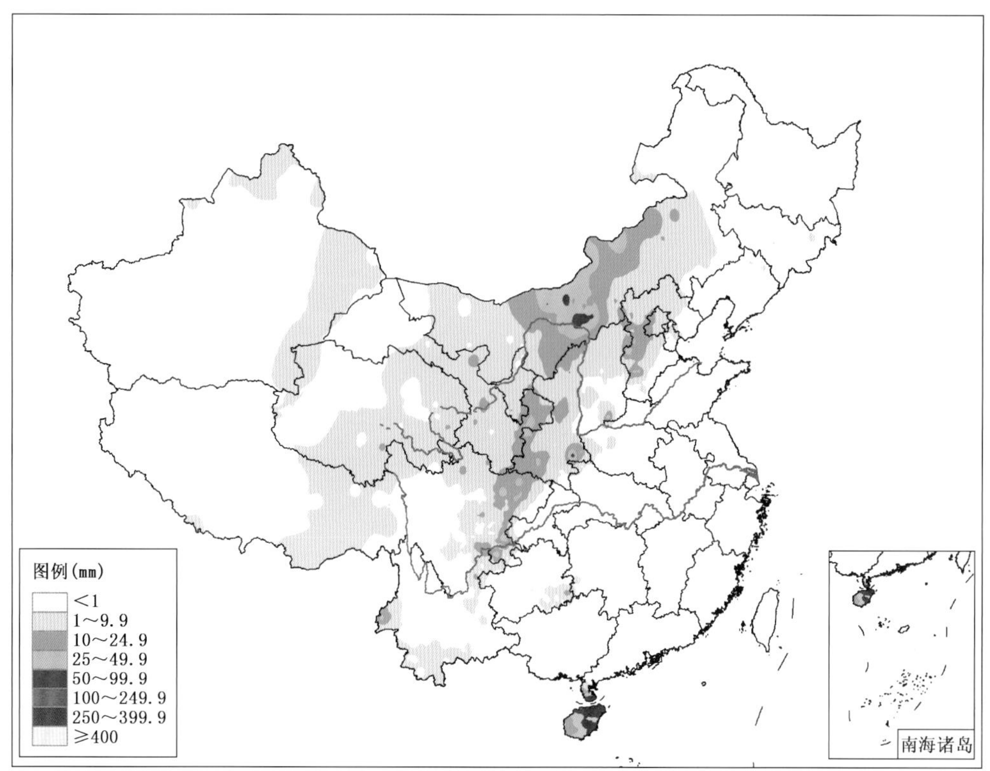

图3.7.11　2013年9月18日全国降水量分布图(单位:mm)

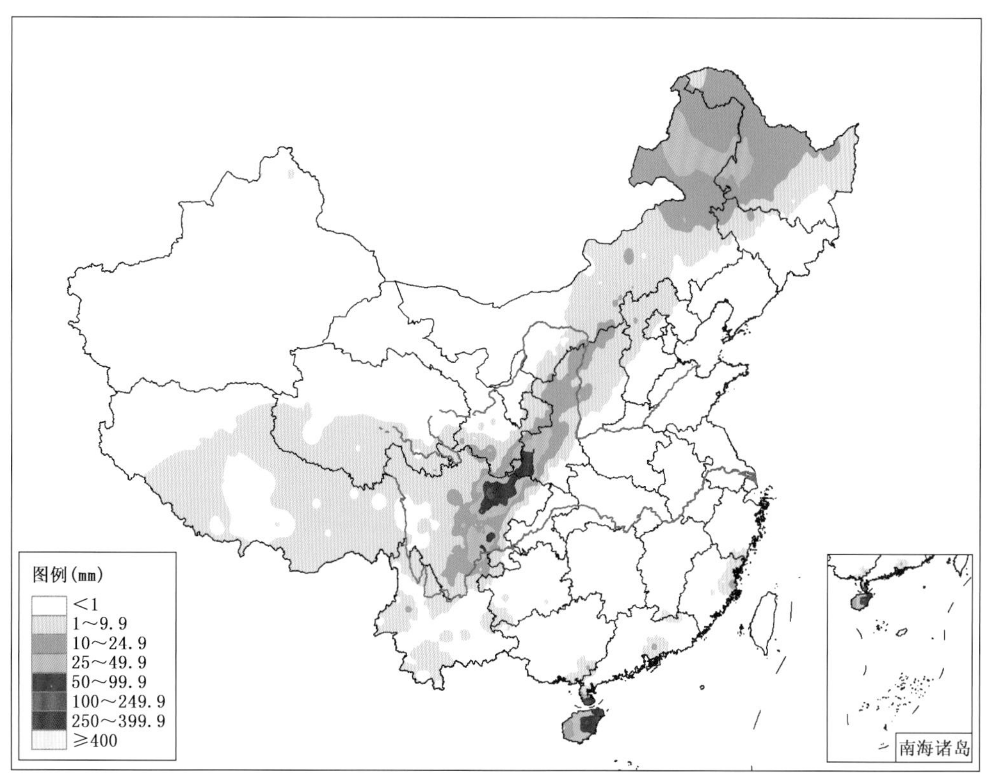

图3.7.12　2013年9月19日全国降水量分布图(单位:mm)

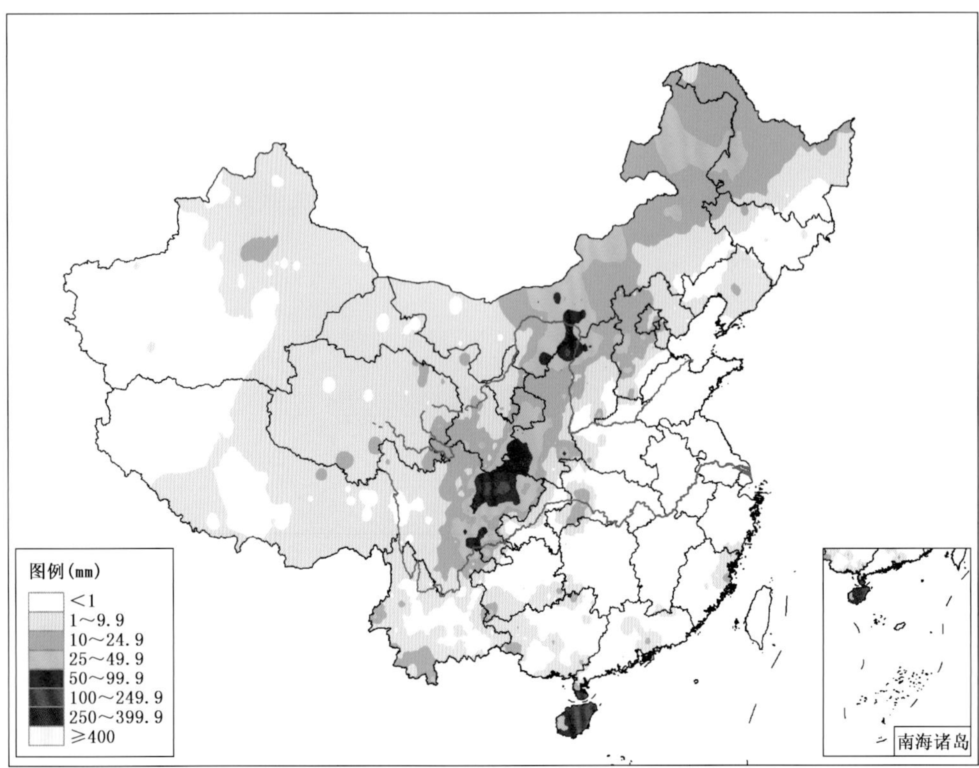

图 3.7.13　2013 年 9 月 17—19 日全国总降水量分布图(单位:mm)

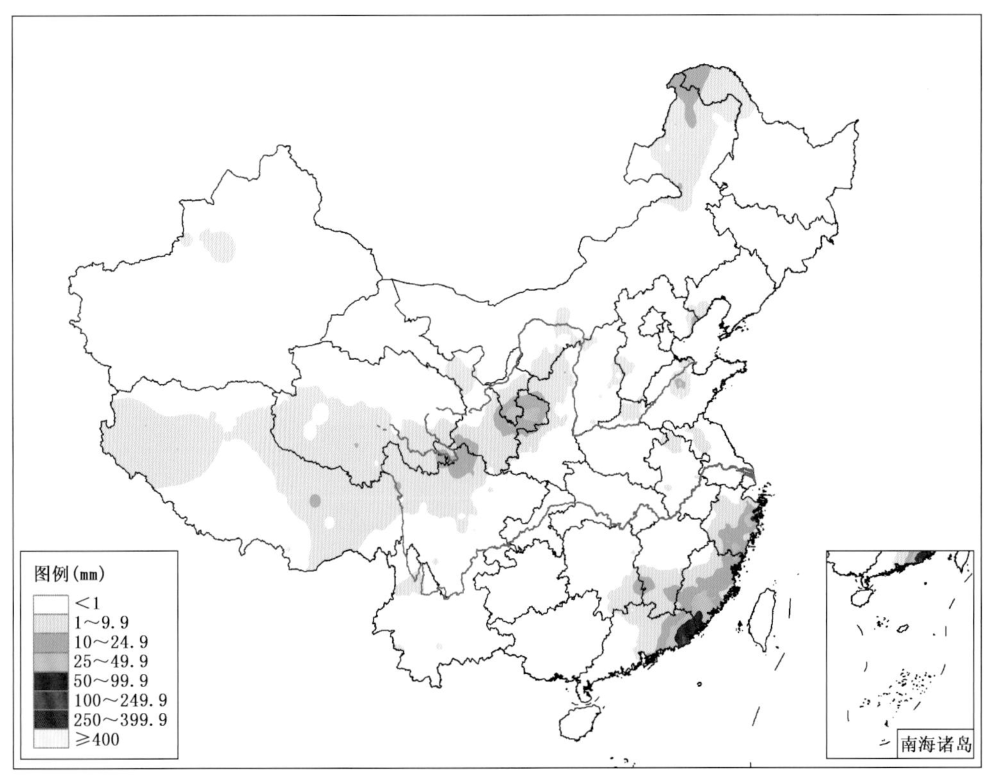

图 3.7.14　2013 年 9 月 22 日全国降水量分布图(单位:mm)

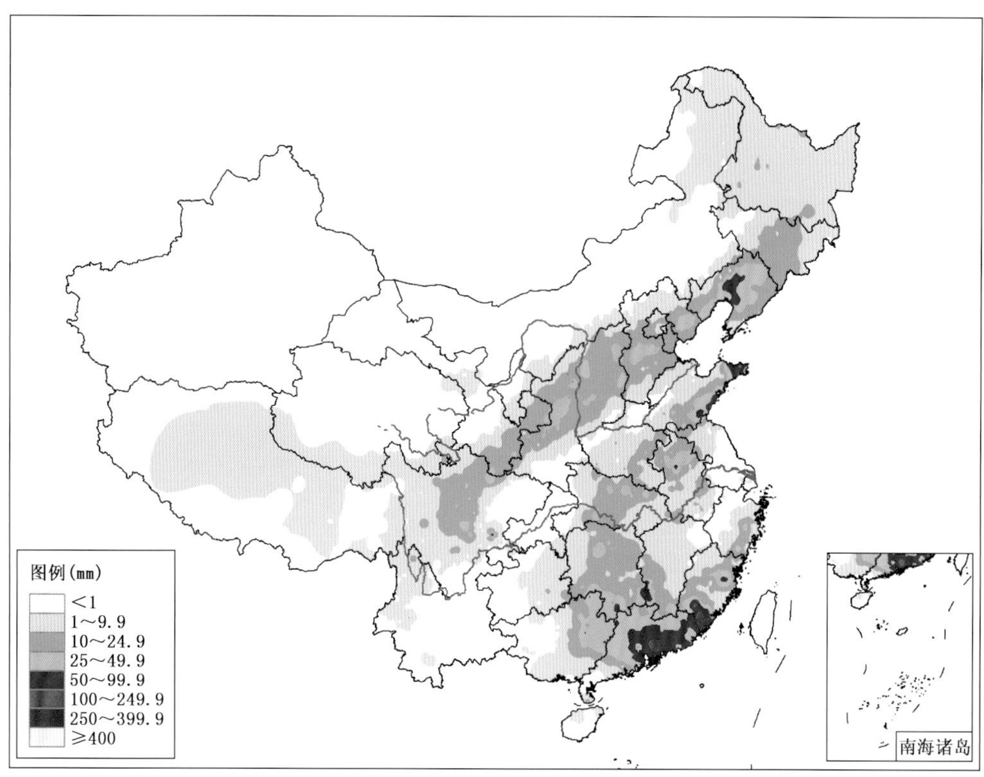

图 3.7.15　2013 年 9 月 23 日全国降水量分布图(单位:mm)

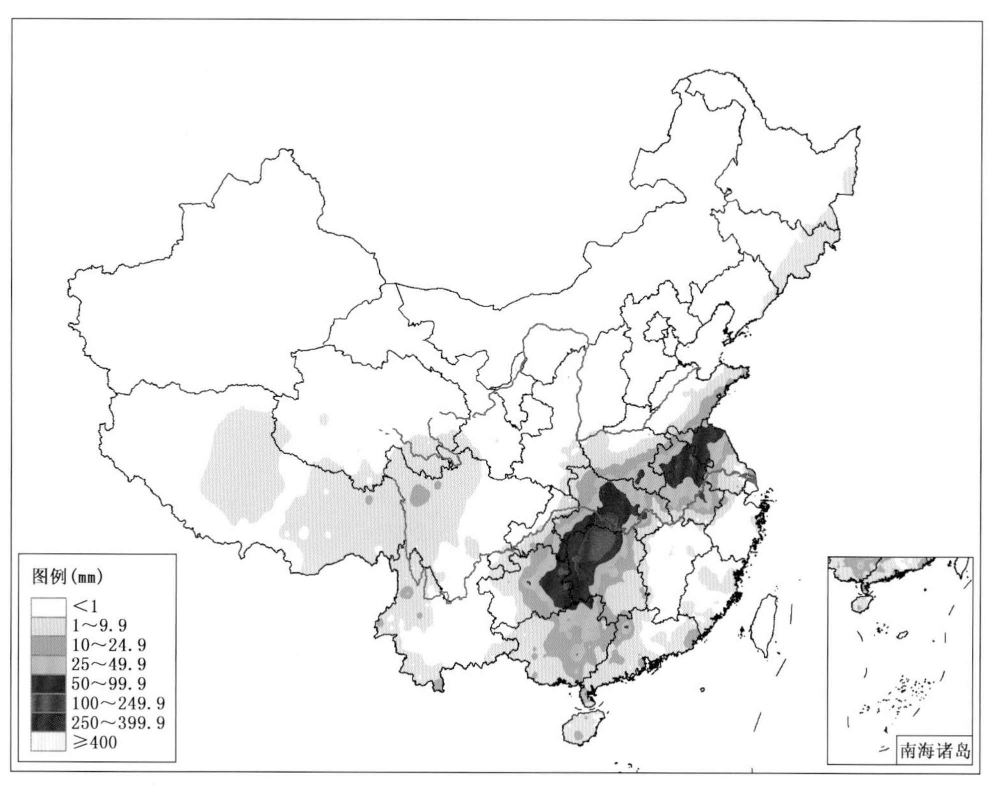

图 3.7.16　2013 年 9 月 24 日全国降水量分布图(单位:mm)

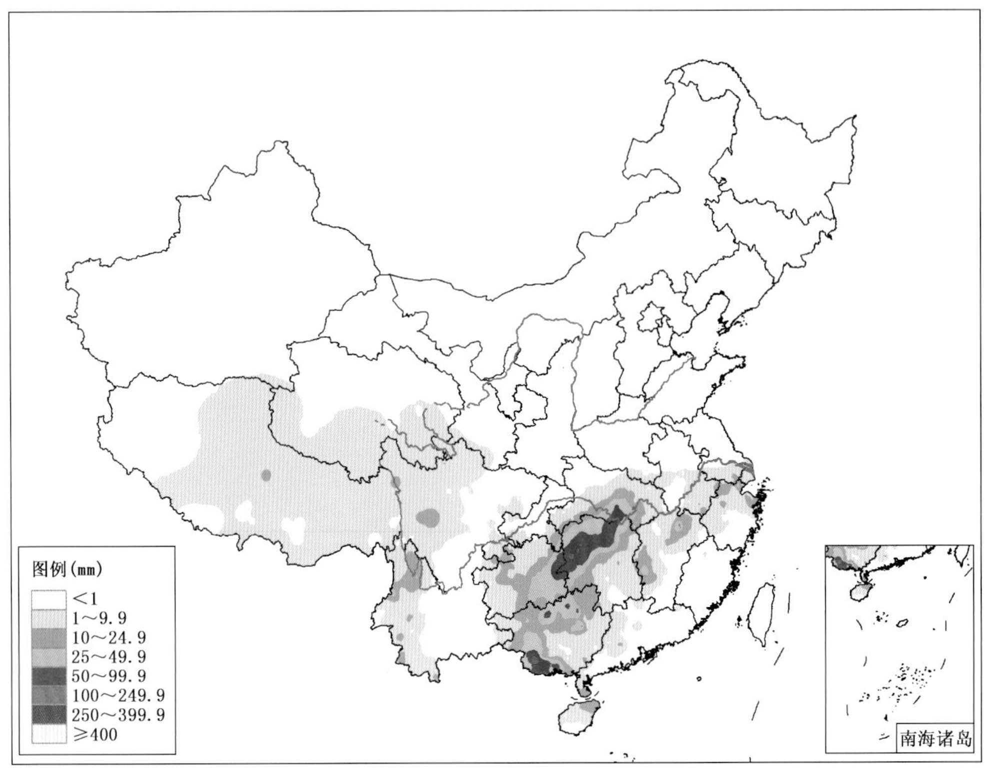

图 3.7.17　2013 年 9 月 25 日全国降水量分布图(单位:mm)

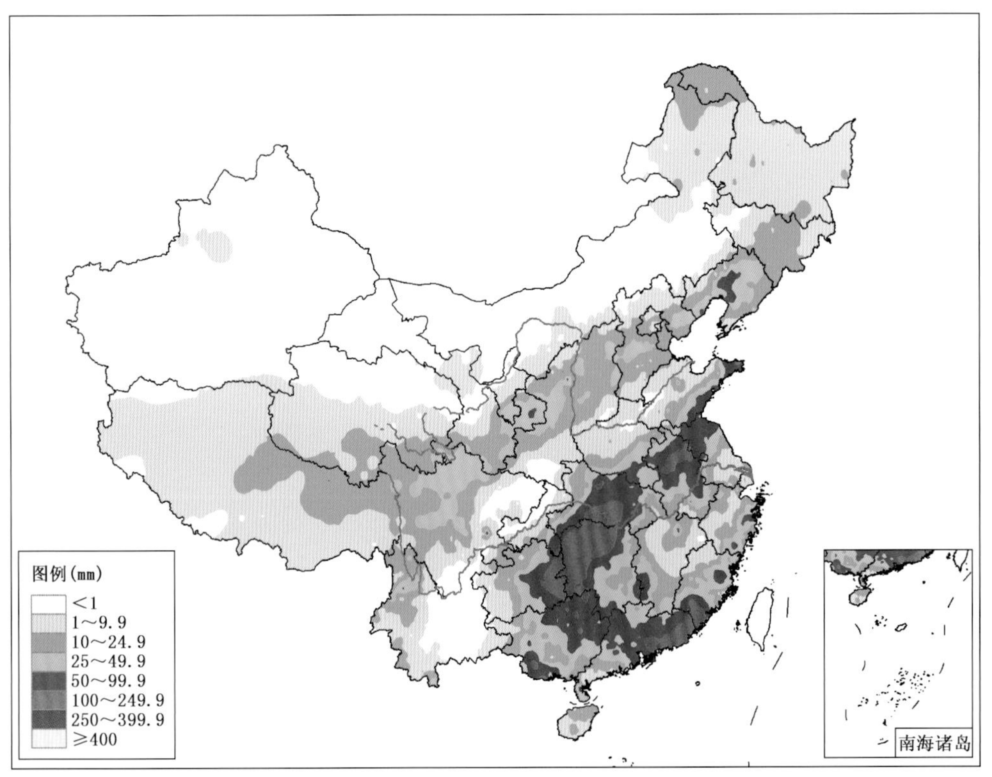

图 3.7.18　2013 年 9 月 22—25 日全国总降水量分布图(单位:mm)

3.8　10月主要暴雨过程(No. 40)

第40次主要暴雨过程(No. 40):10月6—8日

10月6日,1323号强台风“菲特”(Fitow)向西北偏西方向进入我国东海海域,逐渐靠近浙闽交界,受其影响,浙江沿海及北部部分地区出现暴雨;7日,“菲特”在福建省福鼎市登陆,登陆后转向偏西方向移动,强度迅速减弱,当日早晨减弱为热带风暴,下午减弱为热带低压,之后在福建省境内消散,受其影响,降水范围扩大、强度加强,浙江大部、上海、江苏南部出现暴雨到大暴雨,其中浙江宁波、温州、绍兴地区出现6站特大暴雨,宁波余姚、奉化日雨量同时达到395.6 mm;8日,受残留气旋环流及其残留云系影响,我国东部地区仍有较大范围降水,浙江中北部、上海和江苏东南部出现暴雨到大暴雨,其中浙江海宁出现260.5 mm的特大暴雨(图3.8.1—图3.8.4)。

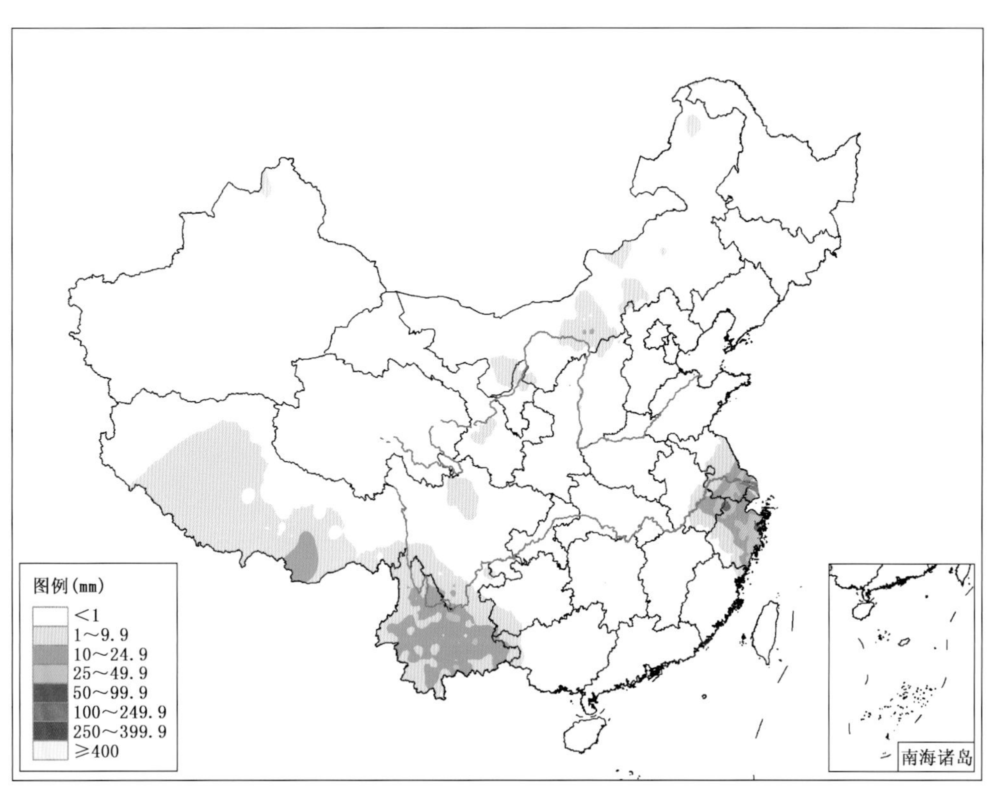

图3.8.1　2013年10月6日全国降水量分布图(单位:mm)

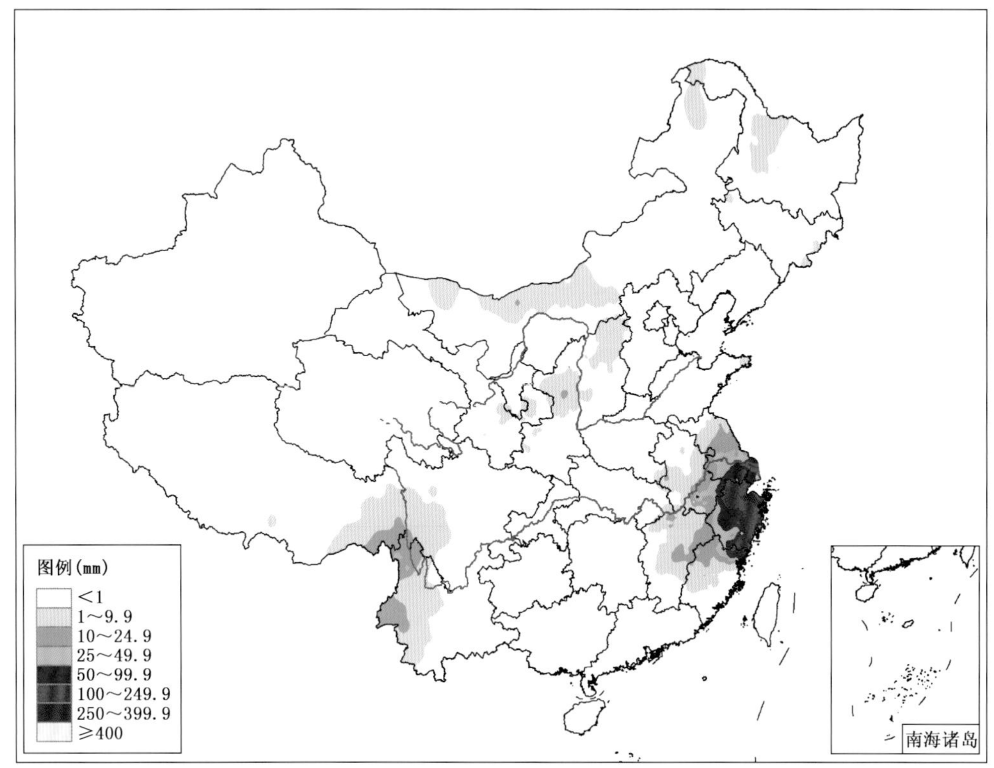

图 3.8.2　2013 年 10 月 7 日全国降水量分布图(单位:mm)

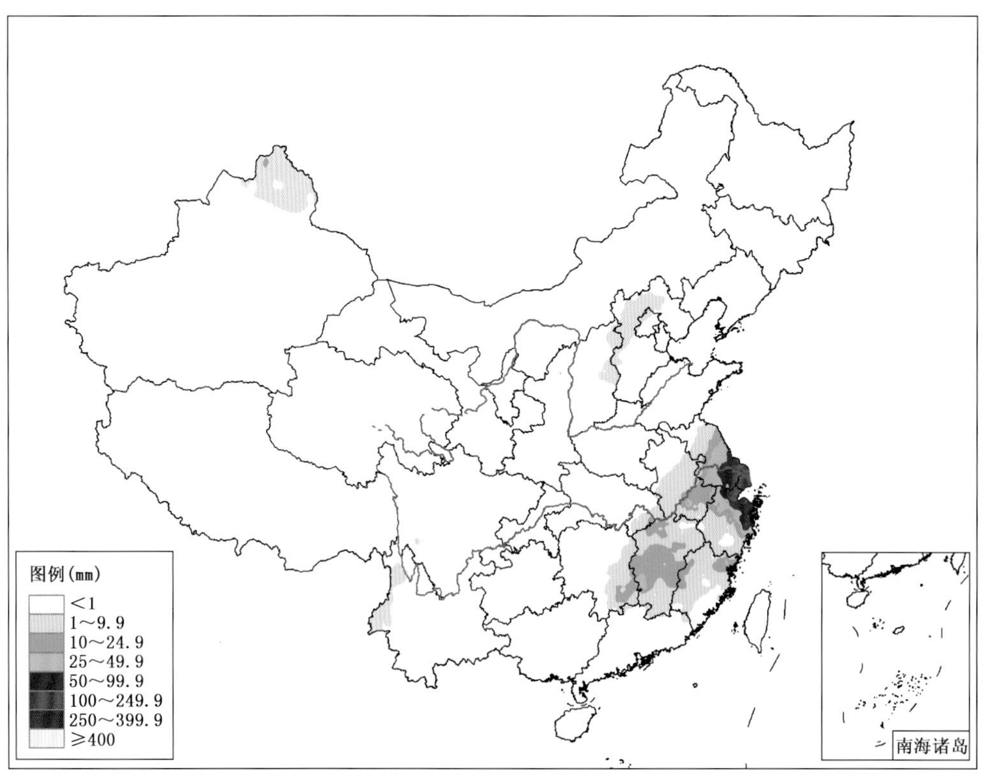

图 3.8.3　2013 年 10 月 8 日全国降水量分布图(单位:mm)

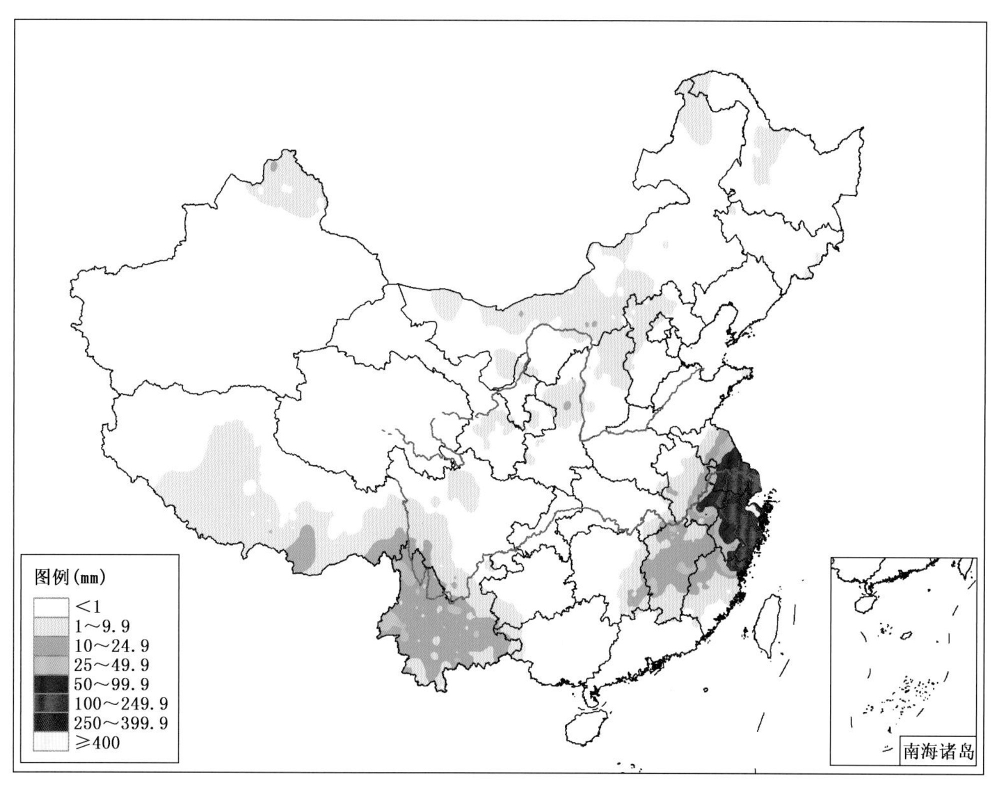

图 3.8.4 2013年10月6—8日全国总降水量分布图(单位:mm)

3.9 11月主要暴雨过程(No. 41)

第41次主要暴雨过程(No. 41):11月10—12日

11月10日,1330号超强台风"海燕"(Haiyan)在南海海域向西北方向移动,强度减弱为台风,并在距离海南省西南部乐东县25 km的海域擦过进入北部湾,受其影响,华南出现降水,暴雨主要出现在海南岛大部及广东局部,海南岛多站出现大暴雨;11日,"海燕"在越南东北部沿海登陆,后又折向东北方向移动,当日早晨强度减弱为强热带风暴,之后进入我国广西境内,下午减弱为热带风暴,夜间减弱为热带低压,之后在广西境内消散,受其影响,华南、江南出现大范围降水,除海南东南部、江西中部、湖南中部局部出现暴雨外,广西大部出现暴雨,其中中南部多站出现大暴雨,宾阳、横县、浦北及北海四站出现特大暴雨;12日,受"海燕"消散后残留气旋环流及残留云系的影响,雨区整体向东北方向略有移动,暴雨主要出现在广东西南部、广西东部偏东地区、湖南南部局部和江西中部,广东茂名地区出现大暴雨(图3.9.1—图3.9.4)。

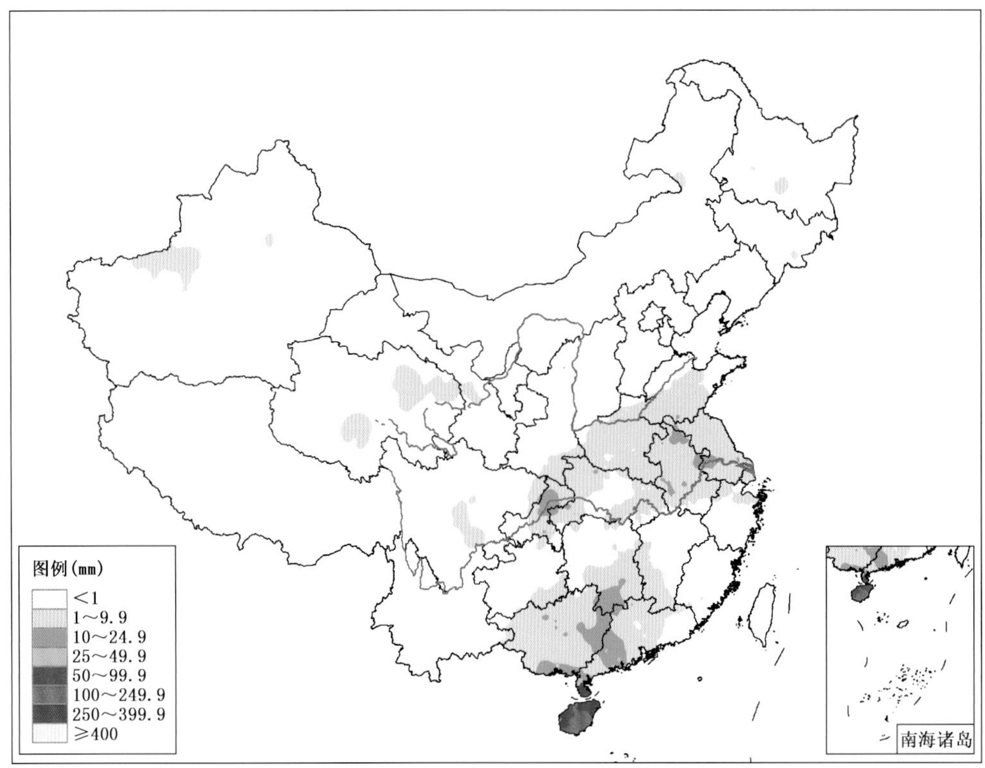

图 3.9.1　2013 年 11 月 10 日全国降水量分布图(单位:mm)

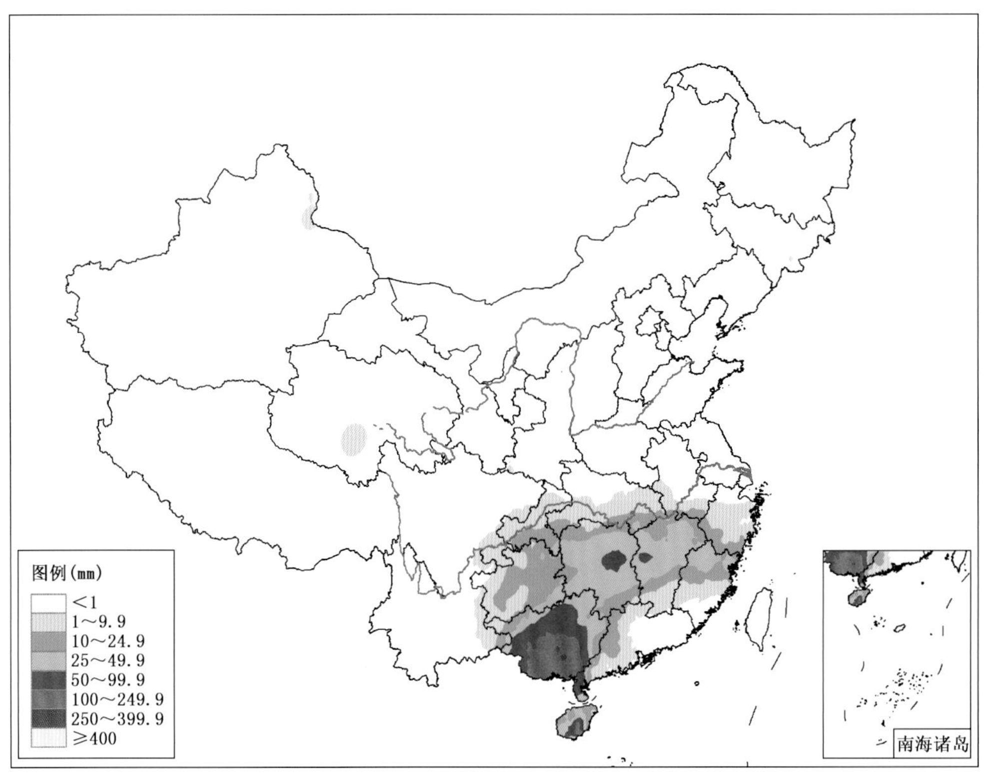

图 3.9.2　2013 年 11 月 11 日全国降水量分布图(单位:mm)

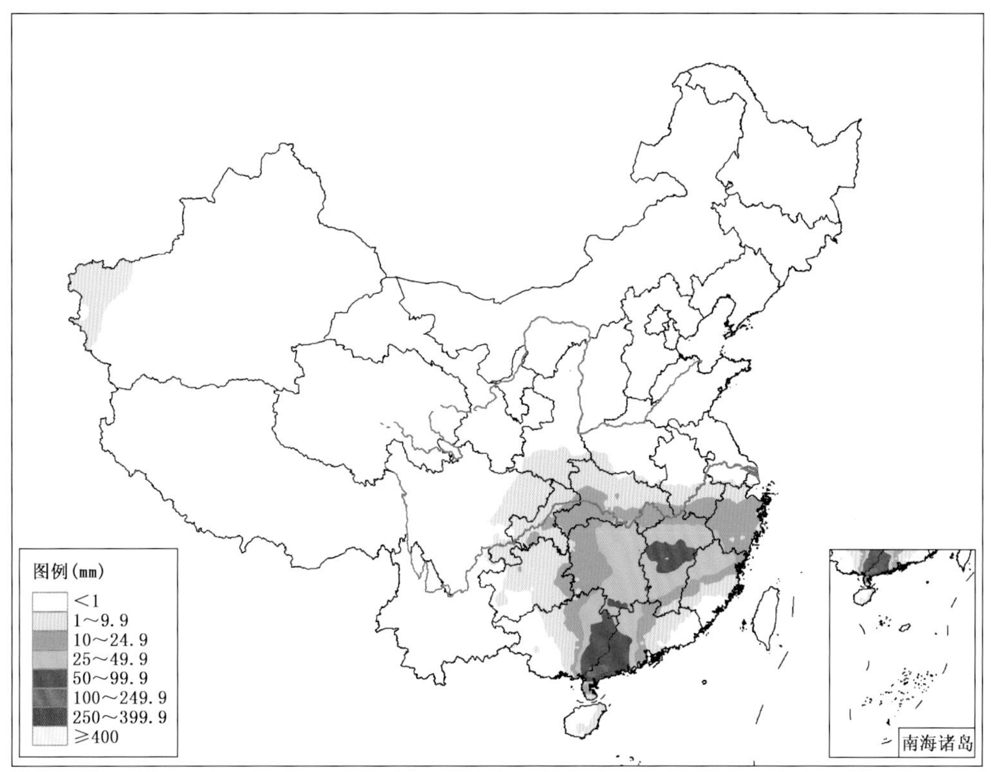

图 3.9.3　2013 年 11 月 12 日全国降水量分布图(单位:mm)

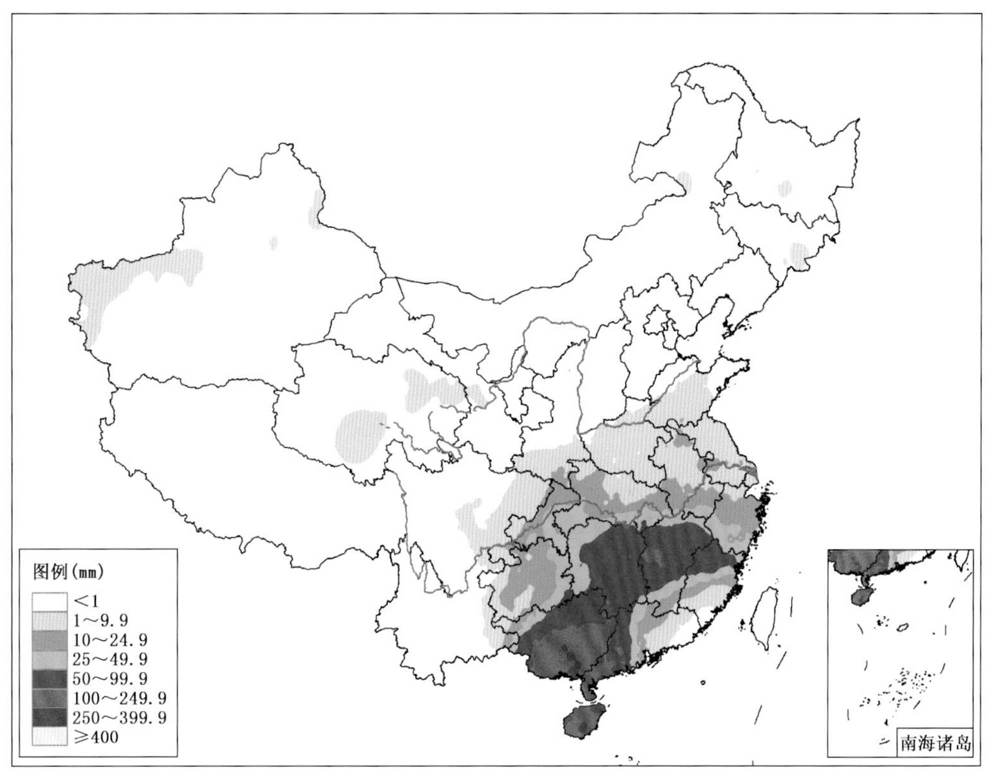

图 3.9.4　2013 年 11 月 10—12 日全国总降水量分布图(单位:mm)

3.10 12月主要暴雨过程(No. 42)

第42次主要暴雨过程(No. 42):12月14—16日

12月14日,500 hPa青藏高原东部上空及缅甸上空有南支短波槽发展,700 hPa缅甸至四川盆地有明显的低涡切变发展,850 hPa我国西北地区有高压脊向东南方向伸展,江南、华南受高压脊南侧的偏东气流控制,并与南海地区的偏南暖湿气流在华南南部形成切变,受其影响,云贵高原南部、江南南部及华南地区出现较大范围降水,暴雨主要出现在广西中部;15日,500 hPa南支短波槽稳定少动,700 hPa低涡切变缓慢东移南压,850 hPa华南南部切变稳定少动,受其影响,降水范围扩大至西南地区东部、江南、华南,雨区中形成两条暴雨带,一条位于云南东南部至广西西部,另一条位于海南至广东南部,两条雨带中均有局部大暴雨;16日,500 hPa南支短波槽发展加深、缓慢东移,700 hPa低涡切变继续东移南压,850 hPa华南南部切变继续维持,受其影响,降水范围整体略有东移,强度加强,从广东西部至浙江中部形成了一条东北—西南向的密集的暴雨带,广东中西部部分站点出现大暴雨(图3.10.1—图3.10.4)。

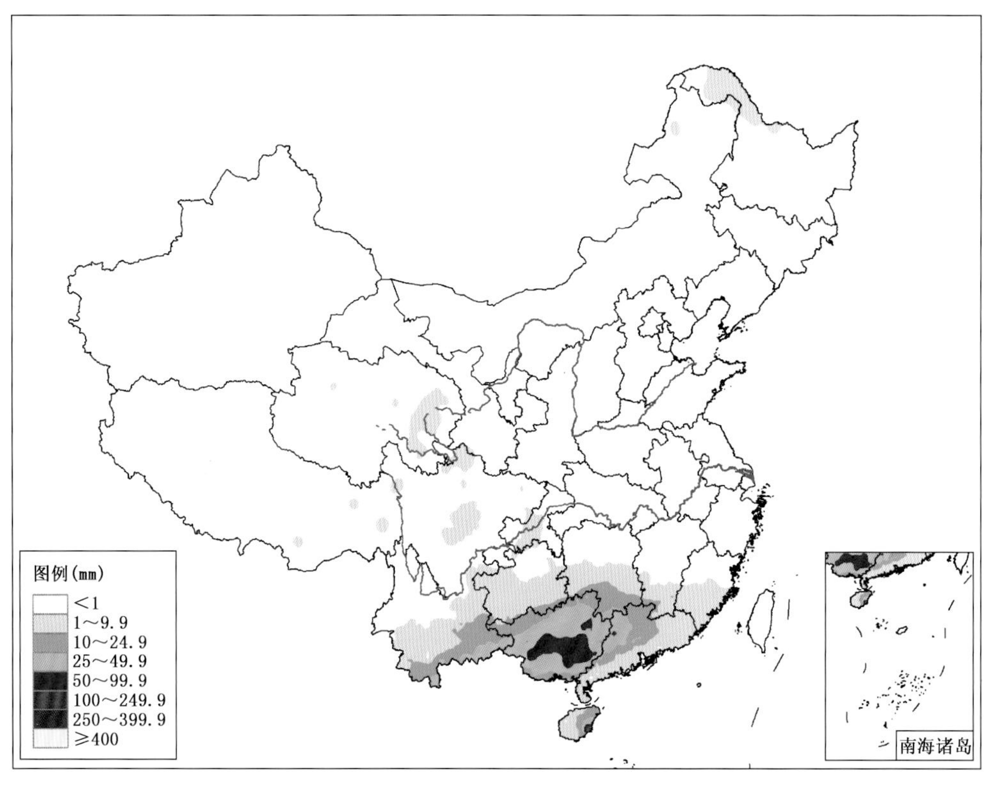

图3.10.1 2013年12月14日全国降水量分布图(单位:mm)

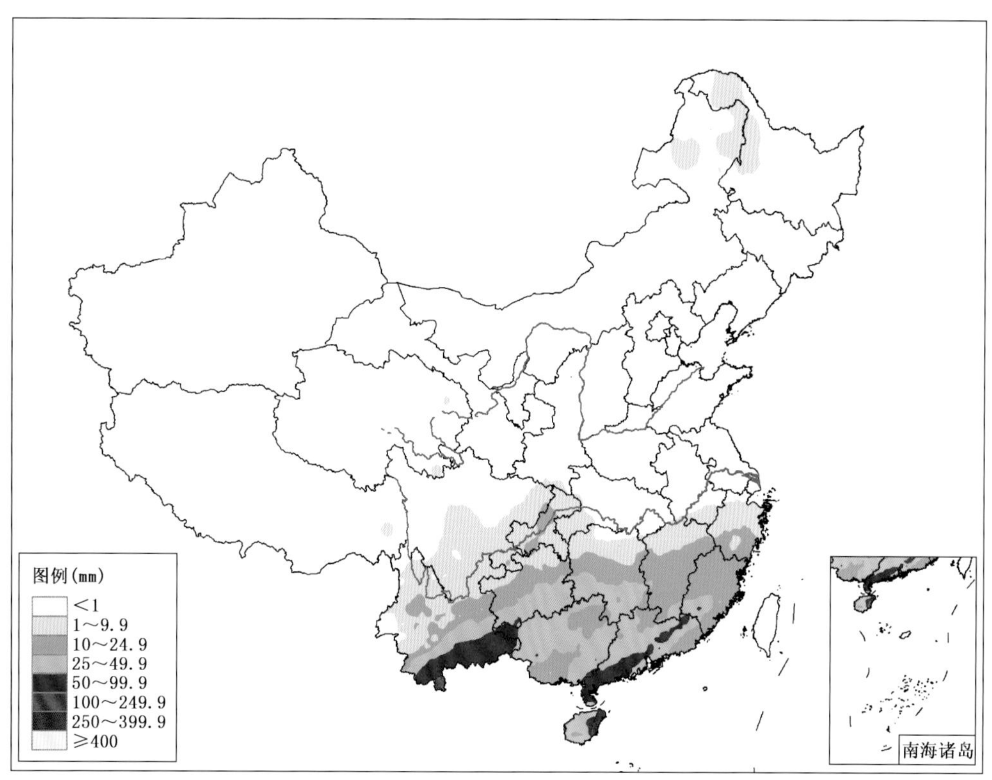

图 3.10.2　2013 年 12 月 15 日全国降水量分布图(单位:mm)

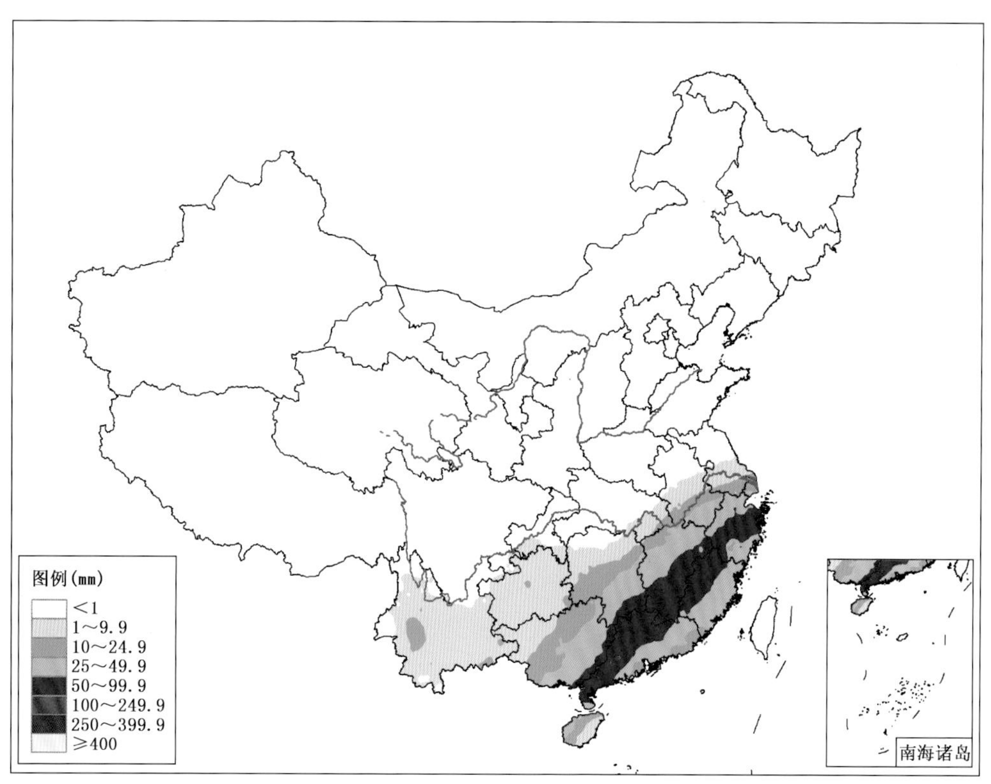

图 3.10.3　2013 年 12 月 16 日全国降水量分布图(单位:mm)

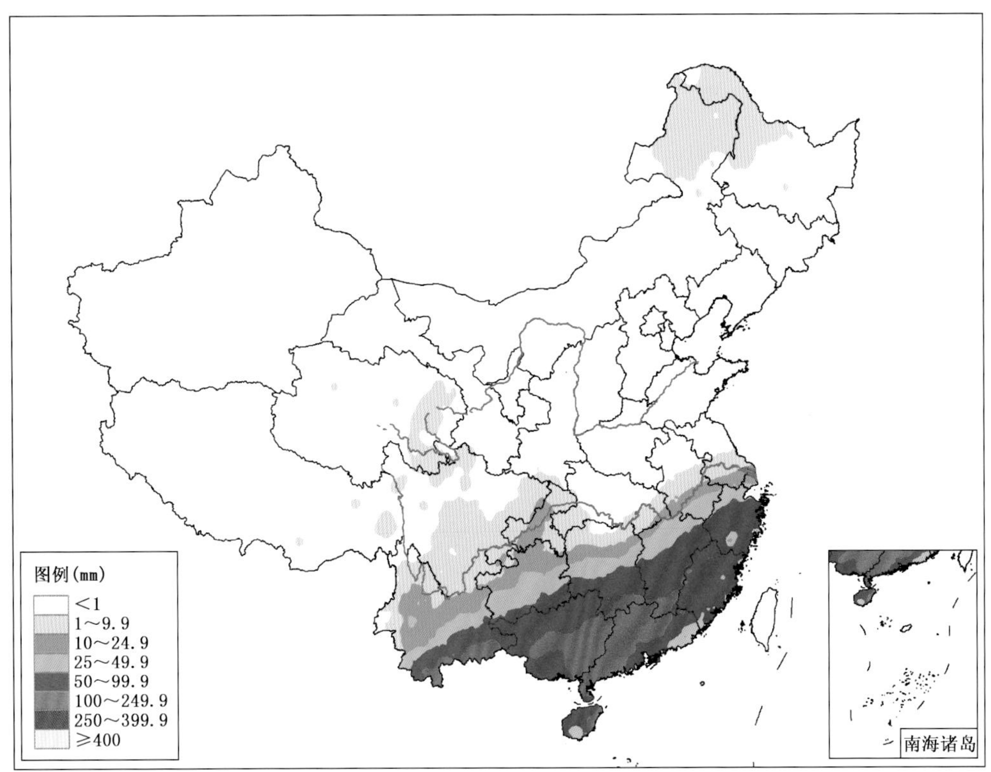

图 3.10.4　2013 年 12 月 14—16 日全国总降水量分布图(单位:mm)

第 4 章　重大暴雨事件

第 3 章中列出了 2013 年的 42 次主要暴雨过程，由此，我们从中遴选出 10 次降水强度大、范围广、影响显著的暴雨天气过程作为年度重大暴雨事件（详见表 4.1）。这 10 次重大暴雨事件分别发生在 2013 年 6—11 月，其中 6 月 1 次，7 月 3 次，8 月 3 次，9—11 月各 1 次。下面分别对 10 次重大暴雨事件从雨情、灾情及天气形势等几个方面进行简要分析，并给出过程总降水量图、高空环流形势图及地面天气图。

表 4.1　2013 年度全国重大暴雨事件纪要表

序号	时间	过程天数(d)	简称	雨带移动趋势	主要影响省(区、市)	主要天气影响系统	直接经济损失(亿元)
1	6 月 30 日—7 月 2 日	3	四川盆地暴雨	少动	四川、重庆	西南低涡	48.7
2	7 月 8—13 日	6	华西及华北暴雨	少动	四川、陕西、山西、河北河南、山东	西南低涡 低层切变线	216.2
3	7 月 13—17 日	5	江南及华南暴雨（超强台风“苏力”暴雨）	西移	浙江、安徽、福建、江西广东	1307 号超强台风“苏力”(Soulik)	31.9
4	7 月 25—28 日	4	华西及华北暴雨	东移	四川、甘肃、陕西、山东山西、吉林、内蒙古	低涡切变线	70.3
5	8 月 11—17 日	7	华北及东北暴雨	少动	山西、河北、山东、辽宁吉林、黑龙江	低涡切变线	170.2
6	8 月 14—20 日	7	华南暴雨（超强台风“尤特”暴雨）	西移	广东、广西、海南、湖南	1311 号超强台风“尤特”(Utor)	215.0
7	8 月 22—25 日	4	南方暴雨（台风“潭美”暴雨）	西移	浙江、福建、江西、湖南湖北、河南、安徽、江苏广东、广西	1312 号台风“潭美”(Trami)	34.2
8	9 月 22—25 日	4	南方暴雨（超强台风“天兔”暴雨）	西移	浙江、福建、江西、湖南湖北、河南、安徽、江苏贵州、广东、广西	1319 号超强台风“天兔”(Usagi)	264.0
9	10 月 6—8 日	3	东部暴雨（强台风“菲特”暴雨）	少动	浙江、福建、上海、江苏安徽、江西	1323 号强台风“菲特”(Fitow)	631.4
10	11 月 10—12 日	3	江南及华南暴雨（超强台风“海燕”暴雨）	北移	广东、广西、海南、湖南江西、福建	1330 号超强台风“海燕”(Haiyan)	45.8

4.1　6月30日—7月2日四川盆地暴雨

4.1.1　雨情灾情分析

这是2013年第17次主要暴雨过程(No.17)。此次由西南低涡造成的四川盆地暴雨过程共持续3 d。6月30日—7月2日(图4.1.1),50 mm以上总降水量主要集中在四川盆地及陕西汉中市,暴雨区集中,100 mm以上总降水量集中分布在四川盆地,盆地中部有4个站总降水量超过250 mm,过程累积最大降水量出现在四川遂宁,达到522 mm。

此次四川盆地暴雨过程具有降水范围集中、强度强、局地累积雨量大、降水区稳定少动的特点。6月30日,四川遂宁日降水量(323.7 mm)突破当地52 a(1961—2012年)的历史纪录。受这次暴雨过程的影响,四川和重庆两省(市)共547万人受灾,死亡15人,失踪10人,紧急转移安置29万人,倒塌房屋1.6万间,损坏房屋9.0万间,农作物受灾面积227×10^3 hm^2,因灾直接经济损失48.7亿元,其中四川受灾最为严重,直接经济损失40.4亿元。

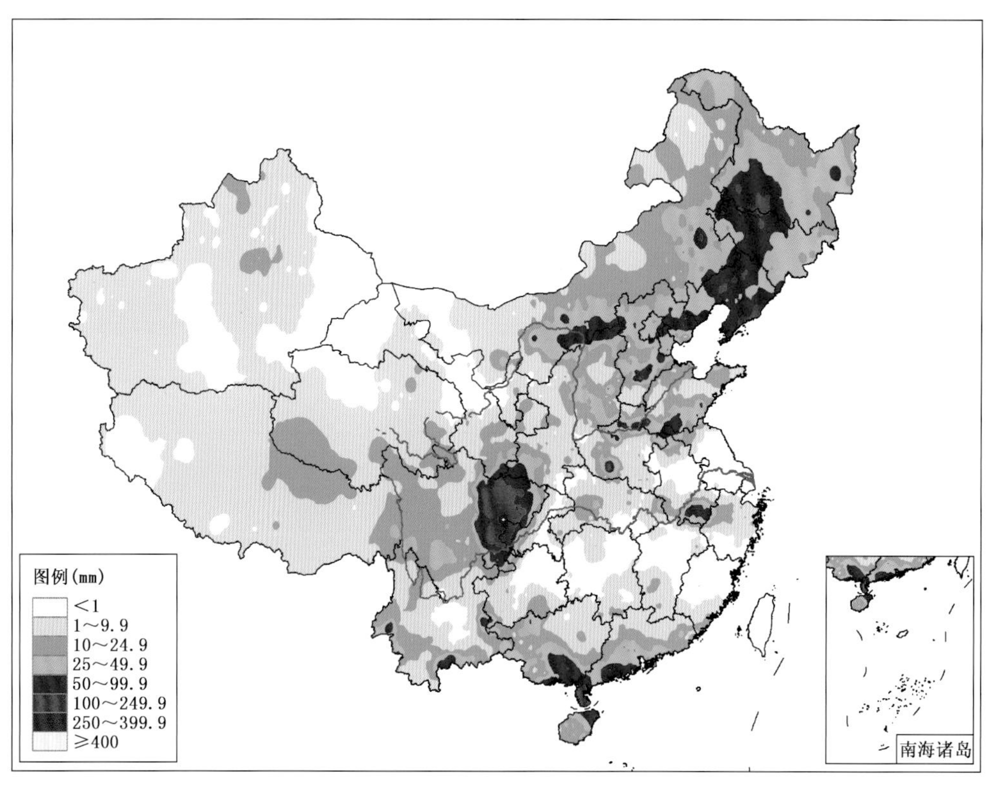

图4.1.1　2013年6月30—7月2日全国总降水量分布图(单位:mm)

4.1.2　天气形势及降水分析

6月30日(图4.1.2),500 hPa青藏高原东侧有短波槽发展东移,中低层四川盆地有西南低涡生成,受其影响,四川盆地出现大范围暴雨过程,并有17站出现大暴雨以上降水,其中四川遂宁出现323.7 mm的特大暴雨。7日1,500 hPa短波槽及中低层西南低涡在四川盆地区域内东移缓慢,低涡东侧低空急流加强,受其影响,暴雨区整体略有东移,川东、渝西多站出现大暴雨。2 日，受副高加强西伸阻挡，500 hPa 短波槽东移北收，中低层西南低涡也随之向北偏东方向移动并逐渐减弱，受其影响，暴雨区向北移动，范围减小，强度减弱。

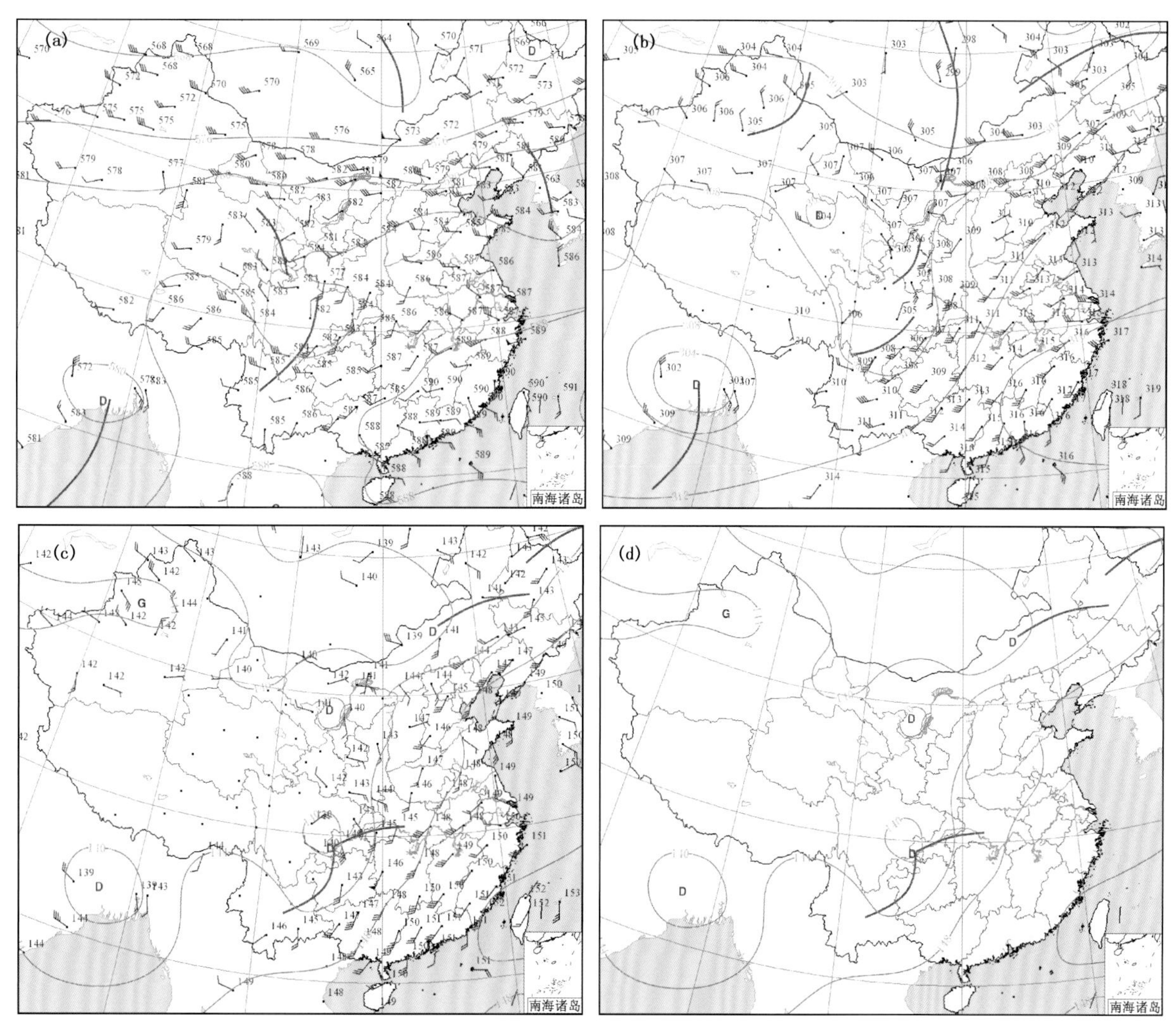

图 4.1.2　2013 年 6 月 30 日 08 时高空环流形势图及地面天气图

(a) 500 hPa；(b) 700 hPa；(c) 850 hPa；(d) 地面

4.2　7 月 8—13 日华西及华北暴雨

4.2.1　雨情灾情分析

这是 2013 年第 21 次主要暴雨过程(No. 21)。此次由西南低涡和低层切变线造成的华西及华北暴雨过程共持续 6 d。7 月 8—13 日(图 4.2.1)，50 mm 以上总降水量主要分布在四川盆地西部、西北地区东部、华北中南部、黄淮北部，100 mm 以上总降水量与 50 mm 总降水量分布基本一致，四川盆地西部有 12 个站总降水量超过 250 mm，过程累积最大降水量出现在四川都江堰，达到 752 mm，是累积降水量最大的一次暴雨过程。

此次华西及华北暴雨过程具有持续时间长、降水中心强度大、雨带连续稳定、四川灾情严重等特点。7 月 9 日,四川都江堰(423.8 mm)、山西盂县(151.8 mm)、宁夏海原(81.0 mm)日降水量均突破当地 52 a(1961—2012 年)的历史纪录;7 月 10 日,四川大邑(279.2 mm)、山西沁县(149.9 mm)、阳城(158.4 mm)日降水量均突破当地 52 a(1961—2012 年)的历史记录;7 月 11 日,山东招远日降水量(149.2 mm)突破当地 52 a(1961—2012 年)的历史纪录。受这次暴雨过程的影响,四川、陕西、山西、山东、河南和河北六省共 594 万人受灾,死亡 102 人,失踪 181 人,紧急转移安置 42 万人,倒塌房屋 3.6 万间,损坏房屋 29.2 万间,农作物受灾面积 318×10^3 hm^2,因灾直接经济损失 216.2 亿元,其中四川受灾最为严重,直接经济损失 179.5 亿元,其次为陕西 18.9 亿元。

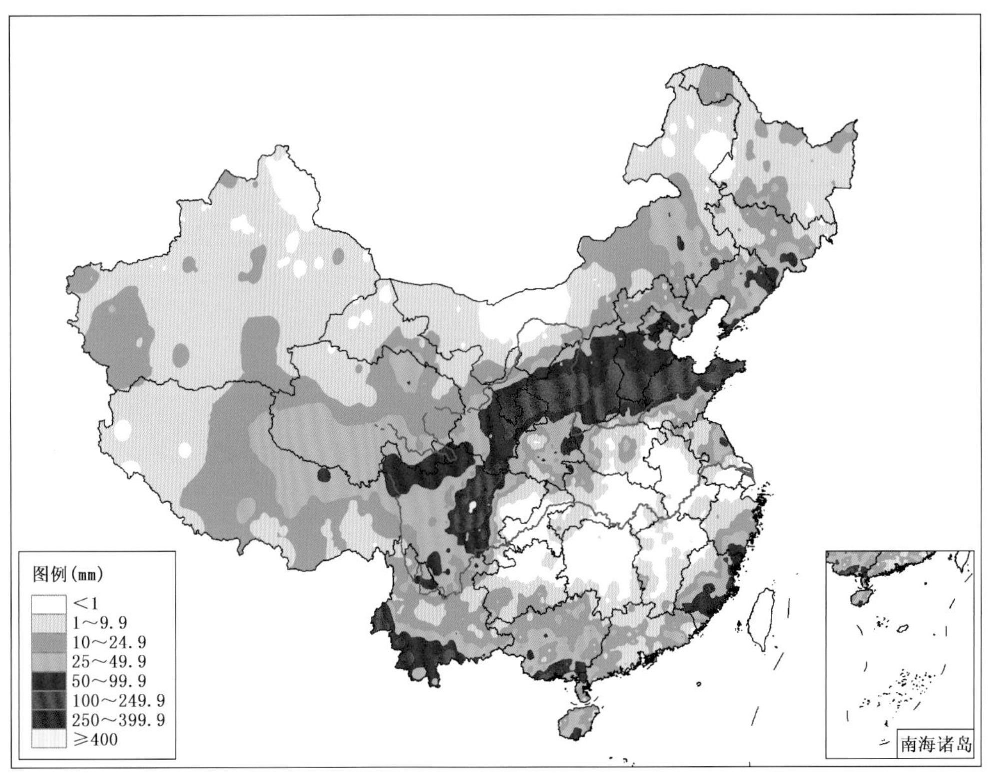

图 4.2.1　2013 年 7 月 8—13 日全国总降水量分布图(单位:mm)

4.2.2　天气形势及降水分析

7 月 8 日,500 hPa 我国西北地区及青藏高原东侧多短波槽活动,中低层高原东部到四川盆地有西南低涡生成,西北地区东部有切变线活动,受其影响,高原东侧到西北地区东部出现强降水,暴雨主要出现在四川盆地西部到甘肃陇南、陇东地区,并有多站出现大暴雨。9 日(图 4.2.2),500 hPa 西北地区短波槽快速东移,而青藏高原东侧短波槽受副高阻挡移动缓慢,中低层西南低涡东移缓慢,西北地区东部的切变线则开始东移,受其影响,上述雨带进一步扩展到华北地区,暴雨范围扩大、强度加强,除华北地区局部出现大暴雨外,四川盆地西部多站集中出现大暴雨,其中都江堰出现了 423.8 mm 的特大暴雨。10 日,500 hPa 华北西风槽继续东移,而高原东侧短波槽继续停滞少动,中低层西南低涡及切变线略有东移南压,受其影响,上述雨带整体略有东移南压,暴雨主要还是出现在四川盆地西部和华北地区,并都有多站出现大暴雨,其中四川大邑出现了 279.2 mm 的特大暴雨。11—13 日,连续3天500 hPa西北至河套地区都有短波槽东移，而高原东侧短波槽则停滞少动，中低层西南低涡及切变线主要在高原东侧、西北地区东部至华北地区活动，受其影响，连续3天雨带整体依然维持在高原东侧—西北地区东部—华北一线，暴雨分布在雨带中，每天局部地区都有大暴雨出现。

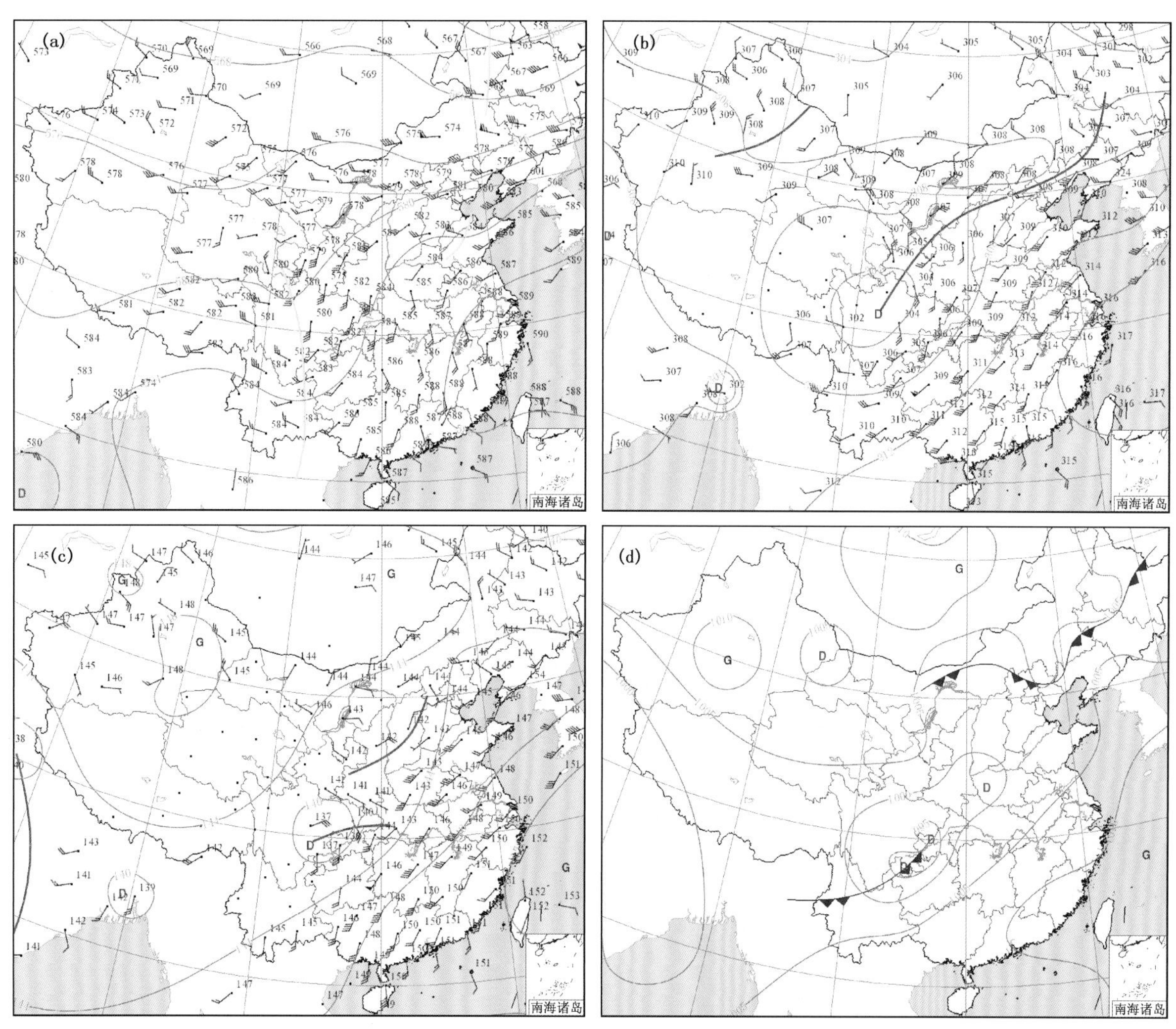

图4.2.2　2013年7月9日08时高空环流形势图及地面天气图

(a) 500 hPa；(b) 700 hPa；(c) 850 hPa；(d) 地面

4.3　7月13—17日江南及华南暴雨(超强台风“苏力”暴雨)

4.3.1　雨情灾情分析

这是2013年第22次主要暴雨过程(No. 22)。此次由1307号超强台风“苏力”(Soulik)造成的江南及华南暴雨过程共持续5 d。7月13—17日(图4.3.1)，50 mm以上总降水量主要分布在福建、广东和江西三省，100 mm以上总降水量主要分布在福建中南部、广东南部和江西中部，过程累积最大降水量出现在广东茂名，达到383 mm。

超强台风“苏力”(Soulik)具有路径稳定、强度强、风雨影响范围广等特点。7月14日，江西吉安日降水量(249.3 mm)突破当地52 a(1961—2012年)的历史纪录。受这次台风暴雨过程的影响，浙江、安徽、福建、江西和广东五省共243万人受灾，死亡7人，紧急转移安置65万人，倒塌房屋近0.3万间，农作物受灾面积101×10^3 hm^2，因灾直接经济损失31.9亿元，其中福建受灾最为严重，直接经济损失17.6亿元，其次为广东5.8亿元。

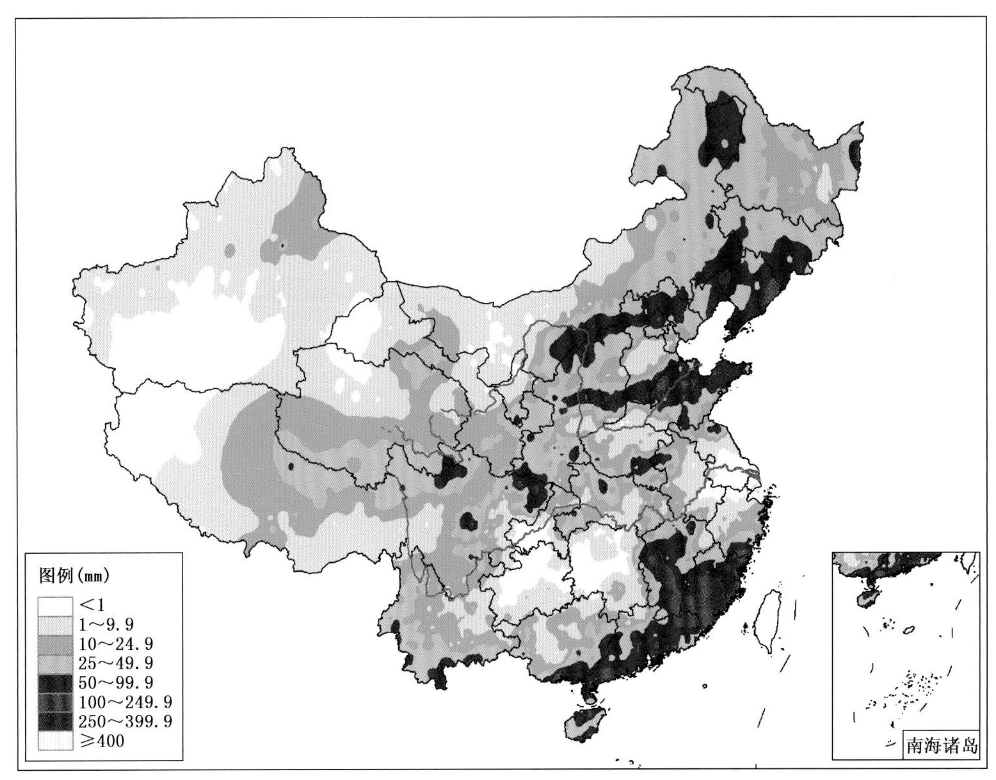

图4.3.1　2013年7月13—17日全国总降水量分布图(单位:mm)

4.3.2　天气形势及降水分析

7月13日(图4.3.2)，1307号超强台风“苏力”(Soulik)在强度减弱为强台风后不断向西北方向移动，并于13日03时前后在台湾新北市与宜兰县交界处登陆，当日早晨进入台湾海峡，减弱为台风，并于当日16时前后在福建省连江县登陆，登陆后向西北方向移动，夜间强度减弱为强热带风暴，受其影响，浙江、福建出现强降水过程，暴雨主要出现在福建沿海和浙江南部沿海，福建沿海局部出现大暴雨。14日凌晨，“苏力”减弱为热带风暴，之后进入江西境内，当日早晨减弱为热带低压，夜间在江西境内消失，受其影响，雨区向西扩展，暴雨主要出现在福建大部、江西中部和广东东部的部分地区，多站出现大暴雨。15日，受“苏力”减弱后残留气旋环流、切变线及中低层西南暖湿气流的共同影响，江西中北部、广东部分地区出现暴雨，局部出现大暴雨，其中广东茂名出现了282.5 mm的特大暴雨。16—17日，受“苏力”减弱后残留气旋环流、切变线及中低层西南暖湿气流的共同影响，华南三省和福建仍有局部暴雨出现。

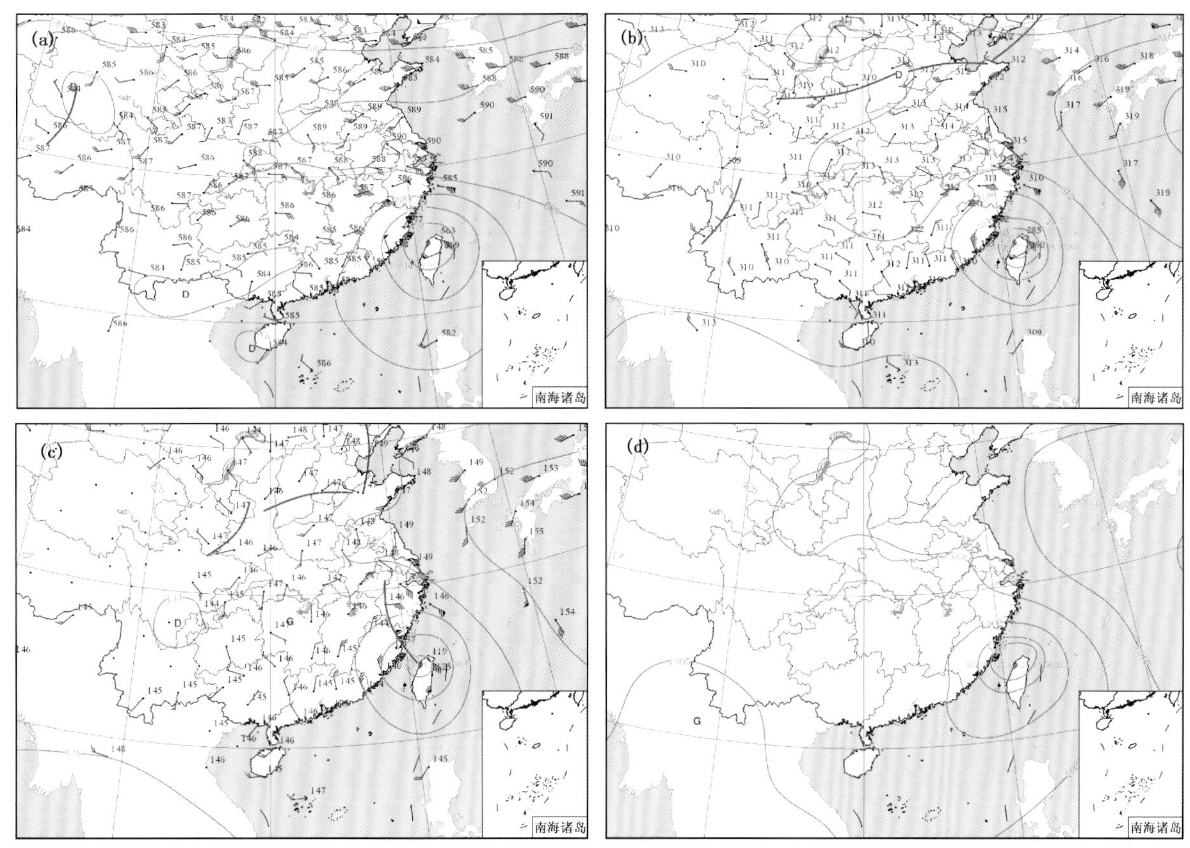

图 4.3.2　2013 年 7 月 13 日 08 时高空环流形势图及地面天气图
(a) 500 hPa;(b) 700 hPa;(c) 850 hPa;(d) 地面

4.4　7 月 25—28 日华西及华北暴雨

4.4.1　雨情灾情分析

这是 2013 年第 27 次主要暴雨过程(No. 27)。此次由低涡切变线造成的华西及华北暴雨过程共持续 4 d。7 月 25—28 日(图 4.4.1),50 mm 以上总降水量从西南地区到东北地区,分布范围较广但较为零散,过程累积最大降水量出现在山东河口,达到 194 mm。

此次华西及华北暴雨过程具有影响范围广、局地降水强度较大、甘肃灾情严重等特点。7 月 26 日,山东茌平日降水量(173.2 mm)突破当地 52 a(1961—2012 年)的历史纪录;7 月 27 日,内蒙古海拉尔日降水量(85.8 mm)突破当地 52 a(1961—2012 年)的历史纪录;7 月 28 日,内蒙古根河市(122.3 mm)、图里河(110.4 mm)日降水量均突破当地 52 a(1961—2012 年)的历史纪录。受这次暴雨过程的影响,甘肃、山东、陕西、山西、吉林和内蒙古六省(区)共 371 万人受灾,死亡 29 人,失踪 4 人,紧急转移安置 18 万人,倒塌房屋 3.5 万间,损坏房屋 11.1 万间,农作物受灾面积 438×10^{3} hm^{2},因灾直接经济损失 70.3 亿元,其中甘肃受灾最为严重,直接经济损失 33.2 亿元,其次为山东 18.5 亿元。

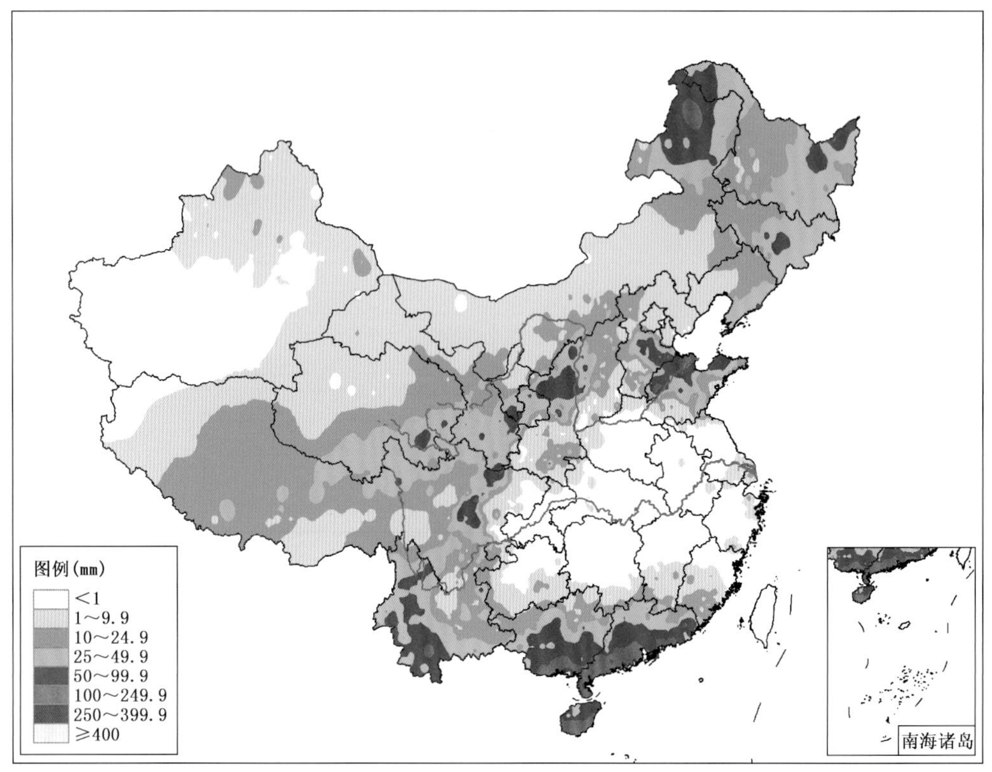

图 4.4.1　2013 年 7 月 25—28 日全国总降水量分布图(单位:mm)

4.4.2　天气形势及降水分析

7 月 25 日(图 4.4.2),500 hPa 副高加强西伸,河套地区、青藏高原东侧及云贵高原上空有短波槽快速东移北收,中低层河套地区及四川盆地有低涡切变生成,受其影响,西北地区东部、西南地区东部、华北南部、黄淮东部出现较大范围降水,暴雨主要出现在黄河中游及四川盆地西部,局部出现大暴雨。26 日,500 hPa 副高稳定维持,副高外围继续有短波槽东移北收,中低层继续有低涡切变维持,受其影响,雨带继续维持在西北地区东部、西南地区东部、华北中南部、黄淮东部等地区,暴雨主要出现在河北中东部及山东北部,部分地区出现大暴雨,同时云南南部局部地区也出现暴雨。27 日,500 hPa 副高继续稳定维持,西北地区有短波槽东移,中低层低涡切变缓慢东移,受其影响,雨带继续维持在西北地区东部、西南地区东部、华北大部、内蒙古中东部及山东北部等地区,暴雨主要出现在山东北部,局部出现大暴雨,同时四川盆地局部、内蒙古东部局部地区也出现暴雨。28 日,500 hPa 副高稳定维持,短波槽东移至华北及东北地区,中低层低涡切变继续缓慢东移,受其影响,雨带整体东移至山东及东北地区,局部出现暴雨。

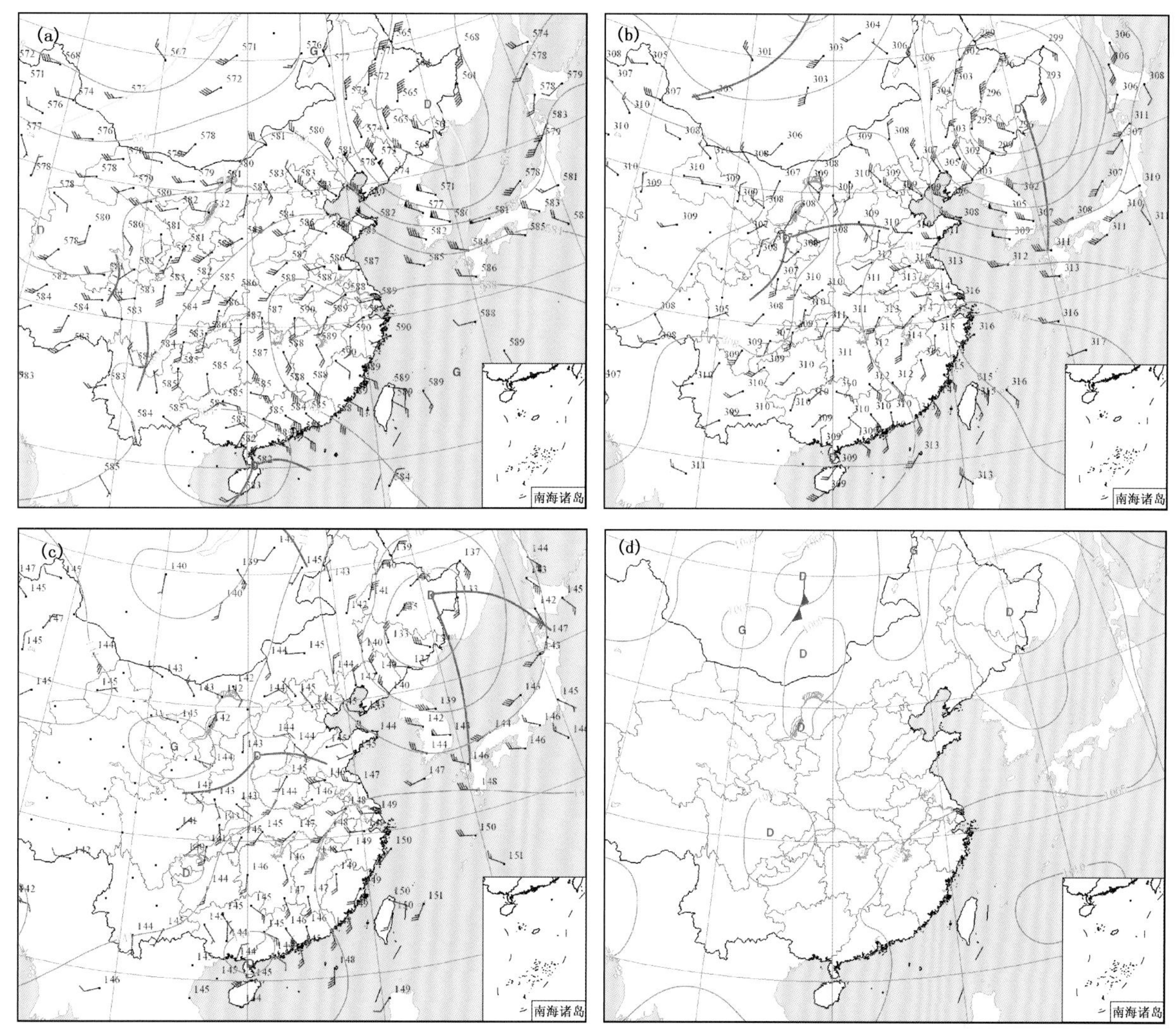

图 4.4.2　2013 年 7 月 25 日 08 时高空环流形势图及地面天气图
(a) 500 hPa;(b) 700 hPa;(c) 850 hPa;(d) 地面

4.5　8 月 11—17 日华北及东北暴雨

4.5.1　雨情灾情分析

这是 2013 年第 31 次主要暴雨过程(No. 31)。此次由低涡切变线造成的华北及东北暴雨过程共持续 7 d。8 月 11—17 日(图 4.5.1),50 mm 以上总降水量主要分布在河北中南部、山东北部及东北大部,100 mm 以上总降水量主要分布在河北中部、山东北部、辽宁北部和吉林南部,过程累积最大降水量出现在辽宁黑山,达到 297 mm。

此次暴雨过程具有持续时间长、雨区较为稳定、局部降水强度大、东北地区灾情严重等特点。8 月 16 日,辽宁黑山(264.1 mm)、清原(228.1 mm)、昌图(164.0 mm),吉林桦甸(148.2 mm)、二道(107.1 mm)日降水量均突破当地 52 a(1961—2012 年)的历史纪录。受这次暴雨过程的影响,辽宁、吉林和黑龙江三省共 366 万人受灾,死亡 72 人,失踪 102 人,紧急转移安置 46 万人，倒塌房屋 6.7 万间，损坏房屋 9.5 万间，农作物受灾面积 853×10^3 hm^2，因灾直接经济损失 170.2 亿元，其中辽宁受灾最为严重，直接经济损失 85.6 亿元，其次为吉林 54.9 亿元。

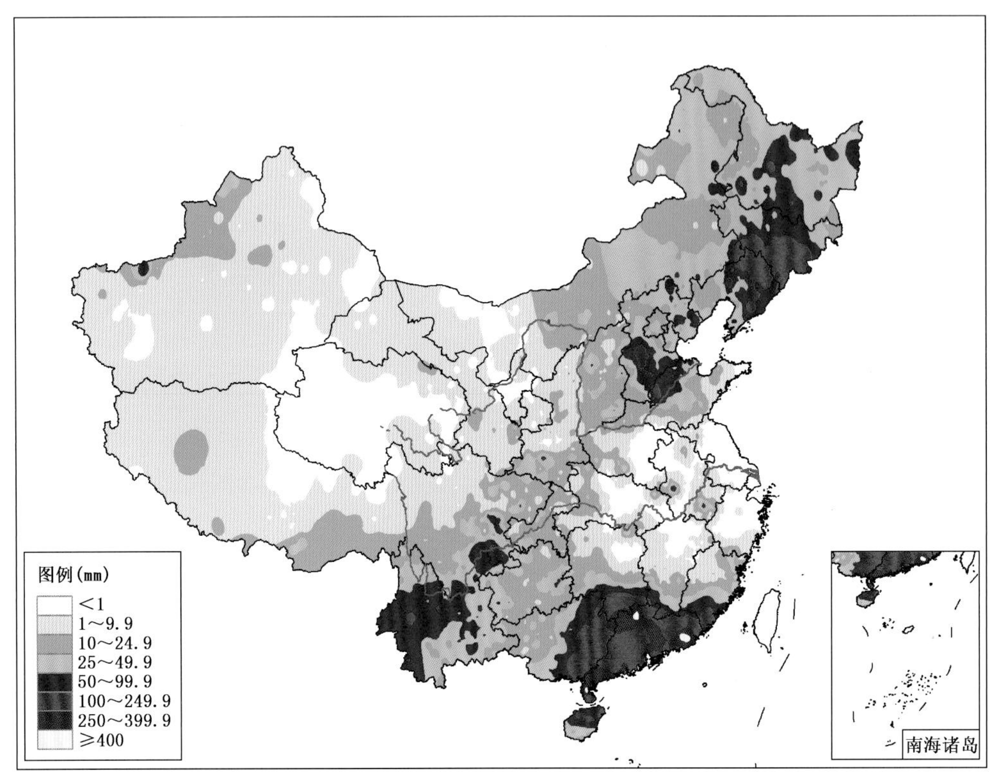

图 4.5.1　2013 年 8 月 11—17 日全国总降水量分布图(单位:mm)

4.5.2　天气形势及降水分析

8 月 11 日，500 hPa 贝加尔湖至青藏高原东侧有冷涡及西风槽东移发展，中低层河套地区至高原东侧有切变生成，受其影响，西北地区东部、西南地区东部及华北地区出现较大范围降水，暴雨主要出现在河北中部，局部出现大暴雨。12 日，500 hPa 冷涡及西风槽东移发展加深，中低层切变线缓慢东移南压，受其影响，雨带整体东移南压并向东北方向发展，雨带中多地出现暴雨，局部出现大暴雨。13—15 日，500 hPa 蒙古冷涡缓慢东移，西风槽则逐步东移北收，中低层低涡切变缓慢东移北收，受其影响，降水连续 3 天稳定维持在华北东部及东北地区，暴雨主要出现在山东北部、河北中部和吉林中部。16 日(图 4.5.2)，500 hPa 贝加尔湖地区又有低涡发展东移，蒙古中部至我国西北地区北部有西风槽发展，中低层有切变东移至内蒙古中东部及东北地区，受其影响，内蒙古中部、华北中北部及东北大部降水范围扩大，暴雨主要出现在吉林南部和辽宁北部，多站出现大暴雨，其中辽宁黑山出现 264.1 mm 特大暴雨。17 日，500 hPa 冷涡低槽继续东移至我国东北地区，中低层有低涡切变东移，受其影响，雨带整体向东北方向移动，暴雨主要出现在吉林、辽宁的东部部分地区，局地仍有大暴雨。

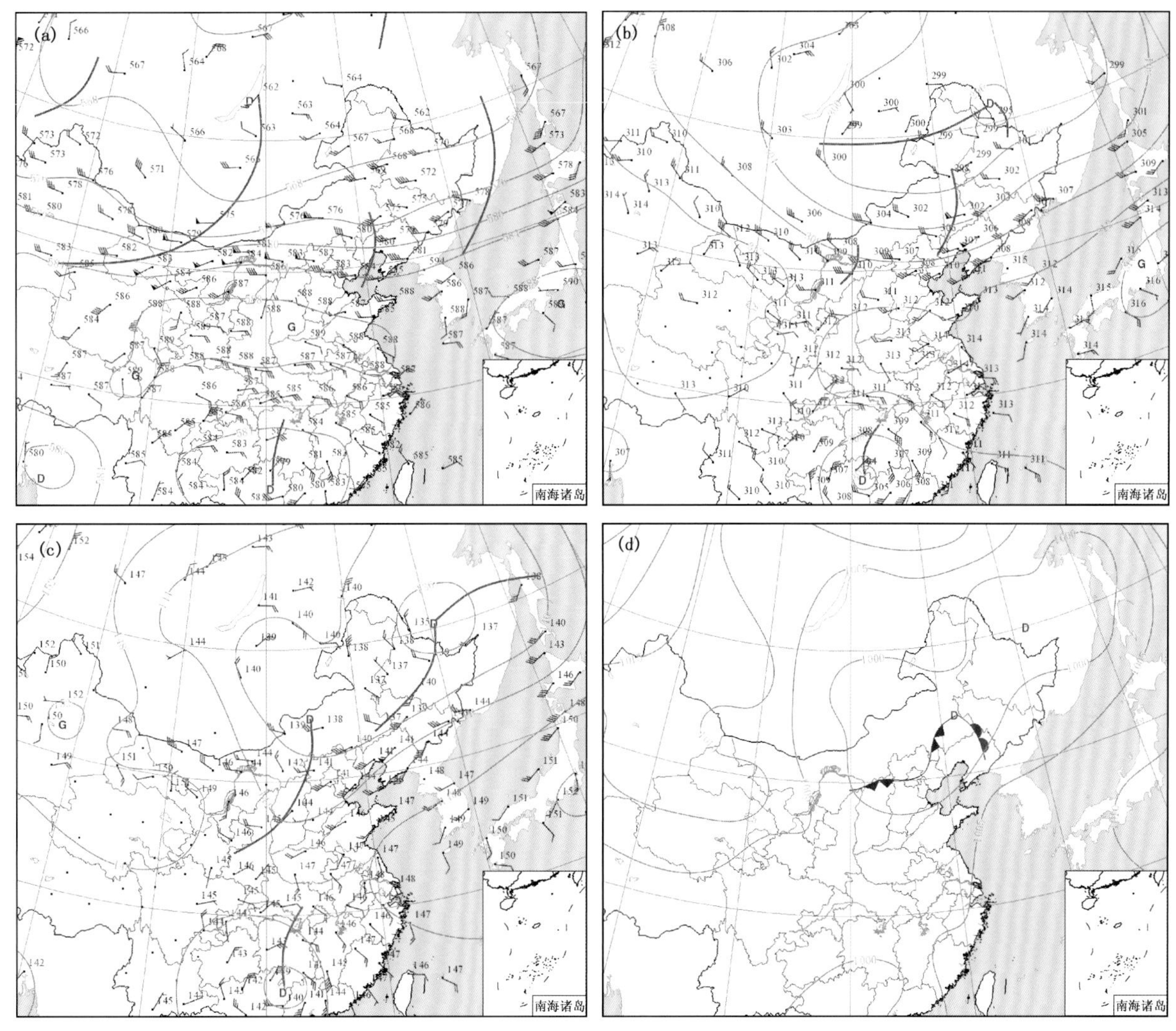

图 4.5.2　2013 年 8 月 16 日 20 时高空环流形势图及地面天气图
(a) 500 hPa;(b) 700 hPa;(c) 850 hPa;(d) 地面

4.6　8 月 14—20 日华南暴雨(超强台风“尤特”暴雨)

4.6.1　雨情灾情分析

这是 2013 年第 32 次主要暴雨过程(No. 32)。此次由 1311 号超强台风“尤特”(Utor)造成的华南暴雨过程持续 7 d。8 月 14—20 日(图 4.6.1),50 mm 以上总降水量主要分布在华南及周边部分地区,100 mm 以上总降水量主要分布在广东、广西东部及湖南南部部分地区,250 mm 以上总降水量与 100 mm 总降水量分布基本一致,过程累积最大降水量出现在广东潮阳,达到 639 mm。

超强台风“尤特”具有前期路径稳定、强度迅速增强、登陆后路径异常且残涡环流在广西境内维持时间长、强降水的范围大、持续时间长、强度强等特点。8 月 15 日,广东雷州日降水量(361.0 mm)突破当地 52 a(1961—2012 年)的历史纪录。受这次暴雨过程的影响,广东、湖南、广西和海南四省(区)共1176万人受灾,死亡86人,失踪9人,紧急转移安置152万人,倒塌房屋5.3万间,农作物受灾面积572×10^{3} hm^{2},因灾直接经济损失215.0亿元,其中广东受灾最为严重,直接经济损失168.6亿元,其次为湖南24.3亿元。

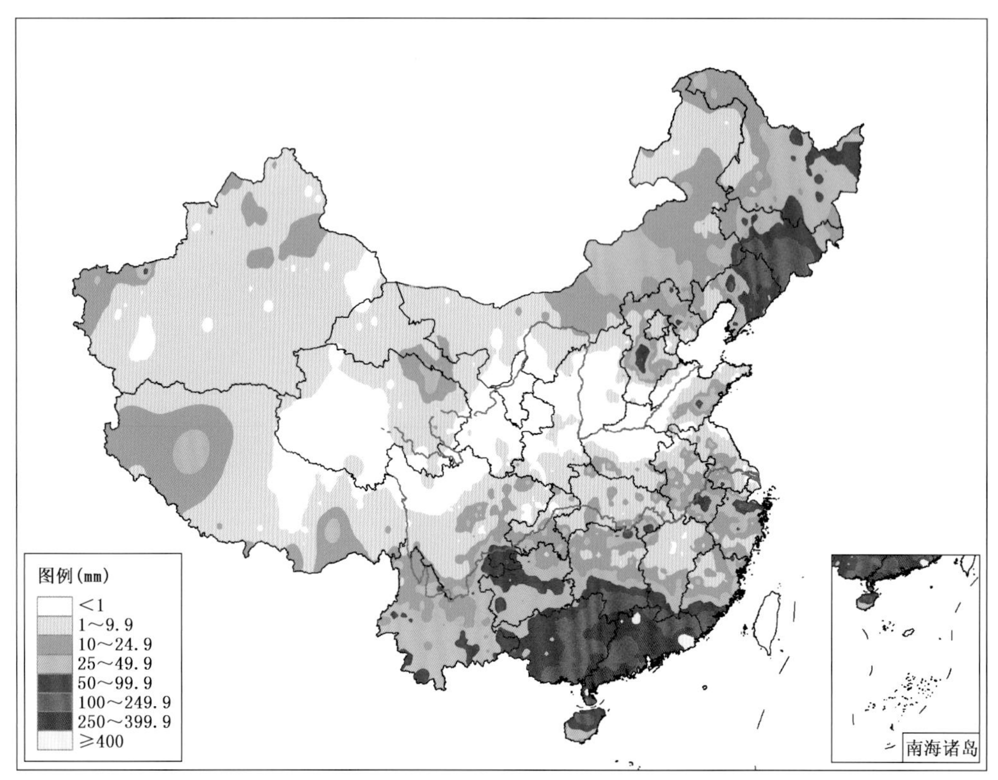

图4.6.1　2013年8月14—20日全国降水量分布图(单位:mm)

4.6.2　天气形势及降水分析

8月14日(图4.6.2),1311号超强台风“尤特”于当日15时50分在广东省阳江市阳西县登陆,登陆时为强台风级别,受其影响,海南岛北部、广东沿海、福建南部沿海暴雨,部分地区出现大暴雨。15日,“尤特”登陆后继续向西北方向移动,强度迅速减弱为强热带风暴,进入广西境内后转向偏北方向移动,强度继续减弱为热带低压,受其影响,广东中西部、广西东部出现暴雨和大暴雨,其中广东雷州出现361.0 mm特大暴雨。16日,“尤特”在广西和湖南交界处折向西南方向缓慢移动,强度逐渐减弱,受其影响,广东大部继续出现大范围暴雨和大暴雨,湖南南部、广西东部局部地区出现暴雨到大暴雨。17日,“尤特”在广西境内缓慢向西南方向移动,受其影响,广东东部和北部、湖南南部、广西东部出现暴雨和大暴雨,其中广东普宁、揭西和乳源分别出现了343.7 mm、342.0 mm、269.8 mm的特大暴雨。18日,“尤特”继续滞留在广西境内,下午逐步消散,受其影响,广东部分地区、广西部分地区出现暴雨,局部大暴雨,其中广东潮阳、惠来分别出现了340.1 mm、295.4 mm的特大暴雨。19—20日,受残留涡旋环流影响,广西中部部分地区仍然出现暴雨,局部大暴雨。

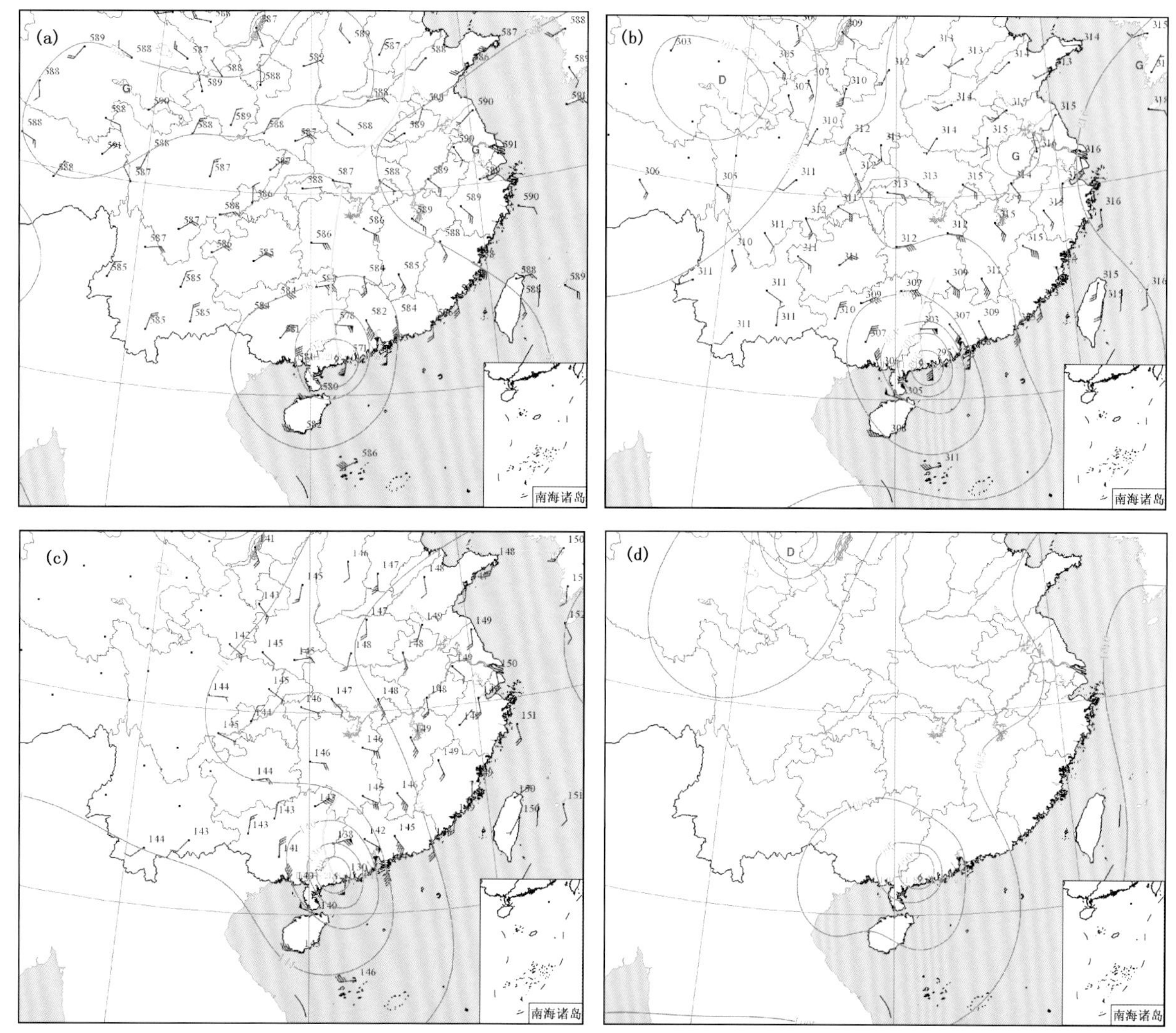

图 4.6.2 2013年8月14日08时高空环流形势图及地面天气图
(a) 500 hPa;(b) 700 hPa;(c) 850 hPa;(d) 地面

4.7 8月22—25日南方暴雨(台风"潭美"暴雨)

4.7.1 雨情灾情分析

这是2013年第33次主要暴雨过程(No.33)。此次由1312号台风"潭美"(Trami)造成的南方暴雨过程共持续4 d。8月22—25日(图4.7.1),50 mm以上总降水量分布在华中及我国南方广大地区,多地出现100 mm以上总降水量,过程累积最大降水量出现在福建周宁,达到296 mm。

台风"潭美"具有登陆后持续时间长、降水强度大、影响范围广的特点。受这次暴雨过程的影响,浙江、福建、江西、湖南和广西五省(区)共301万人受灾,死亡2人,失踪1人,紧急转移安置47万人,倒塌房屋0.5万间,农作物受灾面积124×10^3 hm^2,因灾直接经济损失34.2亿元,其中福建受灾最为严重,直接经济损失19.2亿元,其次为湖南7.7亿元。

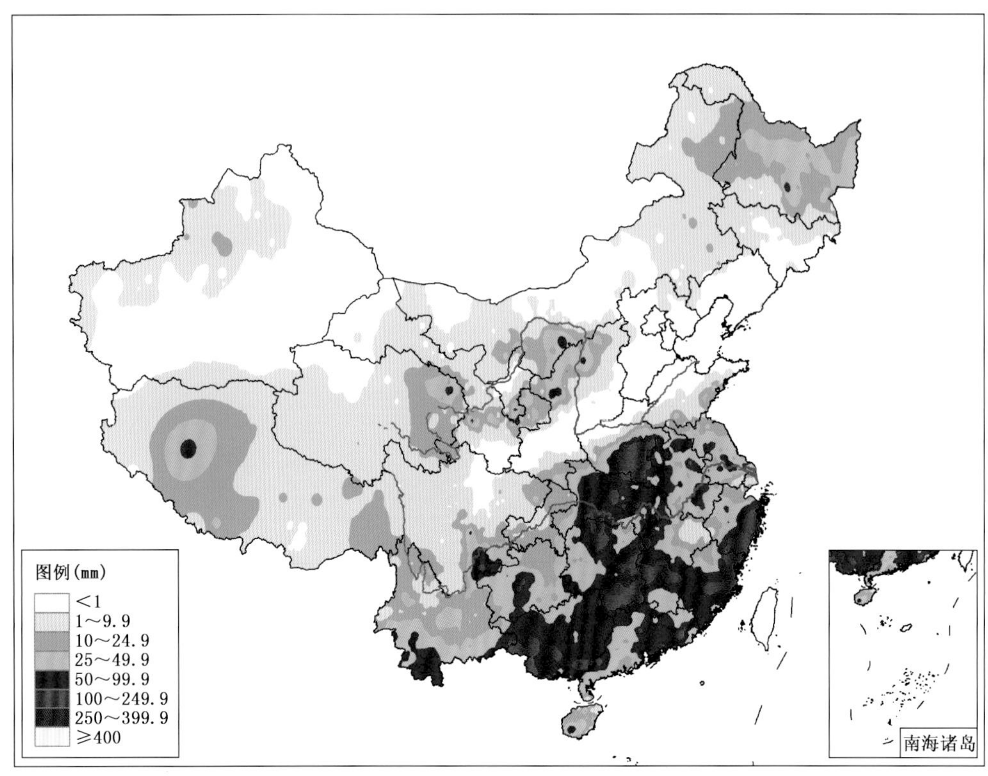

图 4.7.1　2013 年 8 月 22—25 日全国总降水量分布图(单位:mm)

4.7.2　天气形势及降水分析

8 月 22 日(图 4.7.2),1312 号台风“潭美”于当日凌晨 03 时 20 分于福建省福清市登陆,登陆后转向西北方向移动,强度迅速减弱,当日早晨减弱为强热带风暴,下午减弱为热带风暴,之后进入江西境内,受其影响,福建中部及东北部、浙江东部、江西部分地区出现暴雨到大暴雨。23 日,“潭美”转向偏西方向移动,早晨减弱为热带低压之后进入湖南省境内,并于当日夜间减弱消散,受其影响,降水范围扩大到我国南方大部地区,暴雨区移至江西中部西侧和湖南东部。24 日,“潭美”消散后,残留涡旋环流从湖南进入广西境内,受其影响,广西南部、贵州中部局部、湖南北部局部、湖北中部、河南南部、安徽北部局部出现暴雨到大暴雨。25 日,受残留涡旋环流影响,云南西南部和东北部部分地区仍然出现暴雨,局部大暴雨。

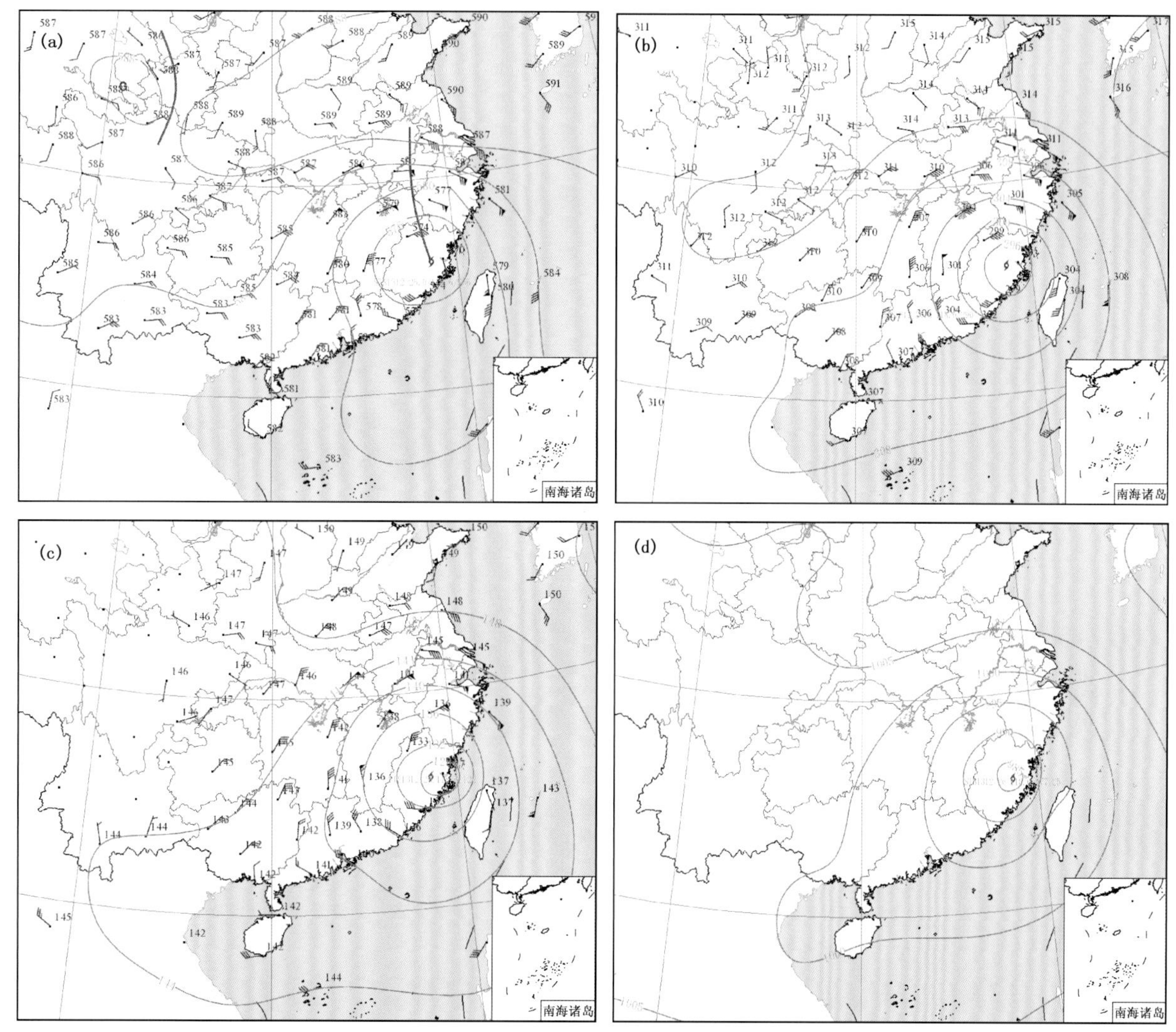

图 4.7.2　2013 年 8 月 22 日 08 时高空环流形势图及地面天气图

(a) 500 hPa;(b) 700 hPa;(c) 850 hPa;(d) 地面

4.8　9 月 22—25 日南方暴雨(超强台风“天兔”暴雨)

4.8.1　雨情灾情分析

这是 2013 年第 39 次主要暴雨过程(No. 39)。此次由 1319 号超强台风“天兔”(Usagi)造成的南方暴雨过程共持续 4 d。9 月 22—25 日(图 4.8.1),50 mm 以上的总降水量主要出现在福建、广东、广西、贵州、湖南、江西、湖北、安徽及江苏等省(区),100 mm 以上的总降水量与 50 mm 总降水量分布和走向基本一致,过程累积最大降水量出现在福建诏安,达到 287 mm。

超强台风“天兔”是 2013 年登陆我国最强的热带气旋,具有前期路径较为复杂、移速缓慢,后期路径稳定、移速加快;风雨影响范围广、降雨强、灾情损失大等特点。受这次暴雨过程的影响,福建、江西、湖南、广东和广西五省(区)共 1169 万人受灾,死亡 34 人,失踪 1 人,紧急转移安置 82 万人,倒塌房屋 1.3 万间,农作物受灾面积 $422 \times 10^3\ hm^2$,因灾直接经济损失 264 亿元,其中广东受灾最为严重,直接经济损失 235.5 亿元,其次为福建 20.7 亿元。

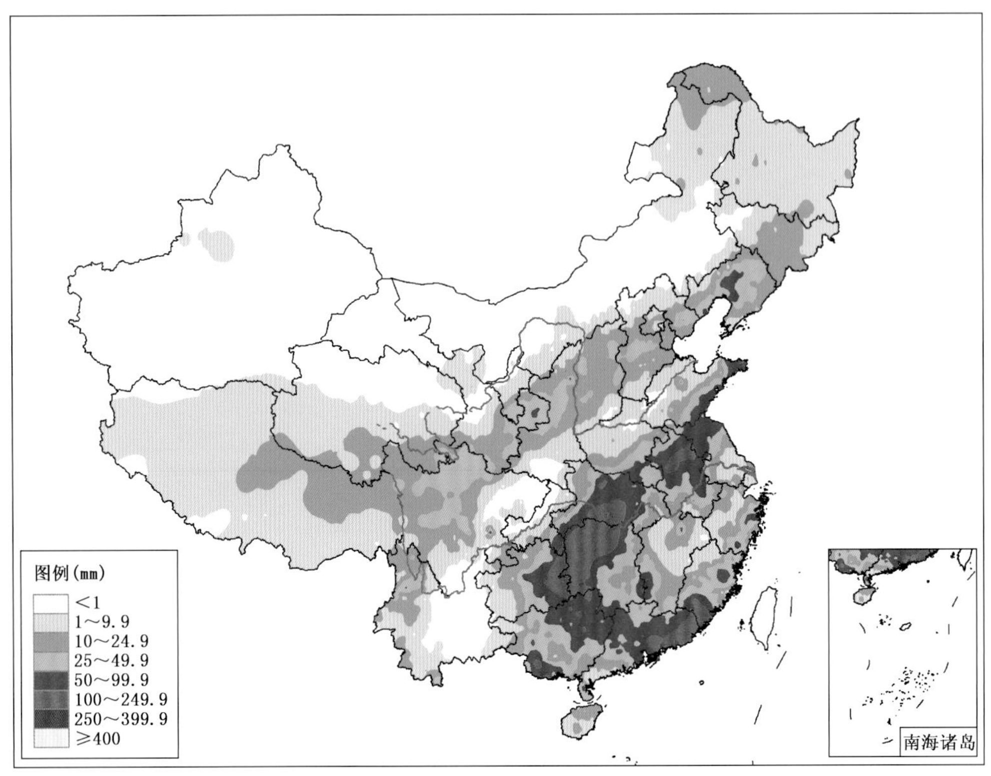

图 4.8.1　2013 年 9 月 22—25 日全国总降水量分布图(单位:mm)

4.8.2　天气形势及降水分析

9 月 22 日(图 4.8.2),1319 号超强台风“天兔”于当日 19 时在广东省汕尾市登陆,登陆时强度已减弱为强台风,受其影响,东南沿海地区出现降水,暴雨主要出现在广东、福建交界的沿海及其附近地区。23 日,“天兔”登陆后强度逐步减弱为台风、热带低压,并向西北偏北方向进入广西境内,与此同时,贝加尔湖至河套地区有西风槽、切变线东移进入东北及华北地区,受其影响,我国出现大范围降水,其中一条雨带从四川盆地伸展到东北地区,而中东部地区则为另一片大范围雨区,暴雨主要出现在辽宁中部、山东沿海及华南中东部,其中华南多站出现大暴雨。24 日,“天兔”在广西境内减弱消散,而华北、东北地区的西风槽、切变线迅速东移南压,台风倒槽与切变线在长江中游地区交汇,受其影响,华北、东北降水结束,而淮河流域、长江中下游地区、贵州、湖南、广西等地出现强降水,江苏北部至贵州西部出现东北—西南向的暴雨带,其中江汉平原南部、湘西北多站出现大暴雨。25 日,受低压倒槽和切变线的共同影响,雨区整体南压,江汉平原南部及湘西北依然出现暴雨到大暴雨,另外,广西部分地区也出现暴雨。

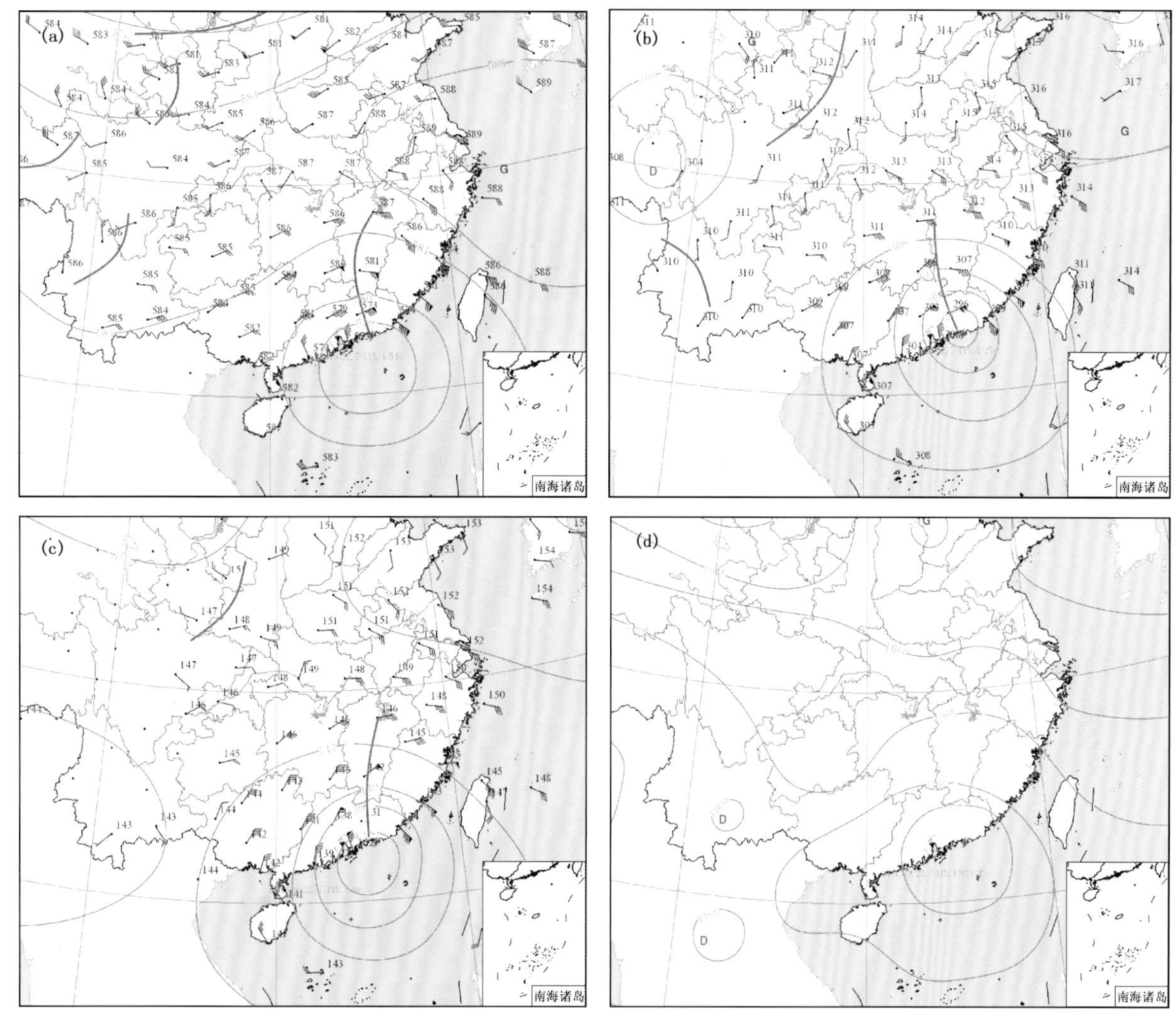

图 4.8.2 2013 年 9 月 22 日 20 时高空环流形势图及地面天气图

(a) 500 hPa;(b) 700 hPa;(c) 850 hPa;(d) 地面

4.9 10 月 6—8 日东部暴雨(强台风“菲特”暴雨)

4.9.1 雨情灾情分析

这是 2013 年第 40 次主要暴雨过程(No.40)。此次由 1323 号强台风“菲特”(Fitow)造成的东部暴雨过程共持续 3 d。10 月 6—8 日(图 4.9.1),50 mm 以上总降水量主要分布在浙江、上海、江苏南部、福建东北部和安徽东南部,100 mm 以上降水与 50 mm 以上降水分布基本一致,250 mm 以上的降水主要分布在杭州湾周边地区,过程累积最大降水量出现在浙江余姚,达到 540 mm。

强台风“菲特”具有强度强、前期路径稳定、移速缓慢、风雨影响大、浙江灾情重等特点,日降水量突破当地历史纪录站数多也是这次台风暴雨过程的一个重要特点。10 月 7 日,浙江余姚(395.6 mm)、瑞安(387.2 mm)、绍兴(311.3 mm)、鄞县(276.0 mm)、萧山(261.4 mm)、慈溪(192.3 mm)6 站日降水量均突破当地 52 a(1961—2012 年)的历史纪录;10 月 8

日,上海松江(224.6 mm)、闵行(195.5 mm),江苏启东(233.5 mm)日降水量也突破了当地52 a(1961—2012 年)的历史纪录。受这次暴雨过程的影响,浙江、上海、江苏和福建四省(市)共 1216 万人受灾,死亡 11 人,失踪 1 人,紧急转移安置 141 万人,倒塌房屋 0.6 万间,农作物受灾面积 647×10^3 hm^2,因灾直接经济损失 631.4 亿元,其中浙江受灾最为严重,直接经济损失高达 599.4 亿元,其次为福建 25.3 亿元。

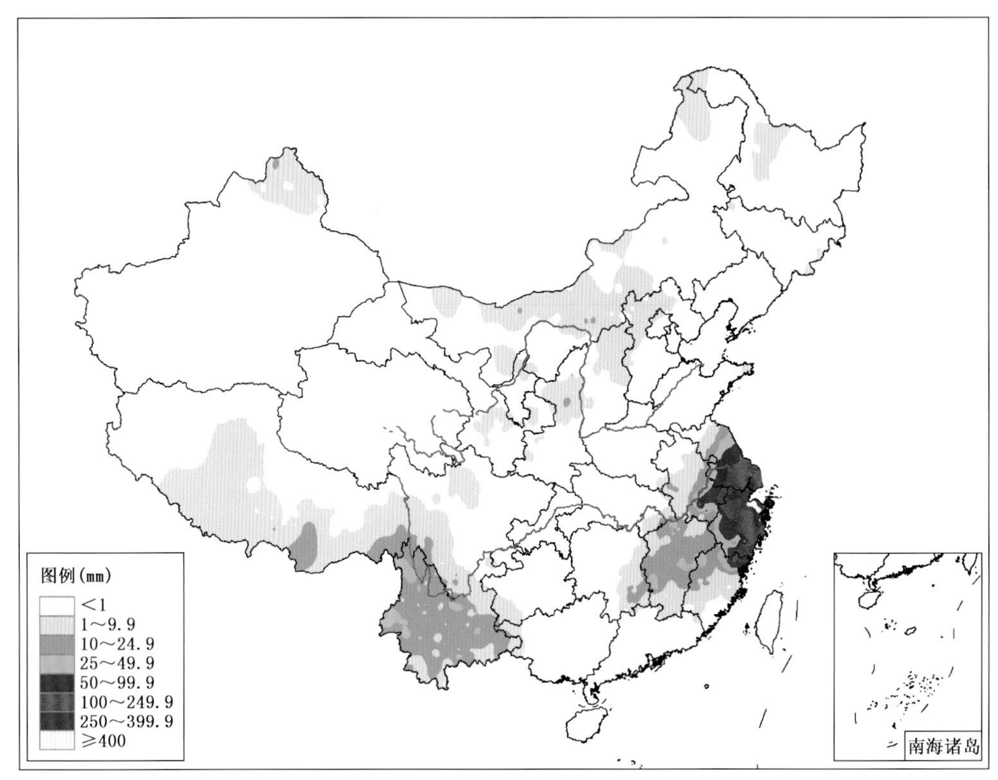

图 4.9.1　2013 年 10 月 6 日—8 日总降水量分布图(单位:mm)

4.9.2　天气形势及降水分析

10 月 6 日(图 4.9.2),1323 号强台风"菲特"向西北偏西方向进入我国东海海域,逐渐靠近浙闽交界,受其影响,浙江沿海及北部部分地区出现暴雨。7 日,"菲特"在福建省福鼎市登陆,登陆后转向偏西方向移动,强度迅速减弱,当日早晨减弱为热带风暴,下午减弱为热带低压,之后在福建省境内消散,受其影响,降水范围扩大、强度加强,浙江大部、上海、苏南出现暴雨到大暴雨,其中浙江宁波、温州、绍兴地区出现 6 站特大暴雨,宁波余姚、奉化日雨量同时达到 395.6 mm。8 日,受残留气旋环流及其残留云系影响,我国东部地区仍有较大范围降水,浙江中北部、上海和江苏东南部出现暴雨到大暴雨,其中浙江海宁出现 260.5 mm 的特大暴雨。

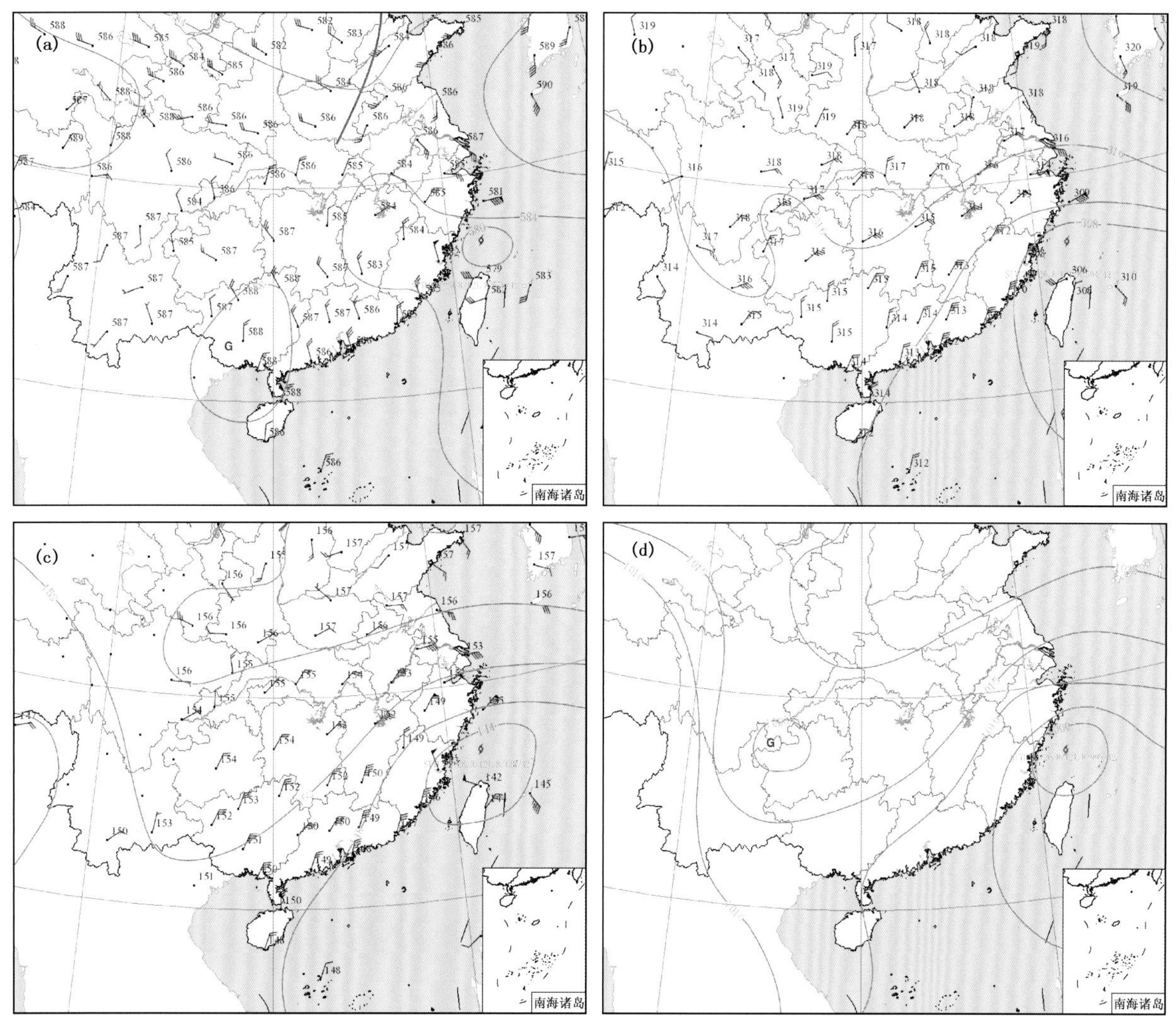

图 4.9.2　2013 年 10 月 6 日 20 时高空环流形势图及地面天气图

(a) 500 hPa;(b) 700 hPa;(c) 850 hPa;(d) 地面

4.10　11 月 10—12 日江南及华南暴雨(超强台风“海燕”暴雨)

4.10.1　雨情灾情分析

这是 2013 年第 41 次主要暴雨过程(No. 41)。此次由 1330 号超强台风“海燕”(Haiyan)造成的江南及华南暴雨过程共持续 3 d。11 月 10—12 日(图 4.10.1),50 mm 以上总降水量主要分布在海南、广西、湖南、江西、广东西部和福建北部,100 mm 以上总降水量主要分布在海南大部、广西中部和南部、广东西南部和江西中部部分地区,过程累积最大降水量出现在广西北海,达到 357 mm。

超强台风“海燕”具有强度强、移速快、风雨影响大、造成灾情严重等特点。11 月 11 日,广西横县(310.6 mm)、扶绥(198.2 mm)日降水量均突破当地 52 a(1961—2012 年)的历史纪录。受这次暴雨过程的影响,广东、广西和海南三省(区)共 423 万人受灾,死亡 20 人,失踪 3 人,紧急转移安置 29 万人,倒塌房屋 0.5 万间,农作物受灾面积 555×10^3 hm^2,因灾直接经济损失 45.8 亿元,其中海南受灾最为严重,直接经济损失 30.5 亿元,其次为广西 14.4 亿元。

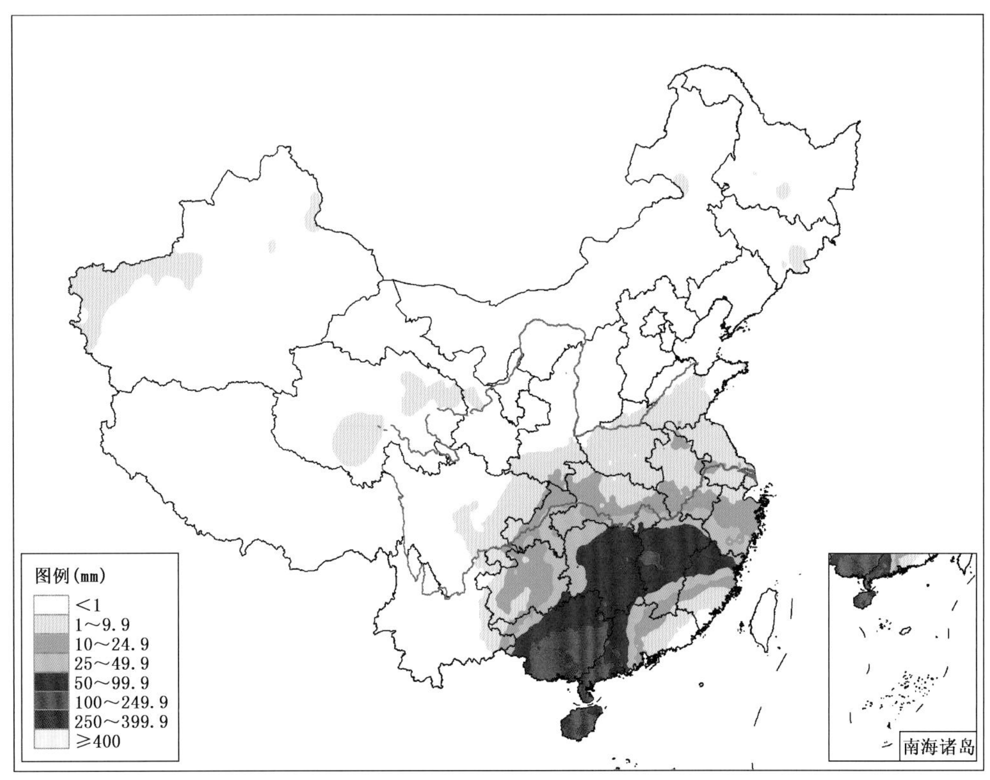

图 4.10.1　2013 年 11 月 10—12 日总降水量分布图(单位:mm)

4.10.2　天气形势及降水分析

11 月 10 日(图 4.10.2),1330 号超强台风"海燕"在南海海域向西北方向移动,强度减弱为台风,并在距离海南省西南部乐东县 25 km 的海域擦过进入北部湾。受其影响,华南出现降水,暴雨主要出现在海南岛大部及广东局部,海南岛多站出现大暴雨。11 日,"海燕"在越南东北部沿海登陆,后又折向东北方向移动,当日早晨强度减弱为强热带风暴,之后进入我国广西境内,下午减弱为热带风暴,夜间减弱为热带低压,之后在广西境内消散。受其影响,华南、江南出现大范围降水,除海南东南部、江西中部、湖南中部局部出现暴雨外,广西大部出现暴雨,其中中南部多站出现大暴雨,宾阳(298.0 mm)、横县(310.6 mm)、浦北(256.5 mm)及北海(320.4 mm)四站出现特大暴雨。12 日,受"海燕"消散后残留气旋环流及残留云系的影响,雨区整体向东北方向略有移动,暴雨主要出现在广东西南部、广西东部偏东地区、湖南南部局部和江西中部,广东茂名地区出现大暴雨。

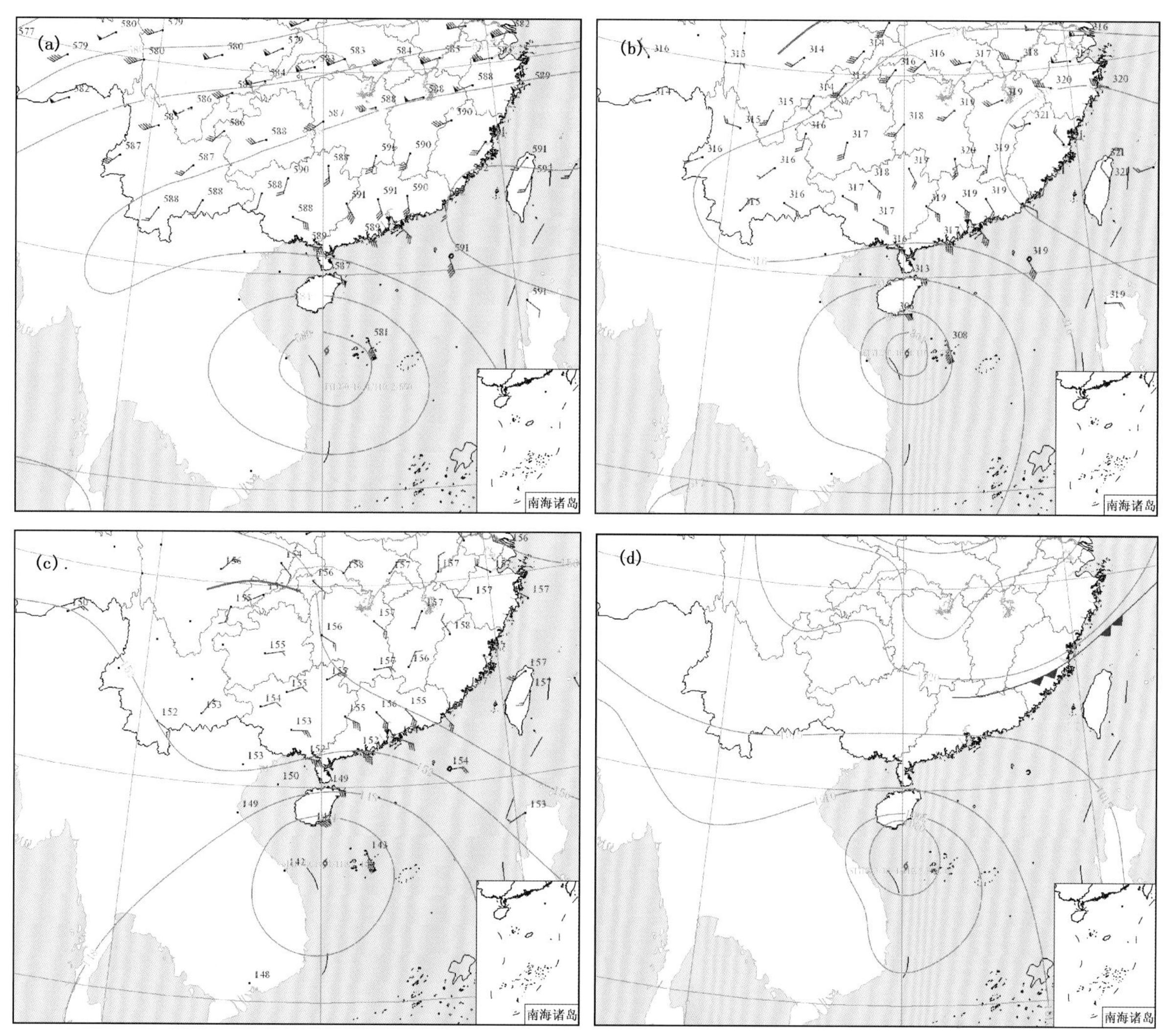

图 4.10.2　2013 年 11 月 10 日 08 时高空环流形势图及地面天气图

(a) 500 hPa；(b) 700 hPa；(c) 850 hPa；(d) 地面

附录　全国暴雨气候概况

附录 1　1981—2010 年 30 a 平均年降水量图

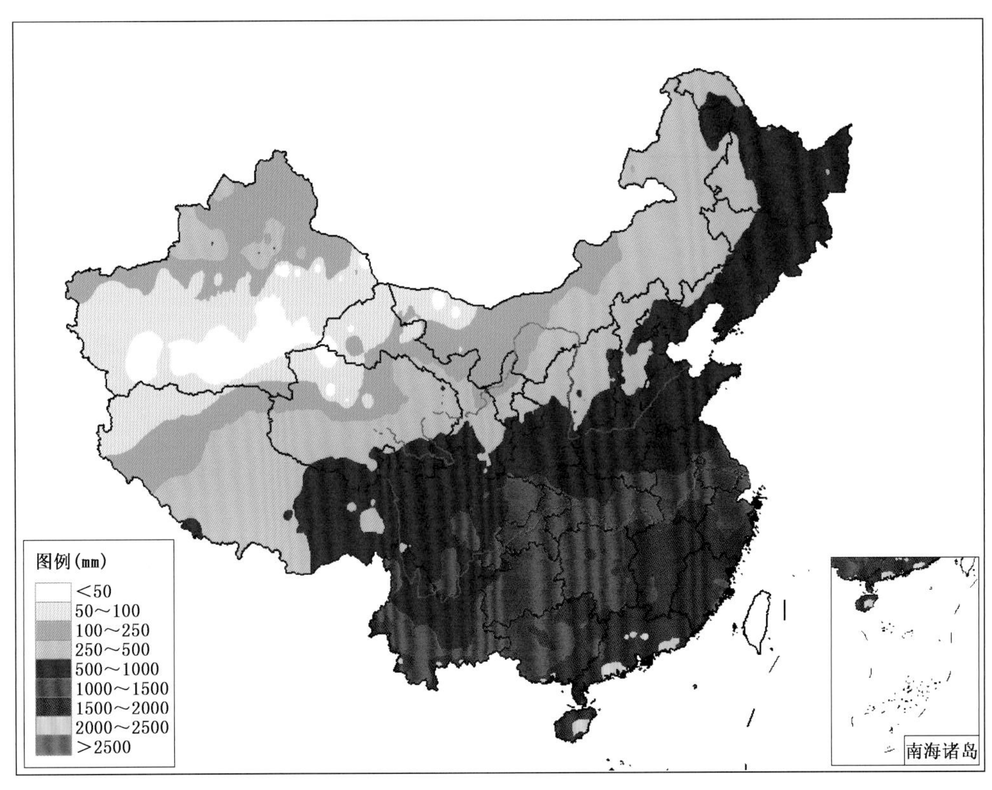

附图 1.1　1981—2010 年 30 a 全国平均年降水量分布图(单位:mm)

附录 2　1981—2010 年 30 a 平均月降水量图

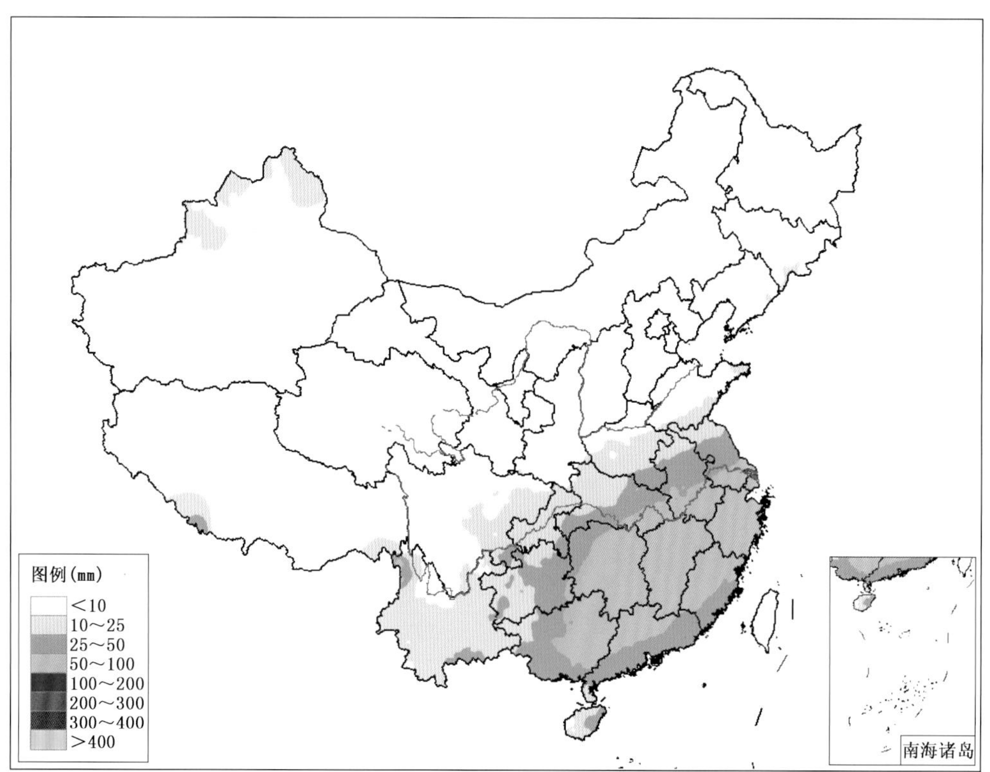

附图 2.1　1981—2010 年 30 a 全国平均 1 月降水量分布图(单位:mm)

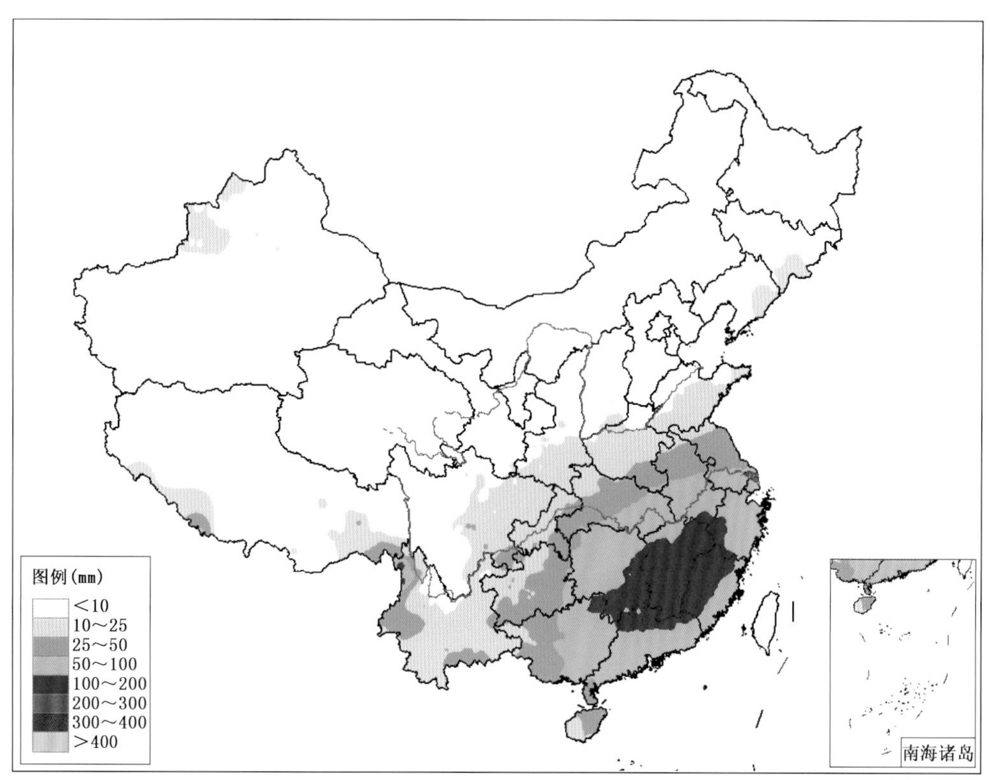

附图 2.2　1981—2010 年 30 a 全国平均 2 月降水量分布图(单位:mm)

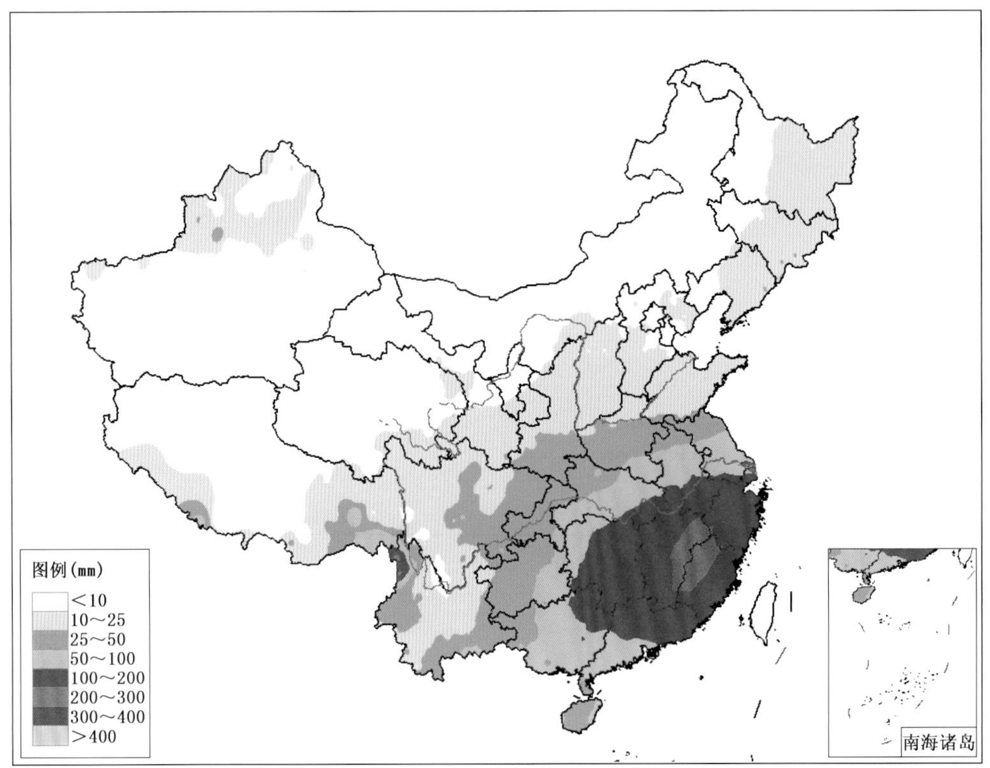

附图 2.3　1981—2010 年 30 a 全国平均 3 月降水量分布图(单位:mm)

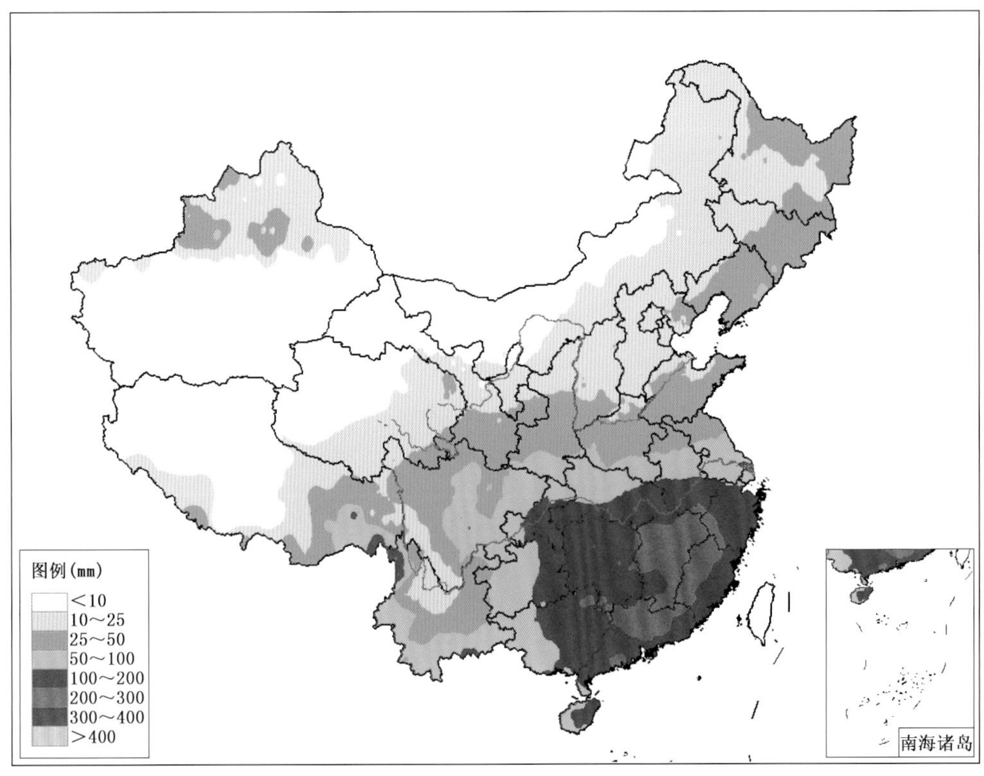

附图 2.4　1981—2010 年 30 a 全国平均 4 月降水量分布图(单位:mm)

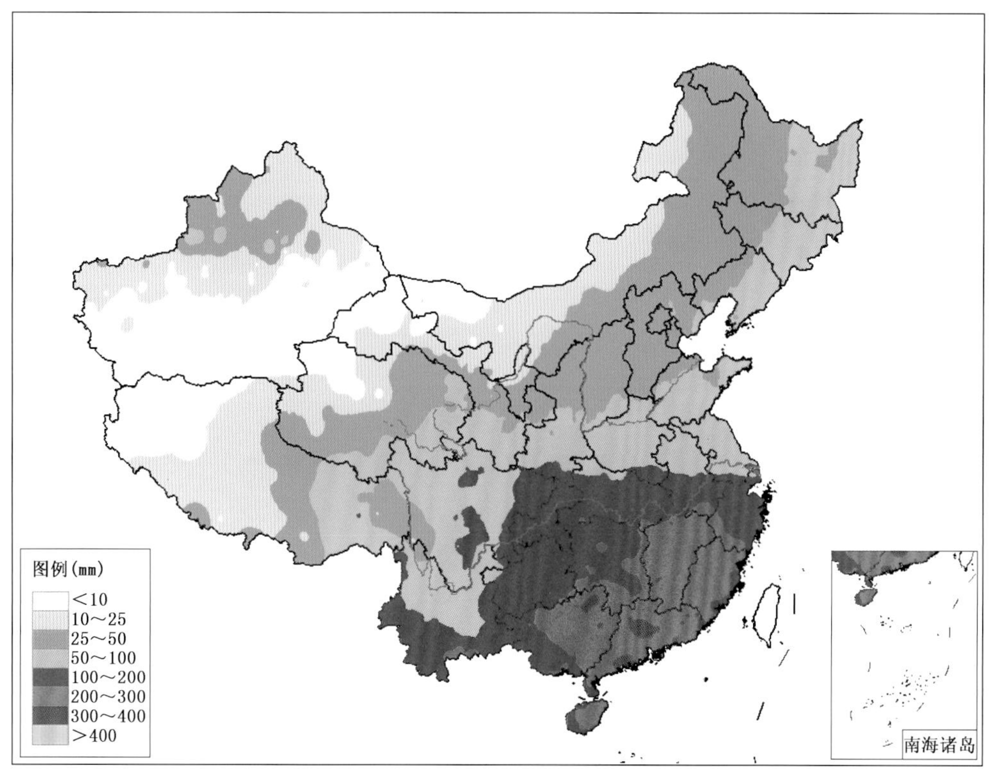

附图 2.5　1981—2010 年 30 a 全国平均 5 月降水量分布图(单位:mm)

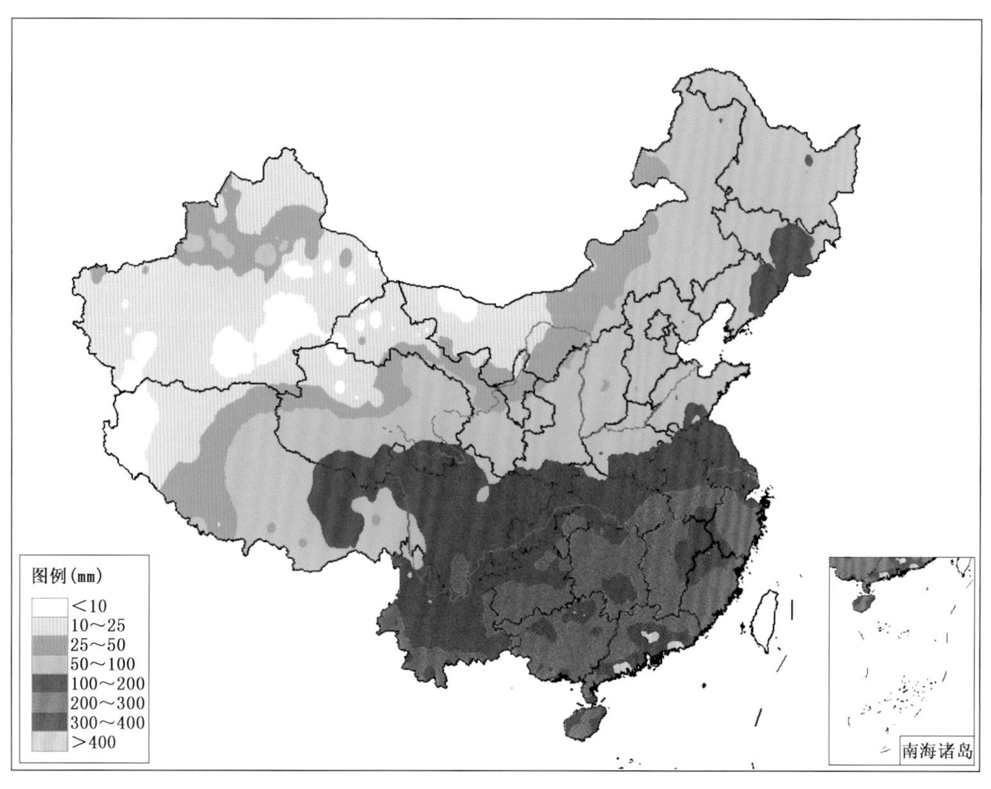

附图 2.6　1981—2010 年 30 a 全国平均 6 月降水量分布图(单位:mm)

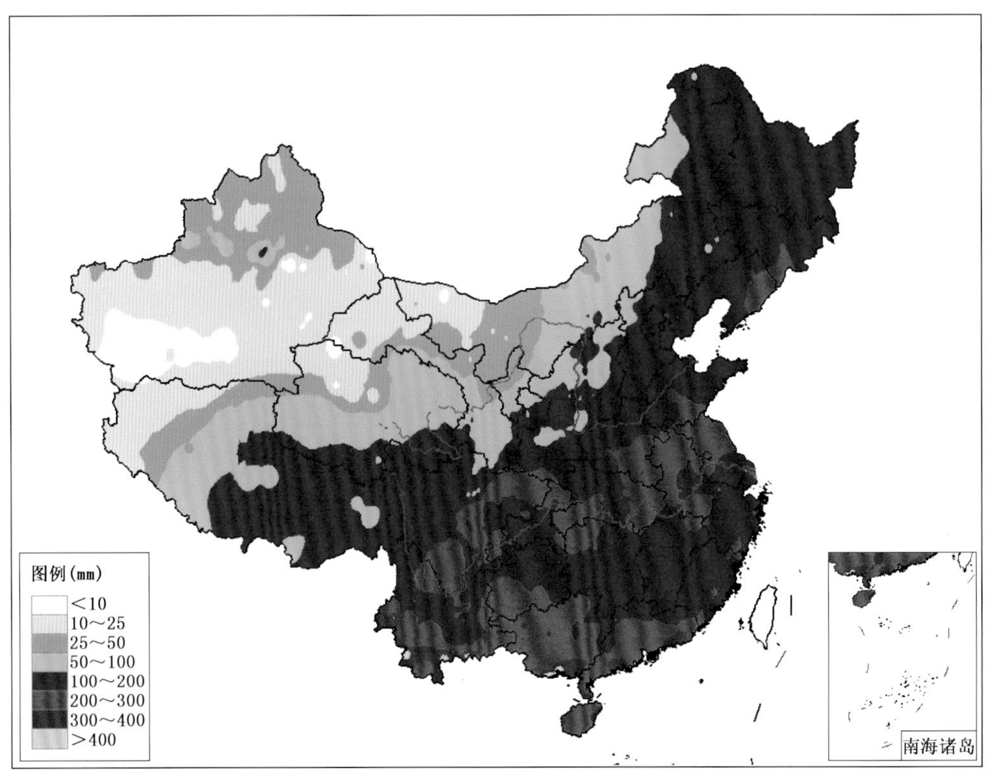

附图 2.7　1981—2010 年 30 a 全国平均 7 月降水量分布图(单位:mm)

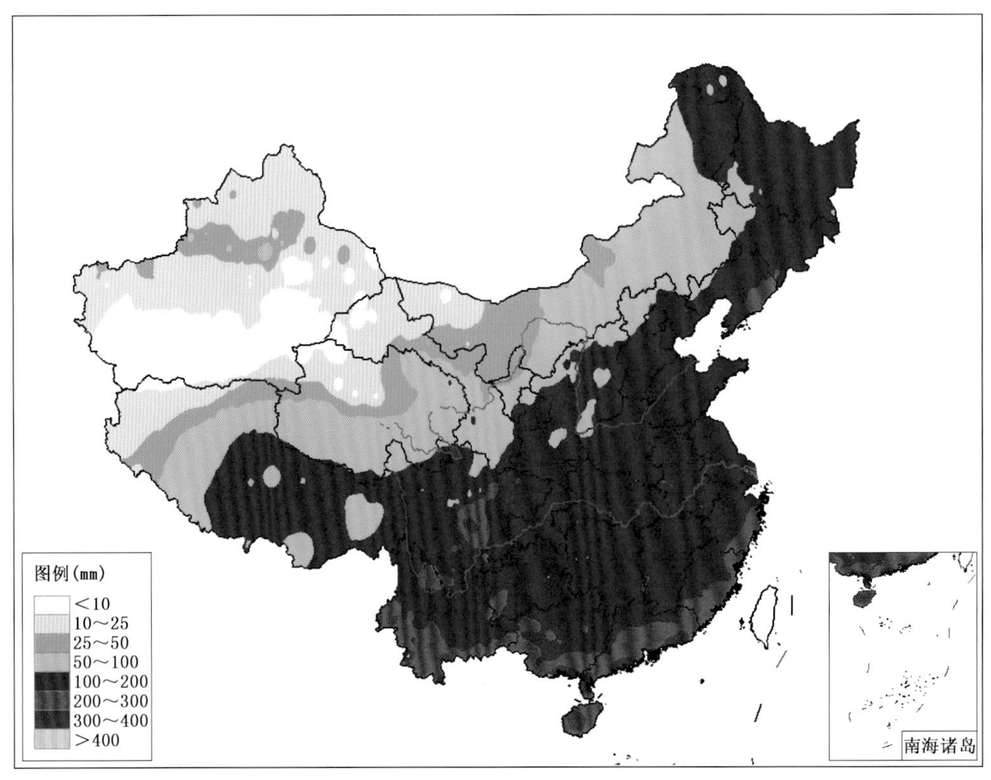

附图 2.8　1981—2010 年 30 a 全国平均 8 月降水量分布图(单位:mm)

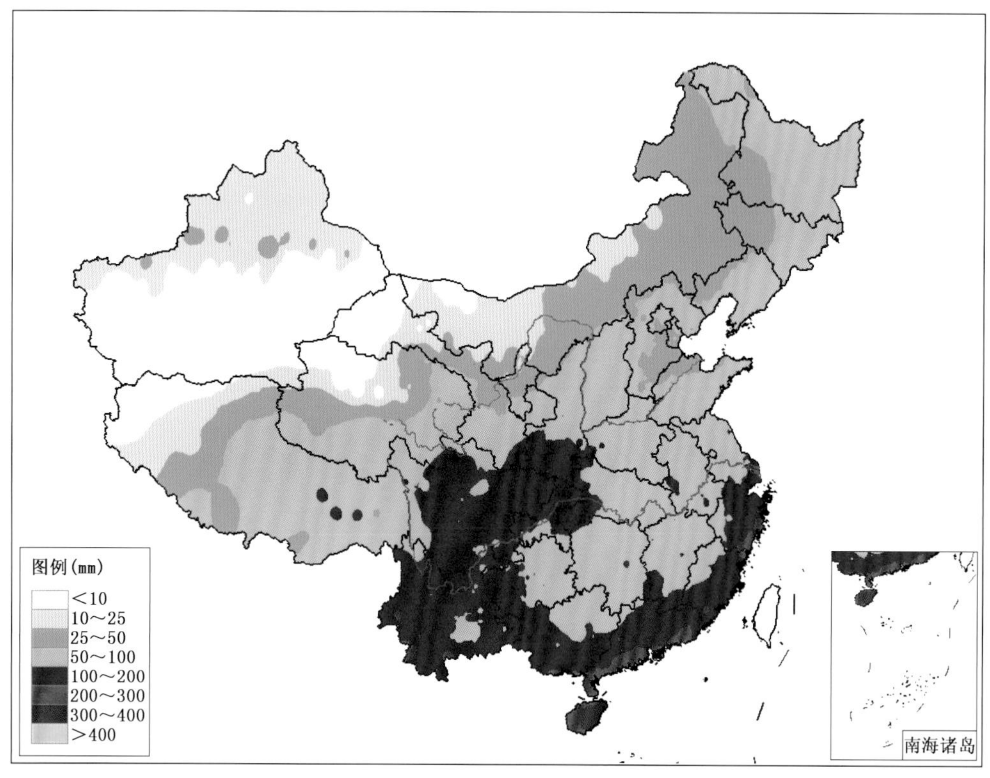

附图 2.9　1981—2010 年 30 a 全国平均 9 月降水量分布图(单位:mm)

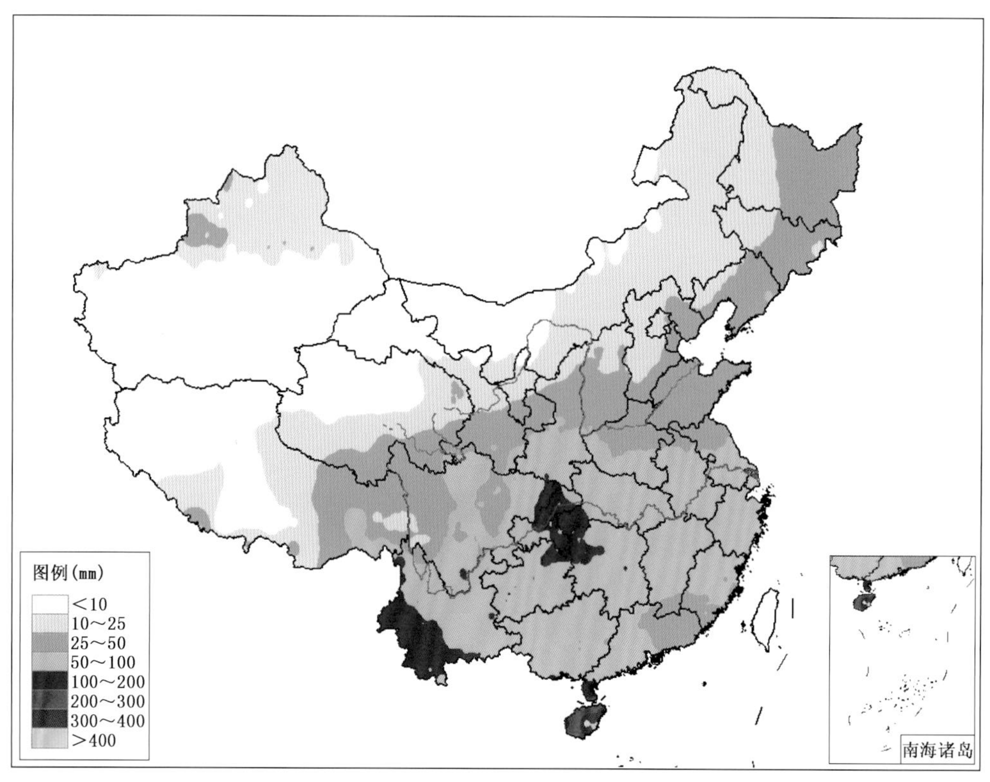

附图 2.10　1981—2010 年 30 a 全国平均 10 月降水量分布图(单位:mm)

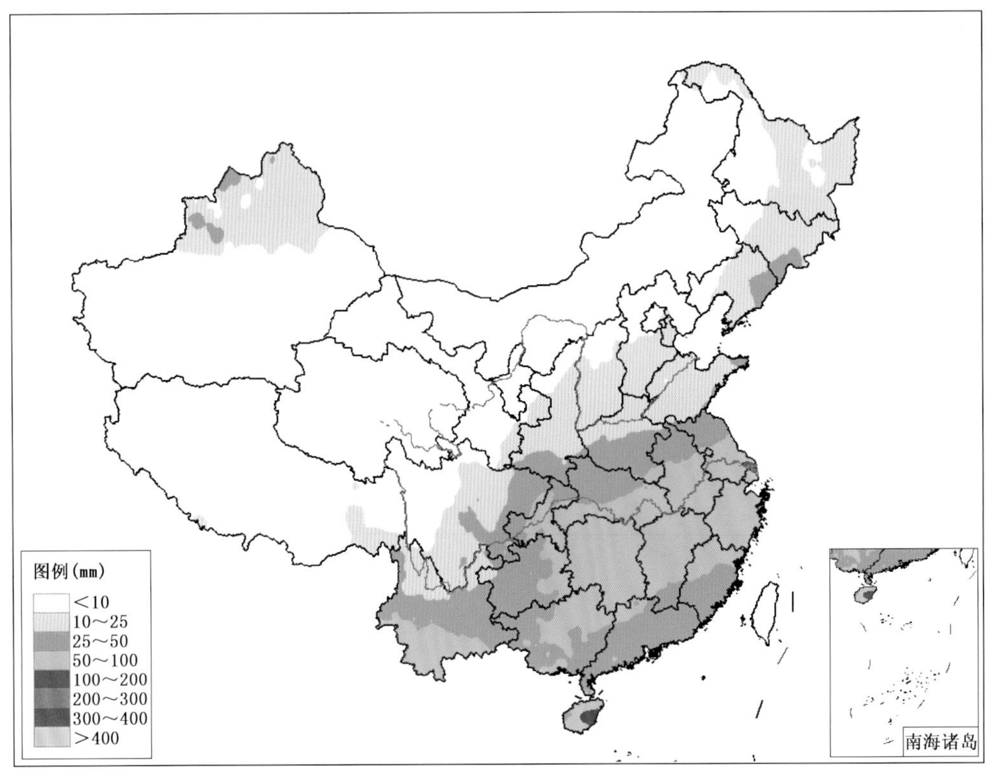

附图 2.11　1981—2010 年 30 a 全国平均 11 月降水量分布图(单位:mm)

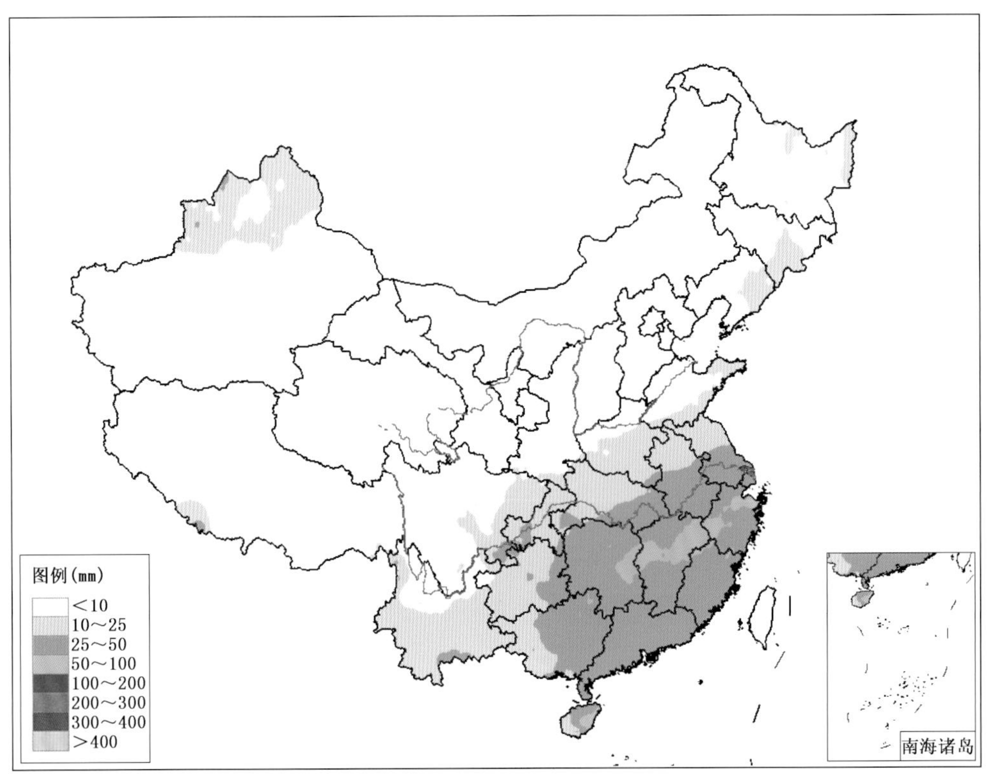

附图 2.12　1981—2010 年 30 a 平均 12 月降水量分布图(单位:mm)

附录 3　1981—2010 年 30 a 暴雨(≥50.0 mm/d)总日数分布图

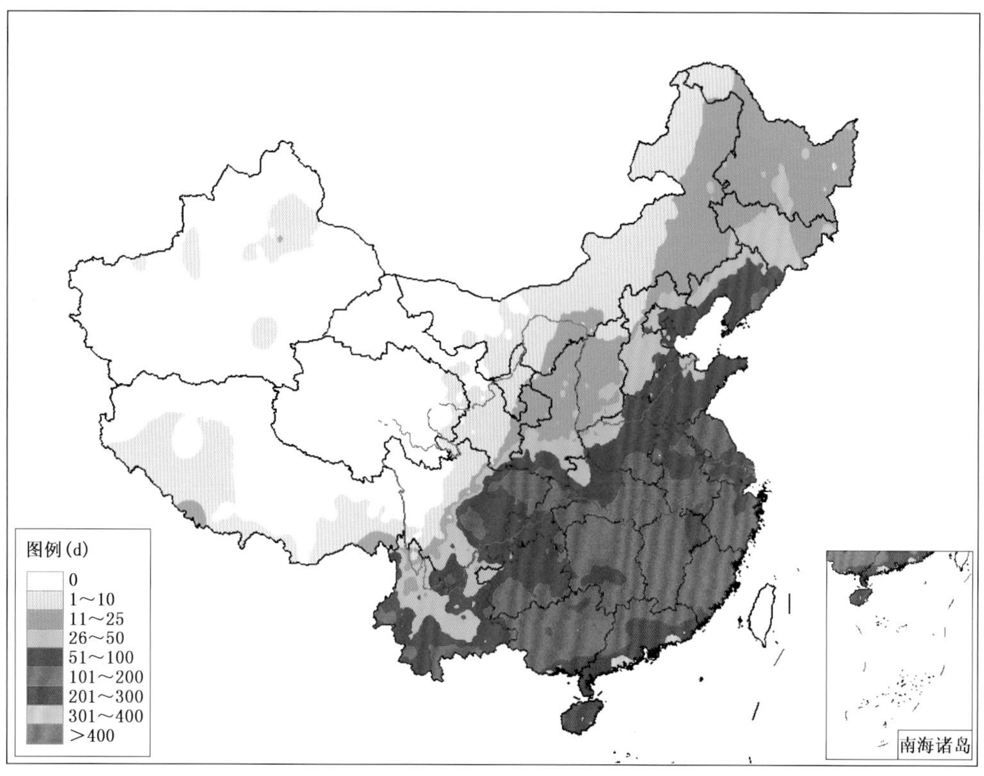

附图 3.1　1981—2010 年 30 a 全国暴雨(≥50.0 mm/d)总日数分布图(单位:d)

附录 4　1981—2010 年 30 a 大暴雨(100.0～249.9 mm/d)总日数分布图

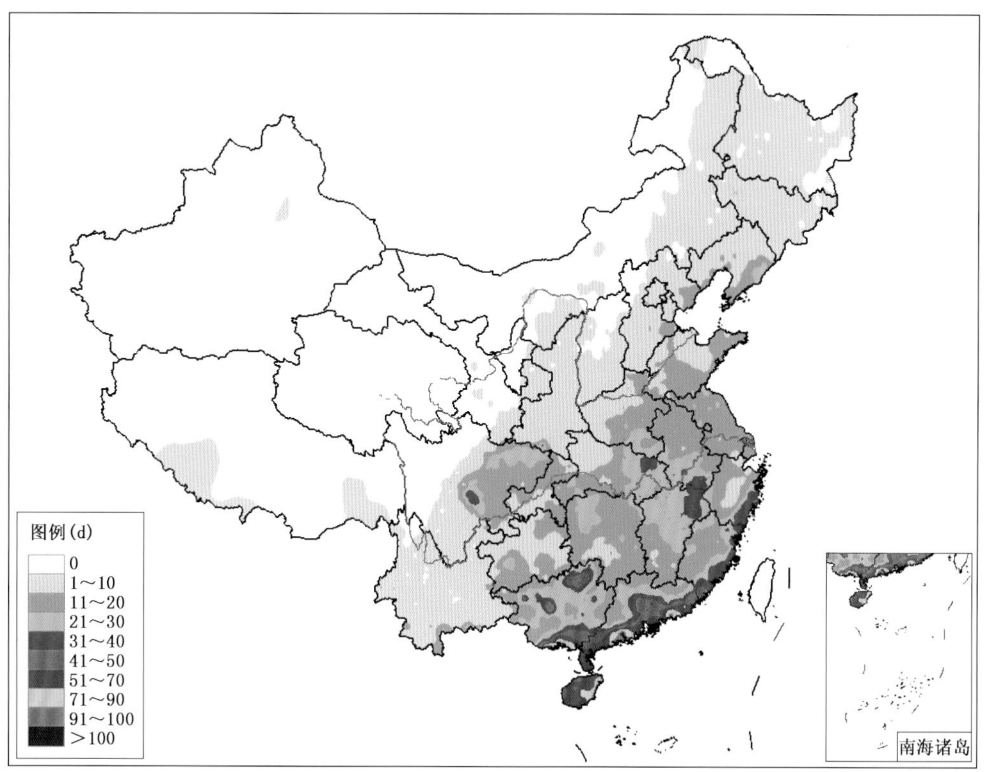

附图 4.1　1981—2010 年 30 a 全国大暴雨(100.0～249.9 mm/d)总日数分布图(单位:d)

附录5　1981—2010年30 a特大暴雨(≥250.0 mm/d)总日数分布图

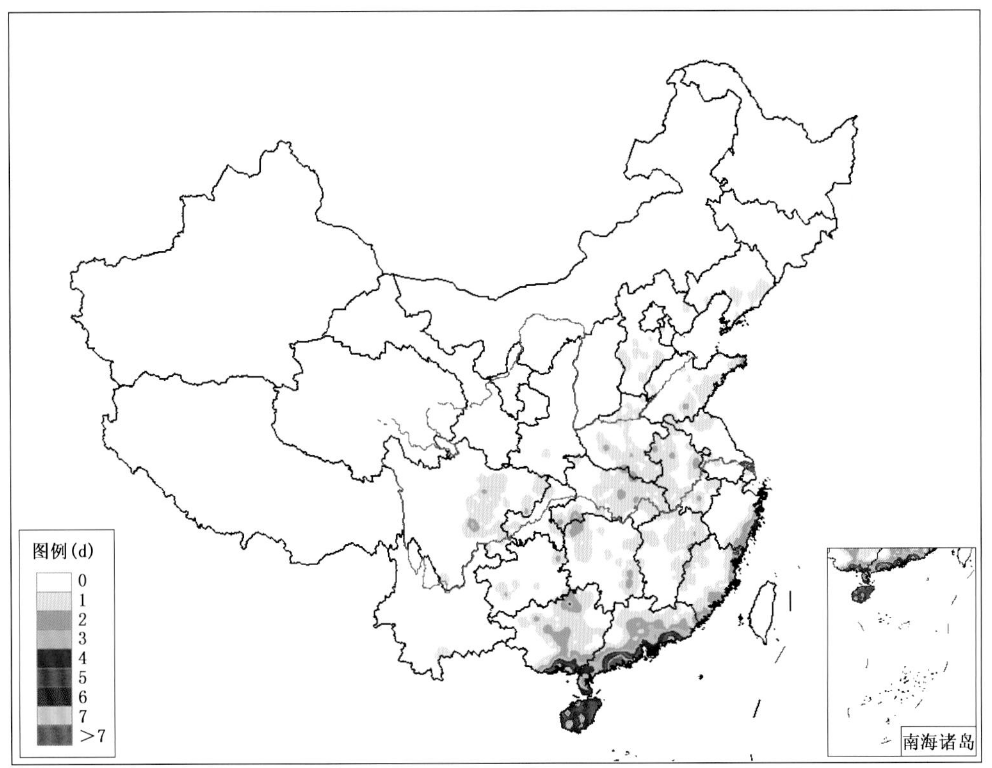

附图5.1　1981—2010年30 a全国特大暴雨(≥250.0 mm/d)总日数分布图(单位:d)

附录6　1981—2010年30 a各月暴雨(≥50.0 mm/d)总日数分布图

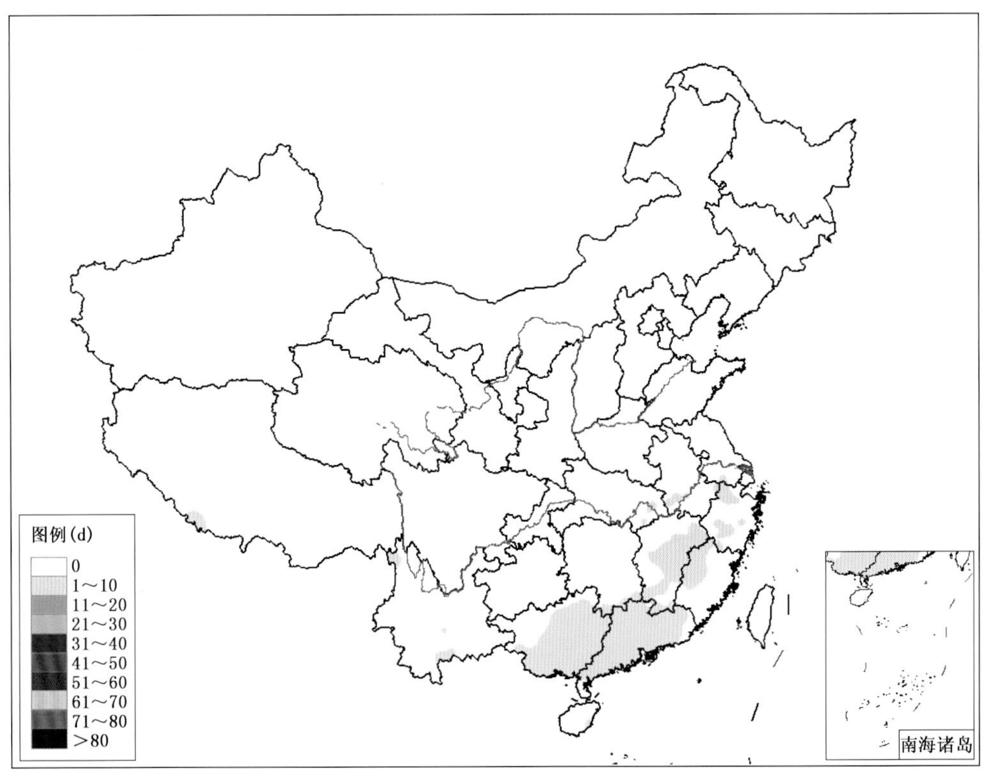

附图6.1　1981—2010年30 a 1月全国暴雨(≥50.0 mm/d)总日数分布图(单位:d)

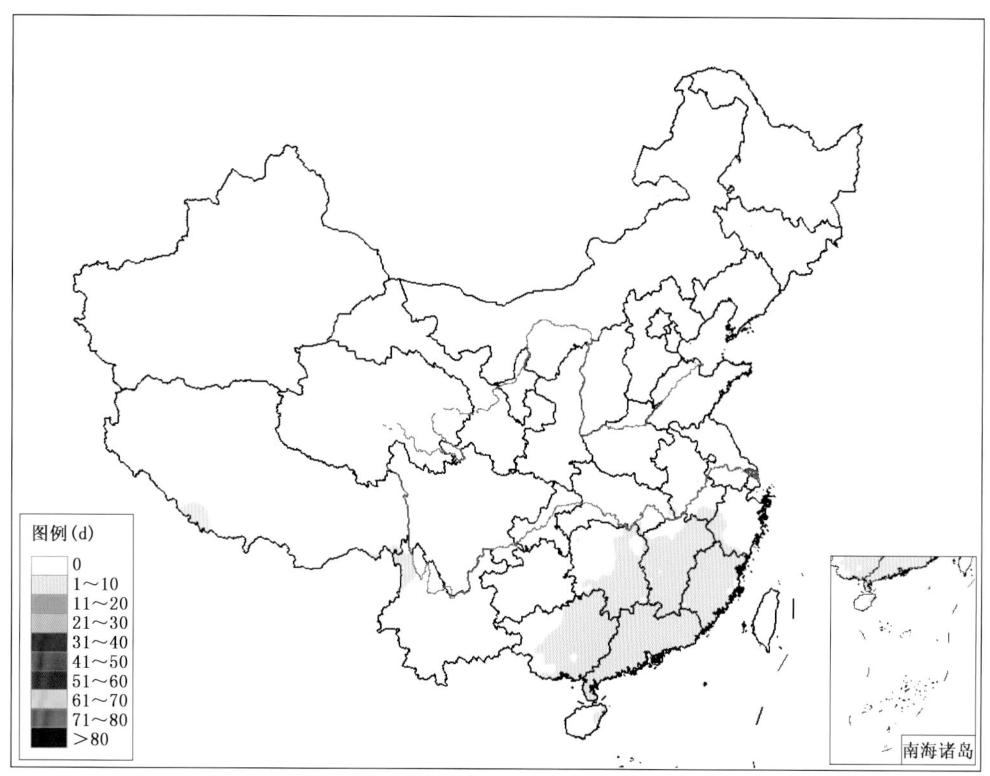

附图 6.2　1981—2010 年 30 a 2 月全国暴雨(≥50.0 mm/d)总日数分布图(单位:d)

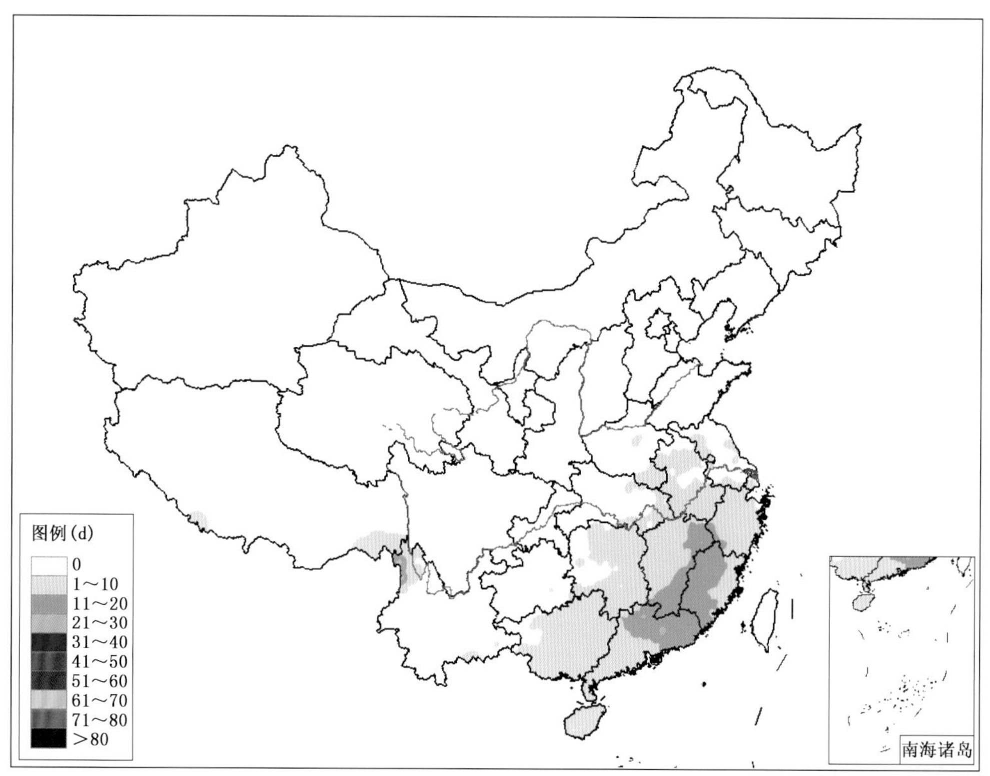

附图 6.3　1981—2010 年 30 a 3 月全国暴雨(≥50.0 mm/d)总日数分布图(单位:d)

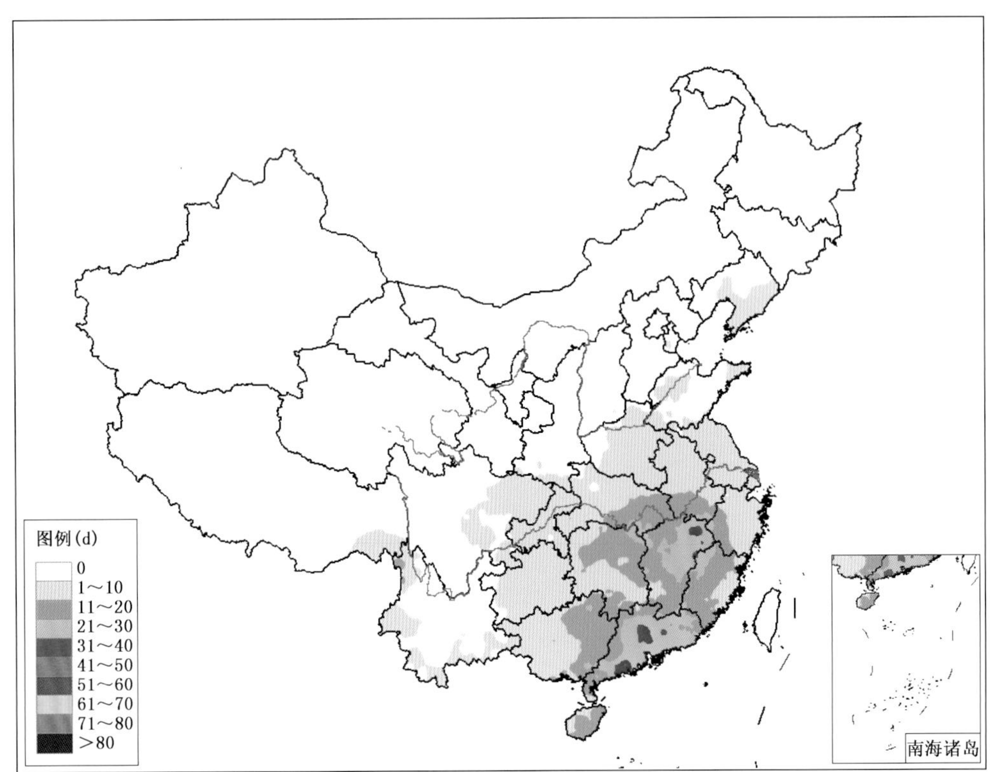

附图 6.4　1981—2010 年 30 a 4 月全国暴雨(≥50.0 mm/d)总日数分布图(单位:d)

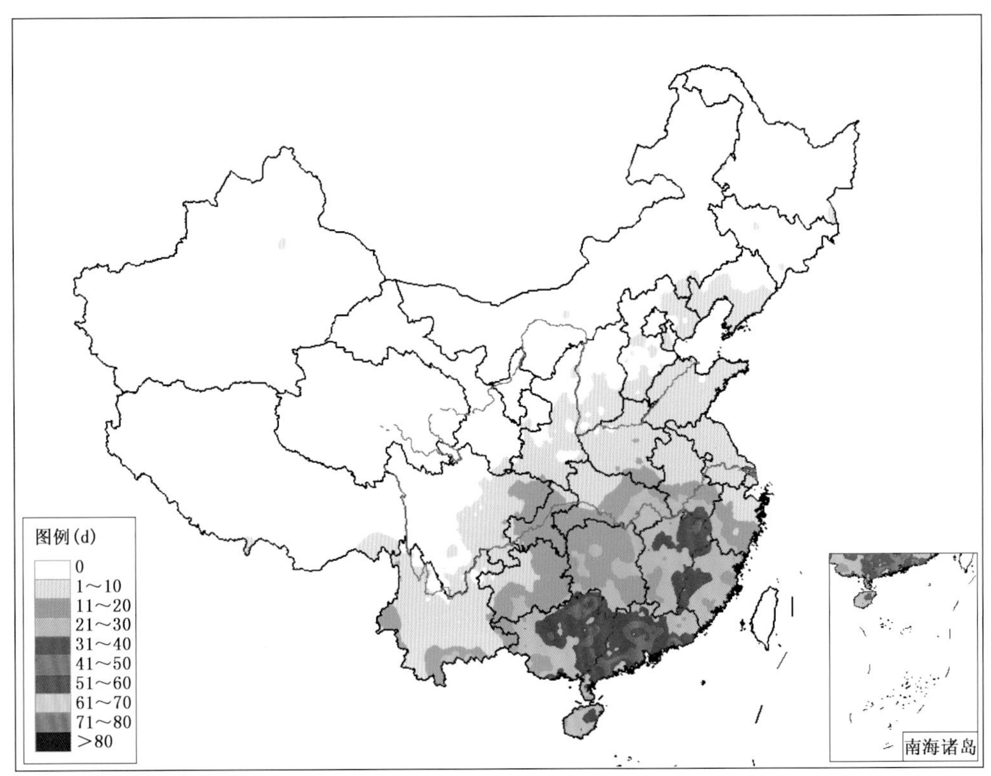

附图 6.5　1981—2010 年 30 a 5 月全国暴雨(≥50.0 mm/d)总日数分布图(单位:d)

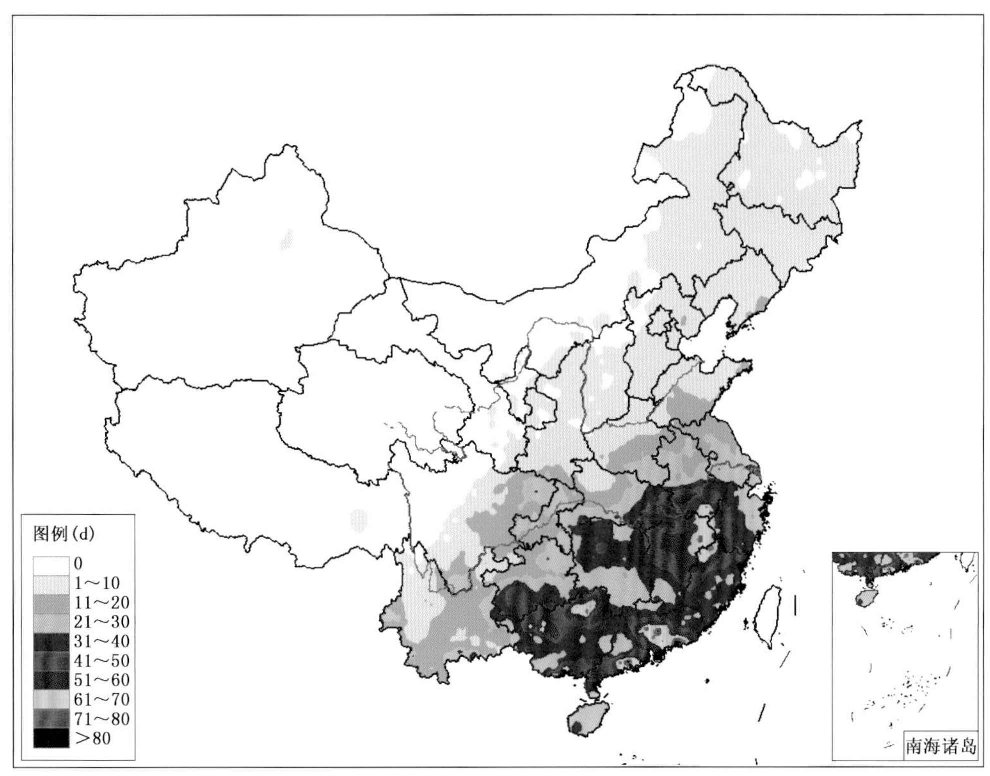

附图 6.6　1981—2010 年 30 a 6 月全国暴雨(≥50.0 mm/d)总日数分布图(单位:d)

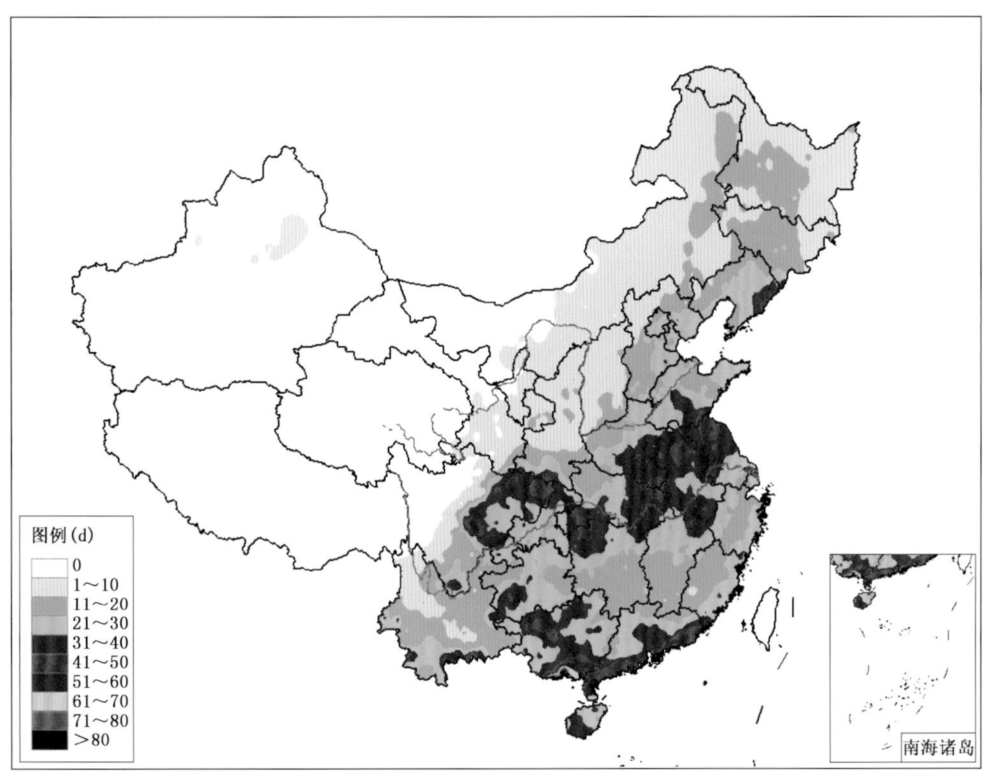

附图 6.7　1981—2010 年 30 a 7 月全国暴雨(≥50.0 mm/d)总日数分布图(单位:d)

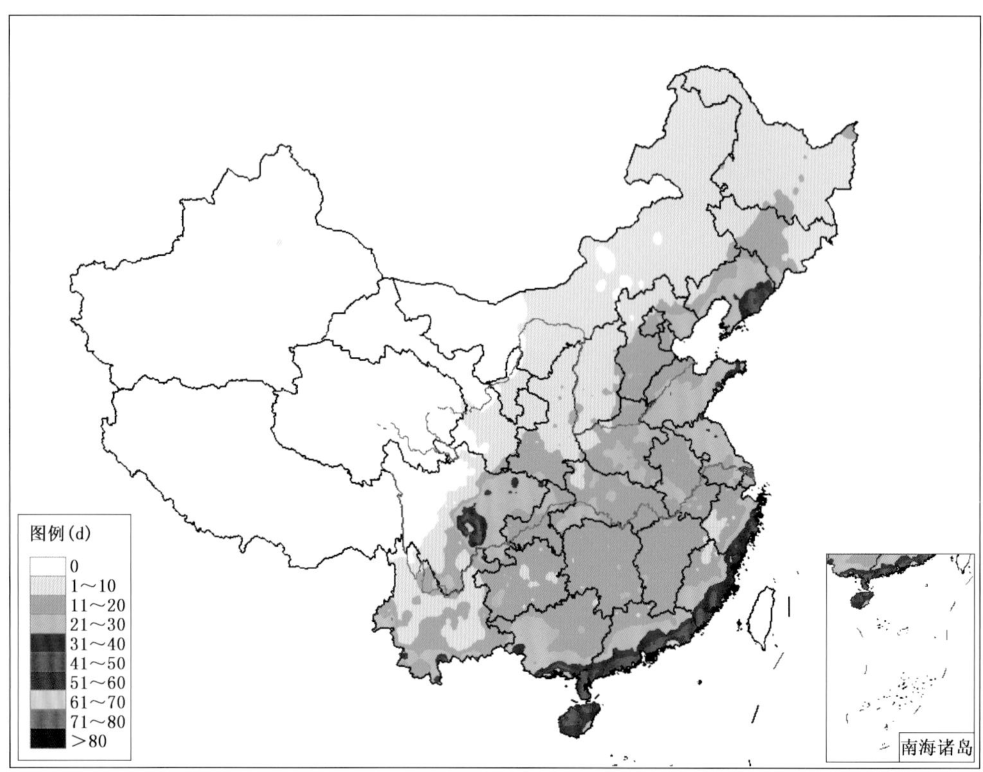

附图 6.8　1981—2010 年 30 a 8 月全国暴雨(≥50.0 mm/d)总日数分布图(单位:d)

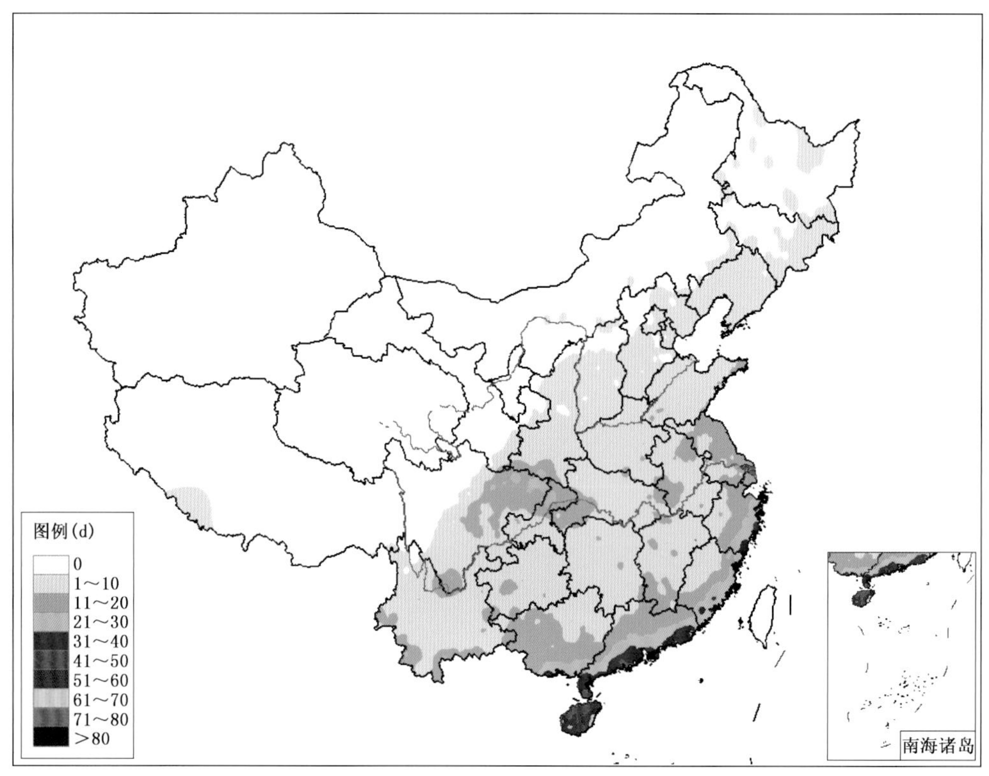

附图 6.9　1981—2010 年 30 a 9 月全国暴雨(≥50.0 mm/d)总日数分布图(单位:d)

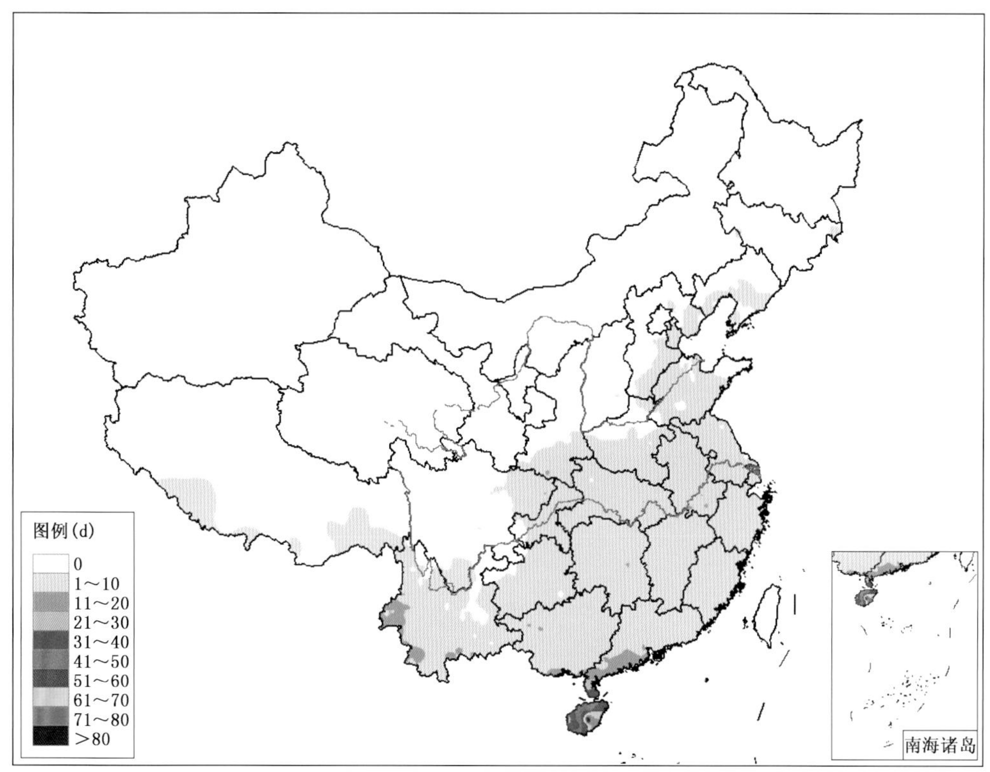

附图 6.10　1981—2010 年 30 a 10 月全国暴雨(≥50.0 mm/d)总日数分布图(单位:d)

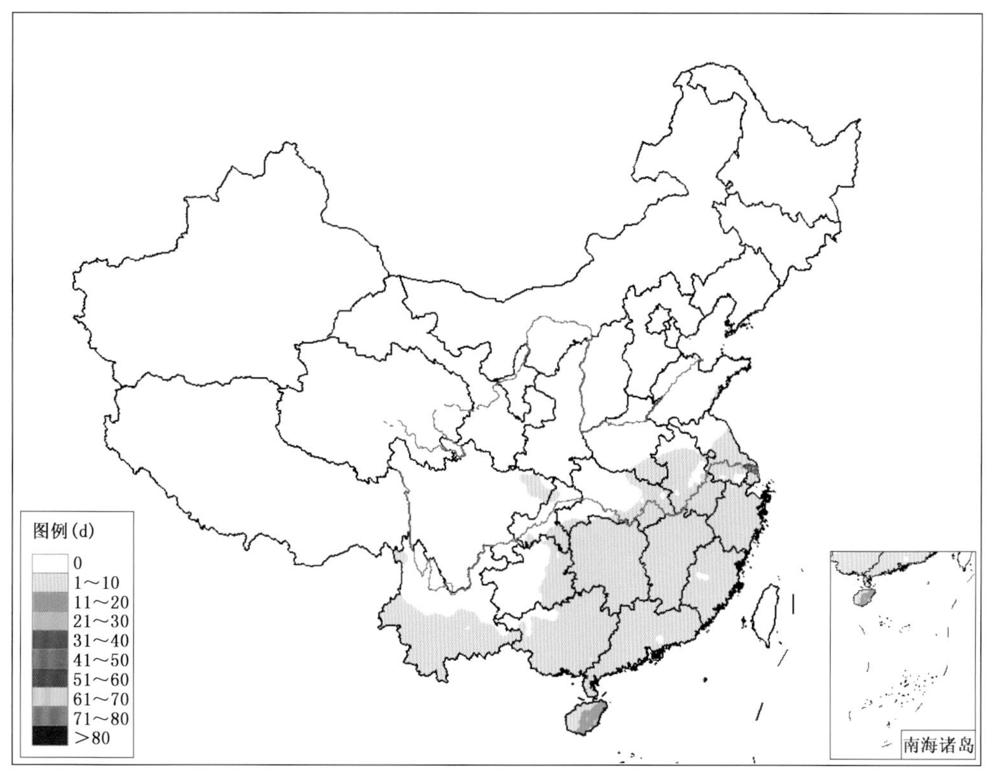

附图 6.11　1981—2010 年 30 a 11 月全国暴雨(≥50.0 mm/d)总日数分布图(单位:d)

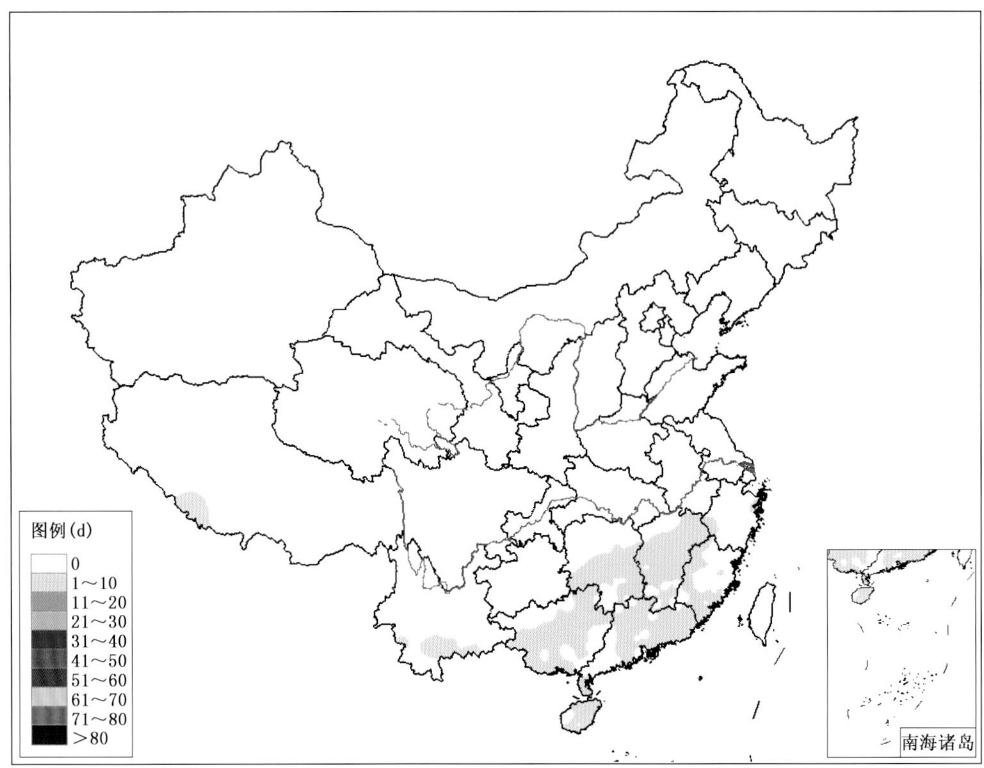

附图 6.12　1981—2010 年 30 a 12 月全国暴雨(≥50.0 mm/d)总日数分布图(单位:d)

附录 7　1981—2010 年 30 a 各月大暴雨(100.0～249.9 mm/d)总日数分布图

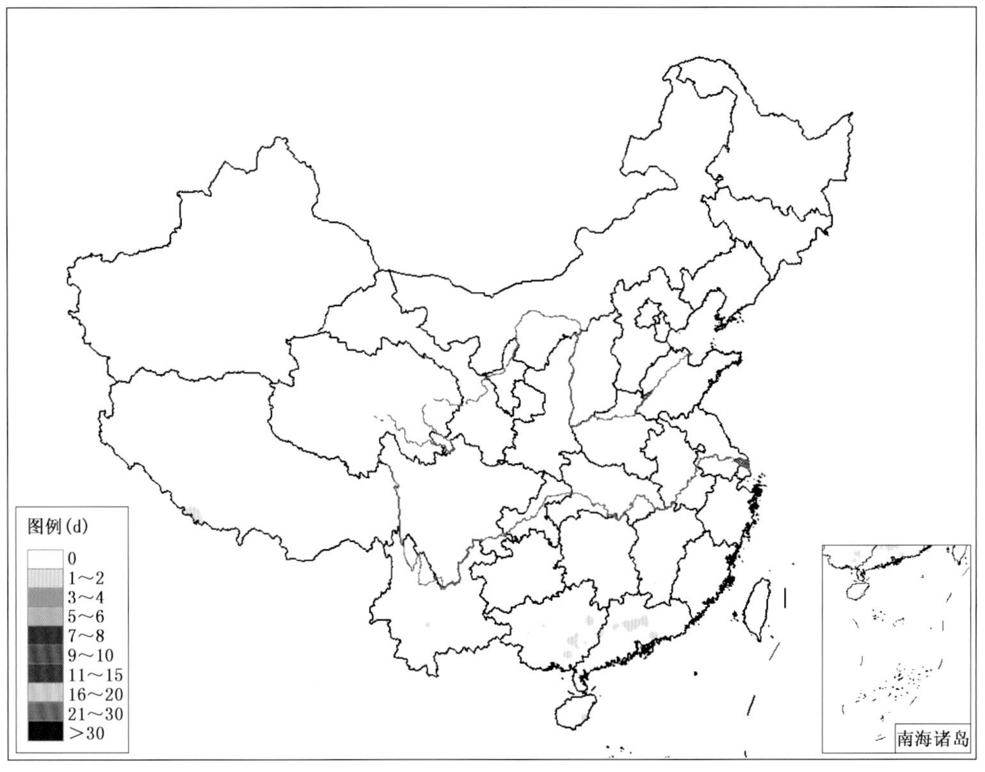

附图 7.1　1981—2010 年 30 a 1 月全国大暴雨(100.0～249.9 mm/d)总日数分布图(单位:d)

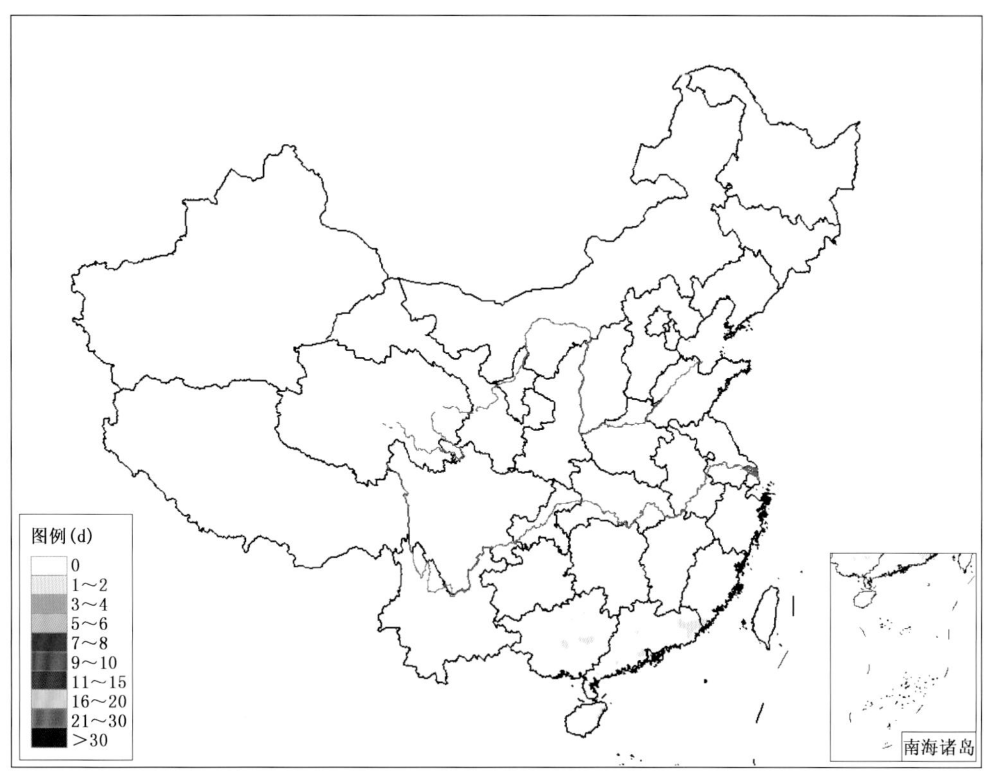

附图 7.2　1981—2010 年 30 a 2 月全国大暴雨(100.0～249.9 mm/d)总日数分布图(单位:d)

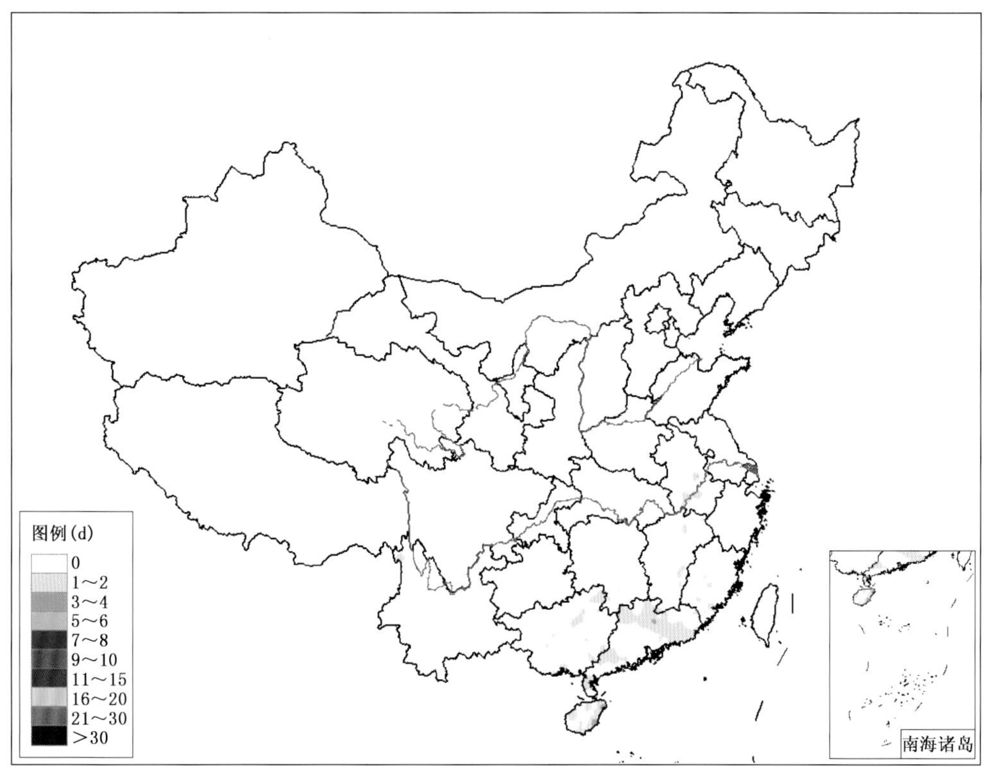

附图 7.3　1981—2010 年 30 a 3 月全国大暴雨(100.0～249.9 mm/d)总日数分布图(单位:d)

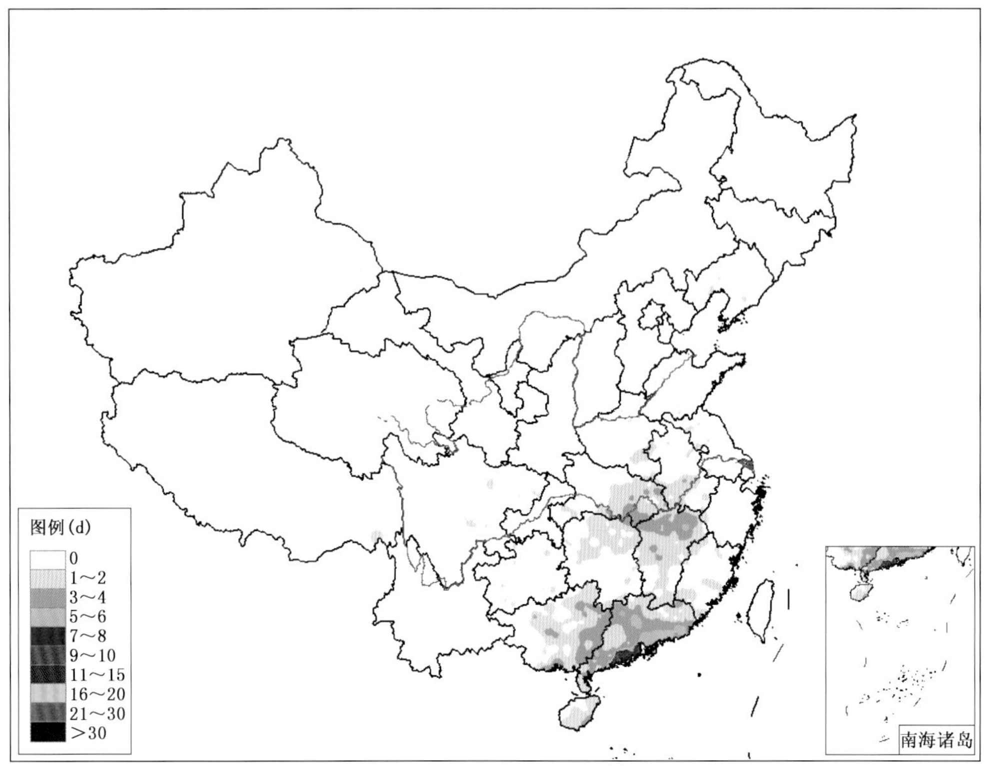

附图 7.4　1981—2010 年 30 a 4 月全国大暴雨(100.0～249.9 mm/d)总日数分布图(单位:d)

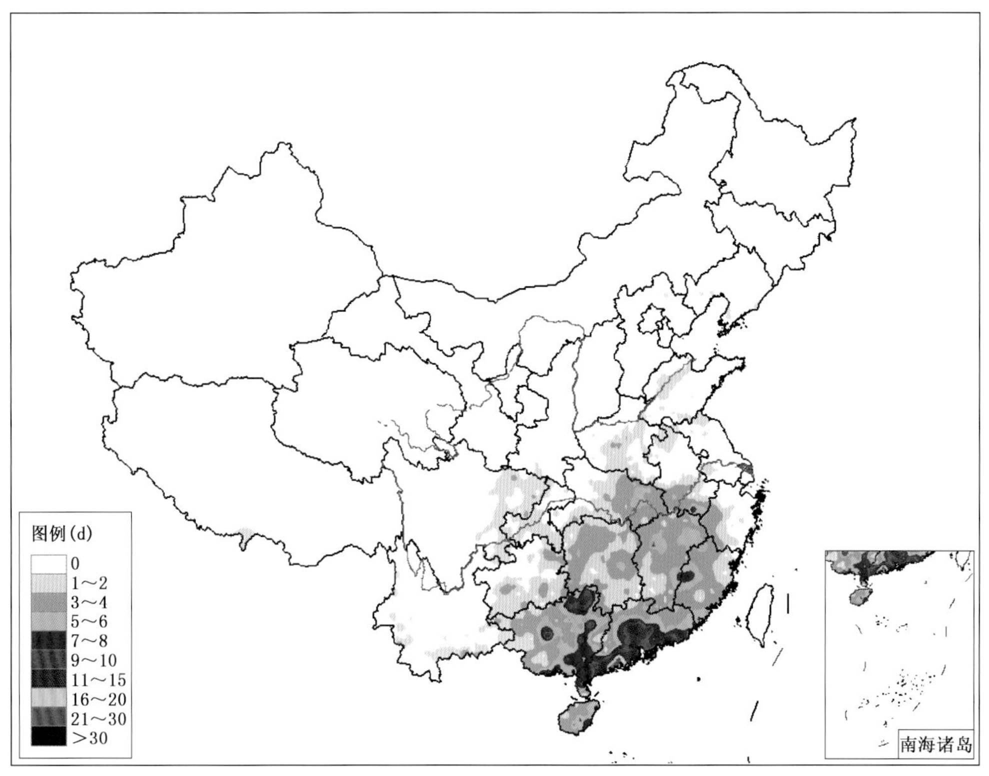

附图 7.5　1981—2010 年 30 a 5 月全国大暴雨(100.0～249.9 mm/d)总日数分布图(单位:d)

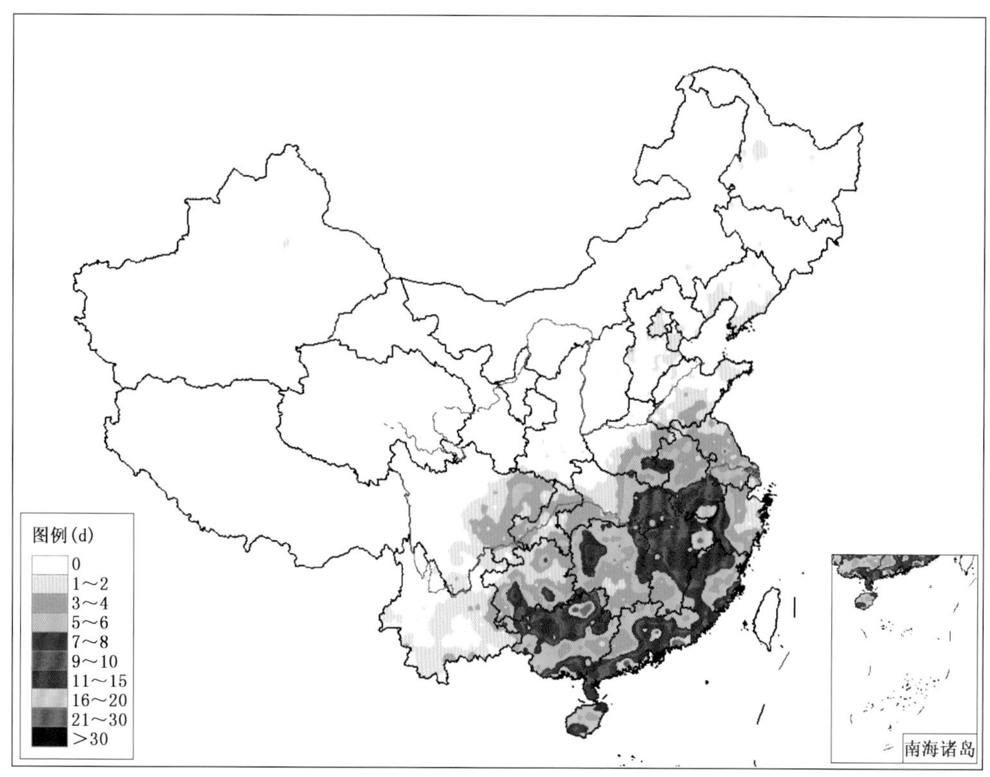

附图 7.6　1981—2010 年 30 a 6 月全国大暴雨(100.0～249.9 mm/d)总日数分布图(单位:d)

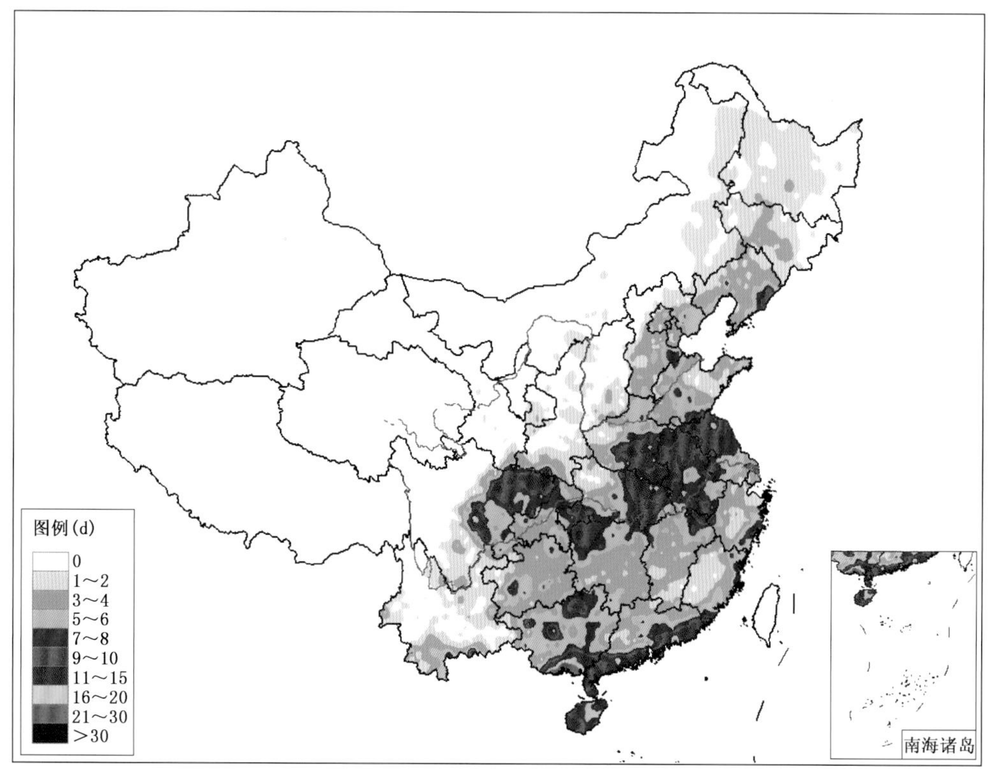

附图 7.7　1981—2010 年 30 a 7 月全国大暴雨(100.0～249.9 mm/d)总日数分布图(单位:d)

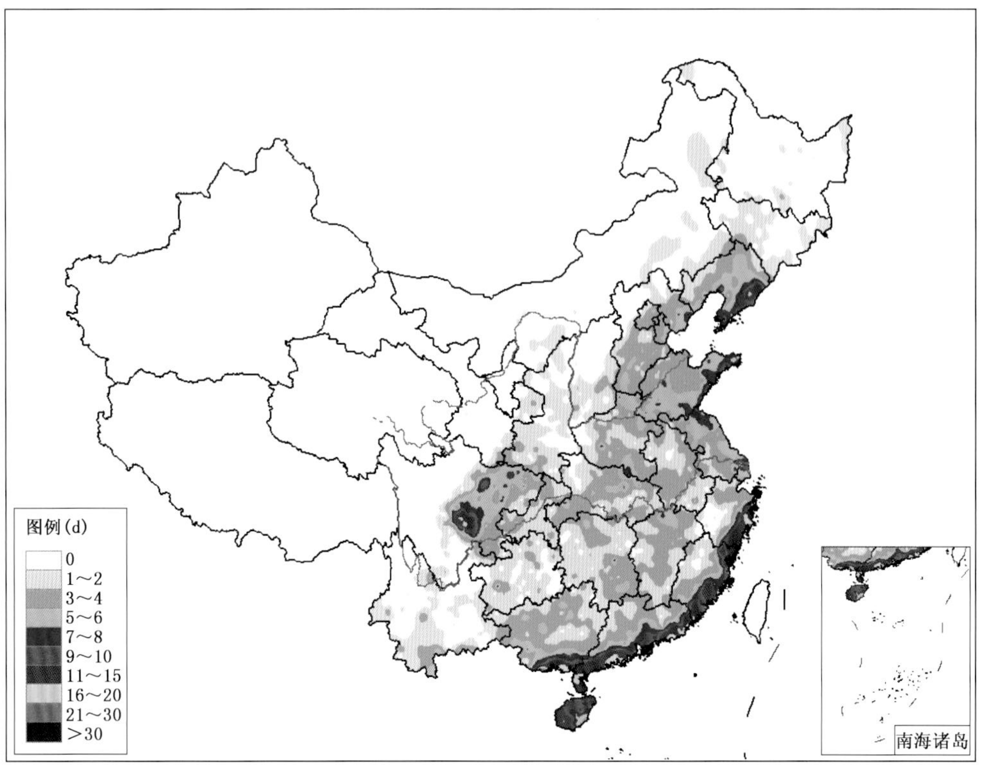

附图 7.8　1981—2010 年 30 a 8 月全国大暴雨(100.0～249.9 mm/d)总日数分布图(单位:d)

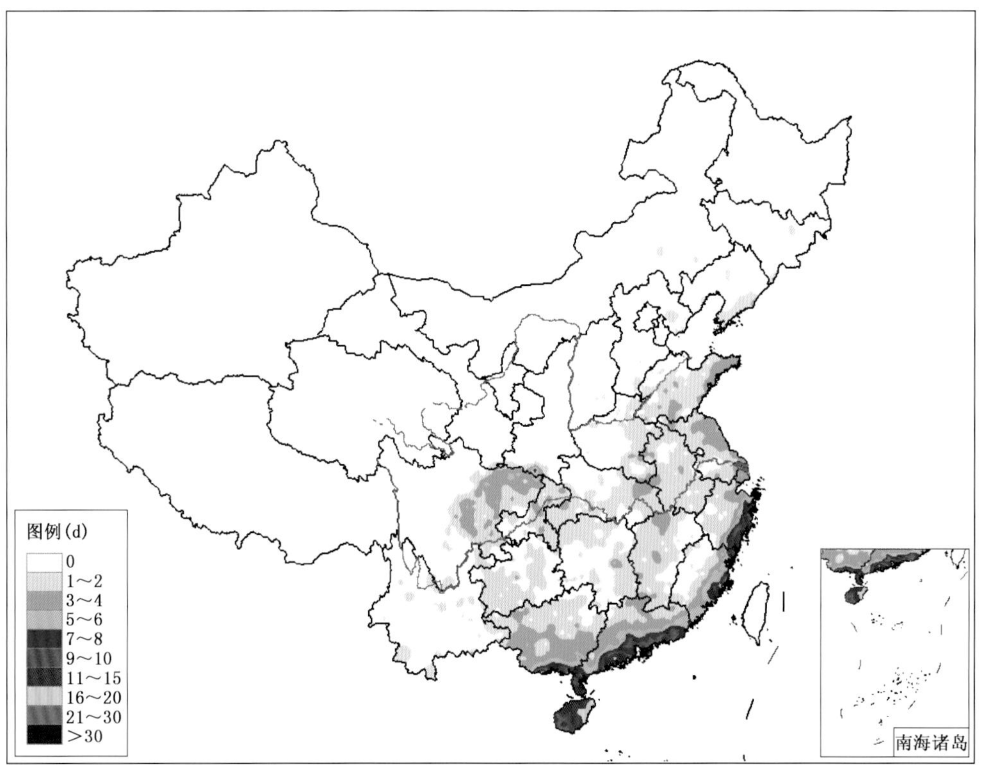

附图 7.9　1981—2010 年 30 a 9 月全国大暴雨(100.0～249.9 mm/d)总日数分布图(单位:d)

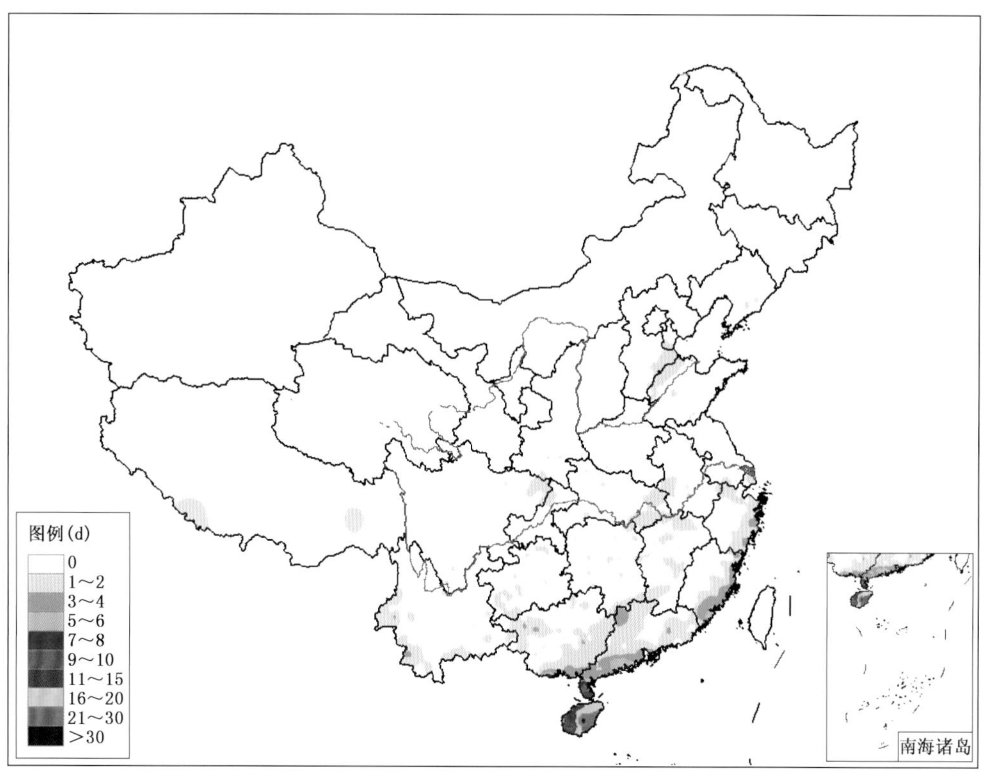

附图 7.10　1981—2010 年 30 a 10 月全国大暴雨(100.0～249.9 mm/d)总日数分布图(单位:d)

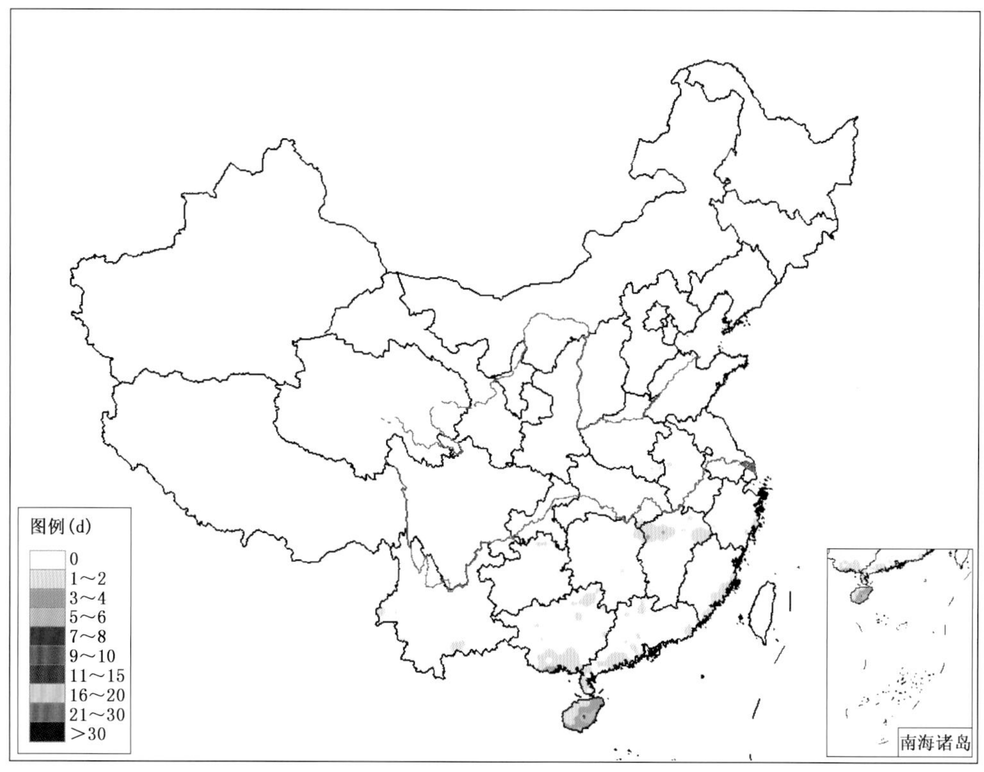

附图 7.11　1981—2010 年 30 a 11 月全国大暴雨(100.0～249.9 mm/d)总日数分布图(单位:d)

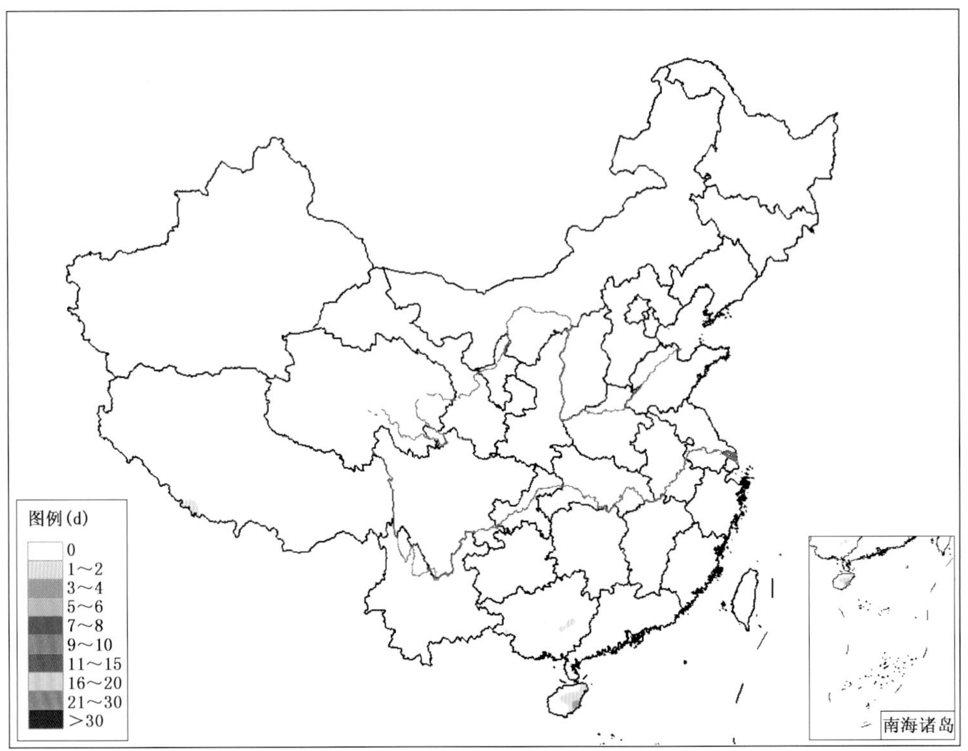

附图 7.12　1981—2010 年 30 a 12 月全国大暴雨(100.0～249.9 mm/d)总日数分布图(单位:d)

附录 8　1981—2010 年 30 a 各月特大暴雨(≥250.0 mm/d)总日数分布图

由于 1981—2010 年 30 a 间 1 月、2 月、12 月全国均未出现特大暴雨，故 1 月、2 月、12 月的特大暴雨日数图未给出。

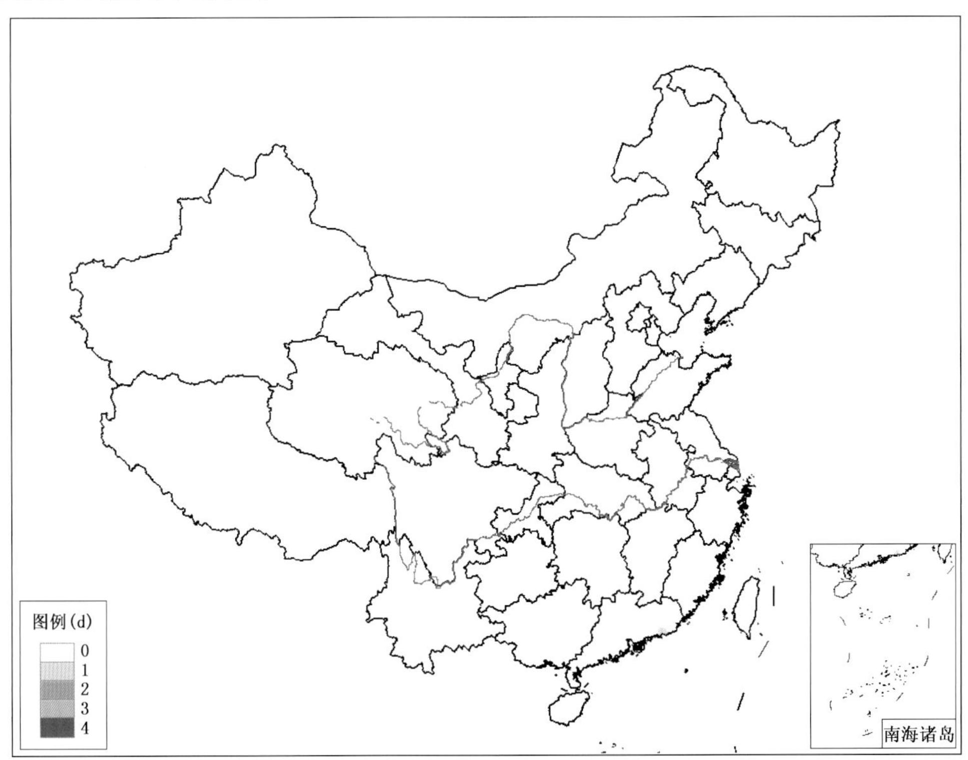

附图 8.1　1981—2010 年 30 a 3 月全国特大暴雨(≥250.0 mm/d)总日数分布图(单位:d)

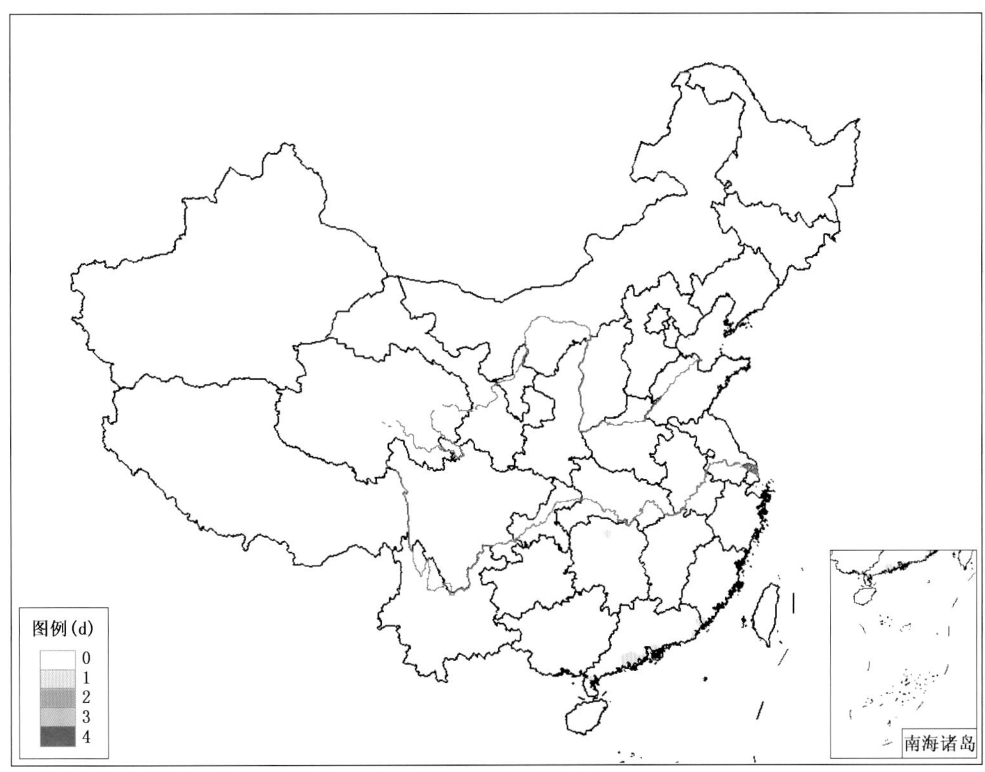

附图 8.2　1981—2010 年 30 a 4 月全国特大暴雨(≥250.0 mm/d)总日数分布图(单位:d)

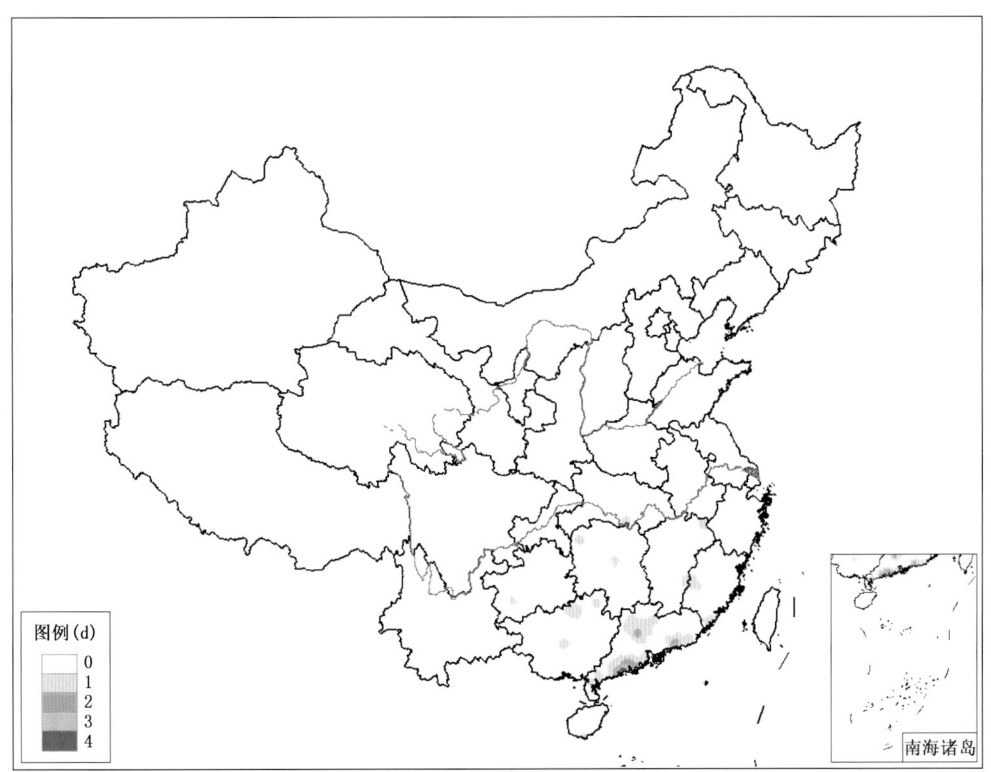

附图 8.3　1981—2010 年 30 a 5 月全国特大暴雨(≥250.0 mm/d)总日数分布图(单位:d)

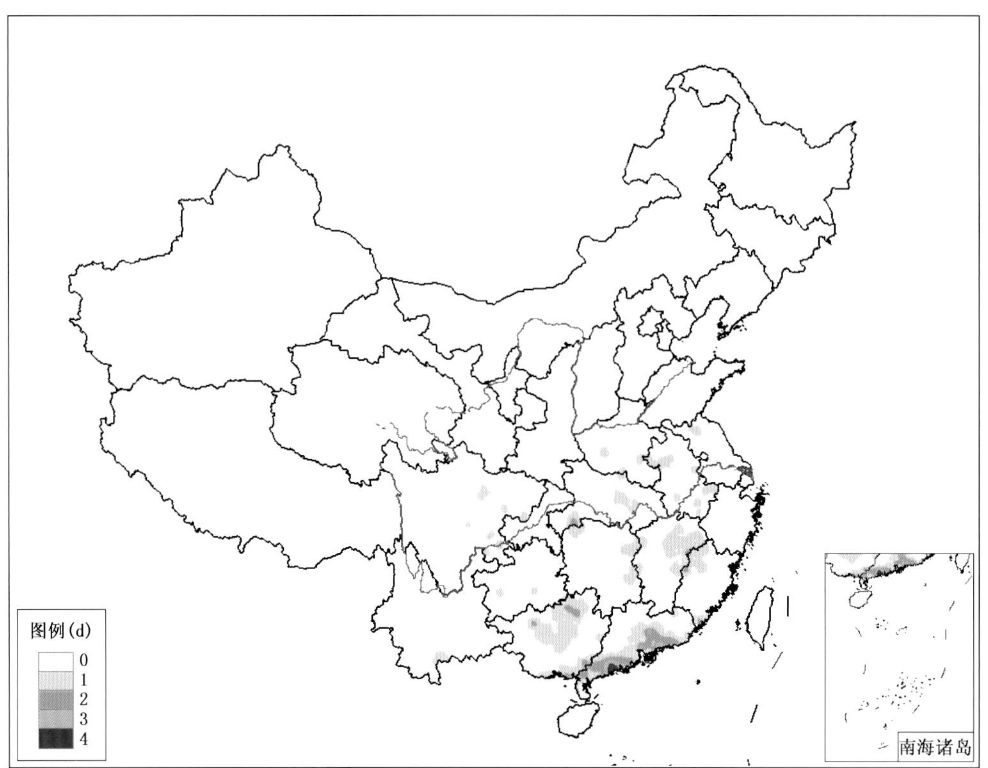

附图 8.4 1981—2010 年 30 a 6 月全国特大暴雨(≥250.0 mm/d)总日数分布图(单位:d)

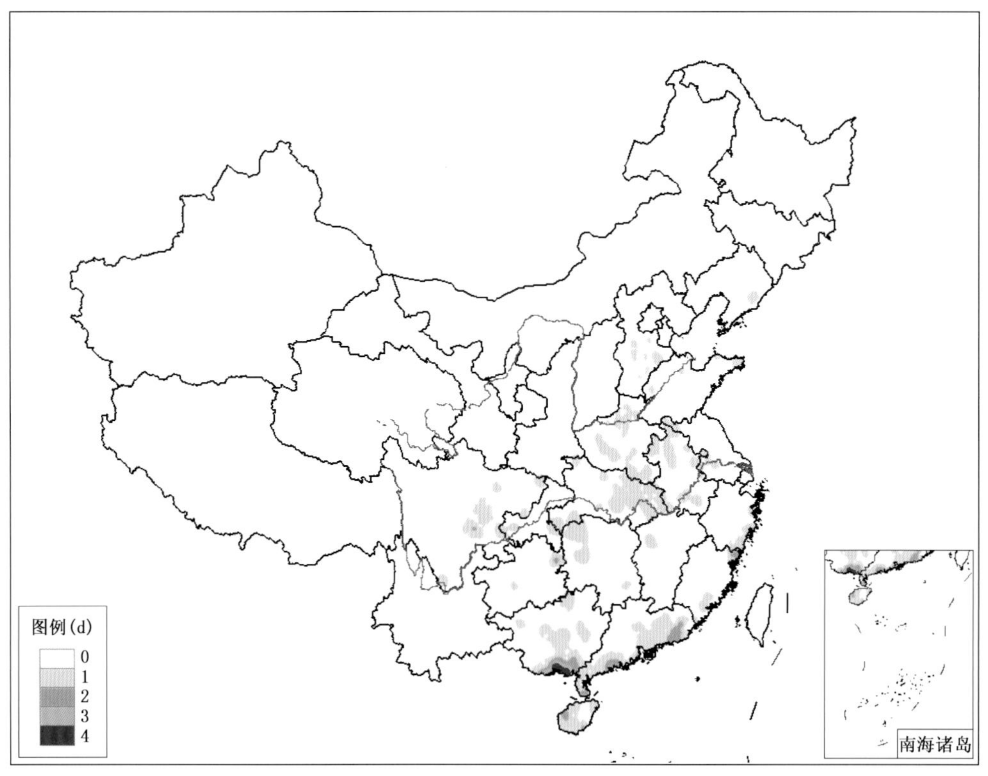

附图 8.5 1981—2010 年 30 a 7 月全国特大暴雨(≥250.0 mm/d)总日数分布图(单位:d)

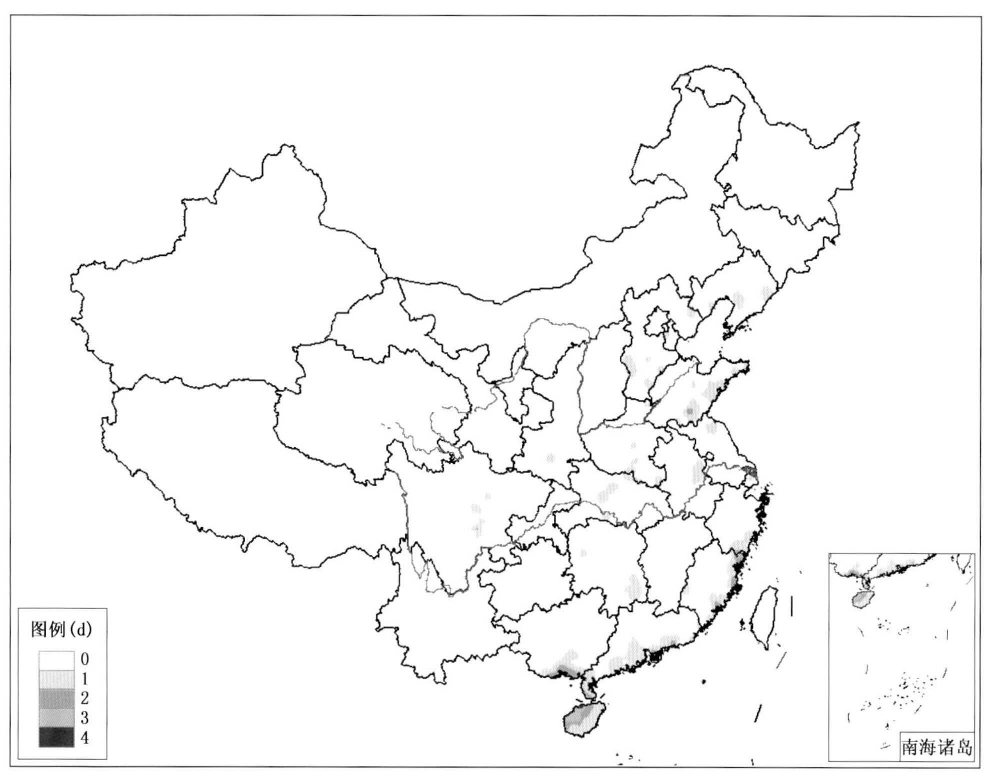

附图 8.6　1981—2010 年 30 a 8 月全国特大暴雨(≥250.0 mm/d)总日数分布图(单位:d)

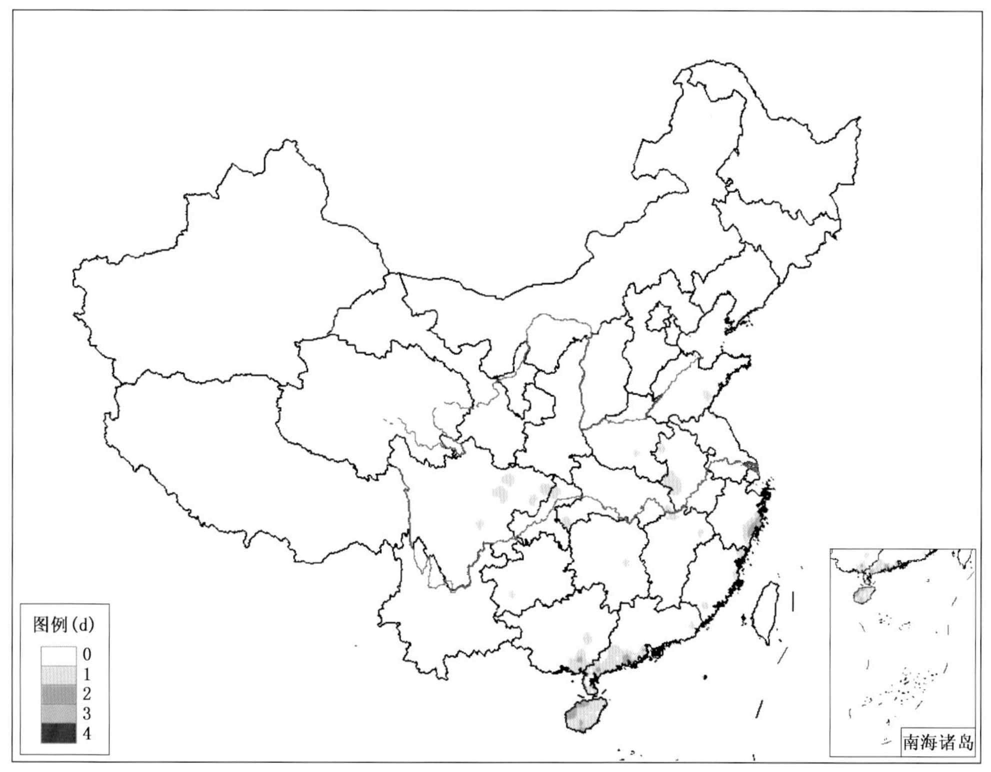

附图 8.7　1981—2010 年 30 a 9 月全国特大暴雨(≥250.0 mm/d)总日数分布图(单位:d)

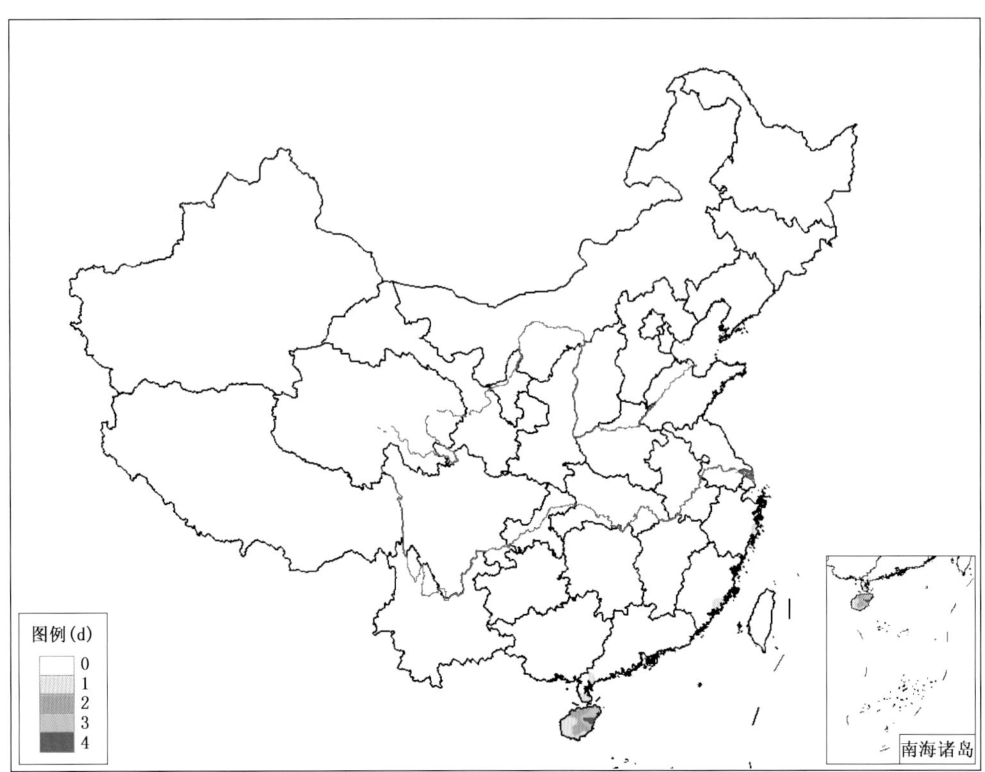

附图 8.8　1981—2010 年 30 a 10 月全国特大暴雨(≥250.0 mm/d)总日数分布图(单位:d)

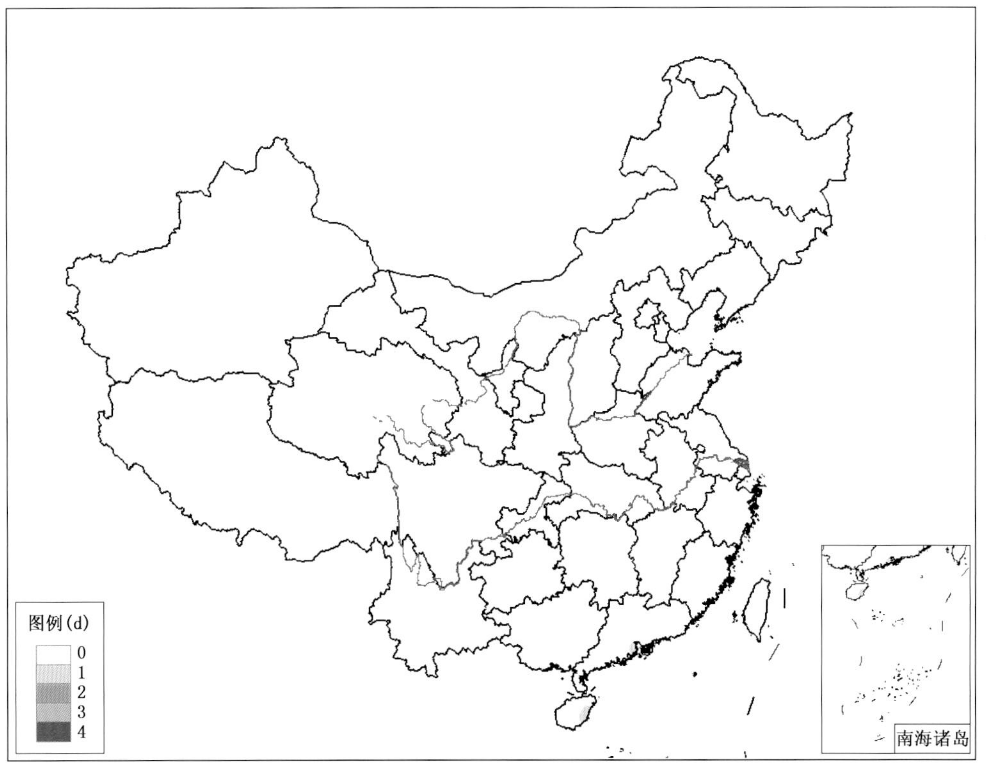

附图 8.9　1981—2010 年 30 a 11 月全国特大暴雨(≥250.0 mm/d)总日数分布图(单位:d)

附录 9　1961—2012 年全国最大日降水量概况表

附表 9.1a　1961—2012 年全国各省(区、市)第一季度各月最大日降水量概况表

月 省(区、市)	1月			2月			3月		
	站名	降水量(mm)	出现时间(日/月/年)	站名	降水量(mm)	出现时间(日/月/年)	站名	降水量(mm)	出现时间(日/月/年)
北京	昌平	16.9	23/01/1973	霞云岭	21.6	19/02/1998	顺义	27.2	20/03/2003
天津	塘沽	16.0	03/01/2010	北辰区	24.2	23/02/1979	塘沽	37.2	04/03/2007
河北	昌黎	17.5	24/01/1973	昌黎	31.1	10/02/1962	兴隆	59.5	20/03/2003
山西	沁水	17.4	27/01/1967	运城	23.1	22/02/1979	闻喜	45.4	29/03/1979
内蒙古	呼和浩特	10.6	18/01/1981	凉城	25.3	21/02/1979	多伦县	47.0	15/03/1964
辽宁	丹东	34.0	12/01/1964	本溪	41.1	10/02/1962	东港	97.5	04/03/2007
吉林	珲春	34.7	07/01/2002	集安	43.9	13/02/2009	柳河	42.8	04/03/2007
黑龙江	双鸭山	21.5	31/01/2007	东宁	25.9	20/02/1990	虎林	37.1	05/03/2007
上海	南汇	49.8	17/01/1998	金山	50.5	18/02/2010	金山	68.5	25/03/1993
江苏	宜兴	61.0	18/01/1984	无锡	65.3	22/02/1979	盱眙	110.9	07/03/1991
浙江	龙泉	77.1	14/01/1998	开化	78.7	05/02/1975	衢州	106.4	23/03/1983
安徽	怀宁	65.2	11/01/2010	巢湖	200.0*	08/02/2001	巢湖	200.0	09/03/2001
福建	明溪	90.9	26/01/2003	诏安	135.2	08/02/1985	武平	148.4	06/03/1980
江西	石城	109.5	07/01/1989	新余	119.1	29/02/2004	龙南	155.3	06/03/1980
山东	临沂	39.0	11/01/1964	微山	40.0	29/02/1992	日照	60.6	04/03/2007
河南	信阳	63.7	28/01/1969	鹿邑	54.0	21/02/2004	鸡公山	97.4	13/03/1993
湖北	黄梅	62.8	06/01/2001	罗田	77.5	20/02/1990	黄陂	87.9	27/03/1969
湖南	嘉禾	76.7	28/01/1980	新田	99.7	11/02/1994	新田	139.5	23/03/1990
广东	增城	127.6	01/01/1964	揭阳	130.2	08/02/1985	陆丰	267.1*	26/03/1992
广西	浦北	123.9	30/01/1969	平南	131.8	28/02/1983	兴安	168.7	23/03/1990
海南	西沙	305.8*	27/01/1975	陵水	181.6	27/02/2005	万宁	224.8	22/03/1984
重庆	酉阳	41.4	11/01/1999	璧山	46.7	07/02/2007	云阳	86.7	16/03/1967
四川	宁南	49.0	29/01/1962	通江	64.3	13/02/1998	蓬溪	75.6	28/03/1969
贵州	铜仁	47.4	11/01/1969	三都	71.5	19/02/2002	绥阳	107.1	28/03/1969
云南	镇沅	110.0	11/01/1999	河口	104.8	25/02/2001	江城	111.0	08/03/1973
西藏	帕里	20.6	04/01/1966	帕里	31.0	19/02/1989	波密	44.8	25/03/2011
陕西	华山	22.9	08/01/2001	蓝田	51.0	20/02/2004	镇巴	54.5	13/03/1997
甘肃	镇原	8.6	19/01/2006	徽县	18.8	20/02/2004	岷县	40.4	28/03/1967
青海	杂多	18.5	24/01/2008	玛沁	12.4	28/02/1991	湟中	21.7	26/03/1990
宁夏	中卫	11.1	07/01/1993	泾源	12.8	25/02/1982	盐池	39.7	24/03/1990
新疆	伊宁县	27.4	02/01/2010	乌苏	40.2	23/02/2010	阿图什	47.3	22/03/1990

注:以 * 标注的数值为当月全国最大日降水量。

附表 9.1b　1961—2012 年全国各省(区、市)第二季度各月最大日降水量概况表

月 省(区、市)	4 月			5 月			6 月		
	站名	降水量(mm)	出现时间(日/月/年)	站名	降水量(mm)	出现时间(日/月/年)	站名	降水量(mm)	出现时间(日/月/年)
北京	北京	51.0	05/04/1964	门头沟	106.1	30/05/1977	门头沟	190.5	25/06/2002
天津	城监站	106.8	22/04/1998	静海	123.0	20/05/1998	天津	130.5	27/06/1986
河北	玉田	106.2	26/04/1983	威县	115.7	03/05/2008	昌黎	201.2	24/06/1979
山西	沁源	83.4	18/04/1975	晋城	121.0	05/05/1992	高平	136.1	29/06/1980
内蒙古	科左中旗	64.2	26/04/1983	喀喇沁旗	72.3	03/05/1994	翁牛特旗	143.2	11/06/1991
辽宁	北宁	156.3	26/04/1983	丹东	151.2	19/05/1995	兴城	226.9	29/06/2006
吉林	前郭	89.2	26/04/1983	镇赉	97.4	31/05/2011	磐石	135.4	29/06/1977
黑龙江	肇源	63.4	26/04/1983	哈尔滨	79.1	31/05/1977	拜泉	156.0	04/06/1979
上海	奉贤	99.0	14/04/1983	金山	134.5	28/05/2008	嘉定	179.0	30/06/1999
江苏	昆山	113.1	01/04/1979	睢宁	229.7	29/05/1963	泰兴	312.2	24/06/1975
浙江	建德	141.2	24/04/2012	石浦	281.6	25/05/1976	龙泉	220.7	26/06/1970
安徽	黄山区	144.4	27/04/1977	祁门	238.8	20/05/1995	阜南	346.0	13/06/1984
福建	漳浦	293.7	13/04/1969	宁化	334.8	02/05/1994	东山	350.4	26/06/2009
江西	修水	221.8	24/04/1999	广昌	327.4	27/05/1962	靖安	399.7	15/06/1977
山东	泰山	129.0	18/04/2003	邹平	180.6	10/05/2009	枣庄	244.5	15/06/1999
河南	新野	194.2	29/04/1973	民权	253.7	19/05/1963	桐柏	353.1	07/06/1989
湖北	枣阳	260.9	29/04/1973	监利	260.7	25/05/2006	武汉	298.5	20/06/1982
湖南	常德	251.1	24/04/1999	永顺	344.1	31/05/1995	桑植	373.8	26/06/1983
广东	珠海	620.3*	14/04/2010	清远	640.6*	12/05/1982	阳江	605.3*	08/06/2001
广西	融安	291.3	09/04/1968	灵山	498.3	31/05/1981	来宾	441.2	01/06/2010
海南	万宁	303.5	16/04/1961	三亚	327.5	20/05/1986	西沙	307.7	09/06/1989
重庆	北碚	132.8	27/04/1975	彭水	210.8	24/05/2007	垫江	211.5	04/06/1979
四川	绵阳	155.1	29/04/1998	蓬溪	242.9	30/05/2007	高县	315.3	26/06/1988
贵州	六枝	162.9	29/04/1997	罗甸	336.7	24/05/1976	都匀	307.4	08/06/2010
云南	贡山	96.8	15/04/1973	河口	209.8	16/05/1985	江城	250.1	02/06/1987
西藏	波密	74.4	26/04/1985	帕里	130.0	26/05/2009	波密	75.2	10/06/1982
陕西	华山	93.7	10/04/1973	凤翔	144.2	29/05/1978	佛坪	203.3	09/06/2002
甘肃	庄浪	85.4	28/04/1973	文县	73.0	30/05/1987	榆中	98.1	13/06/1989
青海	互助	49.3	19/04/1964	贵南	49.4	10/05/1972	河南	59.6	20/06/1987
宁夏	麻黄山	35.4	27/04/1989	泾源	62.6	16/05/1967	麻黄山	85.9	20/06/1981
新疆	于田	46.6	23/04/1961	天池	59.9	17/05/1961	天池	131.7	23/06/2010

注:以 * 标注的数值为当月全国最大日降水量。

附表 9.1c　1961—2012 年全国各省(区、市)第三季度各月最大日降水量概况表

月 省(区、市)	7月			8月			9月		
	站名	降水量(mm)	出现时间(日/月/年)	站名	降水量(mm)	出现时间(日/月/年)	站名	降水量(mm)	出现时间(日/月/年)
北京	霞云岭	289.0	21/07/2012	丰台	220.3	09/08/1963	霞云岭	104.1	03/09/1990
天津	蓟县	353.5	25/07/1978	武清	265.1	10/08/1984	蓟县	112.4	03/09/1987
河北	遵化	343.1	25/07/1978	邯郸	518.5	04/08/1963	抚宁	154.4	01/09/1986
山西	垣曲	244.0	30/07/2007	阳泉	261.5	23/08/1966	安泽	165.5	20/09/2005
内蒙古	乌审召	245.0	22/07/1961	科左后旗	178.4	06/08/2003	林西县	130.8	02/09/1986
辽宁	熊岳	331.7	31/07/1975	宽甸	271.7	11/08/1996	长海	253.1	01/09/1992
吉林	公主岭	194.5	22/07/1989	扶余	188.7	06/08/1994	敦化	138.7	08/09/1999
黑龙江	双城	152.9	17/07/1988	甘南	201.6	10/08/1998	宝清	109.3	11/09/1973
上海	崇明	211.1	02/07/1976	宝山	394.5	22/08/1977	南汇	254.9	13/09/1963
江苏	徐州	315.4	17/07/1997	沛县	340.7	09/08/1981	西连岛	432.2	02/09/1985
浙江	宁海	355.7	30/07/1988	乐清	288.5	20/08/1965	乐清	446.7	23/09/1981
安徽	界首	440.4	02/07/1972	含山	401.7	01/08/2008	岳西	493.1	03/09/2005
福建	柘荣	472.5	19/07/2005	柘荣	415.2	09/08/2009	柘荣	381.7	27/09/1969
江西	南丰	315.2	17/07/2012	景德镇	364.6	10/08/2012	庐山	351.4	02/09/2005
山东	成山头	474.6	18/07/1963	诸城	619.7	12/08/1999	胶南	393.7	21/09/2012
河南	延津	379.1	06/07/2010	上蔡	755.1*	07/08/1975	遂平	254.5	07/09/1984
湖北	阳新	538.7	12/07/1994	远安	392.0	15/08/1990	咸丰	304.8	09/09/1983
湖南	张家界	455.5	09/07/2003	郴州	294.6	13/08/1999	南岳	311.2	08/09/1991
广东	珠海	560.4	22/07/1994	徐闻	417.1	07/08/2008	恩平	433.1	28/09/1965
广西	北海	509.2	24/07/1981	东兴	337.7	12/08/1969	北海	352.2	27/09/2002
海南	西沙	617.1*	20/07/1977	东方	368.4	30/08/2001	西沙	633.8*	06/09/1995
重庆	黔江	306.9	28/07/1982	铜梁	233.4	03/08/2009	开县	295.3	05/09/2004
四川	峨眉	524.7	29/07/1993	峨眉	374.3	24/08/1995	三台	283.5	02/09/1981
贵州	江口	281.6	01/07/1995	贞丰	203.9	31/08/1986	关岭	272.4	08/09/2001
云南	彝良	235.4	13/07/1992	江城	249.7	27/08/2003	鹤庆	174.2	06/09/1965
西藏	波密	65.1	04/07/1988	定日	48.9	19/08/2007	波密	80.0	16/09/1982
陕西	镇巴	238.2	02/07/1978	宁陕	304.5	29/08/2003	镇巴	253.3	12/09/1968
甘肃	庆城	190.2	26/07/1966	成县	180.7	02/08/1968	徽县	126.8	06/09/1983
青海	尖扎	75.5	23/07/1963	德令哈	84.0	01/08/1977	同仁	76.1	21/09/2010
宁夏	隆德	131.7	05/07/1977	麻黄山	133.5	02/08/1984	固原	61.2	02/09/1966
新疆	天池	101.0	17/07/2007	小渠子	84.1	27/08/2011	天池	57.4	28/09/1988

注:以 * 标注的数值为当月全国最大日降水量。

附表 9.1d　1961—2012 年全国各省(区、市)第四季度各月最大日降水量概况表

月 / 省(区、市)	10 月			11 月			12 月		
	站名	降水量(mm)	出现时间(日/月/年)	站名	降水量(mm)	出现时间(日/月/年)	站名	降水量(mm)	出现时间(日/月/年)
北京	密云	76.7	23/10/1970	顺义	56.5	04/11/2012	丰台	18.5	15/12/1977
天津	静海	134.3	11/10/2003	蓟县	77.5	04/11/2012	宝坻	23.0	18/12/1981
河北	沧州	144.9	11/10/2003	抚宁	86.4	04/11/2012	秦皇岛	38.1	19/12/1979
山西	昔阳	92.2	06/10/1968	阳城	43.8	08/11/1981	介休	17.8	10/12/1994
内蒙古	舍伯吐	72.4	14/10/1995	上默特左旗	46.2	03/11/2004	通辽	23.3	19/12/1979
辽宁	凤城	195.6	24/10/1991	宽甸	59.9	06/11/1966	旅顺	51.4	19/12/1979
吉林	珲春	80.1	04/10/1994	延吉	66.5	12/11/1964	辽源	25.0	19/12/1979
黑龙江	尚志	65.6	14/10/1995	林口	37.3	10/11/1968	虎林	25.9	29/12/2007
上海	青浦	162.7	08/10/2007	奉贤	88.2	09/11/2009	南汇	57.4	22/12/1972
江苏	吴江	146.1	08/10/2007	射阳	105.9	01/11/1967	宜兴	52.5	31/12/1974
浙江	洪家	306.9	10/10/1999	大陈	164.4	16/11/1961	温岭	120.7	22/12/1972
安徽	池州	162.9	05/10/1983	霍邱	120.1	10/11/1984	岳西	72.8	17/12/2002
福建	崇武	311.5	09/10/1999	晋江	162.8	16/11/1986	宁化	87.9	11/12/1970
江西	婺源	187.7	18/10/1972	新建	141.3	09/11/2005	铅山	90.5	10/12/1994
山东	宁津	175.1	11/10/2003	崂山	116.8	20/11/1961	成山头	48.3	27/12/1992
河南	柘城	207.5	02/10/1992	新县	132.5	07/11/1965	淮滨	42.1	24/12/1991
湖北	赤壁	183.8	13/10/1987	通城	113.8	10/11/2005	江夏	75.4	17/12/2002
湖南	临湘	213.6	13/10/1987	江华	120.7	07/11/2008	祁东	95.2	18/12/2002
广东	汕尾	438.2	14/10/1975	中山	279.2	05/11/1993	上川岛	148.9	02/12/1974
广西	东兴	267.7	10/10/1968	北海	194.6	15/11/1961	涠洲岛	185.2	20/12/1983
海南	琼海	614.7*	05/10/2010	陵水	413.7*	23/11/1970	西沙	192.0*	13/12/2006
重庆	开县	195.6	03/10/1992	酉阳	84.9	05/11/1996	秀山	36.7	14/12/1962
四川	平昌	214.4	06/10/1973	雅安	123.3	03/11/1979	开江	34.2	21/12/1997
贵州	镇远	178.6	17/10/1964	正安	119.0	05/11/1996	天柱	71.7	12/12/2010
云南	砚山	169.5	24/10/1983	元阳	169.3	07/11/1981	沧源	90.7	14/12/1965
西藏	波密	131.4	06/10/1988	帕里	67.2	10/11/1995	波密	29.9	11/12/1981
陕西	宁陕	110.0	01/10/1999	宁陕	86.5	13/11/1994	白河	20.4	20/12/1979
甘肃	武山	57.7	18/10/2002	和政	37.8	18/11/1961	宁县	11.6	07/12/1975
青海	托托河	50.2	18/10/1985	湟中	25.7	14/11/1972	化隆	25.1	11/12/1961
宁夏	固原	46.6	10/10/2010	西吉	25.6	03/11/1979	泾源	8.1	07/12/1975
新疆	博乐	48.7	21/10/2011	伊宁	41.0	02/11/2004	新源	34.6	30/12/1996

注：以 * 标注的数值为当月全国最大日降水量。

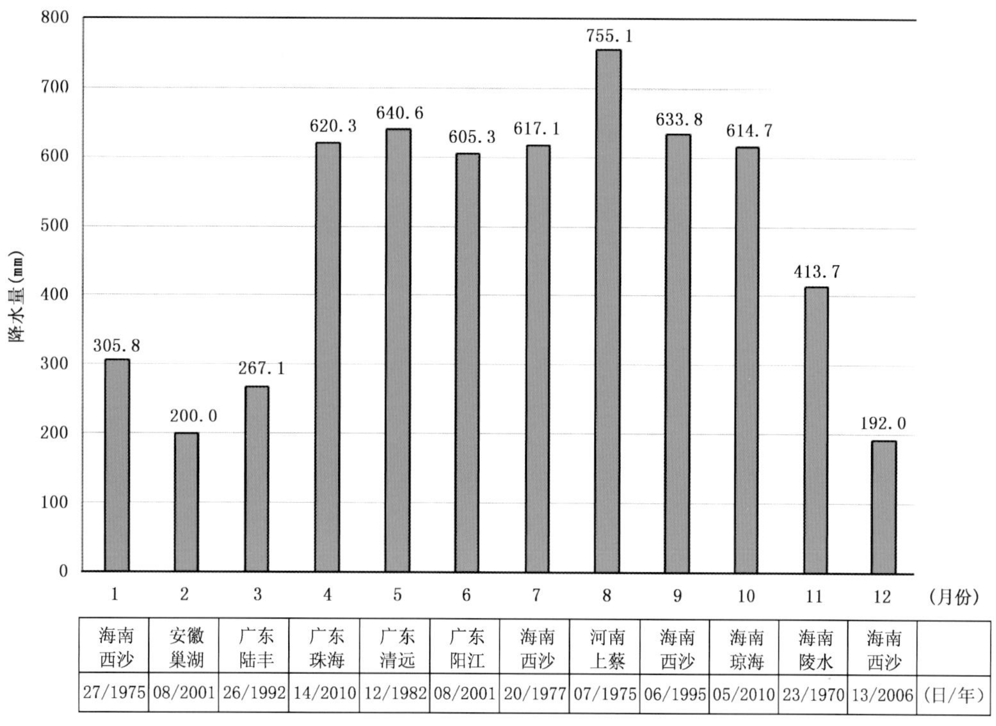

海南西沙	安徽巢湖	广东陆丰	广东珠海	广东清远	广东阳江	海南西沙	河南上蔡	海南西沙	海南琼海	海南陵水	海南西沙	
27/1975	08/2001	26/1992	14/2010	12/1982	08/2001	20/1977	07/1975	06/1995	05/2010	23/1970	13/2006	(日/年)

附图 9.1　1961—2012 年 1—12 月全国最大日降水量直方图
(图下方表格为与横坐标月份对应的最大日降水量出现的站点和时间:日/年)

附录 10　1981—2010 年 30 a 平均年降水量≤300.0 mm 的区域分布图

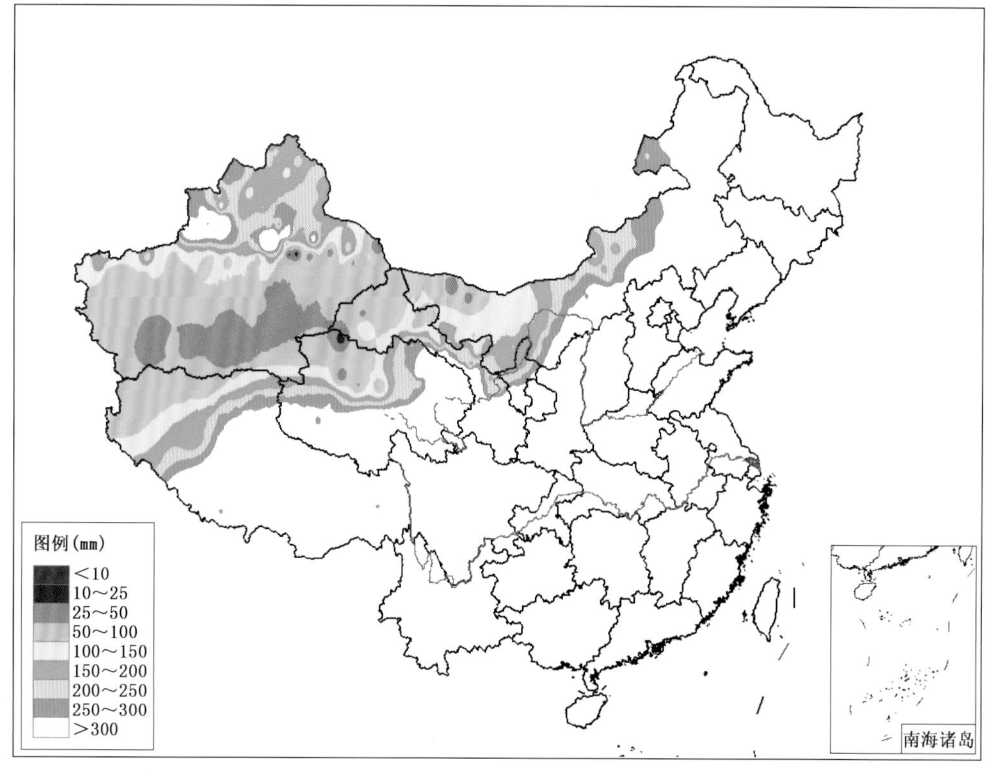

附图 10.1　1981—2010 年 30 a 平均年降水量≤300.0 mm 的区域分布图(单位:mm)